CONCRETO ARMADO EU TE AMO

Blucher

MANOEL HENRIQUE CAMPOS BOTELHO
OSVALDEMAR MARCHETTI

CONCRETO ARMADO EU TE AMO
Volume 1

10ª EDIÇÃO
SEGUNDO A NORMA DE
CONCRETO ARMADO
NBR 6118/2014

Concreto armado eu te amo — vol. 1
© 2019 Manoel Henrique Campos Botelho e Osvaldemar Marchetti
1ª reimpressão – 2021
Editora Edgard Blücher Ltda.

Blucher

Rua Pedroso Alvarenga, 1245, 4º andar
04531-934 – São Paulo – SP – Brasil
Tel.: 55 11 3078-5366
contato@blucher.com.br
www.blucher.com.br

Segundo o Novo Acordo Ortográfico, conforme 5. ed. do
Vocabulário Ortográfico da Língua Portuguesa,
Academia Brasileira de Letras, março de 2009.

É proibida a reprodução total ou parcial por quaisquer
meios sem autorização escrita da editora.

Todos os direitos reservados para a Editora Edgard
Blücher Ltda.

Dados Internacionais de Catalogação na
Publicação (CIP)
Angélica Ilacqua CRB-8/7057

Botelho, Manoel Henrique Campos
Concreto armado eu te amo : volume I /
Manoel Henrique Campos Botelho, Osvaldemar
Marchetti. – 10. ed. – São Paulo : Blucher, 2019.
544 p. : il.

10ª edição segundo a norma de concreto
armado
NBR 6118/2014

ISBN 978-85-212-1859-3 (impresso)
ISBN 978-85-212-1860-9 (e-book)

1. Concreto armado - Modelos matemáticos.
2. Resistência de materiais. I. Título. II. Marchetti,
Osvaldemar.

19-1644   CDD 620.137

Índice para catálogo sistemático:
1. Concreto armado – Modelos matemáticos

Nota da 10ª edição

Em 3 de julho de 2018, houve uma enorme mudança no mundo das normas de produção e uso dos cimentos brasileiros. Até então, havia oito normas da ABNT disciplinando a fabricação dos vários tipos de cimento usados em estruturas, cada um com a sua norma específica. Com a mudança, todas essas normas foram abolidas e surgiu a NBR 16697/2018, que disciplina a produção e o uso de todos os cimentos utilizados no mundo do concreto. A norma tem vigência imediata, e esta nova edição vem para atender aos requisitos dessa nova norma. Assim, foram incorporadas notas e correções, algumas delas detectadas por nossos prezados leitores.

O escopo deste livro é, como sempre, atender a prédios de pequeno e médio portes com até quatro andares e estrutura de concreto armado e alvenaria. O livro aborda principalmente assuntos de projeto, mas também assuntos de obra e controle de qualidade da concretagem.

Recomendação: tenha em mãos sempre a norma na sua íntegra e a siga.

Agora só resta aos autores desejar boa leitura deste livro.

Os autores

Manoel Henrique Campos Botelho, eng. civil
e-mail: manoelbotelho@terra.com.br

Osvaldemar Marchetti, eng. civil
e-mail: omq.mch@gmail.com

27 de agosto de 2019

Os autores ficarão satisfeitos com o recebimento de e-mails com comentários sobre este livro.

AGRADECIMENTOS

Aos colegas de todo o Brasil e de Argentina, Paraguai, Canadá, Bolívia, Portugal, Guiné Equatorial e Angola que contribuíram com comentários, críticas, indicações de enganos, elogios e adendos para esta edição do livro.

A lista (alfabética) a seguir é dos colegas que mais se esforçaram nisso.

Como esses colegas não leram as provas desta edição, é de responsabilidade dos autores a ocorrência de alguns pontos a serem corrigidos no futuro.

Destacaram-se, entre outros, os colegas:

Adelio Timóteo Chiteculo, *Angola*
Adilson Carneiro
Alberto Domingo Alfredo, *Angola*
Alexandre Duarte B. Aires
Alexandre Rosa Botelho
Antonio Alves Neto
Antony Nunes
Ariovaldo Torres
Arnaldo Ribeiro
Braulio P. Pereira
Carlos Almeida
Celso Santiago
Condeceu R. C. Sobrinho
Dario Gomes
Davi Souza de Paula
Dellano Souza
Elias Nelson Manuel Gemusse, *Angola*
Elienai C. Rocha Jr.
Ernany Mendes Campos
Fernando André Luis Mik, *Angola*
Francisco Barbosa Couto
Frederico Mendes
Giancarlo Bagnara
Gisele Matias
Guilherme Montenegro
Herminio José Hermane
Humberto Magno
Jamilton Feitosa Jr.
João Batista Ribeiro
João P. C. Oliveira, *Portugal*
Jose Calvimontes, *Bolívia*

8 Concreto armado eu te amo

Jose Luis Cunha
Jose Miranda Filho
José Ortiz, *Guiné Equatorial*
Juan Bautista Rolon Amarilha, *Paraguai*
Karla Briceno, *Venezuela*
Lenilson António, *Angola*
Leidi Cristiane
Leonardo J. P. Teixeira
Luiz Felipe Garcia de Oliveira
Lukavi Dias, *Angola*
Marcelo Cardoso
Marcelo Murúa, *Argentina*
Marcelo Stefanini
Marcio Nascimento
Marcus Vinicius
Maurílio Lobato
Nino Reppuci
P. Ferro, *Angola*
Pablo M. Micheli, *Argentina*
Paulo Paz
Pedro Nogueira
Reynaldo C. Ferreira
Ricardo de Paula Machado
Rogerio Chaves
Rolon, *Paraguai*
Rosemary Leandro Seixas
Rudinéia F. Petrini
Santa Rita, *Portugal*
Thelma Valéria B. Barros
Ualas Souza
Walter Ney
Wellyngton S. Caldas Ferreira
Zilmara V. Grote, *Canadá*

E um agradecimento à Professora Sueli Valezi (Área de Ciências Humanas), que, admirando o texto deste livro, publicou um artigo científico conforme indicado:

"Simpósio Internacional de Estudos de Gêneros Textuais" – Caxias do Sul, RS, dias 11 a 14 de agosto de 2009.

"Práticas de linguagem no mundo do trabalho da construção civil – o estilo em gêneros textuais acadêmicos/didáticos e profissionais"

Sueli Correia Lemes Valezi

Mestre em Estudos da Linguagem – UFMT IFMT – Instituto Federal de Educação, Ciência e Tecnologia de Mato Grosso. Destaca a Professora Sueli diante da apresentação deste livro nesse simpósio:

"Vale ressaltar que, durante a apresentação, seu livro chamou muito a atenção dos presentes. Ficaram, da mesma forma que eu, bastante admirados pelo título e pelo conteúdo do livro."

Participação especial (revisão) na 7.ª edição do Eng. Paulo Mendes, formado pela Uninove, São Paulo.

Atenção: dia 4 de maio é o dia do calculista de estruturas.

Nota: o engenheiro MHC Botelho teve entre os seus gurus estruturais a figura agora saudosa do engenheiro Mario Massaro Junior, ex-professor da Escola de Engenharia da Universidade Presbiteriana Mackenzie em São Paulo (SP), na cadeira "Pontes e Grandes Estuturas".

NOTA EXPLICATIVA

Este é um livro para estudantes de engenharia civil, arquitetura, tecnólogos e profissionais em geral, um livro ABC explicando de forma didática, prática e direta, dirigido à obras de pequeno e médio vulto, como prédios de até quatro andares, ou seja, mais de 90% das obras a executar no país, de acordo com a norma 6118/2014, versão corrigida em 07/08/2014.

As normas de concreto armado são divididas e separadas entre os assuntos projeto e execução.

Muito bem, se as normas optaram pela **divisão de assuntos**, este livro optou pela **união** e, portanto, cobre:

- aspectos de projeto de estruturas de concreto armado;
- aspectos de execução dessas obras;
- aspectos de controle da qualidade do concreto na obra.

Para conhecer esse novo mundo, leia este livro, escrito na linguagem prática, simples e até coloquial que o tornou famoso (linguagem botelhana).

Conheça os livros de concreto armado e engenharia estrutural da:

Coleção Concreto Armado Eu te Amo:

Concreto armado eu te amo – Vol. 1
Concreto armado eu te amo – Vol. 2
Concreto armado eu te amo para arquitetos (e que os engenheiros também vão ler)
Concreto armado eu te amo vai para a obra
ABC da topografia

Também disponíveis as obras do engenheiro Osvaldemar Marchetti:

Muros de arrimo
Pontes de concreto armado

Disponíveis também outras obras do autor MHC Botelho

Instalações hidráulicas prediais utilizando tubos plásticos
Quatro edifícios, cinco locais de implantação, vinte soluções de fundações
Resistência dos materiais para entender e gostar
Princípios da mecânica dos solos e fundações para a construção civil

e proximamente:

Concreto armado eu te amo – Perguntas e respostas
Concreto armado eu te amo – Estruturando as edificações
ABC dos loteamentos

Caro leitor,

Para dialogar com o eng. Manoel Henrique Campos Botelho, enviar e-mail para:

manoelbotelho@terra.com.br

e com o eng. Osvaldemar Marchetti, e-mail:

omq.mch@gmail.com

Para todos que enviarem e-mail de comentários e sugestões, o eng. Manoel Henrique Campos Botelho enviará, via internet, conjunto de crônicas tecnológicas.

CURRICULUM DOS AUTORES:

Manoel Henrique Campos Botelho é engenheiro civil formado em 1965 na Escola Politécnica da Universidade de São Paulo.

Hoje é perito, árbitro, mediador e autor de livros técnicos.

e-mail: **manoelbotelho@terra.com.br**

Osvaldemar Marchetti é engenheiro civil formado em 1975 na Escola Politécnica da Universidade de São Paulo.

Hoje é engenheiro projetista e consultor estrutural, além de construtor de obras industriais e institucionais.

e-mail: **omq.mch@gmail.com**

Nota técnico-didática:
Alguns leitores ponderaram que a precisão a que se chega com as calculadoras é muito maior que a precisão da realidade da nossa construção civil e com os resultados *aparentemente ultraprecisos* contidos nos cálculos. Embora isso seja verdade, mantivemos o critério didático de não alterar resultados parciais *aparentemente ultraprecisos*, pelo fato de ser este um texto didático. Assim, se chegarmos a um ponto onde os cálculos indicam o momento fletor de 41,2 kNm e o repetirmos nos cálculos decorrentes, todos então saberão a origem dessa medida.

Conteúdo

Nota da 10ª edição..5

Agradecimentos...7

Nota explicativa..11

Notas introdutórias...19

Aula 1 20
  1.1 Algumas palavras, o caso do Viaduto Santa Efigênia, São Paulo...............20
  1.2 Cálculo e tabela de pesos específicos..23
  1.3 Cálculo e tabela de pesos por área...25
  1.4 O concreto armado: o que é?...26

Aula 2...34
  2.1 Cálculo e tabela de pesos lineares – Tabela-Mãe..................................34
  2.2 Ação e reação – Princípios...36
  2.3 Momento fletor ou ação à distância de uma força.................................38
  2.4 Apresentamos o prédio que vamos calcular – Estruturação do prédio........41
  2.5 Premissas do projeto estrutural – Desenvolvimento..............................48

Aula 3...50
  3.1 Aplicações do princípio da ação e reação...50
  3.2 Condições de equilíbrio de estruturas...52
  3.3 Vínculos na engenharia estrutural..58
  3.4 Como as estruturas sofrem, ou seja, apresentamos: a tração,
      o cisalhamento, a compressão e a torção – As três famosas condições......61

Aula 4...65
  4.1 Determinação de momentos fletores e forças cortantes em vigas.............65
      4.1.1 Momento fletores...65
      4.1.2 Forças cortantes (cisalhamento)..77
  4.2 Tensões (estudo de esforços internos)...81
  4.3 Determinação de tensões de ruptura e admissíveis...............................84
  4.4 Dos conceitos de tensão de ruptura e tensão admissível aos
      conceitos de resistência característica e resistência de cálculo................88

14 Concreto armado eu te amo

Aula 5 92
  5.1 Massas longe do centro funcionam melhor ou o cálculo do
        momento de inércia (I) e módulo de resistência (W) 92
  5.2 Dimensionamento herético de vigas de concreto simples 105
  5.3 O que é dimensionar uma estrutura de concreto armado? 110

Aula 6 112
  6.1 Aços disponíveis no mercado brasileiro 112
        6.1.1 Nota 1 112
        6.1.2 Nota 2 113
        6.1.3 Nota 3 113
        6.1.4 Nota 4 113
        6.1.5 Nota 5 114
        6.1.6 Nota 6 114
        6.1.7 Nota 7 115
        6.1.8 Nota 8 115
        6.1.9 Nota 9 115
  6.2 Normas brasileiras relacionadas com o concreto armado 115
  6.3 Abreviações em concreto armado 115
  6.4 Cargas de projeto nos prédios 117
  6.5 Emenda das barras de aço 119

Aula 7 121
  7.1 Quando as estruturas se deformam ou a Lei de Mr. Hooke – Módulo
        de elasticidade (E) 121
  7.2 Vamos entender de vez o conceito de Módulo de Elasticidade, ou seja,
        vamos dar, de outra maneira, a aula anterior 126
  7.3 Análise dos tipos de estruturas – estruturas isostáticas,
        hiperestásticas e as perigosas (e às vezes úteis) hipostáticas 127

Aula 8 130
  8.1 Fragilidade ou ductilidade de estruturas (ou por que não se projetam
        vigas superarmadas, e sim subarmadas) 130
  8.2 Lajes – Uma introdução a elas 132
        8.2.1 Notas introdutórias às lajes isoladas 132
        8.2.2 Notas introdutórias às lajes conjugadas 134

Aula 9 140
  9.1 Para não dizer que não falamos do conceito exato das tensões 140
  9.2 Cálculo de lajes 143
        9.2.1 Tipos de lajes quanto à sua geometria 143
        9.2.2 Lajes armadas em uma só direção 144
        9.2.3 Lajes armadas em duas direções – Tabelas de cálculo de Barës-Czerny 145
  9.3 Para usar as Tabelas de cálculo de Barës-Czerny 148

Conteúdo **15**

Aula 10 166
10.1 Vínculos são compromissos (ou o comportamento das estruturas face aos recalques ou às dilatações) 166
10.2 Exemplos reais e imperfeitos de vínculos 169
10.3 Cálculos das lajes – Espessuras mínimas 173

Aula 11 176
11.1 O aço no pilar atrai para si a maior parte da carga 176
11.2 Flexão composta normal 180
11.3 Lajes – Dimensionamento 183
11.4 Cobrimento da armadura – Classes de agressividade 188

Aula 12 190
12.1 Se o concreto é bom para a compressão, por que os pilares não prescindem de armaduras? 190
12.2 Como os antigos construíam arcos e abóbadas de igrejas? 193
12.3 Começamos a calcular o nosso prédio – Cálculo e dimensionamento das lajes L-1, L-2 e L-3 196

Aula 13 207
13.1 Vamos entender o fck? 207
13.2 Entendendo o teste do abatimento do cone (*slump*) do concreto 211
13.3 Terminou o projeto estrutural do prédio – Passagem de dados para obra 213
13.4 Os vários estágios (estádios) do concreto 213
13.5 Cálculo e dimensionamento das lajes L-4, L-5 e L-6 215

Aula 14 224
14.1 Vamos preparar uma betonada de concreto e analisá-la criticamente? ...224
14.2 Das vigas contínuas às vigas de concreto dos prédios 227
14.3 Cálculo isostático ou hiperestático dos edifícios 230
14.4 Cálculo de dimensionamento das lajes L-7 e L-8 232
14.4.1 Cálculo das lajes L-7 = L-8 (lajes dos dormitórios) 232

Aula 15 236
15.1 Cálculo padronizado de vigas de um só tramo para várias condições de carga e de apoio 236
15.2 Os vários papéis do aço no concreto armado 245
15.3 Cálculo e dimensionamento das escadas do nosso prédio 248
15.3.1 Cálculo dos degraus 248

Aula 16 252
16.1 Cálculo de vigas contínuas pelo mais fenomenológico dos métodos, o método de Cross 252
16.2 A arte de escorar e a não menor arte de retirar o escoramento 273

16   Concreto armado eu te amo

16.3 Atenção: cargas nas vigas!!!...274
     16.3.1 Lajes armadas em uma só direção.......................................275

Aula 17 277
17.1 Flambagem ou a perda de resistência dos pilares quando eles crescem..277
     17.1.1 Flambagem – uma visão fenomenológica............................277
     17.1.2 Flambagem – de acordo com a norma NBR 6118 284
17.2 O concreto armado é obediente, trabalha como lhe mandam...................315

Aula 18 318
18.1 Dimensionamento de vigas simplesmente armadas à flexão.....................318
18.2 Dimensionamento de vigas duplamente armadas....................................325
18.3 Dimensionamento de vigas T simplesmente armadas 327
18.4 Dimensionamento de vigas ao cisalhamento...334
18.5 Disposição da armadura para vencer os esforços do momento fletor.......341

Aula 19 343
19.1 Ancoragem das armaduras...343
     19.1.1 Introdução..343
     19.1.2 Roteiro de cálculo do comprimento de ancoragem das barras tracionadas..344
     19.1.3 Ancoragem das barras nos apoios..345
     19.1.4 Casos especiais de ancoragem 345
     19.1.5 Ancoragem de barras comprimidas.....................................348
19.2 Detalhes de vigas – Engastamentos parciais – Vigas contínuas 353
19.3 Cálculo e dimensionamento das vigas do nosso prédio V-1 e V-3 355

Aula 20 369
20.1 Dimensionamento de pilares – Complementos..369
20.2 Cálculo de pilares com dimensões especiais 370
20.3 Cálculo e dimensionamento da viga V-7 373
20.4 Detalhes da armadura de uma viga de um armazém 377

Aula 21 379
21.1 Cálculo e dimensionamento das vigas V-1 = V-5 379
21.2 Cálculo e dimensionamento da viga V-4 386

Aula 22 396
22.1 Cálculo e dimensionamento das vigas V-2 e V-6 396
     22.1.1 Cálculo da viga V-2..396
     22.1.2 Cálculo e dimensionamento da viga V-6 407

Aula 23 417
23.1 Cálculo e dimensionamento das vigas V-8 e V-10....................................417
     23.1.1 Cálculo e dimensionamento da viga V-8...............................417
     23.1.2 Cálculo e dimensionamento da viga V-10.............................427

Conteúdo 17

23.2 Cálculo e dimensionamento dos pilares do nosso prédio
P-1, P-3, P-10, P-12 437
    23.2.1 Cálculo da armadura desses pilares 437
23.3 Cargas nos pilares 441

Aula 24 442
24.1 Critérios de dimensionamento das sapatas do nosso prédio 442
    24.1.1 Tensões admissíveis e área das sapatas 443
    24.1.2 Formato das sapatas 447
    24.1.3 Cálculo de sapatas rígidas 448
    24.1.4 Exemplo de cálculo de uma sapata do nosso prédio (S_1) 448
24.2 Cálculo e dimensionamento dos pilares P-2 e P-11 453
24.3 Cálculo e dimensionamento dos pilares P-4, P-6, P-7 e P-9 456
24.4 Cálculo e dimensionamento dos pilares P-5 e P-8 460

Aula 25 463
25.1 Dimensionamento das sapatas do nosso prédio S-2, S-3 e S-4 463
    25.1.1 Cálculo da sapata (S-2) dos pilares P-2 e P-11 463
    25.1.2 Cálculo das sapatas (S-3) dos pilares P-4, P-6, P-7 e P-9 467
    25.1.3 Cálculo das sapatas (S-4) dos pilares P-5 e P-8 471
25.2 Ábacos de dimensionamento de pilares retangulares 475

Aula 26 480
26.1 A Norma 12655/2006, que nos dá critérios para saber se
alcançamos ou não o fck na obra 480

Aula 27 484
27.1 O relacionamento calculista × arquiteto 484
27.2 Construir, verbo participativo, ou melhor, será obrigatório calcular
pelas normas da ABNT? 485
27.3 Destrinchemos o BDI! 486
27.4 Por que estouram os orçamentos das obras? 487
27.5 A história do livro *Concreto armado eu te amo* 491

Aula 28 495
28.1 Ações permanentes 495
28.2 Ações variáveis 495
28.3 Estados-limite 495
    28.3.1 Segurança das estruturas frente aos estados-limite 495
28.4 Estado-limite de serviço 496
    28.4.1 Raras 496
    28.4.2 Combinações usuais no estado-limite de serviço (ELS) 496
28.5 Combinação de ações 497
28.6 Combinação de serviços 497
    28.6.1 Quase permanentes – Deformações excessivas 497
    28.6.2 Frequentes – Fissuração, vibrações excessivas 497

Anexos 502

Anexo 1 Fotos interessantes de estruturas de concreto 502
Anexo 2 Comentários sobre itens da nova norma NBR 6118/2014 e
aspectos complementares 510
Anexo 3 Revisão das normas de cimento 518
Anexo 4 Estimativa de custo da estrutura do prédio 519
Anexo 5 Crônicas estruturais 520

Crônica (parábola) chave de ouro deste livro 531

Índice remissivo de assuntos principais 533
Índice das tabelas 535

Consulta ao público leitor 536

NOTAS INTRODUTÓRIAS

1. As normas da ABNT (Associação Brasileira de Normas Técnicas) NBR 6118, referente a projetos, e NBR 14931, referente a obras, englobam os assuntos ccncreto simples, concreto armado e concreto protendido. Neste livro só abordaremos o concreto armado.

2. De acordo com as orientações dessas normas, a unidade principal de força é o N (newton), que vale algo como 0,1 kgf.

Usaremos neste livro as novas unidades decorrentes, mas, para os leitores que estão acostumados com as velhas unidades, elas aparecerão aqui e ali, sempre valendo a conversão seguinte:

$$1 \text{ kgf} \cong 10 \text{ N} \qquad\qquad 1 \text{ MPa} \cong 10 \text{ kgf/cm}^2 \cong 100 \text{ N/cm}^2$$

$$1 \text{ N} \cong 0,1 \text{ kgf} \qquad\qquad 1 \text{ tfm} = 10 \text{ kNm}$$

$$10 \text{ N} \cong 1 \text{ kgf} \qquad\qquad 1 \text{ tf} = 1.000 \text{ kgf} \cong 10 \text{ kN}$$

$$1 \text{ kN} \cong 100 \text{ kgf} \qquad\qquad 100 \text{ kgf/cm}^2 = 1 \text{ kN/cm}^2$$

$$1 \text{ MPa} \cong 10 \text{ kgf/cm}^2 \qquad\qquad M \text{ (mega)} = 1.000.000 = 10^6$$

$$k \text{ (quilo)} = 1.000 = 10^3 \qquad\qquad G \text{ (giga)} = 10^9$$

$$1 \text{ Pa} = 1 \text{ N/m}^2 \qquad\qquad 1 \text{ G} = 10^3 \text{ M}$$

Também aqui e ali aparece a unidade kg, devendo ser entendida como kgf, ou seja, 10 N.

Por razões práticas

$$1 \text{ kgf} \cong 9,8 \text{ N} \cong 10 \text{ N}$$

Alguns também usam:

$$1 \text{ da N} \cong 1 \text{ kgf, pois } 1 \text{ da} = 10$$

essa é uma medida correta, mas não corriqueira.

Lembrete: usamos como símbolos as letras minúsculas (m, kg, ha etc.). Quando a unidade homenageia grandes nomes da física e da química, usamos como símbolos letras maiúsculas, como A (ampère), N (newton), Pa (pascal), C (celsius). São exceções, para evitar confusões, os símbolos maiúsculos: M (mega) e G (giga).

AULA 1

1.1 ALGUMAS PALAVRAS, O CASO DO VIADUTO SANTA EFIGÊNIA, SÃO PAULO

Um dos engenheiros autores desta publicação, MHC Botelho, cursou todos os anos de sua escola de engenharia acompanhado de uma singular coincidência. Ele nunca entendia as aulas e nem era por elas motivado. Fruto disso, ele ia sempre mal nas provas do primeiro semestre e só quando as coisas ficavam pretas, no segundo semestre, é que ele, impelido e desesperado pela situação, punha-se a estudar como um louco e o suficiente para chegar aos exames e lá então, regra geral, tirar de boas a ótimas notas. Só quando do fim do curso, é que ele era atraído pela beleza do tema e do assunto, mas nunca pela beleza didática (ou falta de didática) com que a matéria fora ensinada. Ele demorou a descobrir por que as matérias da engenharia eram mostradas de maneira tão insossa e desinteressante. Só um dia, ao sair de uma aula de Resistência dos Materiais, em que mais uma vez não entendera nada de tensões principais, condições de cisalhamento, flambagem e índice de esbeltez, e passar ao lado do Viaduto Santa Efigênia, no Vale do Anhangabaú, em São Paulo, é que houve um estalo. Ao ver aquela estrutura metálica com todas as suas formas tentadoras e sensualmente à vista, ele viu, e pela primeira vez entendeu, tabuleiros (lajes) sendo carregados pelo peso das pessoas e veículos que passavam (carga); viu pilares sendo comprimidos, arcos sendo enrijecidos e fortalecidos nas partes onde recebiam o descarregamento dos pilares (dimensionamento ao cisalhamento); viu peças de apoio no chão que permitiam algumas rotações da estrutura (aparelho de apoio articulado).

Ele viu, sentiu e amou uma estrutura em trabalho, a que podia aplicar toda a verborragia teórica que ouvia e lutava por aprender na escola. Desse dia em diante, ele começou a se interessar pela matéria e a estudá-la nos seus aspectos conceituais e práticos. Uma dúvida ficou. Por que os professores de Resistência dos Materiais não iniciavam o curso discutindo e analisando uma estrutura tão conhecida como aquela, para, a partir dela, construir o castelo mágico da teoria?

Ele nunca soube.

Jurei, já que o autor sou eu, que, se convidado um dia a lecionar, qualquer que fosse a matéria, partiria de conceitos, conceitos claros, escandalosamente claros e precisos, e daí, a partir daí, construiria didaticamente uma matéria lógica e concatenada. Nunca me convidaram para dar aula em faculdade. Idealizei este curso, curso livre, livre, livre, que não dá título, diplomas ou comenda; um curso para quem queira estudar e aprender, com os pés no chão, concreto armado.

Convido o aluno a começar a olhar, sentir e entender as estruturas, não só as do curso, mas as que estão ao redor de sua casa, no caminho do seu trabalho etc.

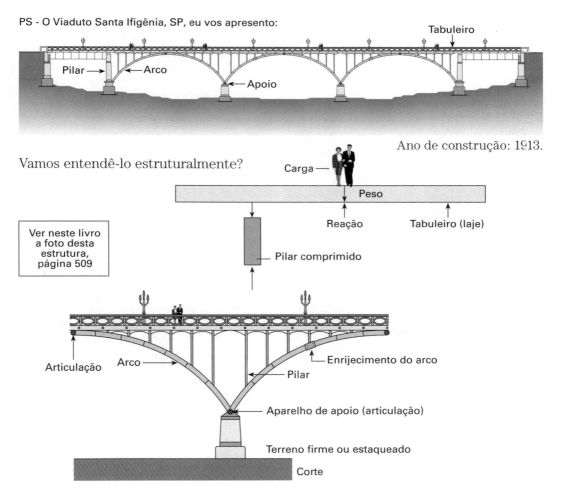

Leia este livro e se habilite depois, ou em paralelo, a estudar o complemento de teoria necessária. Este é um convite para estudarmos juntos, trabalharmos juntos, vivermos juntos.

Boa sorte e um abraço.

Se você não for de São Paulo ou não conhecer este viaduto, procure na sua cidade um galpão metálico ou mesmo uma estrutura de madeira.

As estruturas estarão à sua vista para entendê-las. As razões pelas quais indicamos aos alunos procurarem estruturas metálicas ou de madeira são pelo fato de que, nas estruturas de concreto armado, seus elementos estruturais não são visíveis, didáticos e compreensíveis, como nos outros dois tipos de estruturas.

Estrutura de concreto armado (lajes, vigas e pilares) em construção. Formas e escoramento.

Estrutura de concreto pronta.

1.2 CÁLCULO E TABELA DE PESOS ESPECÍFICOS

Todos sabemos que peças de vários materiais de igual volume podem ter pesos desiguais, ou seja, uns têm maior densidade (peso específico) que outros.

Associam-se, neste curso, como conceitos iguais, densidade e peso específico, que para efeitos práticos é a relação entre peso e o volume (divisão entre peso e volume de uma peça).

Assim, peças de ferro pesam mais que peças do mesmo tamanho de madeira.

O índice que mede o maior peso por unidade de volume chama-se peso específico (densidade) (símbolo γ).

Assim, se tivermos uma peça que meça um metro de largura por um metro de comprimento por um metro de altura, ela pesará os seguintes valores, conforme for feita de:

Tabela T-1 – Pesos específicos		
Material	Peso específico γ (kN/m^3)	Peso específico γ (kgf/m^3)
Granito	27,00	2.700
Madeira cedro	5,40	540
Ferro	78,50	7.850
Terra apiloada	18,00	1.800
Madeira cabreúva	9,80	980
Concreto armado	25,00	2.500
Concreto simples	24,00	2.400
Angico	10,50	1.050
Água	10,00	1.000

1 kN/m$^3 \cong$ 100 kgf/m^3

1 N $\cong$ 0,1 kgf

24 Concreto armado eu te amo

A fórmula que relaciona peso específico (γ), peso (P) e volume (V) é:

$$\gamma = \frac{P}{V} \qquad ou \qquad P = \gamma \times V \qquad ou \qquad V = \frac{P}{\gamma}$$

ACOMPANHEMOS OS EXERCÍCIOS

1. Qual o peso de uma peça de cabreúva de 2,7 m^3?

   Da fórmula $P = \gamma \times V \Rightarrow P = 9,80$ kN/m^3 $\times 2,7$ m$^3 = 26,46$ kN

2. Qual o peso de uma peça de ferro de 15,8 m^3?

   Da fórmula $P = \gamma \times V \Rightarrow P = 78,50$ kN/m^3 $\times 15,8$ m$^3 = 1.240,3$ kN

3. Qual o volume de uma peça de cedro que pesou 17 kN?

   Da fórmula $V = \dfrac{P}{\gamma} \quad \Rightarrow \quad V = \dfrac{17}{5,4} = 3,15$ m^3

4. Qual o volume de uma pedra de granito que pesou 6 kN?

   Da fórmula $V = \dfrac{P}{\gamma} \quad \Rightarrow \quad V = \dfrac{6}{27} = 0,22$ m^3

5. Qual o peso específico de um pedaço de madeira que pesou 24 kN, tendo um volume de 4,2 m^3?

   Da fórmula $\gamma = \dfrac{P}{V} \quad \Rightarrow \quad \gamma = \dfrac{24}{4,2} = 5,71$ kN/m^3

   Pelo peso específico achado (5,71 kN/m^3), essa madeira deve ser cedro. Cabreúva não é, pois seu peso específico (densidade) é 9,80 kN/m^3.

6. Qual o peso específico de uma madeira que apresentou, em uma peça, um peso de 21 kN para um volume de 2 m^3?

   Da fórmula $\gamma = \dfrac{P}{V} \quad \Rightarrow \quad \gamma = \dfrac{21}{2} = 10,5$ kN/m^3

   Pelo peso específico (10,5 kN/m^3), a madeira pode ser angico.

7. Qual o peso de uma laje de concreto armado que tem 30 cm de altura por 5 m de largura e 4,20 m de comprimento? Façamos o desenho:

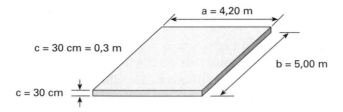

O volume da laje é:

$$V = a \times b \times c = 4{,}20 \times 5{,}00 \times 0{,}3 = 6{,}30 \text{ m}^3$$

O peso específico do concreto armado é de 25 kN/m^3. Logo, o peso pela fórmula é: $P = \gamma \times V = 25 \text{ kN/m}^3 \times 6{,}30 \text{ m}^3 = 157{,}5 \text{ kN}$.

1.3 CÁLCULO E TABELA DE PESOS POR ÁREA

Vimos, na aula 1.2, os métodos para uso do peso específico (peso por volume). Semelhantemente, agora, vamos ver o conceito de peso por área (P_A).[*]

Para carregamentos que têm altura relativamente constante (tacos, tijolos, telhas), podemos usar o conceito de peso por área, já que a altura não varia muito na prática.

Assim, por exemplo, o pavimento de tacos (com argamassa) tem o peso por área de 0,65 kN/m^2, enquanto o soalho de madeira tem um peso por área de 0,15 kN/m^2.

A fórmula que relaciona peso por área, peso (P) e área (A) de uma peça é:

$$P_A = \frac{P}{A} \quad \text{ou} \quad P = P_A \times A \quad \text{ou} \quad A = \frac{P}{P_A}$$

Vamos aos exemplos:

1. Qual o peso que se transmite a uma laje, se esta for coberta por uma área de 5,2 × 6,3 m de ladrilho? O peso por área desse material é de 0,7 kN/m^2.

   Da fórmula: $P = P_A \times A = 0{,}7 \text{ kN/m}^2 \times 5{,}2 \text{ m} \times 6{,}3 \text{ m} = 22{,}93 \text{ kN}$

2. Qual o peso por área de um soalho de tábuas, macho e fêmea, sobre sarrafões de madeira de lei, incluindo enchimento e laje de concreto, tendo uma área de 110 m^2 e transmitindo um peso de 314 kN?

$$P_A = \frac{P}{A} = \frac{314}{110} = 2{,}85 \text{ kN/m}^2$$

---

[*] P_A = peso por área, pode ser chamado de carregamento ou ainda de carga acidental. O símbolo de área é A.

1.4 O CONCRETO ARMADO: O QUE É?

Os antigos utilizavam à larga a pedra como material de construção,[*] seja para edificar suas moradias, seja para construir fortificações, para vencer vãos de rios, ou para construir templos onde se recolhiam para tentar buscar o apoio de seus deuses. Uma coisa ficou clara: a pedra era ótimo material de construção; era durável e resistia bem a esforços de compressão (quando usada como pilares). Quando a pedra era usada como viga para vencer vãos de médio porte (pontes, por exemplo), então surgiam forças de tração (na parte inferior) e a pedra se rompia. Por causa disso, eram limitados os vãos que se podiam vencer com vigas de pedra. Observações para quem ainda não saiba: comprimir uma peça é tentar encurtá-la (aproximar suas partículas), tracionar uma peça é tentar distendê-la (afastar suas partículas), cisalhar é tentar cortar uma peça (como cortar manteiga com uma faca).

Vejamos um exemplo dessa limitação. À esquerda, um vão pequeno que gera pequenos esforços. Ao lado, na figura da direita, temos um grande vão onde os esforços são grandes, exercendo compressão na parte de cima da viga e a tendência à distensão na parte de baixo desta viga.

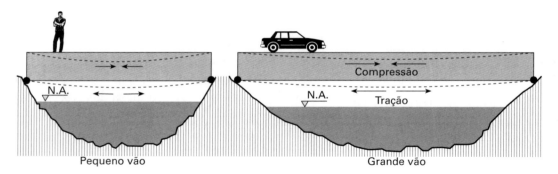

Observação: As deformações (linhas tracejadas) neste desenho estão exageradas (função didática).

Vejamos, agora, a situação em cada caso correspondente às ilustrações acima.

Pequeno vão. No meio da viga, surgem esforços internos, em cima de compressão e embaixo de tração. Como o vão é pequeno, os esforços são pequenos e a pedra resiste.

Grande vão. Para os vãos maiores, os esforços de compressão e os de tração crescem. A pedra resiste bem aos de compressão e mal aos de tração. Se aumentar o vão, a pedra rompe por tração.

Os romanos foram mestres na arte de construir pontes de pedra em arco. Se não podiam usar vigas para vencer vãos maiores, usavam ao máximo um estratagema, o

---
[*] Nos dias atuais, isso persiste, por exemplo, em S. Thomé das Letras, sul de Minas Gerais e em algumas cidades do Nordeste onde aflora o terreno rochoso.

uso de arcos, onde cada peça de pedra era estudada para só trabalhar em compressão, como se vê na ilustração a seguir.

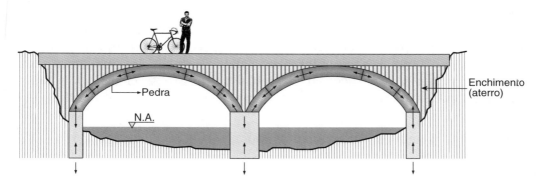

Procure sentir que todas as pedras, devido à forma da ponte em arco, estão sendo comprimidas, e aí elas resistem bem. A explicação de como essas peças de pedra só funcionam à compressão é dada em outra aula (Aula 12.2).

Para se vencer grandes vãos, os antigos eram obrigados a usar múltiplos arcos. Vê-se que essas eram limitações da construção em pedra.

Quando o homem passou a usar o concreto (que é uma pedra artificial através de ligação pelo cimento, de pedra, areia e água), a limitação era a mesma. As vigas de eixo reto eram limitadas no seu vão pelo esforço de tração máximo que podiam suportar, tração essa que surgia no trecho inferior da viga.

Em média, o concreto resiste à compressão dez vezes mais que à tração. Uma ideia brotou: por que não usar uma mistura de material bom para compressão na parte comprimida e um bom para tração na parte tracionada? Essa é a ideia do concreto armado. Na parte tracionada do concreto, mergulha-se aço e, na parte comprimida, deixa-se só concreto (o aço resiste bem à tração). Assim, temos a ideia da viga de concreto armado.

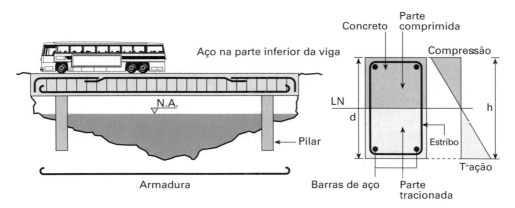

Observação: LN – Linha Neutra: nem tração nem compressão.

A armadura superior da viga e os estribos serão explicados ao longo deste livro.

Notamos que as barras de aço não ficam soltas, e sim amarradas, como que soldadas ao concreto da viga na sua parte inferior (essa solidariedade é fundamental). Dependendo das condições de solicitação e cálculo de viga, e sem maiores problemas de segurança, a parte inferior do concreto da viga chega a fissurar (trincar, fala-se de fissuras no limite de perceptibilidade visual)[*] sem maiores problemas, já que quem está aguentando aí é o aço, e o concreto já foi (a parte tracionada do concreto trincou). Na parte superior, o concreto galhardamente resiste em compressão (sua especialidade).

Numa viga de muitos tramos (muitos vãos), onde as solicitações de tração são por vezes nas partes inferiores e às vezes nas partes superiores, o aço vai em todas as posições onde há tração, como no exemplo a seguir:

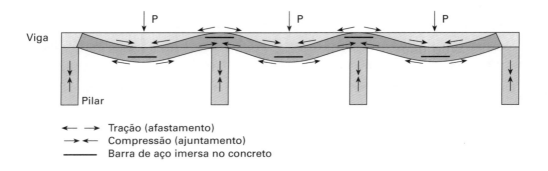

Observa-se que as deformações das vigas estão mostradas exageradas no desenho, tendo apenas o objetivo de melhor esclarecer.

Nota-se que nos pontos onde as partículas da viga tendem a se afastar (tração ← →), colocamos barras de aço. Nos trechos das vigas onde as partículas tendem a se aproximar (compressão → ←), não há necessidade de colocar barras de aço (embora às vezes se usem).

Dissemos que não há necessidade de usar aço na parte comprimida das estruturas. Devido aos conceitos que introduziremos mais tarde (módulo de elasticidade do aço comparado com o do concreto), o aço é um material mais "nobre" que o concreto e o uso do aço na parte comprimida do concreto economiza bastante área de concreto, tornando mais esbeltas as estruturas.

Assim, como veremos mais adiante, para se vencer um vão de cinco metros com uma carga de 30 kN/m, usando-se uma viga de concreto armado, teremos as seguintes soluções, conforme sejam as dimensões da viga. Concreto fck = 20 MPa, aço CA-50.

---

[*] Fissuras de ordem de 0,2 a 0,4 mm. Ver NBR 6118, item 13.4.2, p. 79 da norma.

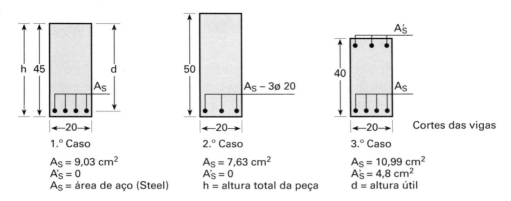

Notemos que no 1.º caso, onde temos uma altura de 45 cm, usamos $A_s = 9{,}03\ \text{cm}^2$ como armadura. Quando, no 2.º caso, temos maior altura (50 cm), a área de aço pode diminuir para $A_s = 7{,}63\ \text{cm}^2$. Quando, no 3.º caso, reduzimos a altura da viga para 40 cm, temos que "ajudar" o concreto no trabalho à compressão com $A'_s = 4{,}8\ \text{cm}^2$ e $A_s = 10{,}99\ \text{cm}^2$.

Nas vigas de prédio, e quando do cálculo, usando armadura inferior, chegamos a alturas demasiadas e que criam problemas com a arquitetura; podemos tirar partido de colocar aço na parte comprimida do concreto. O aço, sendo mais nobre, alivia a parte comprimida do concreto, o que resulta em menores alturas das vigas. Voltaremos com mais detalhes em outras aulas. As vigas com dupla armação chamam-se duplamente armadas (lógico, não?). Também por razões que se verão mais adiante, devemos afastar ao máximo o aço do eixo horizontal de sistema de simetria da viga.

Analogamente, nos pilares, o aço é colocado o mais perifericamente possível.

Fica uma dúvida. Não se usam mais, hoje em dia, estruturas de concreto simples, ou seja, estruturas de concreto sem aço? Há casos de utilização.[*] Um exemplo de estruturas de concreto simples são alguns tubos de concreto de água pluvial de diâmetros pequenos. Os esforços do terreno neles geram, em geral, só esforços de compressão.

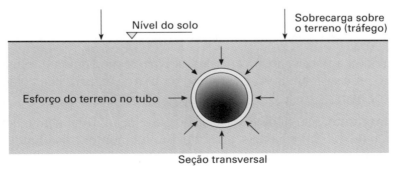

---

[*] Na Região Sul do Brasil, constroem-se casas usando exclusivamente blocos de concreto simples. Somente no espaldar da casa (topo das paredes) é que se usam barras de aço formando cintas e nas vergas sobre aberturas (janelas e portas) nas alvenarias.

O tubo de concreto simples (sem armadura) resiste aos esforços externos que são de compressão. Portanto, não há necessidade de armadura, já que não há, a rigor, esforços de tração.

Claro que essa estrutura de concreto simples tem pequena resistência aos recalques do terreno. Se existirem recalques diferenciais (recalque grande em um ponto e pequeno em outro), o tubo funcionará como viga e, daí, quem resiste à tração na parte inferior? O tubo pode então se romper. Colocamos então armadura no concreto. São os tubos de concreto armado.

Vejamos esse exemplo da seção longitudinal do tubo:

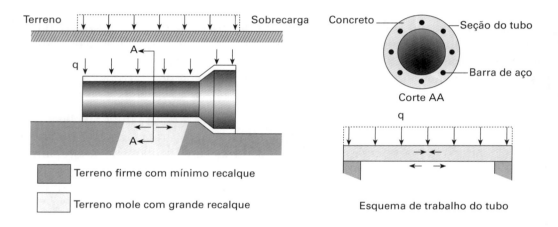

Nesses casos, a armadura do tubo seria necessária para vencer os efeitos da tração na parte inferior do tubo, já que temos, na prática, uma pequena viga.

Conclusão:

Uma estrutura de concreto armado (lajes, vigas, pilares, bancos de jardim, tubos, vasos etc.) é uma ligação solidária (fundida junto) de concreto (que nada mais é do que uma pedra artificial composta por pedra, areia, cimento e água), com uma estrutura resistente à tração, que, em geral, é o aço.

Normalmente, a peça tem só concreto na parte comprimida e tem aço na parte tracionada. Às vezes, alivia-se o concreto da parte comprimida, colocando-se aí umas barras de aço.

O aço, entretanto, não pode estar isolado ou pouco íntimo com o concreto que o rodeia. O aço deve estar solidário, atritado, fundido junto, trabalhando junto e se deformando junto e igualmente com o concreto.

Quanto mais atrito tivermos entre o concreto e o aço, mais próximos estaremos do concreto armado. Existem vários tipos de aço com saliências, fugindo de superfícies lisas, exatamente para dar melhores condições de união do aço e concreto.

Para explicar melhor por que aparecem trações (afastamentos) e compressões (encurtamentos) exageremos a deformação que ocorre em uma viga de pedra (ou de qualquer material), quando recebe um esforço vertical.

O aluno pode (deve) fazer um exemplo de viga, usando borracha, régua de plástico etc.

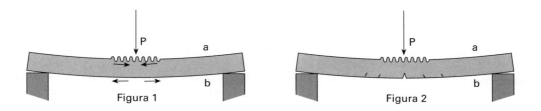

Figura 1   Figura 2

Notar que, na borda a (Figura 1), há um encurtamento (zona comprimida) e, na borda b, há uma distensão (zona tracionada). Alguns materiais resistem igualmente bem tanto ao encurtamento como ao alongamento (distensão, tração), como, por exemplo, o aço e a madeira.

A pedra, que nada mais é do que o concreto natural, resiste bem à compressão e muito mal à tração, ou seja, quando os vãos das pontes eram grandes ou as cargas eram grandes, a pedra se rompia, pelo rompimento da parte inferior (Figura 2). Notemos que nas vigas de concreto armado podem aparecer fissuras na parte inferior da viga, indicando que o concreto já foi. Não há problema, pois aí quem resiste é o aço.

Nota: pela norma NBR 6118, item 3, p. 4:

- estrutura de concreto armado usando concreto e armadura passiva (quando a estrutura recebe cargas);
- estrutura de concreto simples, só concreto sem armadura ou com pouca armadura.

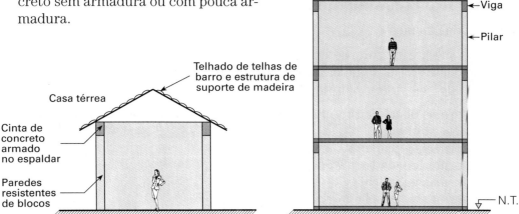

CUSTOS DAS ESTRUTURAS DE CONCRETO

A *Revista Construção e Mercado* de junho de 2013 dá os seguintes custos parciais da estrutura de concreto para uma construtora. Para entregar essa estrutura de concreto armado como seu produto ao cliente, a construtora deve acrescer ao preço de custo o BDI, ou seja, Benefícios e Despesas Indiretas.

Assim:

Preço de venda para o cliente = Preço de custo para a construtora + BDI

Como média: BDI = 35% do preço de custo para a construtora.

Estrutura de concreto armado *Preços de custo para a construtora – Junho/2013*	
Especificação	Custo unitário por 1 m^3 de concreto
Concreto fck 25 MPa	R$ 378,34
Armadura CA50 – 100 kg/m^3	R$ 659,70
Formas de chapa de madeira[*]	R$ 612,91
Lançamento e aplicação	R$ 37,37
Total	R$ 1.688,31

Esses custos incluem: materiais, mão de obra com leis sociais, equipamentos etc. [*] média de 12 m^2/m^3 de concreto.

Portanto, o preço de venda da construtora para o cliente final será R$ 1.688,31 × × 1,35 = R$ 2.279,21 para cada 1 m^3 de concreto fornecido e lançado na obra pela construtora.

ASSUNTOS

1. Formas e escoramento

Material das formas

Para que a estrutura de concreto armado venha a ter o formato desejado, é necessário usar formas que dão forma ao concreto. Atualmente, as formas mais comuns são dos seguintes materiais possíveis:

- formas de madeira – chapa plastificada, espessuras a escolher de 10, 12, 15 e 18 mm;
- formas de madeira – chapa resinada;
- formas de madeira – chapa tipo naval;
- formas metálicas;
- formas de papel cilíndricas;
- formas de plástico.

O critério de escolha do tipo de material das formas leva em conta, entre outros critérios, custos iniciais e possibilidades de reúso.

Escoramento:

- estruturas de madeira:
- estruturas de aço.

Sequência de atividades:

- constroem-se as formas e sua estrutura de apoio, que é o escoramento;
- colocam-se as armaduras nas formas;
- produz-se ou compra-se o concreto;
- o concreto é lançado nas formas;
- o concreto é vibrado e sofre cura, ganhando resistência e forma definitiva nas formas;
- após certo tempo (7, 14, 28 dias), parte do escoramento é retirada;
- após certo tempo, as formas são retiradas;
- após certo tempo, o escoramento é retirado.

2. O concreto e suas características

O concreto é a união de pedras, areia, cimento e água. Às vezes, usam-se adicionalmente produtos químicos (aditivos).

A primeira qualidade do concreto é sua resistência à compressão.

Especificamente em relação ao material concreto, sua principal característica é sua resistência à compressão, e isso é governado por duas características principais:

- teor de cimento por m^3 de concreto;
- relação água/cimento da mistura.

O concreto, quando de sua produção, é uma massa sem forma (quase fluida), e deverá ocupar o espaço interno nas formas, competindo, assim, em termos de ocupação do espaço, com a armadura interna às formas.

Para um concreto ocupar bem as formas, ele tem de ter plasticidade (trabalhabilidade). Consegue-se isso com a seleção dos tipos de pedra, do teor de água da mistura e, eventualmente, com o uso de aditivos químicos. A trabalhabilidade do concreto antes de ser lançado nas formas pode ser medida pelo teste do abatimento do cone (*slump test*).

Se pusermos muita água na mistura do concreto com o objetivo de aumentar sua plasticidade, isso pode diminuir a resistência e durabilidade da estrutura. Mas se pusermos mais água, uma maneira de compensar isso, sem a perda de resistência à compressão, será adicionar mais cimento. Isso aumenta o custo do concreto. O estudo da tecnologia do concreto procura resolver esses conflitos.

AULA 2

2.1 CÁLCULO E TABELA DE PESOS LINEARES – TABELA-MÃE

Para peças que têm seção constante (barras de aço, cordas de sisal etc.), o peso pode ser expresso por metro. Isso é válido para cada diâmetro.

Assim, as barras de aço usadas no concreto armado têm os seguintes pesos lineares:

Diâmetro ø (mm)	Peso linear (kgf/m)	Peso linear N/m
5	0,16	1,6
8	0,40	4,0
20	2,50	25,0
25	4,00	40,0

A fórmula do peso linear é:

$$P_{linear} = \frac{Peso}{Comprimento} = \frac{P}{L} \qquad ou \qquad L = \frac{P}{P_{linear}} \qquad ou \qquad P = L \times P_{linear}$$

PROBLEMAS:

1. Quanto pesam 3,7 metros de uma barra de 20 mm?
    Da fórmula: $P = L \times P_{linear} = 3,7 \text{ m} \times 2,50 \text{ kgf/m} = 9,25 \text{ kgf}$

2. Uma barra de aço de 25 mm tem o peso de 34 kgf. Qual é o seu comprimento?

    Da fórmula: $L = \dfrac{P}{P_{linear}} = \dfrac{34 \text{ kgf}}{4 \text{ kgf/m}} = 8,5 \text{ m}$

3. Qual a bitola de um aço que, tendo um comprimento de 7,8 m, pesou 18,75 kgf?

    Da fórmula: $P_{linear} = \dfrac{P}{L} = \dfrac{18,75 \text{ kgf}}{7,8 \text{ m}} = 2,4 \text{ kgf/m} = 24 \text{ N/m}$

    Pelo peso linear deve ser o aço de 20 mm de diâmetro.

Aula 2 **35**

COMPLEMENTO – TABELA-MÃE

A tabela que se seguirá será tão utilizada que será chamada de **Tabela-Mãe**.
Ela dá os diâmetros dos vários aços e suas áreas.

Norma NBR 7480/1996

Tabela T-2 – Tabela-mãe para aços												
Usos mais comuns	Diâme-tro ø (mm)	Peso linear (kgf/m) (10N/m)	Área das seções das barras A_s (cm^2)									
			Número de barras									
			1	2	3	4	5	6	7	8	9	10
Estribos e lajes	5	0,16	0,196	0,392	0,588	0,784	0,980	1,176	1,372	1,568	1,764	1,960
Estribos, lajes e vigas	6,3	0,25	0,315	0,630	0,945	1,260	1,575	1,890	2,205	2,520	2,835	3,150
	8	0,40	0,50	1,00	1,50	2,00	2,50	3,00	3,50	4,00	4,50	5,00
	10	0,63	0,80	1,60	2,40	3,20	4,00	4,80	5,60	6,40	7,20	8,00
	12,5	1,00	1,25	2,50	3,75	5,00	6,25	7,50	8,75	10,00	11,25	12,50
Vigas e pilares	16	1,60	2,00	4,00	6,00	8,00	10,00	12,00	14,00	16,00	18,00	20,00
	20	2,50	3,15	6,30	9,45	12,60	15,75	18,90	22,05	25,20	28,35	31,50
Estruturas maiores, p/ pilares	25	4,00	5,00	10,00	15,00	20,00	25,00	30,00	35,00	40,00	45,00	50,00
	32	6,30	8,00	16,00	24,00	32,00	40,00	48,00	56,00	64,00	72,00	80,00

Nota: tire uma cópia desta tabela e leia o livro com a cópia nas mãos. Isso facilitará sua vida.

ATENÇÃO

1) Quando saiu a primeira edição deste livro, em 1983, ainda vigorava na práti-ca, no mercado fornecedor de aço, o uso de diâmetros expressos no sistema de polegadas. Hoje, felizmente, usa-se nesse mercado o sistema métrico. E em homenagem ao Sistema Métrico, patrimônio da Humanidade, em homenagem às leis do país que exigem o sistema métrico, em obediência à NBR 7480 da ABNT, recomendamos aos leitores que, na sua vida profissional, usem a Tabela de Aço com as expressões métricas.

A correspondência entre as antigas medidas em polegadas e o sistema métrico é:

ø (")	3/16	1/4	5/16	3/8	1/2	5/8	3/4	1	1 1/4
ø (mm)	5	6,3	8	10	12,5	16	20	25	32

O cálculo da estrutura do prédio deste livro segue, nesta edição, as unidades métricas dos aços.

2) O projeto estrutural de um dos maiores prédios de estrutura de concreto ar-mado de São Paulo (mais de trinta andares) usou no máximo e nos pilares a armadura de 25 mm.

2.2 AÇÃO E REAÇÃO — PRINCÍPIOS

Aceitemos um postulado: "A cada ação (força) num corpo apoiado ocorre uma reação (força) no corpo que se apoia, de mesma intensidade, igual direção, mas de sentido inverso".

Uma pessoa que, na barra fixa, puxa para baixo a barra, se vê puxada para cima. *A ação é na barra* (para baixo), e *a reação é no corpo* (para cima), e o corpo sobe.

Uma peça de 1 kN apoiada no terreno recebe dele uma reação de 1 kN; esta é a reação do terreno que equilibra o peso e, então, essa peça fica estável. Se o terreno não puder reagir, o corpo afunda (recalca).

Imaginemos a ponte simplificada a seguir, que vence o vão de um rio suportando uma canalização de água:

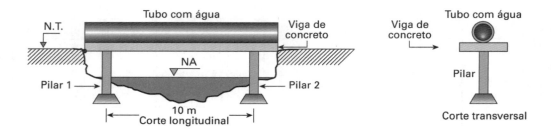

Admitimos que o conjunto viga, tubo e água, que passa dentro dele, pesa 24,50 kN/m. O peso total disso é:

$$P = 24{,}50 \text{ kN/m} \times 10 \text{ m} = 245 \text{ kN}$$

Logo, o peso desse conjunto (245 kN) dirigido para baixo deve ser suportado pelos dois pilares que receberão cargas iguais (a carga está sendo uniformemente distribuída, não havendo, pois, razão para se pensar que ocorram cargas diferentes nos pilares P-1 e P-2).

Tudo se passa como se fosse:

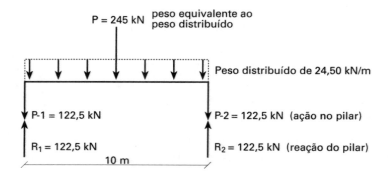

O peso da estrutura (245 kN) foi descarregado nos dois pilares com forças P-1 e P-2 tal que:

$$P-1 + P-2 = 245 \text{ kN}$$

Os pilares reagem nas vigas com as forças R_1 e R_2, que são

$$R_1 = \text{P-1} \Rightarrow R_1 = 122{,}5 \text{ kN}; R_2 = \text{P-2} \Rightarrow R_2 = 122{,}5 \text{ kN}$$

Notar que R_1 é igual a P-1 em intensidade, mas em sentido contrário.

Pelo princípio de ação e reação, se o pilar reage na viga com R_1 (ascendente), sobre o pilar age uma força P-1 inversa a R_1.

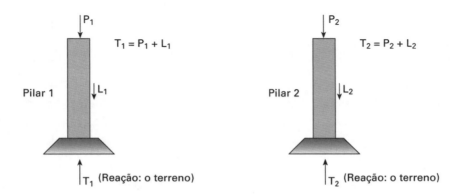

Para que os pilares fiquem estáveis, é necessário que o terreno atue sobre eles com forças T_1 e T_2 (ascendentes). T_1 não será igual a P-1, pois deve receber também o peso próprio do pilar (L-1), igualmente T_2 será igual a P-2 + L-2.

No final da história, todo o peso do tubo, da água, da viga e do pilar, tudo isso é transmitido ao terreno, que tem de reagir com T_1 e T_2. Se o terreno for forte, duro, rochoso, ele resiste (reage) com T_1 e T_2 e a estrutura estará estável. Se ele não puder reagir, ou seja, se ele não puder transmitir T_1 e T_2 aos pilares, a ponte pode afundar (recalcar).

Nota: entendam os símbolos didáticos e não matemáticos:

$$\rightarrow$$

ou

$$\Rightarrow$$

Eles significam: "portanto", ou "então", ou "conclue-se" etc.

2.3 MOMENTO FLETOR OU AÇÃO À DISTÂNCIA DE UMA FORÇA

Ao tentarmos girar uma barra encaixada em uma pedra, notamos que, quanto mais comprida (h) a barra, mais esforço de girar é transmitido ao encaixe (engastamento).

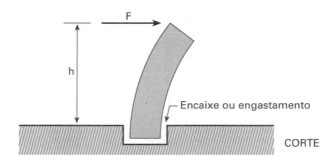

Ao tentarmos virar duas barras verticais iguais (mesmo comprimento h), mas em pontos mais distantes ou menos distantes de sua fixação, vemos que, para a mesma força F:

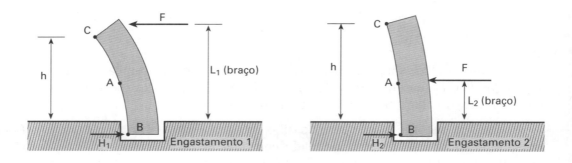

O esforço transmitido ao engastamento é maior para a distância L-1 (que é maior que L-2) e, quanto maior o braço, tanto maior o esforço no engastamento para virar; o engastamento resiste até o ponto em que rompe, e daí a peça gira nesse ponto.

Podemos quantificar essa ação de tentar virar como o produto "Força × Distância", e o chamaremos de momento fletor. Assim, se a força de 1 kN for aplicada a um braço de três metros, teremos um momento fletor de:

$$M = F \times L = 1 \text{ kN} \times 3 \text{ m} = 3 \text{ kNm}$$

A tendência a girar pode ser associada a um sentido de rotação. Assim, forças que tendem a girar a barra no sentido horário vão gerar momentos que, por *mera convenção*, serão positivos, e as que tendem a girar no sentido anti-horário vão gerar momentos negativos.

Assim, quando a mesma força F atua da direita para a esquerda, vai gerar no encaixe da figura, a seguir, um momento anti-horário (−), e quando F muda de sentido (quando atua da esquerda para direita) gera momentos no encaixe (+) horários.

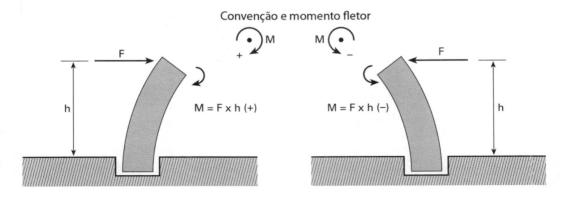

Abstraindo-nos do aspecto construtivo da barra e de sua fixação no encaixe, podemos representá-la como estando em equilíbrio face à ação de (*exemplo numérico*):

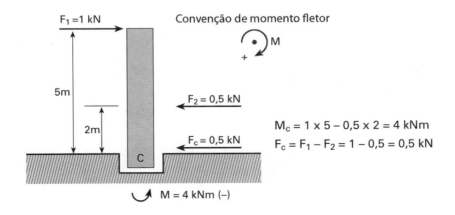

M é o momento resistente. Como o esquema de forças tende a girar o ponto C com um momento horário de 4 kNm, o ponto C não gira se o encaixe transmitir à viga um momento anti-horário (−) de 4 kNm.

Notemos que o momento fletor em C e a força F_c não existem independentemente. Eles são a reação do encaixe à tentativa de rotação e translação da barra. Cessada a ação de F_1 e F_2 cessam M e F_c.

As reações nos vínculos só existem também se o encaixe for resistente (forte). Se ele não puder reagir, ele quebra e a barra gira. A condição fundamental de equilíbrio é que a somatória de todos os momentos causados pelas forças de ação, forças de reação e dos momentos resistivos se anulem.

Se a mesma barra fosse simplesmente apoiada em C e não houvesse o encaixe, ela giraria (sentido horário) e andaria para direita (posição 2). Ver figura a seguir.

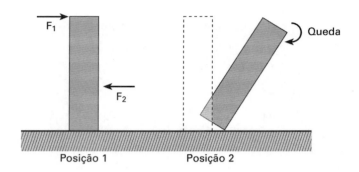

Assim, seja a barra que está sujeita a duas forças de sentidos opostos:

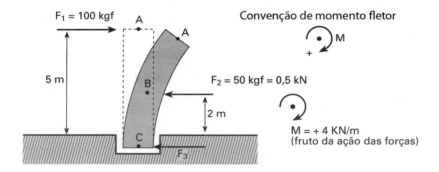

A força F_1 tenta girar a barra no ponto C (encaixe ou engastamento) em sentido horário, causando um momento em C que será:

$$M_1 = F_1 \times L = +\ 1\ \text{kN} \times 5\ \text{m} = +\ 5\ \text{kNm}$$

O momento em C causado pela força F_2 será (sentido anti-horário):

$$M_2 = -F_2 \times L = -\ 0{,}5\ \text{kN} \times 2\ \text{m} = -\ 1\ \text{kNm}$$

O momento total em C será:

$$M_c = M_1 + M_2 = +\ 5 - 1 = +\ 4\ \text{kNm}$$

Conclui-se que há uma tendência externa para a barra girar em C no sentido horário (+) de 4 kNm. Mas C não gira, pois está engastado (encaixe), este transmite à barra um momento reativo de – 4 kNm. Se a estrutura não reagisse com esse momento, o ponto C giraria, quebrando o engastamento. É a mesma coisa que girar um parafuso com uma alavanca lateral. Enquanto o momento de giro for menor que a resistência de fixação do parafuso (atrito de fixação), o parafuso não gira; ao se aumentar o momento (seja através do aumento de força, seja através do aumento do braço), a fixação do parafuso não consegue opor um outro momento contrário, e daí o parafuso gira, rompendo o vínculo. A partir da quebra do vínculo, tudo fica fácil.

Todos nós sabemos que o difícil é um parafuso bem apertado girar um pouco. Girou um pouco, depois gira fácil (foi-se o vínculo).

A barra, vista no esquema anterior, só é estável (não gira quebrando o vínculo) porque, no engastamento, a estrutura transmite à barra um momento resistente igual e contrário em sentido ao momento solicitante e transmite uma força $F_c = F_1 - F_2$.

2.4 APRESENTAMOS O PRÉDIO QUE VAMOS CALCULAR — ESTRUTURAÇÃO DO PRÉDIO[*]

A seguir, temos o prédio que iremos calcular, tim-tim por tim-tim.

Nada deixará de ser calculado. É um prédio de três pavimentos mais térreo e que tem andares típicos, cada um com cerca de 90 m². A arquitetura é pobre, mas desculpem-nos, pois os professores do curso só são engenheiros, não arquitetos.

Nas páginas a seguir, a perspectiva estrutural e vários desenhos do nosso prédio:

---

[*] Não deixe de ler o "Como estruturar uma edificação de concreto armado", item 11 do Volume 2 desta coleção.

42   Concreto armado eu te amo

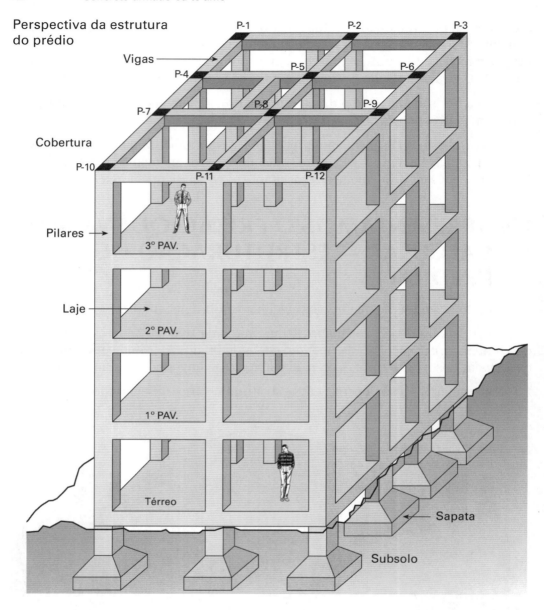

Perspectiva da estrutura do prédio que vamos calcular. A estrutura do prédio é composta por:

- lajes maciças de concreto armado;
- vigas de concreto armado;
- pilares de concreto armado;
- alvenaria de fechamento de divisão interna da alvenaria de tijolos, blocos de concreto sem função estrutural;
- sapatas maciças de concreto armado;
- concreto fck = 25 MPa e aço CA50;
- tudo obedecendo à norma de projeto NBR 6118/2014 da ABNT.

Aula 2 **43**

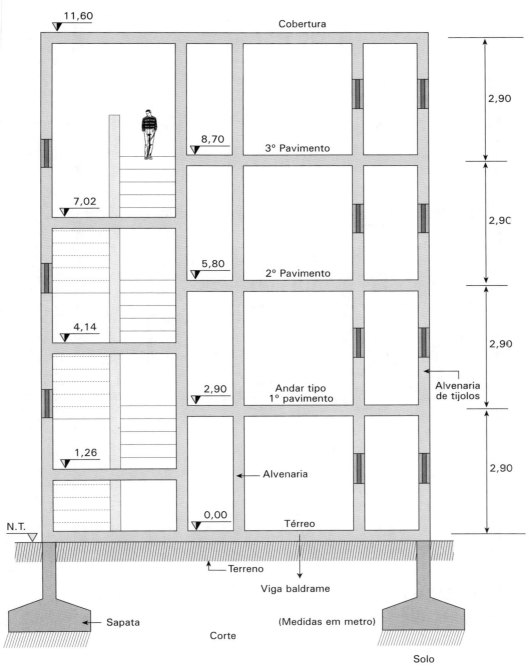

Nota: a viga baldrame só recebe cargas (pesos) da alvenaria do andar térreo.

PLANTA DO APARTAMENTO

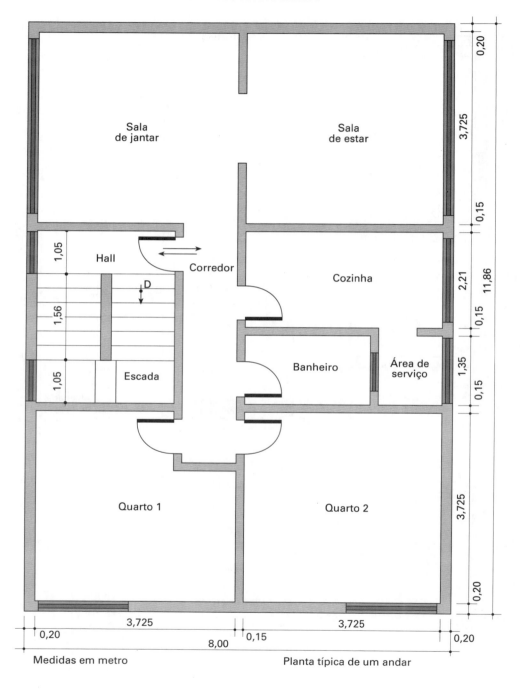

Medidas em metro — Planta típica de um andar

Aula 2   **45**

PLANTA DE FORMAS

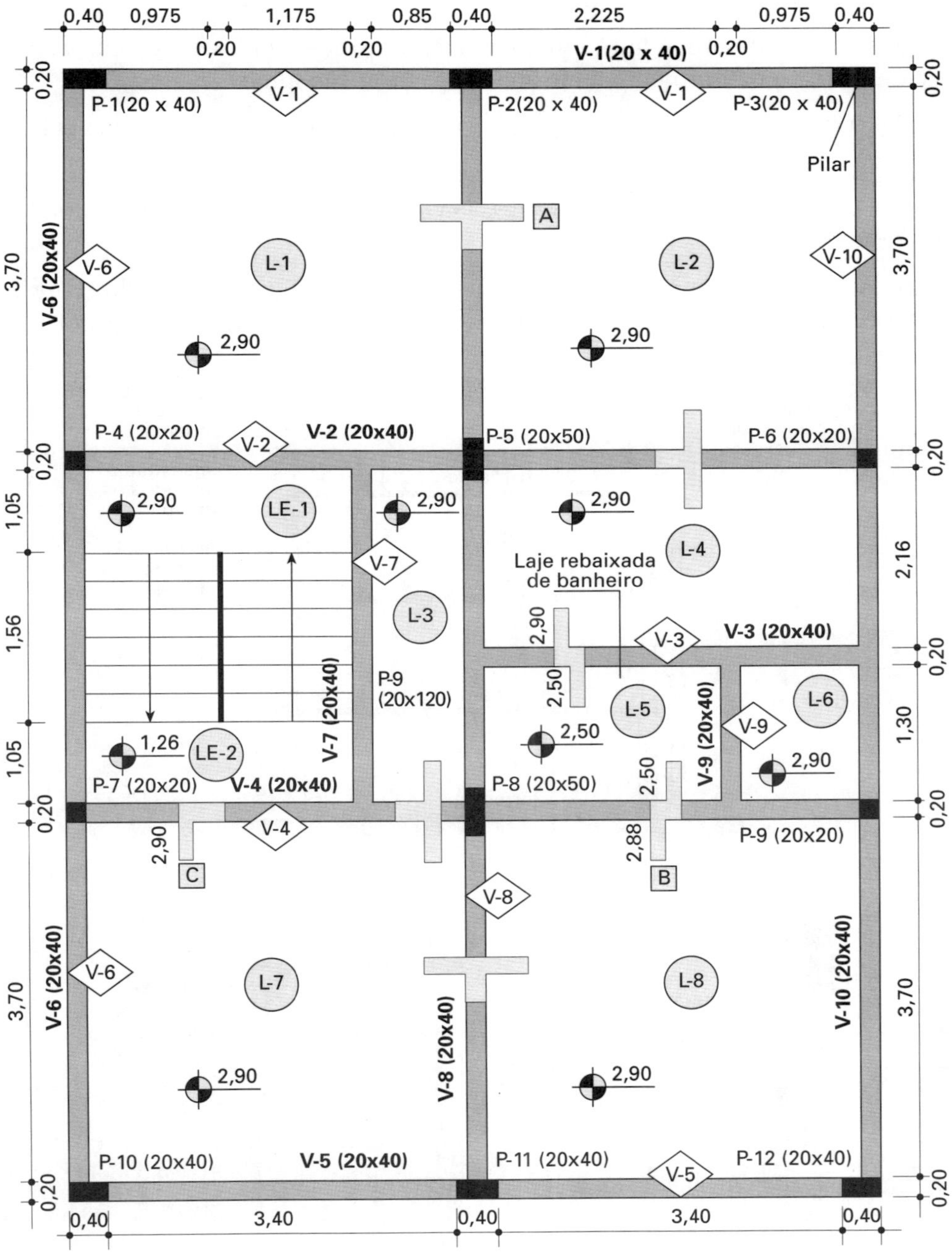

Nota: (1) para todas as vigas deste prédio usou-se a seção padrão 20×40 cm. Em alguns casos poderíamos usar 20×30 cm. A largura de 20 cm está ligada à espessura da alvenaria. A altura das vigas com valores entre 30 cm e 40 cm é opção do projetista estrutural. (2) para entender a simbologia Ⓐ, Ⓑ e Ⓒ, ver p. 47.

Entenda-se como se imagina que responde "aproximadamente a obediente estrutura de concreto armado" à "hipótese de projeto e cálculo".

1) Todas e cada uma das lajes, andar por andar, recebem a mesma carga (carga acidental) e, portanto, têm a mesma espessura; são iguais.
2) As lajes descarregam seu peso próprio mais as cargas acidentais nas vigas.
3) As vigas ainda suportam, além das cargas enviadas pelas lajes, o peso da alvenaria e o peso próprio da viga; portanto, as vigas correspondentes são iguais andar por andar.
3) Os pilares, andar por andar, recebem as cargas das vigas e o peso do próprio pilar e, assim, as cargas que esforçam os pilares são crescentes, andar por andar.

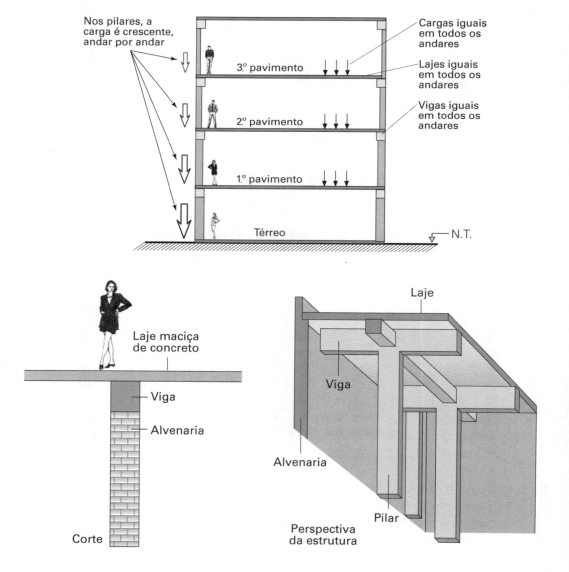

Simbologia da p. 45.

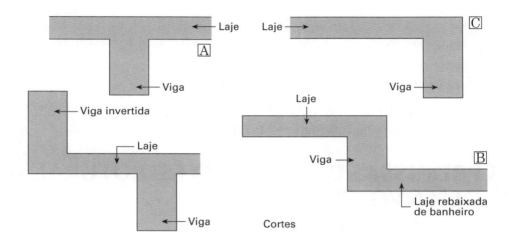

Para entender o lançamento (concepção) da estrutura, ver o volume 2 da coleção Concreto Armado Eu te Amo.

Vale sempre a Regra de Ouro:

> "O projetista estrutural e o profissional de instalações (hidráulica, eletricidade, ar-condicionado etc.) têm de conversar sempre com o arquiteto, portando todos os documentos de projeto e suas modificações e evoluções, tudo isso, etapa por etapa, e com os acordos prévios devem ser obedecidos por todos. Fazer atas de reunião."

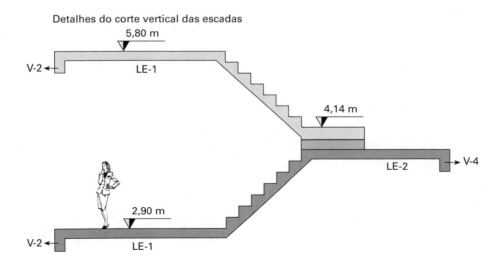

48 Concreto armado eu te amo

Como este é um livro para quem se inicia no mundo do concreto armado, vamos dar ideias aproximadas de *dimensões possíveis*:

- laje – espessura de 5 cm a 10 cm, sendo comum 7 cm;
- vigas – seção transversal de 20 cm × 30 cm, 20 cm × 40 cm ou 20 cm × 50 cm;
- pilar – seção transversal de 20 cm × 40 cm;
- pé-direito – 2,50 m;
- espessura da parede de alvenaria – 20 cm.

Com o desenvolver dos cálculos, essas dimensões poderão se alterar.

2.5 PREMISSAS DO PROJETO ESTRUTURAL — DESENVOLVIMENTO

Pela importância, se repete:

Agora começamos a projetar o nosso predinho. As premissas são:

- Estrutura de concreto armado com lajes maciças, vigas e pilares de seção retangular, prédio com quatro andares tipo (térreo mais três pavimentos) (arquitetura igual, mesmas cargas acidentais).

- A alvenaria é de tijolos/blocos e não tem função estrutural (embora dê sua ajuda na rigidez do prédio) e essa alvenaria deve estar amarrada (para não cair lá para baixo) às lajes, vigas e pilares.

- Face à altura reduzida do prédio (quatro andares) (e também pelo fato de existir alvenaria) poderemos não levar em conta a ação do vento. Se fosse um prédio de escritórios com paredes de vidro, a rigidez seria muito menor.

- Face às sondagens geotécnicas do terreno, o engenheiro especialista de fundações recomendou como fundações o uso de sapatas maciças centradas.

  O lençol freático (nível de água no terreno) é baixo, não interferindo com as escavações das sapatas.

- O prédio está no meio de um grande terreno, não havendo problemas de sapatas invadirem o terreno do vizinho.

- O local, do ponto de vista de agressividade ambiental, é de baixa agressividade, e usaremos no concreto a preparar na obra, ou no concreto a comprar de firma concreteira, a relação água/cimento a/c $\leq$ 0,65 (item 7.4.2, p. 18 da NBR 6118).

- fck adotado 25 MPa – ver NBR 8953 – Classes do concreto.

- Aço CA50 – ver NBR 7480 – Aços para o concreto armado.

- Embora não rotineiro, os projetistas da estrutura de concreto armado devem fazer recomendações para o uso da alvenaria, mostrando detalhes de sua amar-

Aula 2   **49**

ração com a estrutura de concreto armado, detalhes de vergas em cima de janelas e portas. Havendo sacada (marquise), deve ser mostrada a amarração da alvenaria da sacada com o resto do prédio.

Nota: Verga, item 24.6.1, p. 205 da NBR 6118.

Detalhe: se tivesse havido um arquiteto na autoria do nosso projeto, muito com ele teríamos conversado e exigiríamos que qualquer mudança no projeto arquitetônico fosse, antes de feita, conversada com os calculistas da estrutura. Idem para o profissional de instalações de água, esgoto, águas pluviais e eletricidade. E tudo anotado em atas da reunião. Maus profissionais têm horror a atas de reunião.

Desenvolvimento

- As cargas acidentais (peso de pessoas, móveis etc.) se apoiarão nas lajes do prédio (ver nota 1).
- As cargas acidentais, o peso próprio das lajes e o peso das alvenarias são transmitidos às vigas. Chamemos essas cargas de *cargas de serviço*.[*]
- As *cargas* de serviço mais o peso próprio das vigas serão transmitidos aos pilares.
- As cargas nos pilares mais seus pesos próprios são transmitidos às sapatas.
- As cargas recebidas pelas sapatas, mais seus pesos próprios, chegam ao solo e aí se dissipam.

  Se tudo estiver certo, nas fundações (ver nota 2):

  - Acontecerão alguns pequenos recalques por igual no prédio.
  - Não acontecerá um colapso no solo.
  - Não acontecerão, ou serão mínimos, os recalques diferenciais.

  Notar que não existe a divisão rígida: prédio e solo. Depois de a obra pronta, toda a estrutura do prédio interage com o solo, e, se existir um ponto onde poderá ocorrer um recalque, a rigidez do prédio poderá impedir. Alguns pequenos recalques de acomodação poderão acontecer e aí a alvenaria pode ter pequenas fissuras.

Notas

1. a norma de projeto estrutural é a NBR 6118/2014, rev. 07/08/2014 da ABNT – Associação Brasileira de Normas Técnicas
2. cargas para cálculo de estruturas de edificação NBR 6120.
3. projeto e execução de fundações NBR 6122.

---

[*] As cargas acidentais e o peso próprio das lajes vão para as vigas e, daí, mais a alvenaria para os pilares. As cargas que geram o dimensionamento de lajes, vigas e pilares são as chamadas cargas de serviço.

AULA 3

3.1 APLICAÇÕES DO PRINCÍPIO DA AÇÃO E REAÇÃO

Já vimos na aula anterior que o princípio de ação e reação é aplicável a todas as estruturas que receberam cargas e estejam em equilíbrio. Esse princípio vale para todas as forças verticais, horizontais e inclinadas.

Vejamos alguns exercícios de cálculo de forças de reação, forças essas que, como vimos, não existem independentemente. Só ocorrem em reação, em resposta às forças ativas. Assim, ao arrastarmos um móvel no chão, temos de vencer a força de atrito. Ao cessar nossa ação de empurrar o móvel, este não sairá andando, empurrado pela força de atrito, que, então, não existe mais.

Seja a barra a seguir. Sobre esta barra agem uma força para a direita de 1 kN e outra para a esquerda de 0,5 kN, dando uma diferença de 0,5 kN para a direita. No vínculo C deve haver uma reação de 0,5 kN para o equilíbrio.

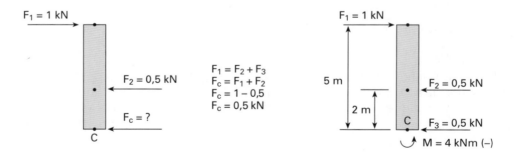

Imaginemos agora uma barra vertical que, soldada a uma peça, é puxada com força de 0,1 kN no ponto A, e no ponto B é empurrada com força de 0,02 kN.

Olhando a barra isoladamente, ela só não sai, não se desliga da estrutura, se puxar a barra com força:

$$F_3 = 0,1 - 0,02 = 0,08 \text{ kN} = 8 \text{ kgf}$$

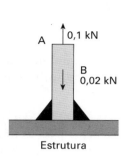
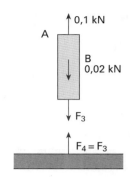

Pelo princípio de ação e reação, se a estrutura puxa a barra com 0,08 kN, a barra puxa a estrutura com $F_4 = 0,08$ kN.

Vejamos outro exercício:

Um senhor gordinho, que pesa 100 kgf = 1 kN, sobe em uma balança e segura um balão de gás, que só seguro é impedido de subir, graças a um esforço de 50 gf. Qual o peso indicado na balança?

A reação da balança no homem é (vertical para cima):

$$F = 100,00 - 0,05 = 99,95 \text{ kgf} = 0,9995 \text{ kN}$$

A ação do senhor gordinho e do balão na balança é de 0,9995 kN e vertical para baixo. Logo, olhando-se no medidor (escala) da balança, deve-se ler o peso de 0,9995 kN. Se não der, é que a balança está desregulada.

3.2 CONDIÇÕES DE EQUILÍBRIO DE ESTRUTURAS

Já vimos que, como resposta à ação de esforços externos (cargas atuantes e momentos), as estruturas de acordo com os seus vínculos reagem ou tentam reagir com forças e momentos fletores.

Para que uma estrutura seja estável, é necessário que:

1. A soma das cargas horizontais ativas e as horizontais reativas se iguale (se anule).
2. A soma das cargas verticais ativas e reativas se iguale (se anule).
3. A somatória dos cálculos dos momentos fletores (de rotação) para qualquer ponto da estrutura seja nulo.

Essas três condições serão conhecidas, neste livro, como as *"três famosas condições"*.

Imaginemos uma viga de madeira, apoiada em dois pontos (paredes de alvenaria), e que essa viga suporte um esforço não centrado de 5 kN, como é mostrado na figura a seguir.

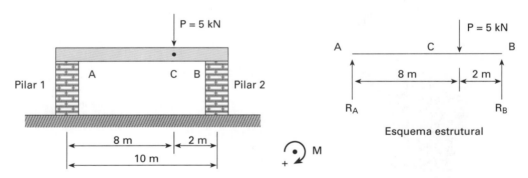

A estrutura de apoio reagiu com duas forças verticais ascendentes, R_A e R_B, tal que:

$$P = R_A + R_B \quad \text{então} \quad R_A + R_B = 500 \text{ kgf} = 5 \text{ kN}$$

Qual o valor de R_A e R_B (reações nos apoios)? Se a força P tivesse sido colocada no meio do vão, por simetria R_A seria igual a R_B e então $R_A = 2,5$ kN e $R_B = 2,5$ kN. Acontece que o peso P ficou mais perto de B que de A e, então, as reações são desiguais. Mostra a nossa experiência de vida que, nesse caso, R_B deverá ser maior que R_A. Vamos calcular R_A e R_B e verificar isso.

O ponto B e o ponto A não são engastados, portanto, sobre eles, a estrutura não transmite momento resistente. É o caso do apoio simples.

Podemos, pois, considerar (3.ª condição) que a somatória de todos os momentos de todas as forças ativas (P) e reativas $(R_A$ e $R_B)$, para qualquer ponto, deve dar zero, ou seja, $M_B = 0$.

Mas calculemos M_B pela definição, ou seja, o resultado da soma de todos os momentos causados por todas as forças atuantes.

$$M_B = +R_A \times 10 \text{ m} - 500 \text{ kgf} \times 2 \text{ m} + R_B \cdot 0 = 0$$
$$+ R_A \times 10 \text{ m} - 1.000 \text{ kgfm} = 0 \Rightarrow 10 \times R_A = 1.000 \text{ kgfm} = 10 \text{ kNm}$$

Logo:

$$R_A = \frac{1.000 \text{ kgfm}}{10 \text{ m}} = 100 \text{ kgf} = 1 \text{ kN} \qquad R_A = 1 \text{ kN}$$

Como

$$R_A + R_B = P \Rightarrow R_A + R_B = 500 \text{ kgf} \Rightarrow 100 + R_B = 500 \text{ kgf} = 5 \text{ kN}$$

logo:

$$R_B = 500 \text{ kgf} - 100 \text{ kgf} \Rightarrow R_B = 400 \text{ kgf} = 4 \text{ kN} \qquad R_B = 4 \text{ kN}$$

Já calculamos, pois, R_A e R_B. Vê-se, como a sensação mostra, que o ponto B é mais carregado (4 kN) do que o ponto A (100 kgf), devido ao peso (5 kN) estar mais perto de B do que de A. Poderíamos calcular R_B de outra forma. O momento em A também é nulo, $M_A = 0$. O momento em A é a soma dos momentos de todas as forças que agem na barra.

Logo,

$$M_A = 500 \text{ kgf} \times 8 \text{ m} - R_B \times 10 \text{ m} = 0$$
$$4.000 \text{ kgfm} = +10 \text{ m} \times R_B \Rightarrow R_B = \frac{4.000 \text{ kgfm}}{10 \text{ m}} = 400 \text{ kgf} = 4 \text{ kN}$$

Conclusão: o pilar 1 (A) recebe um esforço vertical, de cima para baixo, de 1 kN e reage com R_A de 1 kN para cima. O pilar 2 (B) recebe um esforço vertical, de cima para baixo, de 4 kN e reage com 4 kN para cima.

A estrutura só será estável se o terreno puder reagir com forças verticais (terreno firme). Se o terreno não puder reagir (terreno pantanoso, por exemplo), a estrutura não será estável e afundará.

EXERCÍCIOS

1. Calculemos agora os momentos fletores em três pontos de uma barra vertical.

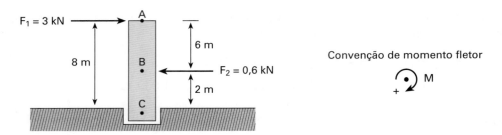

O momento fletor em A é nulo. Para calcular o momento fletor em B basta virmos caminhando de A para B.

$M_A = 0$
$M_B = + 3 \text{ kN} \times 6 \text{ m} = 18 \text{ kNm}$

O momento no ponto C causado pelas forças externas (ações) será:

$M_C = F_1 \times 8 \text{ m} - F_2 \times 2 \text{ m}$

Notar que F_2 introduz em C um momento fletor para girar C no sentido contrário (–).

$M_C = 300 \text{ kg} \times 8 \text{ m} - 60 \text{ kg} \times 2 \text{ m} = + 24 \text{ kNm} - 1,2 \text{ kNm}$
$M_C = 22,8 \text{ kNm}$

Logo, as forças externas tentam girar em C com uma grandeza (momento fletor) de sentido horário de 22,8 kNm. O ponto C só não girará se o engaste tiver capacidade (resistência) de transferir à viga, nesse ponto, um momento fletor resistente e anti-horário de 22,8 kNm. Pelo princípio de ação e reação, o engaste em C transfere também à viga uma força F_3:

$F_1 = F_2 + F_3 \quad$ logo $\quad F_3 = 3 - 0,6 = 2,4 \text{ kN}$

2. Consideremos agora uma barra de madeira engastada em uma parede e sujeita à ação das forças indicadas.

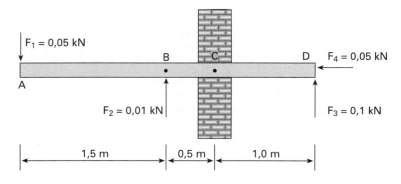

Temos agindo sobre a viga (e sobre a parede) forças verticais, horizontais e os consequentes momentos de cada força. Vejamos as forças:

- A soma de forças ativas horizontais é de 0,05 kN (força única) para a esquerda.
- A soma das forças ativas verticais é de 0,05 kN para baixo e 0,11 kN para cima.

A condição de equilíbrio (para a barra não se deslocar) é que a soma de todas as forças verticais se anule e a soma de todas as horizontais se anule. (1.ª e 2.ª condições). Não confundamos movimento (saída do local) com deformação. Sem dúvida que, sob o efeito de forças ou momentos, as estruturas se deformam (trabalham), mas não podem se movimentar (andar).

Logo, a parede deve transmitir forças horizontais e verticais (H_1 e V_1) tal que:

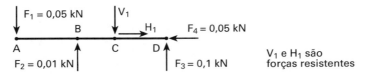

A primeira condição de equilíbrio é que as forças horizontais de sentido da direita para a esquerda sejam iguais às de sentido da esquerda para a direita,

$H_1 = F_4$ $H_1 = 0,05$ kN

A segunda condição de equilíbrio é que as forças verticais descendentes sejam iguais às verticais ascendentes, logo:

$F_1 + V_1 = F_2 + F_3$ temos que $0,05 + V_1 = 0,01 + 0,1$
$V_1 = 0,06$ kN $V_1 = 6$ kgf

Logo, conclui-se que, para essa barra ficar estável, a parede deve transmitir à barra as forças:

Ação da parede na viga: 0,06 kN ↓, 0,05 kN → em C

Reação da parede na viga: 0,06 kN ↓, 0,05 kN ← em C

A viga transmite à parede forças opostas, ou seja, face à ação das forças ativas na barra, a barra levanta a parede, com força de 6 kgf, e empurra a parede para a esquerda, com força de 5 kgf. Assim, agem na viga as forças:

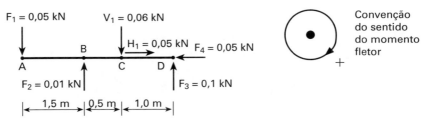

Convenção do sentido do momento fletor

Já conhecemos todas as forças que agem na viga e na estrutura. Calculemos, agora, os momentos fletores que atuam na barra e na parede. A parede está sendo tentada a girar no sentido anti-horário (ponto C), de acordo com os seguintes momentos:

$$M_C = -F_1 \times 2\text{ m} + F_2 \times 0,5\text{ m} - F_3 \times 1\text{ m}$$
$$M_C = -0,05\text{ kN} \times 2\text{ m} + 0,01\text{ kN} \times 0,5\text{ m} - 0,1\text{ kN} \times 1\text{ m}$$
$$M_C = -0,195\text{ kNm}$$

Conclusão: os esforços externos são tais que tentam girar a viga na sua união com a parede no sentido anti-horário com o esforço de 0,195 kNm.

A viga, na união com a parede, só não girará se a estrutura de encaixe puder reagir nesse ponto com um momento resistente (momento horário) de 0,195 kNm. Logo, a estrutura (barra) estável deverá ter a seguinte representação:

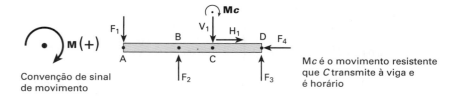

O momento horário $M = (-)0,195$ kNm (momento fletor atuante) só foi transmitido à barra pelo fato de a parede ter reagido com um momento horário de $M_R = 0,195$ kNm (em sentido oposto ao da barra).

Conclusão: ao se colocar essa barra nessa parede e com essas cargas, a parede é solicitada a se levantar com a força V_1; é solicitada a se deslocar para a esquerda com a força H_1; e é solicitada a girar no sentido horário de 0,195 kNm. A parede não se romperá se tiver capacidade de transmitir à viga tudo em oposição ao que recebeu (vingança, dirão alguns). Isso acontecendo, a parede não se rompe e a viga se equilibra.

3. Calcular os esforços na barra abaixo. Adotar peso próprio de 0,01 kN por metro centrado no meio.

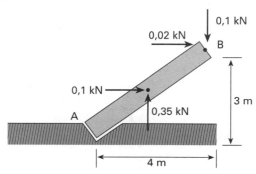

O comprimento da viga AB é $L = \sqrt{3^2 + 4^2} = 5$ m (Teorema de Pitágoras).

Como o peso linear é de 0,01 kN/m, o peso da barra é de 0,05 kN (localiza-se no centro de simetria). O esquema estrutural é:

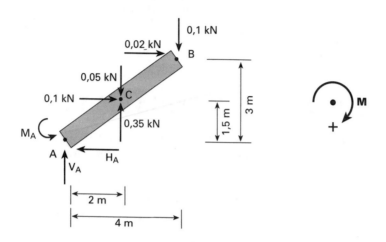

As forças V_A, H_A e o momento fletor resistente M_A são as reações do vínculo (encaixe) às solicitações externas.

Admite-se que exista o momento em A pelo fato de o vínculo em A impedir a rotação. Esse momento (por enquanto desconhecido) tanto pode ser horário (como indicado) como anti-horário. Igualmente, não conhecemos o sentido de V_A e H_A. Os cálculos dirão. As reações V_A, H_A e M_A são reações no vínculo A (engastamento).

$V_A = 10 + 5 - 35 = -20$ kgf   (*famosa segunda condição*)

Como V_A deu negativo, a sua orientação indicada é incorreta, ou seja: V_A deveria ser descendente, isto é, o vínculo puxa para baixo a barra (sem o vínculo, a barra tenderia a subir).

$H_A = 2 + 10 = + 12$ kgf   (*famosa primeira condição*)

O sentido de H_A está correto, as forças externas tendem a puxar a barra para a direita e o vínculo impede isso com a força H_A para a esquerda.

Apliquemos, finalmente, a *famosa terceira condição*.

$M_A = 10 \times 4 + 2 \times 3 + 10 \times 1{,}5 + 5 \times 2 - 35 \times 2$
$M_A = 40 + 6 + 15 + 10 - 70$
$M_A = + 1{,}0$ kgfm

Conclusão: as forças causam no engastamento (encaixe) em A um momento fletor horário de 1,0 kgfm. Logo, no ponto A na barra, o encaixe transmite um momento anti-horário (tende a girar ao contrário do relógio), ou seja, o ponto C está em equilíbrio ($M = 0$).

No ponto A na barra, os esforços trasmitidos pelo engastamento são:

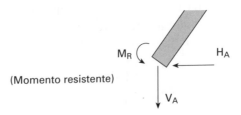

(Momento resistente)

3.3 VÍNCULOS NA ENGENHARIA ESTRUTURAL

Chama-se vínculo de uma estrutura cada restrição dessa estrutura ao seu giro, a um movimento vertical (para cima ou para baixo), ou a um movimento horizontal (para direita ou esquerda).

Uma barra lisa de madeira, apoiada em dois pontos bem lubrificados A e B como abaixo,

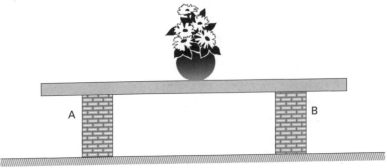

pode, se sujeita às forças externas, andar para a direita e para a esquerda e pode girar para o sentido horário em torno de A, e pode em torno de B girar no sentido anti-horário.

A barra pode subir no ponto A e no ponto B. A barra, todavia, não pode descer em A ou B (a estrutura de apoio não deixa). Essa estrutura é, portanto, estável, se receber um esforço vertical para baixo (e desde que ocorra em um ponto entre A e B), claro, dentro de limites, pois o solo pode ceder para esforços muito grandes.

Sejam as estruturas 1 a 2 a seguir, essa barra será instável se receber um esforço vertical para cima (ela sobe) ou um esforço horizontal (ela anda). Essa estrutura é instável (ela gira) se for aplicado um momento no meio (ela gira perdendo o contato com o ponto A ou com o ponto B).

Imaginemos agora vários tipos de apoio de estruturas:

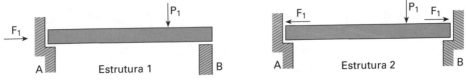

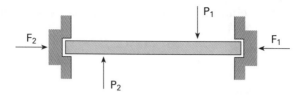

Estrutura 3 – Estável para qualquer tipo de esforço

A estrutura 1 é estável (tem vínculos) para esforços verticais descendentes e para os horizontais à esquerda. Essa estrutura não é estável para esforços verticais ascendentes e horizontais para a direita e não é estável para momentos anti-horários ou horários.

A estrutura 2 é estável, graças aos seus vínculos, a qualquer esforço horizontal e esforço vertical descendente.

A estrutura 3, graças aos seus vínculos, é estável para esforços verticais, horizontais e para os momentos fletores introduzidos.

Estamos falando qualitativamente de vínculos. Sem dúvida que, se as forças aplicadas forem enormes, os vínculos romper-se-ão. Será uma perda não pelo tipo do esforço, mas sim pela sua intensidade. Uma porta é uma estrutura instável:

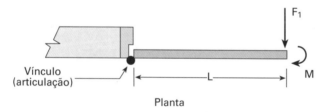

Planta

Observação: a articulação é o tipo de vínculo. No Viaduto Santa Efigênia, é um arco triarticulado.

Quando empurramos uma porta com força F_1, o vínculo não tem como se opor ao momento $F_1 \cdot L$, e a porta gira (estrutura não estável). Quando a porta se tranca, temos o esquema:

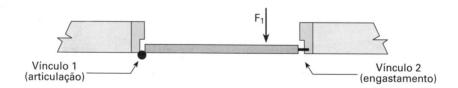

O vínculo 2 (engastamento pela solidariedade porta/parede) cria uma estrutura estável, pois pode reagir à força F_1. Claro que o vínculo 2 resiste a esforços moderados. Se F_1 crescer desmesuradamente, o vínculo quebra e a porta está arrombada.

Quando uma porta fechada à chave (com lingueta) é forçada, apresenta o seguinte esquema de resistência:

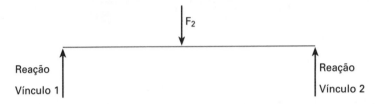

Neste nosso curso, chamaremos de *apoio simples* quando o vínculo permite reagir só com forças verticais. Esse apoio também é chamado de rolete ou carrinho. No apoio tipo *articulação*, são transmitidas à estrutura reações verticais e horizontais. No apoio engastamento, são transmitidos à estrutura esforços verticais, horizontais e momentos.

Sejam as barras a seguir e os seus tipos de vínculo:

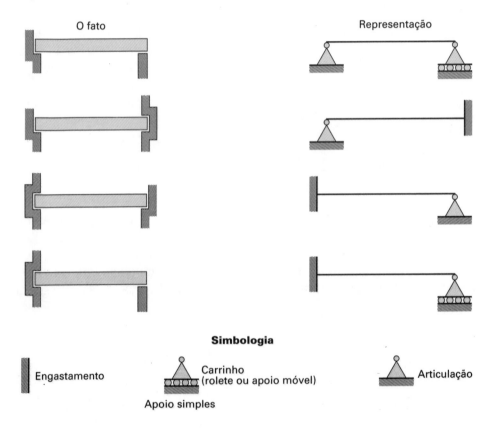

3.4 COMO AS ESTRUTURAS SOFREM, OU SEJA, APRESENTAMOS: A TRAÇÃO, O CISALHAMENTO, A COMPRESSÃO E A TORÇÃO — AS TRÊS FAMOSAS CONDIÇÕES

Já vimos que as estruturas que estão em equilíbrio têm de atender às **três famosas condições** necessárias (condições obrigatórias):

> Três famosas condições
>
> 1. *Todas as forças que atuam sobre a estrutura e as que reagem, medidas todas na horizontal, têm de se equilibrar (condição da estrutura não andar para a direita ou esquerda).*
>
> 2. *Todas as forças ativas (externas) que atuam sobre as estruturas e as que reagem, medidas todas na vertical, têm de se equilibrar (condição de a estrutura não subir ou descer).*
>
> 3. *Todos os esforços que atuam sobre a estrutura e os que reagem não podem fazer a estrutura girar (condição de que a estrutura não gire em nenhum ponto), ou seja, o momento fletor causado por todos os efeitos é nulo para qualquer ponto.*

Todas essas três condições dizem respeito às ações externas (peso, carga, vento), reações nos apoios e momentos externos aplicados. Todavia, a estrutura, ao receber os esforços, cria resistências internas. Assim, se puxarmos uma barra de aço pendurada no teto com a força P, a barra transfere a força P para o teto, às custas de seu material, ou seja, a barra tende a ter suas partículas afastadas umas das outras (tracionamento).

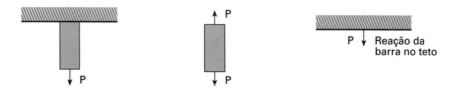

Há um limite de coesão interna após o qual a barra se rompe, ou seja, há um limite para P. Quando uma barra ou um cabo são submetidos a uma força que tende a afastar suas partículas, há um esforço interno de tração (alongamento, estiramento, afastamento etc.).

Um cabo de elevador é um exemplo de peça tracionada.

A força F é perpendicular à seção do cabo, tendendo a afastar cada partícula do cabo.

62 Concreto armado eu te amo

Quando a ação da força é para juntar, comprimir, apertar as partículas de uma barra, temos o esforço de compressão. Um pilar de prédio é um exemplo.

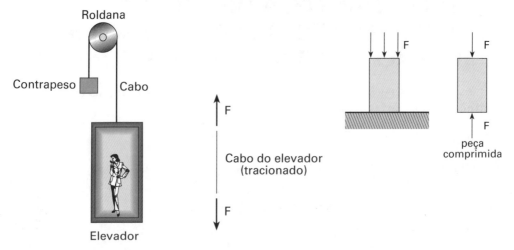

Se construirmos uma treliça, como a seguir, para sustentar a construção de uma ponte, o leitor saberá intuitivamente dizer quais as partes tracionadas (← →) e as comprimidas (→ ←) dela?[*]

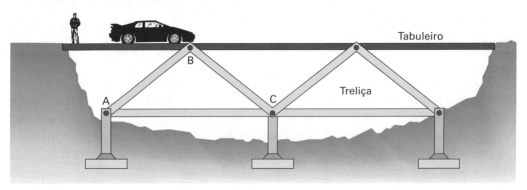

Consideremos agora um peso colocado na extremidade de uma corrente composta de argolas:

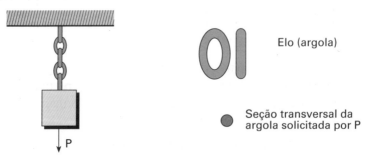

---

[*] Resposta: AB e BC estão comprimidas e AC está tracionada.

O peso P transmitido à argola faz com que haja uma tendência de romper a argola, ação de uma força paralela no plano da seção.

A força P é paralela à seção da argola. A argola na seção vertical está sendo cortada (como se corta pão) ou, em termo sinônimo, está sendo cisalhada (separação por um plano). Temos aqui um esforço de cisalhamento.

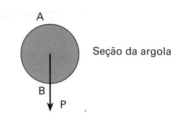

Seção da argola

Consideremos agora uma estaca, que está sendo cravada em um terreno. Há um grande esforço (força) distribuído em uma área pequena (como um prego sendo cravado em uma madeira). Temos aqui um esforço de *puncionamento* no terreno. Um cofre-forte colocado no meio de uma laje gera também esforços de *puncionamento*.

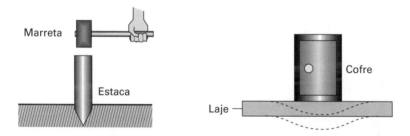

Consideremos agora uma viga de madeira de grande tamanho (viga A), na qual se prega uma prancha de madeira (prancha B) transversalmente, e, nessa madeira, se coloca um tijolo. Admitamos que a prancha B está fortemente pregada à viga por pregos.

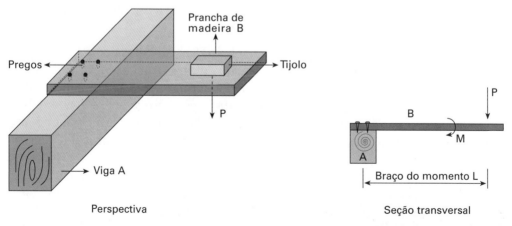

Perspectiva — Seção transversal

A viga de madeira (*A*) está sujeita, graças à força *P* e a sua distância (braço), a uma torção, ou seja, as partículas da viga são convidadas a se torcerem (momento de torção).

Se esse momento for demasiado, a viga pode romper.

Notemos que esse momento de torção é calculado como $T = P \times L$, ou seja, quanto maior o peso para uma mesma distância, maior o momento de torção. Se a distância fosse nula, então *P* estaria sobre a viga e não haveria torção.

Notemos que o momento de torção, que estamos introduzindo agora, age no plano paralelo à seção transversal de uma viga.

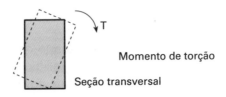

Em estruturas de prédio, existem momentos de torção em vigas causados pela ação da carga de lajes em balanço (marquises).

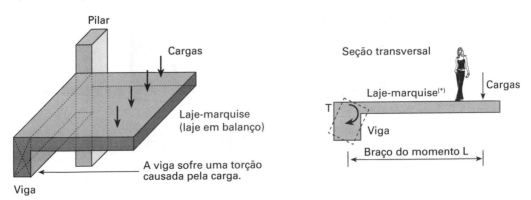

Considerando o trabalho estrutural solidário de toda a estrutura, a viga de apoio da marquise não precisa ser calculada à torção.

Nota: as estruturas de concreto armado são chamadas carinhosamente de melhores amigas do homem. E o são efetivamente. Há, no entanto, uma exceção. São as lajes--marquises. Erros de obra, falta de manutenção, entupimento de drenagem podem fazer romper as lajes-marquises, podendo matar quem esteja sobre elas e debaixo delas. Na cidade de Porto Alegre, RS, por isso, existe uma lei municipal que exige inspeção periódica das marquises, essas perigosas amigas traiçoeiras do homem.

(*) Também chamada de laje em balanço.

4.1 DETERMINAÇÃO DE MOMENTOS FLETORES E FORÇAS CORTANTES EM VIGAS

Uma viga, sofrendo um carregamento vertical como abaixo, sofre em alguns de seus pontos esforços internos de compressão, esforços de tração e, em outros, esforços de cisalhamento.

Esses efeitos são causados pela carga P e pela flexão causada por essa força. Para conhecer as condições que ocorrem devemos conhecer os diagramas de momento e de força cortante, que passamos a estudar nesta aula (diagrama é o desenho do esforço ponto a ponto na estrutura). Vejamos um exemplo:

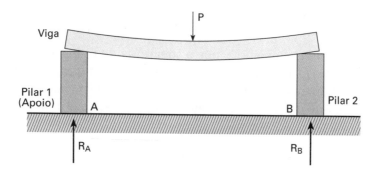

Observação: as deformações estão exageradas.

4.1.1 MOMENTOS FLETORES

Consideremos uma viga de madeira que suporta um peso de 100 kN e é simplesmente apoiada em dois pilaretes.

A viga mostrada na figura a seguir está equilibrada, pois, se verificarmos as três famosas condições:

- as forças horizontais se anulam (no caso não existem);

- a força vertical de ação (100 kN) se anula pelas reações nos apoios (50 kN mais 50 kN);
- os momentos fletores em qualquer ponto se anulam.

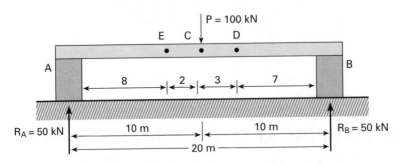

Para os descrentes, verifiquemos essa última condição para o ponto A:

$$100 \text{ kN} \times 10 \text{ m} - 50 \text{ kN} \times 20 \text{ m} = 0$$

Para o ponto B:

$$50 \text{ kN} \times 20 \text{ m} - 100 \text{ kN} \times 10 \text{ m} = 0$$

Para o ponto C:

$$M_C = 0 \Rightarrow 50 \text{ kN} \times 10 \text{ m} - 50 \text{ kN} \times 10 \text{ m} = 0$$

Ou para outro ponto qualquer D, por exemplo:

$$50 \text{ kN} \times 13 \text{ m} - 100 \text{ kN} \times 3 \text{ m} - 50 \text{ kN} \times 7 \text{ m} = 0$$

Verificamos assim, por exemplo, que a somatória de todos os momentos causados pelas forças ativas (P) e reativas (R_A e R_B) se anula em qualquer ponto da estrutura, como consequência do equilíbrio da estrutura. Todavia, esse equilíbrio se faz à custa de transmissão de esforços, ou seja, a viga "sofre quietinha", como veremos.

Tracemos agora o diagrama de momentos de vários pontos, começando do ponto A e vindo de A para a direita (só considerando as forças que existem à esquerda).

$M_A = 0$, pois a reação em A tem braço zero, em relação ao ponto A, e o momento é força × distância.

No ponto E vindo de A, só terá o momento M_E que é:

$$+ R_A \times 8 \text{ m} = 50 \text{ kN} \times 8 \text{ m} = + 400 \text{ kNm} = M_E$$

Sem dúvida que esse momento, de 400 kNm, é equilibrado externamente pela força P de 100 kN e pela Reação R_B. Se isso é verdade, também é verdade que, em termos de esforços internos na posição E, o momento de 400 kNm é resistido pela barra.

Conclusão: a soma de todos os momentos em relação a E é nula, mas em E as forças à esquerda tentam girar a seção para o sentido horário e em valor de 400 kNm (+), e as forças à direita tendem a girar com um sentido anti-horário de 400 kNm (–). Ocorre pois, nesse ponto, um momento de 400 kNm.

No ponto C (vindo de A), o momento é:

$M_C = R_A \times 10$ m $= 50$ kN $\times 10$ m $= + 500$ kNm   (momento resistente)

No ponto D (vindo de A), o momento é:

$M_D = 50$ kN $\times (10 + 3)$ m $- 100$ kN $\times 3$ m $= + 650$ kNm $- 300$ kNm $= + 350$ kNm

Em B:

$M_B = R_A \times 20$ m $- 100$ kN $\times 10$ m $= 50$ kN $\times 20$ m $- 1.000$ kNm $= 0$

$$M_B = 0$$

Achamos que esse é um ponto importantíssimo de reflexão. Dada uma estrutura em equilíbrio, calculados todos os momentos fletores (positivos e negativos) causados pelas forças atuantes e pelas reações, o momento do ponto (e de qualquer ponto) é zero. Apesar de ser zero a somatória dos momentos, a transmissão dos esforços através da barra gera esforços internos que podem ser calculados ponto a ponto, vindos da esquerda para a direita e considerando nesse ponto a ação das forças que estão desse lado.

Vimos pelo exercício que

$M_A = 0$, $M_B = 0$, $M_C = 500$ kNm, $M_D = 350$ kNm, $M_E = 400$ kNm

Quando, no caso, os momentos fletores internos (sofrimentos das seções das barras) são causados por forças localizadas (e não distribuídas), o crescer e o decrescer desses momentos têm lei linear.

Podemos, então, traçar o diagrama dos momentos fletores, ponto por ponto, de toda a viga:

momentos positivos em kNm:

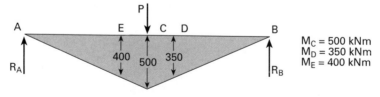

A viga exageradamente deformada é:

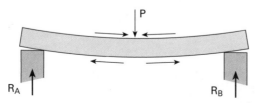

Em qualquer seção da viga entre os apoios, há tração embaixo e compressão em cima. Nos apoios, por serem articulações, essas situações são nulas.

O gráfico dos momentos internos de todas as seções da viga está na página 67. Se quisermos saber o momento de um ponto qualquer x em qualquer lugar da viga, ou se faz o cálculo, ou se pode tirar o valor graficamente, diretamente em escala do diagrama do momento.

As conclusões são: na seção A, a viga não sofre momento fletor, na seção E essa seção, face à ação da força reativa R_A, sofre uma flexão medida pelo momento fletor de 400 kNm, gerando valores de tração embaixo e compressão em cima. A seção da viga mais exigida é a seção C, que sofre uma flexão de 500 kNm. Nesse caso, ocorrem os maiores esforços de tração embaixo e compressão em cima.

Para vigas carregadas com peso central no seu ponto médio, o valor do momento fletor máximo será, desde que apoiadas em pilaretes que não impeçam a livre deformação da viga:

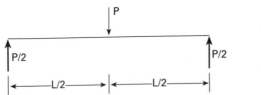

$$M_C = \frac{P}{2} \times \frac{L}{2} \Rightarrow M_C = \frac{P \times L}{4}$$

$$R_A = \frac{P}{2} \quad \text{e} \quad R_B = \frac{P}{2}$$

Esse momento fletor positivo igual a M_C comprime a parte superior da viga e traciona a inferior, como na figura exagerada a seguir.

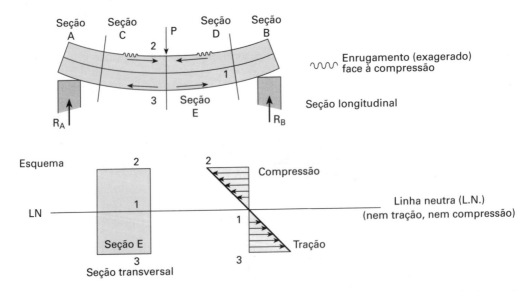

A parte de cima da viga é encurtada (comprimida) e a de baixo é alongada (tracionada).

O esquema anterior indica graficamente o que acontece na seção do meio da viga. Nas fibras inferiores em (3), temos o máximo da tração. Nas fibras superiores em (2), temos o máximo de compressão. Sendo tração e compressão conceitos opostos, eles têm de passar por um ponto médio (1), onde não há tração nem compressão. É o ponto neutro (1). Na verdade, ao longo da viga, existe uma linha neutra (LN). Se não, vejamos:

Na seção A, não há momento fletor. Idem na seção B. Na seção C, já há algum momento fletor, gerando nas fibras superiores alguma compressão e nas fibras inferiores alguma tração.

Na seção E (meio da viga), as fibras no ponto (2) atingem o máximo de compressão e em (3) o máximo da tração. Na seção D, já decrescem a tração e compressão nas bordas superiores e inferiores, para, na seção B, não haver mais momentos fletores.

Consideremos agora um caso mais geral de uma viga simplesmente apoiada em dois pilaretes, onde atuam duas forças nos pontos E e D e sejam R_1 e R_2 as reações:

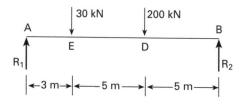 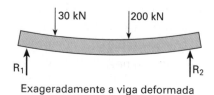

Exageradamente a viga deformada

Calculemos a soma dos momentos fletores causados por todas as forças em A e que, como sabemos, é nula.[*]

$$M_A = 0 \Rightarrow 30 \times 3 + 200 \times 8 - R_2 \times 13 = 0$$
$$R_2 = 130 \text{ kN}$$

Como sabemos, $R_1 + R_2 = 230$ kN e substituindo R_1 por

$$R_1 + 130 = 230$$
$$R_1 = 100 \text{ kN}$$

Como o nosso bom-senso indicava que a força 200 kN estava mais perto de R_2 que R_1, R_2 resultou mais carregado que R_1.

Conhecidas as reações nos apoios, podemos facilmente calcular os momentos fletores em cada ponto da viga e principalmente nos pontos singulares A, E, D e B. Vindo sempre da esquerda para a direita ($\rightarrow$).

---

[*] O momento é nulo se calculado para todas as forças à direita e à esquerda; não é nulo se calculado para as forças só à esquerda (ou só à direita).

$M_A = 0$
$M_E = R_1 \times 3 = + 100 \times 3 = 300$ kNm
$M_D = R_1 \times 8 - 30 \times 5 = + 8 \times 100 - 150 = + 650$ kNm
$M_B = R_1 \times 13 - 30 \times 10 - 200 \times 5 = 1.300 - 300 - 1.000 = 0$
$M_B = 0$

Notemos que todas as seções onde os momentos deram positivos significam a ocorrência de tração embaixo e compressão em cima da viga.

Observemos que calculamos os momentos em C e D vindos pela esquerda. Calculemos, agora, os vindos da direita, e mostremos que, para estes, os resultados serão os mesmos, mas com sinais trocados:

$M_B = 0$
$M_D = - R_2 \times 5 = - 130 \times 5 = - 650$ kNm
$M_E = - R_2 \times 10 + 200 \times 5 = -130 \times 10 + 1.000 = - 300$ kNm
$M_A = (-)R_2 \times 13 + 200 \times 8 + 30 \times 3 = - 130 \times 13 + 1.600 + 90 = 0$
$M_A = 0$

Vê-se que, vindo da esquerda, chegamos aos mesmos valores de momentos fletores nas seções do que vindo da direita, mas em sinais trocados, mostrando que eles se anulam em termos de equilíbrio externo. Todavia, na seção ocorre o momento dando tração embaixo e compressão em cima, quando o momento é positivo (vindo da esquerda) ou negativo (vindo da direita). As seções das vigas são mais esforçadas (mais tração embaixo e mais compressão em cima), quanto maiores os momentos nas seções. Assim, nas várias seções os diagramas de tensões são:

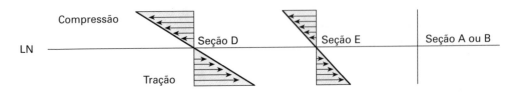

Consideremos agora uma viga que é carregada com peso uniformemente distribuído de 0,8 kN/m, vencendo um vão de 40 m e que é simplesmente apoiada em dois pilaretes que não impedem a livre deformação da viga.

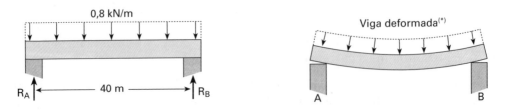

---

[*] Numa viga de concreto armado dificilmente se verá sua deformação, face à sua baixa deformabilidade. O caro leitor poderá ver a deformação substituindo a viga de concreto armado por uma tábua de madeira deitada; então as deformações são ligeiramente visíveis.

Observamos que a condição de apoio simples, permitindo livre acomodação de deformação de viga, é fundamental. Se os apoios impedissem as deformações, as fórmulas até aqui apresentadas não valeriam.

Como visto na vez que discutimos os pesos lineares, o peso total sobre a viga será:

$$0,8 \text{ kN/m} \times 40 \text{ m} = 32 \text{ kN}$$

Logo, como o peso é uniformemente distribuído, cada reação tem o valor de 16 kN (as reações são iguais pela simetria do carregamento).

Consideremos, agora, um ponto qualquer C na viga:

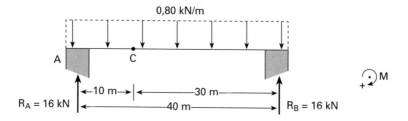

O momento fletor (vindo de A) resistido pela seção em C será calculado da seguinte forma:

Na seção C, ocorre o momento causado pela força R_A, multiplicada pelo braço de 10 m e com sentido horário (+), além disso, ocorre o momento causado pela força distribuída nos 10 m, que vão de A a C. Essa força distribuída vale no total 0,8 kN/m × 10 m = 8 kN. Como o carregamento é uniforme, podemos admitir, para o cálculo de momento em C, que ele se situe no ponto X, que é o ponto médio entre A e C. Logo, essa força de 8 kN terá um braço (distância) até C de 5 m.

O momento fletor causado pela carga distribuída valerá, pois, (– 8 kN × 5 m) = = – 40 kNm (momento anti-horário). O momento fletor real em C é resultado da soma dos dois momentos. Logo

$$M_C = 16 \text{ kN} \times 10 \text{ m} - 40 \text{ kNm} = + 120 \text{ kNm}$$

Para um caso geral:

O momento fletor em um ponto C qualquer da viga e distante m do apoio A vale:

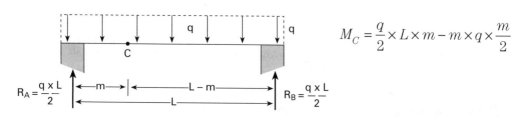

$$M_C = \frac{q}{2} \times L \times m - m \times q \times \frac{m}{2}$$

O momento fletor máximo se dá no meio da viga (então $m = L/2$ e, então, no meio da viga o momento fletor de seção média vale $M_C = q \times L^2/8$).

Nos exercícios anteriores, a curva que ligava os momentos de vários pontos era linear. Quando o carregamento é uniformemente distribuído, a curva dos momentos fletores é uma parábola. O gráfico dos momentos será igual a:

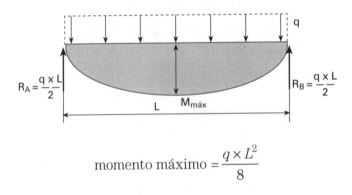

$$\text{momento máximo} = \frac{q \times L^2}{8}$$

Demos até aqui a teoria necessária para resolver vigas apoiadas em dois pilaretes e com cargas distribuídas e cargas concentradas. Vamos fazer uma série de exercícios, para explorar melhor o conceito, levantar, solver dúvidas e estraçalhar o assunto.

Assim esperamos.

Observação: normalmente, os projetistas estruturais de prédios têm de agir, principalmente, com forças horizontais da esquerda para a direita e da direita para a esquerda, e forças verticais descendentes (um caso de ocorrência de verticais ascendentes ocorre em projeto de barragem, devido ao empuxo da água). A metodologia do processo de resolução de estruturas com forças ascendentes é igual à até agora apresentada, considerando-se apenas o sinal.

Imaginemos a barra (viga) a seguir e os seus múltiplos carregamentos:

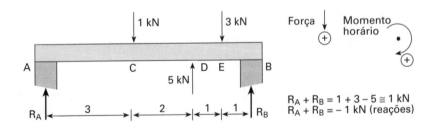

Como sabemos, a somatória de todos os momentos das forças ativas e reativas a qualquer ponto da viga é nula. Escolhamos o ponto B:

$$M_B = 0$$
$$M_B = R_A \times 7 - 1 \times 4 + 5 \times 2 - 3 \times 1 = 0$$
$$7 \times R_A - 4 + 10 - 3 = 0 \Rightarrow 7 \times R_A = -3 \Rightarrow R_A = -\frac{3}{7} \text{ kN}$$
$$R_B = -1 + \frac{3}{7} \Rightarrow R_B = \frac{-7+3}{7} \Rightarrow R_B = -\frac{4}{7} \text{ kN}$$

Observem que, na figura anterior, admitimos que R_A e R_B eram ascendentes, enquanto os cálculos mostraram que eram negativas. Logo, podemos concluir que R_A e R_B são descendentes.

A conclusão é que a barra tem as seguintes forças atuando.

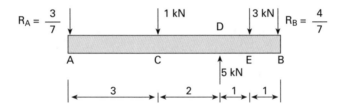

Os momentos fletores resistentes são:

$$M_A = 0 \qquad M_B = 0$$
$$M_C = -\frac{3}{7} \times 3 = -\frac{9}{7} = -1,29 \text{ kNm}$$
$$M_D = -\frac{3}{7} \times 5 - 1 \times 2 = -\frac{15}{7} - 2 = \frac{-15-14}{7} = -4,14 \text{ kNm}$$
$$M_E = -\frac{3}{7} \times 6 - 1 \times 3 + 5 \times 1 = -2,57 - 3 + 5 = -0,57 \text{ kNm}$$

Toda a barra, menos os pontos extremos, está sob efeito de momento negativo, ou seja, sofrendo tração em cima e compressão embaixo. O esquema e gráfico de momento seriam:

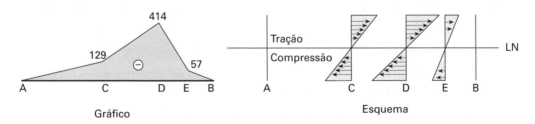

Em D, temos as maiores tensões de tração (em cima) e compressão (embaixo). Em C e E, teremos condições médias e, em A e B, condições nulas.

Observemos, como curiosidade, que, por hábito, no primeiro esquema de vigas, admitimos que nos pontos A e B haveria apoios que impediriam a descida da viga.

Ora, esse tipo de apoio impede a descida da viga (restrição ou vínculo à descida). Todavia, o cálculo provou que nos pontos A e B a viga tende a subir. Uma viga como essa, com essas cargas atuantes e com os vínculos propostos, jamais teria estabilidade. A viga voaria. O cálculo provou que os vínculos teriam de ser:

Esses tipos de vínculos podem impedir a subida da viga, ao transmitir a esta forças R_A e R_B positivas (sentido contrário ao admitido no início da resolução).

Passemos agora ao estudo de uma viga onde atuam as forças seguintes:

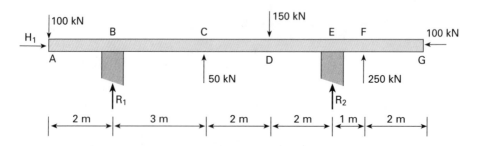

Notemos que, com esse carregamento, não sabemos, *a priori*, qual o tipo de vínculos que devemos construir em B e E para a estabilidade da viga. Os vínculos propostos em B e E impedem a descida da viga, transmitindo, pois, as forças verticais R_1 e R_2.

Somente os cálculos dirão se os vínculos propostos são corretos.

Se R_1 e R_2 resultarem positivos do cálculo, então os vínculos são corretos. Se derem negativos, eles devem ser invertidos.

Apliquemos as três famosas condições fundamentais:

1. Soma de forças horizontais iguais a zero.

O vínculo em A, para garantir a estabilidade, deve reagir na viga com 100 kN. Isso quer dizer que o vínculo será comprimido com 100 kN.

2. Soma de todas as forças verticais iguais a zero. Façamos as somas observando os sentidos:

$$R_1 + R_2 + 50 + 250 - 100 - 150 = 0 \Rightarrow R_1 + R_2 = -50 \text{ kN}$$

3. Apliquemos o princípio da soma de todos os momentos das cargas ativas e reativas (R_1 e R_2). Em qualquer ponto da estrutura, o "momento" tem de dar zero.

Escolhamos, por acaso, o ponto B (o aluno pode experimentar para todos os outros pontos).

$$\sum M_B = 0$$ Convenção para os momentos.

Girando no sentido horário, o momento é positivo.

$$M_B = 0 \Rightarrow -100 \times 2 - 50 \times 3 + 150 \times 5 - R_2 \times 7 - 250 \times 8 = 0$$
$$-200 - 150 + 750 - 7 \times R_2 - 2.000 = 0$$
$$-1.600 - 7 \times R_2 = 0$$
$$R_2 = \frac{1.600}{-7} = -229 \text{ kN}$$

Como

$$R_1 + R_2 = -50 \text{ kN} \Rightarrow R_1 (-)229 = -50$$
$$R_1 = -50 + 229 = 179 \text{ kN}$$

Conclusão: o apoio em B está correto e o em E está incorreto. O certo seria o inverso.

O esquema certo seria:

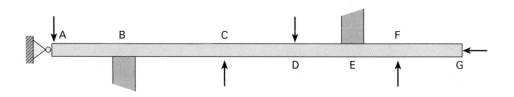

Calculemos agora os momentos resistentes em cada ponto. Como sabemos, $M_A = M_G = 0$. A viga trabalha como se mostra:

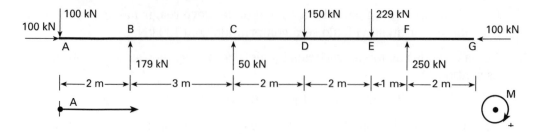

O cálculo do momento fletor é feito vindo de um ponto (seja o ponto A) com um sentido (para a direita).

Em A $M_A = 100 \times 0 = 0$
Em B $M_B = -100 \times 2 = -200$ kNm
Em C $M_C = -100\,(2+3) + 179 \times 3$
       $= -500 + 537 = +37$ kNm
Em D $M_D = -100\,(2+3+2) + 179\,(3+2) + 50 \times 2$
       $M_D = 295$ kNm
Em E $M_E = -100\,(2+3+2+2) + 179\,(3+2+2) + 50\,(2+2) - 150\,(2)$
       $= +253$ kNm
Em F $M_F = (-)\,100\,(2+3+2+2+1) + 179 \times (3+2+2+1) + 50\,(2+2+1)$
       $-150\,(2+1) - 229\,(1) \cong M_F = 0$ kNm
Em G $M_G = 0$

Partindo da esquerda para a direita:

$M_A = 0$
$M_B = -100 \times 2 = -200$ kNm
$M_C = -100 \times 5 + 179 \times 3 = -500 + 537 = +37$ kNm
$M_D = -100 \times 7 + 179 \times 5 + 50 \times 2 = -700 + 895 + 100 = +295$ kNm
$M_E = -100 \times 9 + 179 \times 7 + 50 \times 4 - 150 \times 2 = +253$ kNm
$M_F = -100 \times 10 + 179 \times 8 + 50 \times 5 - 150 \times 3 - 229 \times 1 = 0$
$M_G = 0$

Notemos que já sabíamos que M_G era nulo, pois não havia à sua direita força com braço para gerar momento. A força de 100 kN, aplicada em G, não tem braço em relação a F ou G (braço nulo).

Já aprendemos a trabalhar com momentos fletores em vigas. Aprenderemos, a seguir, a trabalhar com forças cortantes em vigas.

4.1.2 FORÇAS CORTANTES[*] (CISALHAMENTO)

Já aprendemos a fazer diagrama de momentos fletores em uma viga. Outro diagrama importante é o diagrama de forças cortantes.

Imaginemos uma barra de aço suportando um peso de 400 kN, colocado em uma posição qualquer da viga:

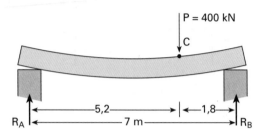

Como sabemos: $R_A + R_B = 400$ kN.

Pela condição $M_B = 0$, teremos:

$$R_A \times 7 - 400 \times 1,8 = 0 \Rightarrow R_A \times 7 - 720 = 0 \Rightarrow R_A \times 7 = 720$$

$$R_A = \frac{720}{7} \Rightarrow R_A = 103 \text{ kN}$$

$$R_B = 400 - 103 \Rightarrow R_B = 297 \text{ kN}$$

(Notem que, se o peso P ficasse no meio da viga, seria: $R_A = 200$ kN e $R_B = 200$ kN).

Como P ficou mais perto de R_B, esse foi aumentado no limite, se o peso de 400 kN ficasse no apoio B, então $R_A = 0$ e $R_B = 400$ kN.

Na seção A, atua a reação R_A, que vale 103 kN. Vinda da esquerda para a direita (de A para B), só existe essa força, que é paralela à seção transversal da viga e que tende a cortar (cisalhar) a viga para cima, ou seja, além dos esforços de flexão da viga causada pelos momentos, há uma ação de corte (cisalhamento).

De A até C essa ação de corte é de baixo para cima. Em C tudo muda, pois entra em ação a força P, que é maior que R_A e tende a cortar para baixo. De C até B vale a diferença $(P - R_A)$.

Graficamente temos:

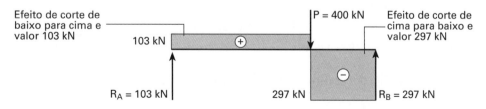

---

[*] A existência das forças cortantes em vigas gera a tendência da viga ser cortada seção por seção; isso chama-se cisalhamento.

Observem que, se viéssemos de B para A, o gráfico seria o mesmo.

Ao dimensionarmos essa viga ao cisalhamento, deveríamos considerar o maior dos valores que vemos no diagrama 297 kN.

Considerando agora uma outra viga:

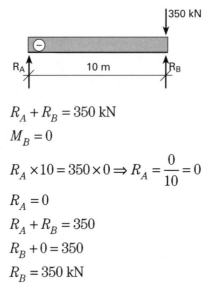

$$R_A + R_B = 350 \text{ kN}$$
$$M_B = 0$$
$$R_A \times 10 = 350 \times 0 \Rightarrow R_A = \frac{0}{10} = 0$$
$$R_A = 0$$
$$R_A + R_B = 350$$
$$R_B + 0 = 350$$
$$R_B = 350 \text{ kN}$$

Logo, se uma força é aplicada diretamente no vínculo (A ou B), a reação nesse ponto é igual a essa força.

O diagrama de forças cortantes é:

O diagrama é nulo de A até B. No ponto B, surge a força cortante. Na verdade, não há força cortante na viga, e sim no apoio.

Se essa força cortante fosse colocada no meio, o diagrama seria:

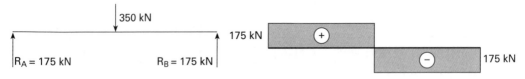

Neste caso, a viga seria dimensionada para a força cortante de 175 kN.

Conclusão: para vigas simplesmente apoiadas, a condição pior (máxima) de cisalhamento aumenta quando a força cortante se aproxima do apoio.

Teoria? Claro que não. Pegue um pão (a famosa bengala) e coloque-a sobre dois apoios e verifique onde é mais fácil cortar, se no meio ou nos apoios.

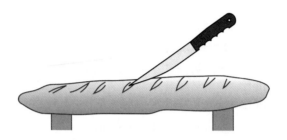

Claro que, quanto mais próxima do apoio, mais fácil é cortar, ou seja, é mais "cortável", é mais "cisalhável".

Conclusões: para maiores momentos fletores, coloque na viga, simplesmente apoiada, a carga no meio, e nunca perto dos apoios. Para forças cortantes coloque a força perto dos apoios.

No caso de estrutura, onde a força (carga) circule livremente (por exemplo, nas pontes), deveremos dimensionar a viga para cisalhamento, quando a carga está no apoio e para o momento fletor, quando a carga está no meio, ou seja, para o pior dos piores.

Quando a carga não anda, dimensiona-se a viga para a situação resultante de carga fixa.

Imaginemos, agora, a viga que tem uma carga distribuída de 0,4 kN/m. Calculemos a força cortante.

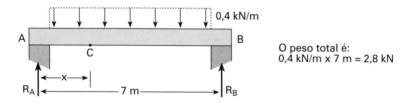

As reações R_A e R_B são iguais, pois a carga é uniformemente distribuída, logo

$R_A + R_B = 2{,}8$ kN
$R_A = R_B$
$R_A + R_A = 2{,}8 \Rightarrow 2R_A = 2{,}8$ kN
$R_A = 1{,}4$ kN $\Rightarrow R_B = 1{,}4$ kN

Consideremos agora a força cortante em A:

$V_A = 1{,}4$ kN

Consideremos, agora, um ponto C distante x metros de A. A força cortante R num ponto distante x vale:

$V_C = R_A - x \times 0{,}4$ kNm
$V_C = 1{,}4 - 0{,}4\,x$
Se x valer 1 metro: $V_C = 1{,}4 - 0{,}4 = 1$ kN
Se x valer 2 metros: $V_C = 1{,}4 - 0{,}4 \times 2 = 0{,}6$ kN
Se x valer 3,5 metros: $V_C = 1{,}4 - 0{,}4 \times 3{,}5 = 0$
Se x valer 5 metros: $V_C = 1{,}4 - 0{,}4 \times 5 = -0{,}6$ kN
Se x valer 7 metros: $V_C = 1{,}4 - 0{,}4 \times 7 = -1{,}4$ kN

Podemos traçar um gráfico (diagrama de forças cortantes):

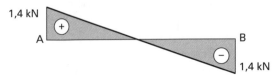

Ou seja, a força cortante adquire máximos nos apoios e se anula no ponto central.

Consideremos, agora, uma viga engastada em uma parede e sujeita à ação da força V concentrada:

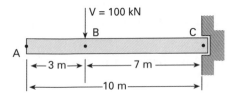

O diagrama de forças cortantes é:

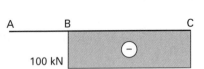

Se essa viga, em vez de carga concentrada, tiver carga distribuída de 100 kN/m, os cálculos mostrariam:

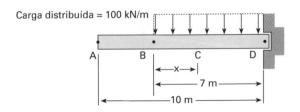

De A para B, não há força cortante, ou seja, cisalhamento igual a zero.

Em B, a força cortante é zero. Em um ponto C qualquer, à distância x de B, a força cortante vale 100 kN/m $\times\ x$.

Se $x = 1$ m, a força cortante vale: $V_C = 100 \times 1 = 100$ kN.
Se $x = 2$ m, a força cortante vale: $V_C = 100 \times 2 = 200$ kN.

Se $x = 3$ m, a força cortante vale: $V_C = 100 \times 3 = 300$ kN.
Se $x = 7$ m, a força cortante vale: $V_C = 100 \times 7 = 700$ kN.

Podemos fazer um gráfico (diagrama de forças cortantes):

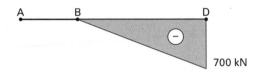

Se fôssemos dimensionar essa viga para cisalhamento, o valor máximo de força cortante seria de 700 kN, que ocorreria em D.

4.2 TENSÕES (ESTUDO DE ESFORÇOS INTERNOS)[*]

Imaginemos um peso de 1 kN, colocado uniformemente sobre uma área de 0,5 m². Todos temos a noção de pressão, que é divisão entre peso e área, dando, no caso, 2 kN/m².

Podemos, simplesmente, associar (Figura 1) o conceito de pressão ao conceito de tensão de compressão, valendo em geral a fórmula:

$$P = \frac{F}{A}$$

Pressão igual à força dividida pela área. A notação correta para tensão (pressão) de compressão é σ_c, que é igual a F/A, logo:

$$\sigma_c = \frac{F}{A}$$

Imaginemos, agora, um peso de 0,5 kN, sustentado na ponta de uma barra vertical de área de 2 cm² (Figura 2).

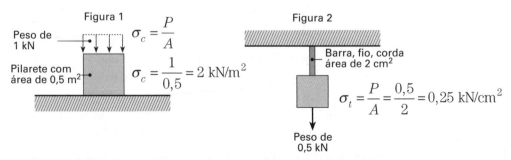

---

[*] Chamadas de esforços resistentes.

A "pressão" de tracionamento (puxamento) na barra será calculada como divisão P/A, e a notação é:

$$\sigma_t = \frac{P}{A}$$

Chamaremos simplesmente de tensão de tração essa pressão de puxamento (esticamento).

Imaginemos, agora, duas placas, A e B, ligadas entre si por um parafuso e sofrendo esforços de afastamento, impedidas pelo parafuso.

Figura 3

Toda a força F tende a tentar cortar (cisalhar) o parafuso. Se dividirmos a força F pela área da seção normal do parafuso, teremos a "pressão" de corte atuante no parafuso. Então, a pressão de corte será F/A. A notação é τ e vale:

$$\tau = \frac{F}{A}$$

(A é a área de seção transversal do parafuso).

Simplesmente, a pressão de corte chamaremos de tensão de cisalhamento e a força F, de força cortante. No caso da Figura 3, se a força for de 1 kN e a área do parafuso de 4 cm², a tensão de cisalhamento será de:

$$\tau = \frac{F}{A} = \frac{1}{4} = 0{,}25 \text{ kN/cm}^2$$

Temos, pois, três tensões, uma de compressão (peças sendo apertadas), uma de tração (peças sendo esticadas) e outra de cisalhamento (peças sofrendo ação do corte).

Todas essas tensões (pelo menos neste nível do curso) serão associadas ao cálculo da divisão do esforço (força) pela área que resiste. As pressões que estão ocorrendo são chamadas normalmente de pressões (ou tensões) de trabalho ou tensões de serviço, pois são as que efetivamente ocorrem. Tensões-limite ou tensões admissíveis são as que não devem ser ultrapassadas para a manutenção da integridade da peça.

Os conceitos de tração, compressão e cisalhamento foram aqui introduzidos cada um por si, em exemplos independentes em que eles são, na prática, o único esforço.

Todavia, em algumas estruturas (por exemplo as vigas) os três esforços podem aparecer juntos e, então, os mesmos conceitos podem ser aplicados, mas verificando-se as situações específicas. Assim, consideramos duas pranchas de madeira ligadas entre si por pregos e servindo de ponte (viga).

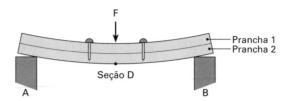

Devido à deformação que a viga sofre, as fibras superiores da prancha sofrem compressão, ocorrendo, pois, σ_c. Nas fibras inferiores, na prancha 2, ocorrem tensões de tração σ_t. As duas pranchas, sem a existência de pregos, tendem a se deformar livremente uma da outra. A existência de pregos impede que cada prancha se acomode como queira. Ocorre, então, nos pregos um esforço transversal ao seu eixo, resultando aí uma tensão de cisalhamento.

Se nos nossos estudos posteriores chegarmos à conclusão que, nas bordas superiores da prancha 1 e no meio do vão, ocorre uma tensão de 0,5 kN/cm², podemos dizer que em 1 cm² a peça é comprimida aí com uma força de 0,5 kN.

Se soubermos que no bordo inferior da seção em D a tração é de 0,45 kN/cm², em 1 cm² de seção nesse local ocorre uma tração de 0,45 kN, e os conceitos de tração e compressão apresentados anteriormente são válidos. Se dissermos que a tensão de cisalhamento em A é de 0,1 kN/cm², isso quer dizer que em 1 cm² de seção em A ocorre uma tendência de corte de 0,1 kN.

Verifiquemos mais alguns exercícios simples que permitem conhecer esforços em estruturas:

1. Qual a tensão (pressão) de cisalhamento nos dois rebites de diâmetro igual a 2 cm que seguram duas placas tracionadas por uma força de 2.000 kgf?

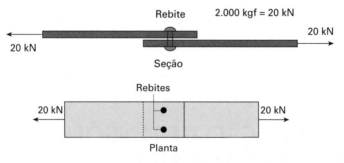

Nota: o rebite[*] é uma peça de aço colocada em alta temperatura no orifício comum às duas chapas, sofrendo, então, marteladas e ocupando totalmente o espaço, gerando a solidarização das duas chapas.

---

[*] Todas as chapas de aço do casco do navio Titanic eram rebitadas, ligadas umas às outras (foram usados cerca de 3 milhões de rebites).

84   Concreto armado eu te amo

A área resistente é a área dos 2 rebites. A área de 1 rebite é

$$A_{rebite} = \frac{\pi \times D^2}{4} = \frac{\pi \times 2^2}{4} = 3,14 \text{ cm}^2$$

Se forem 2 rebites, a área resistente ao cisalhamento é $2 \times 3,14 = 6,28 \text{ cm}^2$.

A tensão de cisalhamento será:

$$\tau = \frac{F}{A} = \frac{20 \text{ kN}}{6,28 \text{ cm}^2} = 3,18 \text{ kN/cm}^2$$

2. Qual o esforço de tração de uma barra de aço que é puxada com um esforço de 3,2 kN?

A barra de aço é de 3/16" com área de 0,18 cm^2. A tensão de tração é:

$$\sigma_t = \frac{F}{A} = \frac{3,2}{0,18}$$

$$\sigma_t = 17,78 \text{ kN/cm}^2$$

$$1 \text{ kN} = 100 \text{ kgf}$$

Peso de 3,2 kN

3. Qual a tensão de compressão em um pilar curto de concreto simples de um edifício que, tendo uma área de 0,3 m^2, recebe um esforço vertical uniformemente distribuído de 3.000 kN?

$$\sigma_c = \frac{F}{A} = \frac{3000}{0,3}$$

$$\sigma_c = 10.000 \text{ kN/m}^2$$

Peso de 3.000 kN

4.3 DETERMINAÇÃO DE TENSÕES DE RUPTURA E ADMISSÍVEIS

Imaginemos as três estruturas mostradas nas Figuras 1, 2 e 3 da aula anterior, e suportando forças sucessivamente crescentes, sendo que as áreas (superfícies) resistentes fiquem constantes.

No início, quando supomos que a força é pequena, a estrutura resiste bem.

Aula 4 **85**

Com o crescer da força, chega-se a um ponto em que as estruturas começam a se destruir. No caso de compressão, a estrutura resistente é esmagada (aperto de uma barra de manteiga). No caso da tração, a estrutura é rompida (puxar demasiadamente um elástico) e, no caso do cisalhamento, o parafuso é cortado.

Para cada material e para cada caso de tração, compressão e cisalhamento há uma situação-limite de ruína (tensão de ruptura). Assim, o concreto simples resiste a uma tensão de compressão de ruptura da ordem de 15 MPa, e a uma tensão de tração de 1,5 MPa (a décima parte).

Quando vamos dimensionar uma peça para resistir a um esforço, não podemos escolher um tamanho da peça que vá trabalhar perto da ruptura. Procuramos trabalhar longe da ruptura, ou seja, se sabemos que, para carregar um peso de 1 kN, usamos uma corda de seção, que tenha uma tensão de tração próxima de ruptura, procuraremos usar uma corda de maior seção, tal que a tensão na nova situação fique menor.

Também não poderemos exagerar ao se usar uma estrutura muito mais resistente, levando a tensões muito menores, pois daí o custo da obra seria proibitivo (ou seja, estaríamos comprando uma corda grossa demais).

Daí vem a adoção de tensões admissíveis, que são tensões boas para se trabalhar, ou seja, situações em que as tensões de trabalho são próximas, mas não ultrapassam a tensão de ruína.

A tensão de trabalho-limite (ou tensão admissível) é sempre, pois, inferior (mas não muito) à tensão de ruína.

Um outro momento de reflexão:

O conceito de ruína do material não está ligado necessariamente à destruição deste. Às vezes, as tensões causam deformações (alongamentos ou reduções) não desejadas. Nesses casos, o conceito de ruína está ligado mais a limites de deformação do que a limites de destruição física (estado-limite de utilização).

Quando usamos peças de aço tracionadas (ou comprimidas), verificamos que, quando a tensão atinge certos valores (muito menores do que a ruptura), o aço tende a sofrer grandes deformações. Nesse caso, a tensão-limite não é a tensão de ruptura, e sim tensão de escoamento. Para esses casos a tensão admissível é igual à divisão da tensão de escoamento pelo coeficiente de segurança.[*]

Quando se dimensionam estruturas (escolha de uma seção para receber uma força, ou limitação de uma força para uma dada seção), procura-se afastar dos limites que causam a ruína (seja por deformações excessivas, seja por destruição física).

Assim, o concreto pode romper quando se passa de 10 MPa de compressão. Chamaremos isso de tensão de ruptura por compressão.

---

[*] A NBR 6118 chama os coeficientes de segurança de coeficientes de ponderação. Para as cargas (efeitos, ações) a norma prevê os coeficientes de ponderação das ações, e para as resistências dos materiais a norma prevê os coeficientes de ponderação de resistências. Item 12.4.1, p. 71.

Trabalharemos com uma tensão menor do que isso. Trabalharemos com uma tensão admissível, que é a tensão de ruptura dividida por um coeficiente de segurança.

O número em que se divide a tensão de ruptura, para achar a tensão admissível, é o coeficiente de segurança (ou vulgarmente chamado de coeficiente de ignorância).

Assim, seja um material que tenha uma tensão de ruptura por tração de 300 MPa. Usando-se coeficiente de segurança 2, usa-se uma tensão admissível de tração de 15 kN/cm^2 (150 MPa).

Assim, seja um exemplo de aplicação desse material:

Qual o diâmetro do fio desse material, apto a carregar (puxar ou tracionar) um peso de 30 kN?

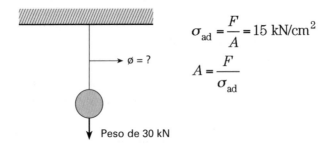

Logo:

$$A = \frac{F}{15} = \frac{30}{15} = 2 \text{ cm}^2$$

No caso de barras de aço, onde a área cresce não continuamente (a área de seção de barras de aço cresce em função dos diâmetros comerciais), muitas vezes ocorre de trabalharmos com tensões bem inferiores à tensão admissível, face ao fato de as áreas resistentes serem aquelas que resultam dos diâmetros padrões das barras de aço, e não serem as áreas que necessitamos. No caso de estruturas de concreto, onde moldamos as áreas que queremos, as tensões de trabalho são, em maior número de casos, mais próximas às tensões admissíveis.

Façamos agora algumas observações sobre os coeficientes de segurança (coeficiente de ponderação).

Quanto mais regular e confiável é o material, menor precisa ser o coeficiente de segurança; quanto menos confiável, maior deve ser o coeficiente de segurança.

O aço, que é fabricado sob controle em usinas e a partir de severo controle de matérias-primas, exige pequenos coeficientes de segurança, permitindo-se aproximar dos valores-limite.

No concreto de obra comum, em que há grandes variedades de composição, o coeficiente de segurança tem de ser maior.

Como valores de referência, temos (item 12.4.1, p. 71 da norma NBR 6118):

concreto = coeficiente de segurança médio 1,4;

aço = coeficiente de segurança médio 1,15 (não em relação à tensão de ruptura, mas, sim, em relação à tensão de escoamento).

Além de coeficiente de segurança para a fixação da tensão admissível, existe também o coeficiente de segurança para cargas. Nesse caso, o coeficiente de segurança como que aumenta o esforço. (Coeficiente de ponderação).

Para casos em que a carga é bem conhecida (caso de reservatório de água, onde a altura d'água não é ultrapassada), podemos usar coeficiente de segurança até 1. Em geral, usa-se coeficiente de segurança sempre maior que 1, face à incerteza das cargas.

Assim, seja o dimensionamento do cabo de aço que serve um elevador que carrega 20 pessoas (dimensionamento estático, sem levar em conta o esforço na aceleração).

Seja de 20 kN o peso próprio do elevador (peso conhecido e sem variação). No Brasil, em média adota-se o peso médio por pessoa de 70 quilos (verifique no seu prédio a placa do elevador, o número de pessoas e da carga admissível e veja como é 70). Ora, às vezes entram os gordinhos. Usaremos, face a isso, um coeficiente de segurança 1,2 para o peso das pessoas. Admitamos 20 pessoas.

Logo, o peso total a ser levantado pelo elevador será:

Peso = 2.000 kgf + 20 × 70 × 1,2 = 3.680 kgf =
= 36,8 kN.

Logo, o peso de projeto adotando o coeficiente de segurança 1,2 para o peso das pessoas é de 36,8 kN.

Adotando-se um coeficiente de segurança de 1,15 para o cálculo de tensão admissível do aço. Seja 30 kN/cm² a tensão-limite de aço

$$\sigma_{adm} = \frac{30}{1,15} = 26 \text{ kN/cm}^2$$

Logo:

$$A = \frac{36,8}{26} = 1,4 \text{ cm}^2$$

Para esse caso, o diâmetro do cabo de aço será: ø 16 mm[*] que tem área de 2 cm² > 1,4 cm².

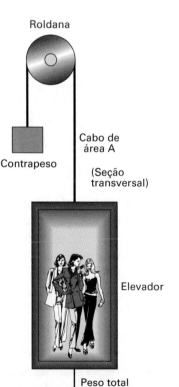

---
[*] Ver Tabela-mãe, Aula 2.1, p. 35 deste livro.

Conclusão: o coeficiente de segurança de cargas leva em conta o conhecimento da situação. Se as cargas são bem conhecidas (reservatório de água), esse coeficiente pode quase chegar a ser 1. Se as cargas são desconhecidas (caso de variação de peso de pessoas no elevador), o coeficiente deve aumentar, podendo chegar a 2, 3 ou mais.

Um exemplo de *talvez* elevado coeficiente de seguranca são as cargas previstas nos projetos de lajes em prédios de apartamentos (em geral 1 kN/m^2 a 3 kN/m^2). Esse carregamento pressupõe uma alta utilização de cada apartamento, o que em geral não ocorre. Esse possível excesso de segurança representa uma folga no dimensionamento das lajes e vigas e representaria uma maior segurança nos pilares, já que o cálculo deveria então admitir que todo o prédio de apartamentos estivesse carregado. Com essa carga, os pilares trabalhariam bem folgados, o que estatisticamente não deve ocorrer, pois seria impossível que todos os apartamentos ao mesmo tempo estivessem totalmente ocupados. Em prédios de escritório, essa folga adicional dos pilares diminui, já que para esses prédios a ocorrência simultânea pode ocorrer com mais frequência.

Prevendo que alguns andares de um prédio de apartamento podem estar totalmente carregados (afetando, pois, lajes e vigas), enquanto dificilmente os outros andares também estariam na mesma hora, a norma "Cargas para cálculo de estruturas de edifícios" permite um alívio de carregamento dos pilares, ou seja, eles não precisam ser previstos para resistir como se todo o prédio estivesse carregado.

4.4 DOS CONCEITOS DE TENSÃO DE RUPTURA E TENSÃO ADMISSÍVEL AOS CONCEITOS DE RESISTÊNCIA CARACTERÍSTICA E RESISTÊNCIA DE CÁLCULO

Quando se folheiam os velhos e os novos livros de Resistência de Materiais, assim como velhas normas e ainda a aula 4.3 deste curso, encontram-se lá os conceitos de tensão admissível, tensão de ruptura e coeficientes de segurança. O que significavam (ou significam) esses conceitos? Assim, quando se diz que a tensão de ruptura média à tração da madeira cedro era de 2,7 kN/cm^2, adotando-se um coeficiente de segurança 3, tínhamos a tensão admissível (ou seja, a tensão máxima de trabalho) de 0,9 kN/cm^2.

Como se estimava a tensão de ruptura? Pegava-se um lote de peças, submetia-se o lote a um teste padrão de ruptura à tração e tirava-se a média aritmética dos resultados. Vê-se, dessa maneira, que o conceito de tensão de ruptura estava ligado a um conceito médio, abstraindo-se da análise estatística de dispersão dos resultados.

Sem dúvida que, ao se estabelecerem os coeficientes de seguranca, que eram usados para dividir a tensão de ruptura e achar a tensão admissível, levava-se qualitativamente em conta essa dispersão. Assim, para materiais como a madeira, que apresentam grande variabilidade de resultados no teste de ruptura, usavam-se coeficientes de segurança altos (3 ou 4). Para materiais como o aço, que apresentam grande uniformidade de resultados, usavam-se coeficientes de segurança menores.

Com a evolução da norma NBR 6118, alteraram-se esses conceitos. Ao invés de tensão de ruptura estimada, como a média aritmética de resultados, temos o conceito de valor característico, que é o valor que apresenta uma probabilidade prefixada de não se ultrapassar no sentido desfavorável. Em geral, considere-se como valor característico o valor que tem a certeza de que, no máximo, 5% dos resultados das amostras lhe são desfavoráveis. O coeficiente de segurança passa agora a ser substituído pelo coeficiente de ponderação de resistência (para os valores característicos dos materiais) e coeficiente de ponderação de ações (para os valores característicos das ações). O conceito de tensão admissível passa a ser substituído pelo conceito de valor de cálculo (σ_d).

Lembramos que não é apenas uma questão de nomenclatura, mas uma substituição de conceitos. A norma usa um conceito estatístico.

O quadro a seguir apresenta as substituições ocorridas.

Conceito antigo	Conceito novo
Resistência média $$\sigma_c, \sigma_t, \tau$$	Valor característico do material, ex. $\Rightarrow$ fck – concreto à compressão fyk – escoamento do aço
Tensão admissível $$\overline{\sigma_c}, \ \overline{\sigma_t}, \ \overline{\tau}$$	$\Rightarrow$ Valor de cálculo f_d (d = design = projeto)
Coeficiente de segurança $$R = \dfrac{\sigma}{\overline{\sigma}}$$	Coeficiente de ponderação de resistência $\Rightarrow \qquad \gamma_c = \dfrac{\text{fck}}{f_d}$
Coeficiente de segurança de carga	$\Rightarrow$ Coeficiente de ponderação de ações (γ_f)
Carga	$\Rightarrow$ Ação característica (F_k)
Carga majorada pelo coeficiente de segurança	$\Rightarrow$ Valor de cálculo de ação ($S_d = \gamma_f \cdot F_k$)

A NBR 6118 apresenta vários exemplos de coeficientes de ponderação de resistência.

- Coeficiente de minoração do concreto (γ_c) = 1,4 – item 12.4.1 da norma.

- Coeficiente de minoração do aço (γ_s) = 1,15 – item 12.4.1 da norma.

- Coeficiente de ponderação de cargas (γ_f) = 1,4 – item 12.4.1 NBR 6118.[*]
- Para obras de pequeno vulto o coeficiente de minoração do concreto e aço deve ser multiplicado por 1,1 (item 12.4.1), resultando γ_c = 1,4 × 1,1 = 1,54.[**]

Do exposto, compreendem-se as fórmulas:

$fcd = \dfrac{fck}{\gamma_c}$	(A tensão de cálculo do concreto à compressão é a divisão do valor característico pelo coeficiente de ponderação de resistência do concreto.)
$ftd = \dfrac{ftk}{\gamma_c}$	(A tensão de cálculo do concreto à tração é a divisão do valor característico da tração do concreto pelo coeficiente de ponderação de resistência do concreto.)
$fyd = \dfrac{fyk}{\gamma_s}$	(A tensão de cálculo do aço ao escoamento é a divisão do valor característico do escoamento pelo coeficiente de ponderação de resistência do aço.)

Mas passemos a um exemplo com finalidade didática, que procurará explicar detalhadamente o assunto.

Seja um pequeno cubo de concreto com 12 cm de aresta. Sobre este cubo, coloca-se uma caixa de água, de peso próprio desprezível, e de altura enorme. Qual é a máxima quantidade de água que posso colocar dentro para não romper o apoio?

O fck do concreto é 25 MPa.

Resolução:

Quem age é o peso da água, que deverá sofrer majoração devido ao coeficiente de ponderação de esforço (γ_f).

Quem resiste é o concreto, que terá sua resistência (valor característico) considerada minorada, devido à obrigatoriedade do coeficiente da ponderação da resistência (γ_c).

Vamos aos cálculos. Seja o croqui:

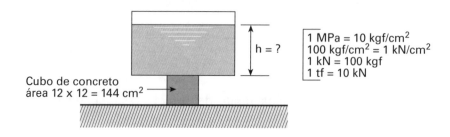

(*) Ver p. 71 da NBR 6118.
(**) Ver p. 71 da NBR 6118.

Para sabermos a máxima tensão em que poderemos solicitar o concreto, dividimos fck/γ_c:

$$fcd = \frac{fck}{\gamma_c} = \frac{25}{1,4} = 17,8 \text{ MPa} \qquad fcd = 17,8 \text{ MPa} = 1,78 \text{ kN/cm}^2 = 178 \text{ kgf/cm}^2$$

$$fcd = \frac{f_d}{\text{área}}$$

Essa é a máxima tensão de trabalho que podemos ter. Multiplicando essa tensão pela área do cubo de concreto, teríamos a máxima força que poderia atuar. Logo:

$$1,78 \times 144 = 256,3 \text{ kN}$$

O coeficiente γ_c usado é somente para cobrir as deficiências da resistência do material. Temos de ter cuidado.

No caso de caixas-d'água, face a seu volume definido, essa força não pode aumentar quase nada, mas em outras estruturas podem ocorrer variações. Face a isso, é necessário usar o chamado coeficiente de ponderação de esforços. A máxima carga que pode ocorrer é aquela que, majorada, dá 178 kN. Logo, ela vale:

$$F_k = \frac{256,3}{1,4} = 183,07 \text{ kN}$$

Conclusão: a caixa-d'água só pode ter água com peso de 183,07 kN (com coeficiente de majoração, chega a 256,3 kN), que resultará no concreto em uma tensão de 17,8 MPa de compressão, que é a máxima tensão de projeto (tensão de trabalho) correta para um concreto de fck 25 MPa = 250 kgf/cm^2.

Fácil, não?

Notas

1. Não foi considerado, por facilidade de exposição, o chamado **efeito Rusch**,[*] que corresponde a um coeficiente de minoração adicional da resistência do concreto. Mas ele está considerado nas tabelas de dimensionamento de esforços de flexão (lajes e vigas) deste livro. A NBR 6118, nesse item 15.3, chama o efeito Rusch de "efeito de carga mantida".

2. Neste livro, as tabelas para o dimensionamento de lajes maciças e vigas (coeficiente k3 e k6) já incorporam os coeficientes de ponderação de cargas (aumentando-os), os coeficientes de ponderação de resistência (diminuindo-os) e o chamado efeito Rusch (0,85), que diminui a capacidade de resistência do concreto para cargas que atuam com constância ao longo do tempo.

[*] Efeito Rusch, também chamado "efeito da carga mantida". Ver item 15.3, p. 100 da NBR 6118/2014.

AULA 5

5.1 MASSAS LONGE DO CENTRO FUNCIONAM MELHOR OU O CÁLCULO DO MOMENTO DE INÉRCIA (*I*) E MÓDULO DE RESISTÊNCIA (*W*)

Peguemos uma barra de madeira de seção tipicamente retangular (um dos lados (a) bem maior que o outro (b)). Vamos usar essa barra como viga, para vencer um vão L e suportar um peso P em duas condições: a barra deitada e a barra de pé.

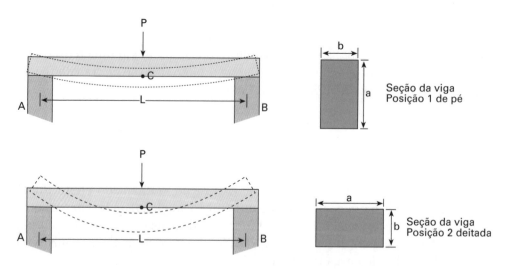

Vemos, com o sentimento,[*] que a barra da posição 1 tem menor deformação e vai ter menor flecha do que a mesma barra deitada na posição 2. Calculemos os momentos fletores em um ponto C no meio da viga:

$$R_A + R_B = P$$

---

[*] Engenharia também é sentir criticamente.

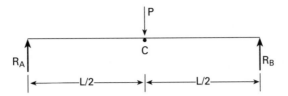

Sabemos que $R_A = R_B$, logo:

$$R_A + R_B = P \Rightarrow 2R_A = P \Rightarrow R_A = \frac{P}{2} = R_B$$

$$M_C = R_A \frac{L}{2} = \frac{P}{2} \cdot \frac{L}{2} \Rightarrow M_C = \frac{P \cdot L}{4}$$

Pelo cálculo, vê-se que, qualquer que seja a posição da barra (deitada ou de pé), o momento fletor máximo (em C) vale $M_C = P \times L/4$, igual para os dois casos. Mostra também a experiência que, se aumentarmos gradativamente P, a barra deitada (posição 2), muito antes que a na posição de pé, apresentará em seus bordos tensões excessivas e romperá. Com o mesmo peso P, a viga na posição de pé (posição 1) ainda resiste galhardamente.

Ora, as duas vigas têm igual: momento fletor, forma (a e b) e material (por exemplo, madeira). O que altera entre uma e outra?

A disposição é que é diferente (barra deitada ou barra em pé). Fazendo-se um corte transversal em C, teríamos:

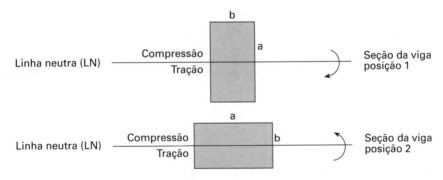

Sabemos que, em qualquer dos casos, nas bordas superiores há o máximo de compressão, que cai a zero quando se aproxima do eixo (linha neutra), e o esforço de tração cresce da linha neutra até o máximo no bordo inferior.

Chamaremos de σ (σ_c ou σ_t) esse valor-limite.

Pode-se demonstrar que a variação de tensão da tração ou compressão obedece à lei:

$$\sigma_t \text{ ou } \sigma_c = \frac{M}{I} \times x \text{ para um ponto } z.$$

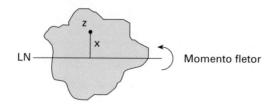

Ou seja, a tensão de tração (ou compressão) de um ponto qualquer de uma seção da barra é função do momento fletor, da distância do ponto ao eixo da barra (X) (linha neutra), de uma quantidade denominada "momento de inércia" (I), que mede o afastamento das áreas em relação a um eixo que passa pelo centro da figura.

Vamos introduzir com mais cuidado esse conceito de "momento de inércia" (I).

Consideremos uma seção retangular $a \times b$ e um eixo x que passa pelo centro da figura e perpendicular a um dos lados.

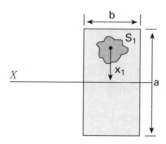

Seja S_1 a área de um pequeno trecho, e x_1 a distância dessa área ao eixo X.

Calculemos a soma de todos os elementos da área (S_1, S_2, ...S_n) multiplicados, cada um deles pelo *quadrado de sua distância* (x^2), em relação ao eixo X.

Por definição, o momento de inércia (I) será, então:

$$I = S_1 \times x_1^2 + S_2 \times x_2^2 + \cdots + S_n \times x_n^2$$

De uma forma mais elegante e a mais correta:

$$I = \int_S x^2 ds \quad \text{(*)(**)} $$

O momento de inércia (I) não mede a somatória das multiplicações das áreas pelas distâncias ao eixo considerado, mas pelo *quadrado da distância*.

---

[*] Antigamente o símbolo de *I* era *J*.
[**] Um querido professor de engenharia (J.M.A.N.) disse-me: "Botelho, ponha ao menos uma integral no seu livro. Para algumas pessoas isso dá um gabarito todo especial ao trabalho". Segui a instrução. A integral aí está.

Assim, o mesmo retângulo ($a \times b$) terá momentos de inércia completamente diferentes, desde que o eixo considerado seja paralelo ao lado maior, ou seja, paralelo ao lado menor.

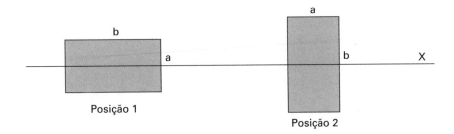

Conclui-se, pois, que:

$$I_{\text{posição 1}} < I_{\text{posição 2}}$$

O momento de inércia (I) está tabelado para as figuras geométricas principais, sendo, pois, uma medida de área dessa figura multiplicada pela distância ao quadrado desta, a um eixo considerado. No nosso caso, o eixo é X.

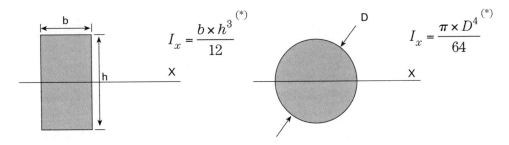

O conceito de I está intimamente ligado ao eixo considerado. Uma mudança de eixo altera por completo o valor de I.

Verifiquemos em um exemplo como varia I, ao invertermos a posição de um retângulo 10×30 cm em relação a um eixo X:

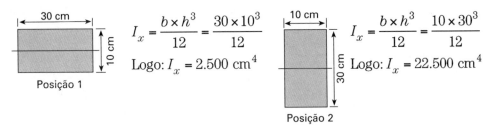

ou seja, o momento de inércia de seção em pé é: $\dfrac{22.500}{2.500} = 9$ (nove vezes maior) do que o da seção deitada.

(*) Essas fórmulas derivam de $I = \int_S x^2 ds$.

Voltemos agora ao caso da barra fletida.

Sabemos que, para conhecer a tensão de tração ou compressão em qualquer ponto da barra, a fórmula é:

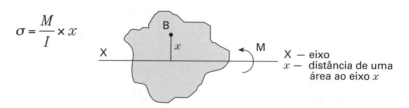

$$\sigma = \frac{M}{I} \times x$$

X — eixo
x — distância de uma área ao eixo x

Ora, dada a peça, dado o carregamento, o valor de σ (tensões de tração e compressão) dependerá do ponto B, de sua distância ao eixo x e do I. Quanto maior I, menor σ. Essa é a razão pela qual, nas vigas retangulares, a dimensão maior é sempre colocada na vertical, e a dimensão menor fica na horizontal, como mostrado na Figura 1, a seguir:

Figura 1 (viga) Seção da viga   Figura 2 (cama)   Seção da viga

Ou seja, colocam-se, regra geral, as vigas em situações que dão mínimas tensões (máximos momentos de inércia). As vigas das camas, que suportam o peso de uma pessoa deitada, são colocadas na horizontal para maior deformabilidade (desde que não sejam rompidas), e, com isso, consegue-se maior conforto ao usuário. É o caso da Figura 2.

Calculemos agora um exemplo prático:

Seja uma viga de madeira de 10 × 30 cm, biapoiada, sujeita a um esforço de 30 kN/m e vencendo um vão de 2 metros. Calculemos as tensões de compressão e tração:

Sabemos que essa viga será mais solicitada, em termos de momentos fletores, na posição C (meio do vão). Será, pois, em C que ocorrerão as maiores tensões de compressão e tração. Na seção C, o momento fletor será:

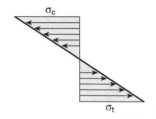

$p = 30 \text{ kN/m} = 300 \text{ N/cm}$

$M_c = \dfrac{p \cdot L^2}{8} = \dfrac{300 \times 200 \text{ cm} \times 200 \text{ cm}}{8} = 1.500.000 \text{ Ncm}$

Logo:

$$\sigma_c = \sigma_t = \dfrac{M_c}{I} \cdot x$$

Na seção em C, admitindo-se que a viga foi colocada de pé, temos:

$b = 10$ cm

$h = 30$ cm $\quad I = \dfrac{b \times h^3}{12} = \dfrac{10 \times 30^3}{12} = 22.500 \text{ cm}^4$

$\sigma_t = \sigma_c = \dfrac{M}{I} \times x = \dfrac{1.500.000 \text{ Ncm}}{22.500} \times x \Rightarrow \sigma_t = \sigma_c = 66,6 \text{ N/cm}^2 \times x$

$x = 15$

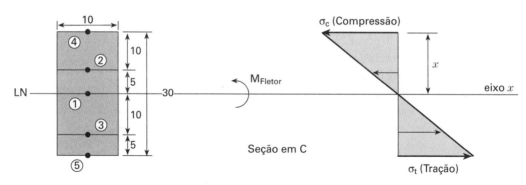

Seção em C

Conclusão: a tensão será máxima para o máximo valor de x ($x = 15$) e será mínima para $x = 0$ (linha neutra, ou seja, linha sem tensões).

Seja o ponto 1 no eixo X, para ele $x = 0$, logo $\sigma_c = \sigma_t = 0$ (o ponto está na linha neutra).

Seja o ponto 2, na área de compressão, distante 5 cm do eixo X ($x = 5$ cm). A tensão de compressão será: $\sigma_c = 66,6 \times 5 = 333 \text{ N/cm}^2$.

Para o ponto 3, distante de 10 cm na área de tração: $\sigma_t = 66,6 \times 10 = 666 \text{ N/cm}^2$.

As tensões extremas de tração e compressão serão: $\sigma_c = \sigma_t = 66,6 \times 15 =$
$= 999 \text{ N/cm}^2 = 0,999 \text{ kN/cm}^2$.

Conclusão: essa viga, sofrendo este carregamento, sendo biapoiada, apresenta momento fletor máximo no meio (seção C). Na seção em C, ocorrerão nas bordas as maiores tensões de compressão e tração, que valerão $0,999 \text{ kN/cm}^2$.

Acho que pelos exemplos dados ficou claro que é fundamental, nas peças submetidas à flexão, o conceito de momento de inércia (medida das áreas multiplicadas pelo quadrado das distâncias à linha neutra).

Isso explica o fato de se usarem como vigas peças que têm grande momento de inércia, como, por exemplo, os perfis metálicos. Assim, o perfil metálico "I" é um claro exemplo de "fuga de área" da linha neutra:

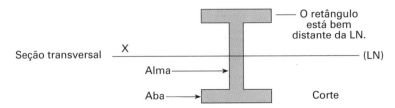

Observar como as áreas estão longe do eixo de simetria X.

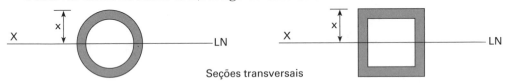

Os outros tipos de perfis metálicos fazem o mesmo. Para se ter o máximo de I, o importante não é ter área próxima da linha neutra, e sim afastada. Áreas próximas da linha neutra pouco contribuem para o aumento do momento de inércia, mas podem aumentar bastante o peso próprio da viga. Por isso mesmo, é comum o uso de seções vazadas, pois a perda da área vazia reduz muito pouco o momento de inércia e reduz muito o peso próprio da viga. Se analisarmos as estruturas dos automóveis, veremos várias nervuras normalmente colocadas no centro de placas que sofrem esforços e que poderiam gerar flexões, e, diante disso, as finas espessuras das chapas podem resistir. Essas nervuras são maneiras de aumentar o momento de inércia da estrutura resistente, diminuindo, com isso, os esforços gerados.

A própria forma abaulada dessas chapas tem também essa função. Se analisarmos o capô do carro Volkswagen,[*] notamos claramente a sua forma abaulada e uma nervura no meio desse capô:

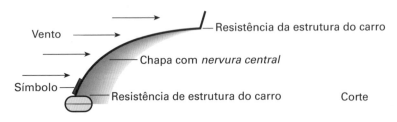

---

[*] Nota histórica: quando este texto foi esboçado, meados dos anos 1970, o carro dominante no Brasil era o inesquecível "Fusca"!

Embora neste curso não estudemos as teorias das placas, pode-se, em primeira aproximação, dizer que a viga da Figura 1 tem maior "*I*" do que a viga da Figura 2.

A forma abaulada e as nervuras das placas dos carros têm por objetivo aumentar o seu "*I*" (afastando todas as áreas do eixo).

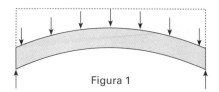

Figura 1

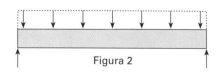

Figura 2

Como, em geral, nas flexões das barras, o interesse é conhecer as tensões de tração e compressão máximas (que ocorrem nas bordas das seções), a relação x/I pode ser tabelada. Como $\sigma = \dfrac{M}{I} \times x$, se chamamos $\dfrac{x}{I} = \dfrac{1}{W}$, o símbolo W é o módulo de resistência.

Com a introdução do conceito de módulo de resistência (W), as tensões de tração e compressão na extremidade das peças são calculadas diretamente pela divisão do momento fletor na seção pelo módulo de resistência.

Os módulos de resistência W e I são tabelados e valem para as figuras mais comuns:

$$\pi = 3{,}1416\ldots$$

Tabela T-3 – Momentos de inércia e módulos de resistência			
	Seções		
	(retângulo b×h)	(círculo d)	(seção vazada B×H, b×h)
Momento de inércia (I)	$\dfrac{b \times h^3}{12}$	$\dfrac{\pi \times d^4}{64}$	$\dfrac{B \times H^3 - b \times h^3}{12}$
Módulo de resistência (W)	$\dfrac{b \times h^2}{6}$	$\dfrac{\pi \times d^3}{32}$	$\dfrac{B \times H^3 - b \times h^3}{6 \times H}$

Exemplos de aplicação de W (que nada mais é do que calcular direto o σ_c e o σ_t máximos que ocorrem nas bordas).

Seja uma viga circular de madeira, com diâmetro de 40 cm (d), vencendo um vão de 2 metros e sujeito a uma carga única de 40 kN, como o esquema abaixo. Calcular as tensões máximas de compressão e tração.

Viga com seção circular

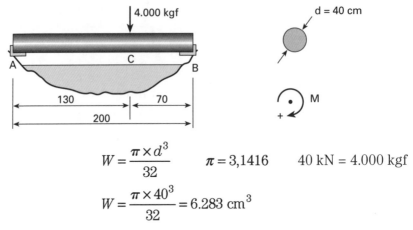

$$W = \frac{\pi \times d^3}{32} \qquad \pi = 3{,}1416 \qquad 40 \text{ kN} = 4.000 \text{ kgf}$$

$$W = \frac{\pi \times 40^3}{32} = 6.283 \text{ cm}^3$$

Esquema:

$$R_A + R_B = 40$$
$$M_B = 0$$

Logo:

$$R_A \times 200 - 70 \times 40 = 0$$
$$R_A = \frac{70 \times 40}{200} = 14 \text{ kN}$$
$$R_B = 26 \text{ kN}$$
$$R_A + R_B = 40 \text{ kN}$$

O momento máximo é em C e vale $M_C = R_A \times 130 = 14 \times 130 = 1.820$ kNcm. A tensão de compressão é máxima no bordo superior e é igual à tensão máxima de tração no bordo inferior:

$$\sigma_t = \sigma_c = \frac{M}{W} = \frac{1.820}{6.283} \qquad \sigma_t = \sigma_c = 0{,}29 \text{ kN/cm}^2$$

Voltamos a uma observação já feita. Quando introduzimos o conceito de tração e compressão, o fizemos através de barras sofrendo só esse esforço. No caso das barras fletidas,[*] o conceito de tração e compressão é o mesmo.

---

[*] Barra fletida é o mesmo que barra dobrada.

Assim, seja a viga:

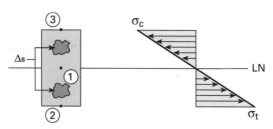

Na seção C, ocorre o maior momento fletor. Na seção em C, no ponto 1, não há esforço, é a linha neutra. No ponto 3, há uma tensão de compressão e, no ponto 2, de tração. Para uma área ΔS em 3 ou ΔS em 2, elas funcionam como se fossem os esforços que ocorrem em barras.

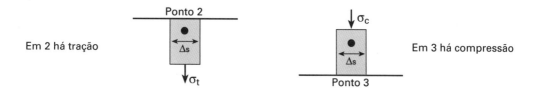

Poderíamos fazer um gráfico, mostrando a evolução das tensões de tração e compressão:

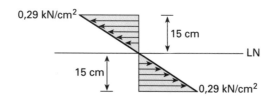

Analisando o material (tipo de madeira) a usar (e olhando-se só o fenômeno de flexão e esquecendo o cisalhamento), vemos que teríamos de escolher uma madeira que tivesse uma tensão admissível de tração (e de compressão) maior do que $0,29$ kN/cm^2. Não há necessidade de calcular tensão de tração e compressão em outros pontos da viga, pois o momento fletor é máximo na seção em C e, como as tensões são proporcionais aos momentos fletores, as tensões máximas de tração e compressão ocorrem em C.

Calculemos agora (por curiosidade) se a mesma viga do exercício da p. 97 fosse colocada deitada. O momento fletor máximo seria em C e valeria também:

$$p = 30 \text{ kN/m} = M_c = \frac{p \times L^2}{8} = \frac{300 \times 200^2}{8} = 1.500.000 \text{ Ncm}$$

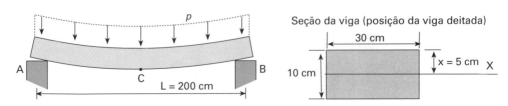

Agora o I varia, já que a menor dimensão ficou como altura e a maior dimensão ficou como base:

$$I = \frac{b \times h^3}{12} = \frac{30 \times 10^3}{12} = 2.500 \text{ cm}^4$$

$$\sigma_t = \sigma_c = \frac{M}{I} = \frac{1.500.000}{2.500} \times x \Rightarrow \sigma_t = \sigma_c = 3.000 \text{ N/cm}^2 \text{ (*)}$$

Como o maior valor de x é 5 cm (metade de altura), os valores máximos de σ_t e σ_c serão: $\sigma_t = \sigma_c = 600 \times 5 = 3.000 \text{ N/cm}^2$, bem maior do que o achado no caso anterior.[**]

Conclusão: para vencermos vãos, devemos colocar a peça em posição tal que gere maiores momentos de inércia (I) e, com isso, as tensões que ocorrerão serão menores do que se colocada a barra em outra posição.

É importante destacar que não devemos confundir resistência com estabilidade. Não há dúvida que uma prancha de 10 × 30 cm tem maior estabilidade deitada do que de pé. Como a posição de pé dá maior capacidade de resistência, é comum em pontes ferroviárias, onde se usam grandes perfis "I", contraventá-los para evitar sua queda, superando, assim, sua menor estabilidade.

Vimos que para vigas é importantíssimo conhecer o seu momento de inércia. Dadas duas vigas de iguais vãos e cargas, a viga que será menos esforçada será aquela cuja forma e posição gerem maior momento de inércia (I) (ou módulo de resistência W). Logo, ao se construir vigas, devemos procurar formas de alto I. Como I não é função simples de distância das áreas, mas sim de distância ao quadrado, voltamos a insistir que devemos procurar formas que afastem massas do centro. Vejamos algumas dessas formas que afastam massas do centro, aumentando sua distância.

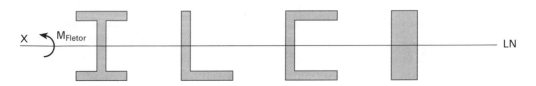

---

[*] Como mostrado na página 97, quando a barra estava na posição "de pé", a maior tensão era de 999 N/cm², bem menor que 3.000 N/cm².
[**] No caso anterior (Viga de pé) $\sigma_t = \sigma_c = 999$ N/cm².

Pensemos e raciocinemos

Viga $\begin{cases} L = 2 \text{ m} = 200 \text{ cm} \\ b = 10 \text{ cm} \\ h = 30 \text{ cm} \end{cases}$

Viga de pé	Viga deitada
	
Carga igual a 30 kN/m	
Deformação por flexão (dobramento)	Deformação por flexão (dobramento)
Mínima deformação	Grande deformação
Tensões-limite nas bordas no meio do vão	
$\sigma_t = \sigma_c = 999 \text{ N/cm}^2$	$\sigma_t = \sigma_c = 3.000 \text{ N/cm}^2$

Claro que essas vigas devem ser sempre colocadas na construção nessa posição, pois, se deitarmos como a seguir, os momentos de inércia e os módulos de resistência seriam muito menores, como já vistos. Para peças que podem ficar em várias posições (postes sendo transportados), ou seja, em que o momento atua em todas as direções, há o interesse em construírem-se seções em que o I (ou W) não varie. A seção circular é perfeita para isso, pois, para qualquer eixo que passe pelo seu centro, I (ou W) será constante. E como o que importa são áreas distantes e não áreas próximas do eixo, os postes são vazados; com isso I (ou W) é diminuído muito pouco (perda da área vazia), mas economiza-se concreto e a peça fica mais leve, facilitando o transporte.

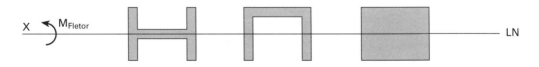

Para situações em que o peso próprio da estrutura-suporte é significativo, ou seja, em estruturas onde a carga externa adicional é desprezível ou pequena, como, por exemplo, em telhados e coberturas, há a maior vantagem de se usar seções com o mínimo peso e o máximo de *I*. Assim, se formos tentar cobrir com o maior vão possível uma área e tivermos barras de madeira com a forma retangular, se fizermos cortes tornando-a *I*, sem dúvida *I* diminui um pouco, mas o peso próprio será muito mais diminuído, e, assim, a viga poderá vencer vãos maiores.

Revisemos o assunto através de algumas reflexões:

Como um exemplo bastante feliz de importância de forma na resistência de uma peça, tente vencer um vão ($L \approx 20$ cm) com uma folha de papel. Impossível, não? Com o simples peso próprio da folha de papel, ela cede.

Peguemos a folha e transformemos, por dobras, em um formato de calha. Você verá que, agora, a mesma folha vence facilmente o vão, podendo até, além de aguentar o seu peso próprio, receber alguns lápis como carga acidental.

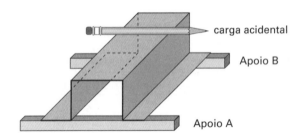

Qual a razão? O *I* de uma folha de papel sem dobra é praticamente zero, pois as áreas estão praticamente no eixo (espessura de décimos de milímetros).

Na forma de calha, o *I* é muito maior, devido ao fato de as áreas se afastarem do eixo (linha neutra).

Todas as estruturas que vencem vãos procuram apresentar formas que afastem áreas do eixo. As telhas francesas, as telhas canal e os calhetões têm formas desse tipo:

Corte de uma telha francesa, a forma dá maior *I*

Corte de uma telha canal, a forma circular dá maior *I*

Corte de uma telha calhetão, a forma dá maior *I*

Lembramos que telhas são vigas ou minilajes.

O conceito de momento de inércia está sendo introduzido nas estruturas que sofrem esforços de flexão. Ele também é importantíssimo no estudo de pilares. Um pilar, em geral, cede pelo lado do eixo que tem o menor I. Uma folha de papel e uma chapa plana de aço têm momento de inércia praticamente nulo e, face a isso, é impossível colocá-los de pé. Mas se quisermos fazer dobras, então essas estruturas poderão ficar de pé.

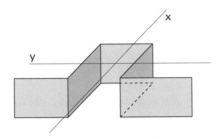

A razão é que criamos I_x e I_y consideráveis e que então resistem em qualquer direção em que se tente virar a estrutura.

5.2 DIMENSIONAMENTO HERÉTICO[*] DE VIGAS DE CONCRETO SIMPLES

Observação: No mundo do concreto armado, falar em vigas de concreto simples é blasfêmia da grossa, já que as normas exigem armadura em qualquer viga. Damos estes exemplos apenas para treinar conceitos.

Na verdade, não é tão blasfêmia assim falar em vigas de concreto simples, já que existem vigas de barro (que são as telhas), só que não podem receber outro esforço do que o próprio peso.

Nos problemas seguintes, dados o carregamento e vãos a serem vencidos por vigas de concreto simples, vamos determinar as seções da viga. Em outros casos, dadas as dimensões das vigas e as cargas, vamos verificar os vãos possíveis de serem vencidos. E, em últimos casos, dados a viga e o vão, iremos determinar as cargas que ela pode receber. As vigas serão verificadas para ver se elas suportam:

- as tensões máximas de compressão, causadas pelo momento fletor;
- as tensões máximas de cisalhamento, causadas pelas forças cortantes;
- as tensões máximas de tração, causadas pelo momento fletor.

Admitiremos:

$\gamma \Rightarrow 24$ kN/m^3 peso específico do concreto simples, valor conservativo, já que ele é menor, sendo 25 kN/m^3 o valor médio do concreto armado, que é mais pesado;

---

[*] Herético – o que vai contra o estabelecido nas normas e nos costumes.

$\sigma_{c\,adm} \Rightarrow 0,8$ kN/cm^2 tensão admissível de compressão;

$\sigma_{t\,adm} \Rightarrow 0,1$ kN/cm^2 tensão admissível de tração;

$\sigma_{adm} \Rightarrow 0,5$ kN/cm^2 tensão admissível de cisalhamento.

1.º problema: qual o maior vão que uma viga de concreto simples de 30 × 20 cm pode vencer recebendo só o peso próprio? O peso específico é 24 kN/m^3. Um metro de viga terá o volume de 1,00 × 0,2 × 0,3 = 0,06 m^3. O peso de um metro da viga será:

$$\gamma = \frac{P}{V} \Rightarrow P = \gamma \times V = 24 \times 0,06 = 1,44 \text{ kN/m}$$

Logo, essa viga terá um peso uniformemente distribuído de 1,44 kN/m. O esquema do carregamento será:

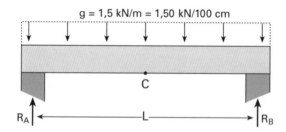

Carregamento uniforme de 1,5 kN/m, as reações são iguais (simetria do carregamento) $R_A = R_B$.

O peso total da viga que será suportada pelas reações será:

$$R_A = R_B = \frac{1,5 \times L}{2} = 0,75 \times L \text{ kN}$$

O momento máximo ocorre em C, e, como sabemos, é:

$$M_C = \frac{g \times L^2}{8} = \frac{1,50 \times L^2}{8} \text{ kNm}$$

Na viga retangular, temos:

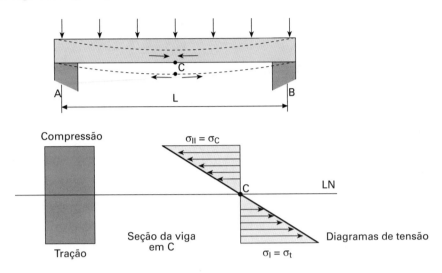

O máximo de compressão se dará no bordo superior, e o máximo de tração, no bordo inferior. Para se conhecer esses valores máximos, que são iguais entre si (em concreto simples), a fórmula será:

$$\sigma_{II} = \sigma_{c\,máx} = \frac{M_c}{W} \qquad e \qquad \sigma_I = \sigma_{t\,máx} = \frac{M_c}{W}$$

$\sigma_I \Rightarrow$ maior tensão de tração do concreto;
$\sigma_{II} \Rightarrow$ maior tensão de compressão do concreto.

O módulo de resistência W de uma seção retangular é:

$$W = \frac{bh^2}{6} \qquad W = \frac{0,2 \times 0,3^2}{6} = 0,003 \text{ m}^3 = [0,003 \times 10^6] \text{ cm}^3 = 3.000 \text{ cm}^3$$

Logo:
$$\sigma_c = \frac{M_c}{W} \qquad \sigma_c = \sigma_t = \frac{1,5 \times 10^{-2} \times \frac{L^2}{8}}{3.000}$$

Analisemos L no caso de compressão: $\sigma_{c\,adm} = 0,8$ kN/cm².

$$0,80 = \frac{1,5 \times 10^{-2} \times L^2}{3.000 \times 8} \Rightarrow L = 1.131 \text{ cm} \quad \text{ou} \quad L = 11,31 \text{ m}$$

Logo, a limitação pela compressão é que essa viga tenha 11,31 m.

Vejamos agora a limitação pela tração:

$$\sigma_{t\,adm} = 0,1 \text{ kN/cm}^2 \qquad \sigma_{t\,adm} = \frac{M}{W}$$

$$0,10 = \frac{1,5 \times 10^{-2} \times \frac{L^2}{8}}{3.000} \Rightarrow L = \sqrt{160.000} \Rightarrow 400 \text{ cm} \quad \text{ou} \quad L = 4 \text{ m}$$

Vemos que a limitação cai a 4 m, fato conhecido por ser a menor resistência à tração do concreto, sua grande limitação para ser usado como viga.

Calculemos agora o máximo de força cortante que ocorre:

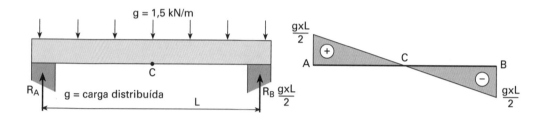

Onde g é a carga distribuída (no nosso caso, 1,5 kN/m = 1,5 × 10^{-2} kN/cm). O máximo de força cortante é:

$$Q_M = \frac{g \times L}{2} = 1,5 \times \frac{L}{2} \quad \text{nos apoios}$$

Como sabemos, a tensão máxima de cisalhamento ocorre não no bordo superior nem no inferior, mas na linha neutra.

Para vigas retangulares, a máxima tensão de cisalhamento ocorre no ponto de máxima força cortante e vale na flexão:

$$\tau = 1,5 \times \frac{Q}{A} \qquad \begin{array}{l} Q - \text{força cortante no ponto considerado} \\ A - \text{área da seção transversal} \end{array}$$

$$\tau = 1,5 \times \frac{Q}{A} \qquad \tau_{w \text{ adm}} = 0,5 \text{ kN/cm}^2 \qquad \begin{array}{l} A = 30 \times 20 \\ A = 600 \text{ cm}^2 \end{array}$$

$$0,5 = \frac{1,5}{600} \times \frac{1,5 \times L}{2} \times 10^{-2} \Rightarrow L = 26.666 \text{ cm} \Rightarrow L = 266 \text{ m}$$

Vejamos que o vão que poderíamos vencer seria:

Só levando em conta a tensão máxima de compressão ⇒ 11,3 m.
Só levando em conta a tensão máxima de tração ⇒ 4 m.
Só levando em conta a tensão máxima de cisalhamento ⇒ 266 m.

Conclusão: as limitações de tração é que limitam as vigas de concreto simples.

Vemos aqui a razão para embutirmos uma barra de aço na parte inferior da viga, e que o aço responda pela tração, permitindo, assim, vencer grandes vãos (teremos, então, o concreto armado).

2.º problema: qual a maior carga vertical ascendente que podemos aplicar em uma viga de concreto de 10 × 15 cm em um balanço de 40 cm?

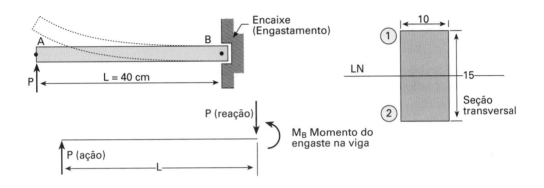

Neste caso, haverá momento máximo em B e, nesse ponto, tração máxima na borda inferior e compressão máxima na borda superior.

$$\sigma_{t\,máx} = \frac{M_{máx}}{W}, \qquad \sigma_{t\,máx} = 0{,}1 \text{ kN/cm}^2, \qquad M_{máx} = P \times L \qquad \sigma = \frac{M_c}{W}$$

$$W = \frac{b \times h^2}{6} = \frac{10 \times 15^2}{6} = 375 \text{ cm}^3, \qquad \text{logo} \qquad \Rightarrow 0{,}1 = \frac{P \times 40}{375} \Rightarrow P = 0{,}94 \text{ kN}$$

A conclusão a que chegamos foi baseada na limitação da tensão de tração.

Como já vimos, podemos esquecer o assunto compressão máxima, pois o limitativo é a tração máxima.

Verifiquemos se o cisalhamento não é limitação.

O diagrama de força cortante é constante, como a seguir se mostra:

A tensão máxima de cisalhamento que ocorrerá será:

110
Concreto armado eu te amo

$$\tau = 1{,}5 \times \frac{Q}{A} \qquad \text{onde} \qquad \tau = 0{,}5 \text{ kN/cm}^2 \qquad \text{logo}$$

$$0{,}5 = 1{,}5 \times \frac{P}{10 \times 15} \Rightarrow P = 50 \text{ kN}$$

Vê-se que, pelas limitações do cisalhamento, a estrutura resiste até um peso de 50 kN.

Logo, a limitação será 0,94 kN e levou a barra a ter tração-limite (tensão de tração admissível).

O esquema de dimensionamento de vigas de concreto simples, madeira ou concreto armado é sempre o mesmo.

Verificam-se os esforços externos e os esforços internos, calculam-se os máximos momentos fletores, gerando as maiores tensões de tração e compressão, e calcula-se o máximo cisalhamento; determinam-se as seções resistentes que resistam às tensões de compressão, tração e cisalhamento.

Na verdade, existem no concreto armado outras condições que se devem verificar:

- Máximas deformações que as estruturas devem sofrer.

- Máximas fissuras (aberturas) na zona tracionada do concreto que as vigas podem ter. Na verdade, essa condição só se verifica no concreto armado em que o concreto pode fissurar, diante da tração, sem maiores problemas, pois quem responde à tração é o aço. Para as heréticas vigas de concreto simples, não pode haver fissuras, pois, senão, a viga se rompe por completo.

- Aspecto de custo.[*]

5.3 O QUE É DIMENSIONAR UMA ESTRUTURA DE CONCRETO ARMADO?

Dimensionar uma estrutura de concreto armado é determinar a seção de concreto (formas) e de aço (armadura) tal que:

- a estrutura não entre em colapso (estado-limite último);

- seja econômica (estado-limite do bolso do proprietário);

- suas eventuais fissuras não sejam objetáveis (estado-limite de serviço);

- suas flechas não sejam objetáveis (estado-limite de serviço);

---

[*] Segundo um saudoso professor, aula ou livro que não destaca o conceito de custo, de alguma outra coisa pode ser, mas de engenharia não é.

- apresente boa proteção à armadura, impedindo sua corrosão, que poderia, a longo prazo, levar à ruína a peça (cobrimento);
- se a estrutura for deficiente, seja por causa própria, seja por excesso de carga, ela dê sinais visíveis ao usuário, antes de se alcançar sua ruína (condição de aviso).
- seja durável.

Nota 1: há prédios e pontes de estrutura de concreto armado construídos nos anos 1920 e 1930 no Brasil que são usados intensamente até hoje, sem nenhuma reforma ou manutenção estrutural. Exemplos: o prédio A Noite (Praça Mauá), no Rio de Janeiro, e Prédio Martinelli, em São Paulo.

Nota 2: até o final dos anos 1920, todo o cimento usado no Brasil era importado da Europa, vindo em barricas por via marítima.

À direita da foto, o prédio Martinelli, SP, inaugurado nos anos 1930. No fundo, o prédio do Banespa dos anos 1940, e, à esquerda (vista cortada), prédio do Banco do Brasil, dos anos 1960. Todos em estruturas de concreto armado.

Ver item 6.2 deste livro, no qual são citadas as normas da ABNT referentes às estruturas de concreto armado.

AULA 6

6.1 AÇOS DISPONÍVEIS NO MERCADO BRASILEIRO

Esta aula é baseada parcialmente na norma NBR 7480/1996 da ABNT denominada: "Barras e fios de aço destinados à armadura de peças de concreto armado". Daremos as aulas por meio de pílulas de informação.

6.1.1 NOTA 1

Os aços existentes no mercado dividem-se em dois tipos:

- Tipo "A" — Laminados a quente;
- Tipo "B" — Trefilação de fios máquina.

Além da divisão em tipos A e B, os aços são divididos em categorias que são funções principais dos seus teores de carbono, disso resultando as categorias: C25, CA50 e CA60. Cada categoria é indicada pelo código CA (aço para concreto armado) e pelo número indicativo de tensão de escoamento.

Nota: há pouco tempo existia no mercado o aço CA50B, inferior ao aço C50A. O aço CA50B (que ainda é fabricado por pequenas siderúrgicas) não permite o uso de solda ou o uso de calor para corte. A norma NBR 7480/1996 só aceita os aços CA25A, CA50A e CA60B.

Vergalhões
CA50

Vergalhões
CA60

Tabela T-4 – Tipos de aços (NBR 7480)					
	Tipo	Tensão de escoamento mínimo ou valor característico fyk (kN/cm^2)	Tensão para a qual ocorre a deformação de 0,2% σ_{sd} (kN/cm^2)	Tensão de cálculo fyd (kN/cm^2)	Características de uso
CA25A	C25	25 kgf/mm^2	21,50	21,50	Para pequenas obras Fácil de dobrar
CA50A	C50	50 kgf/mm^2	42,00	43,50	É o aço mais comum
CA60B	C60	60 kgf/mm^2	40,00	52,20	Muito usado em pré-moldados

$$fyd = \frac{fyk}{\gamma_s}$$

$$fyd = \frac{fyk}{1,15}$$

Os aços, nas suas várias categorias, têm o mesmo peso específico.

6.1.2 NOTA 2

Conhecidos os valores característicos das tensões de escoamento dos aços (fyk), para se achar os valores de cálculo (antigas tensões admissíveis), basta dividir os valores característicos pelo coeficiente de minoração ($\gamma_{ys} - y \Rightarrow yeldling$, escoamento; $s \Rightarrow steel$, aço).

Para aços produzidos de acordo com a norma NBR 7480, o coeficiente de minoração é 1,15. Na norma 6118, esse coeficiente está no item 12.1, p. 64.

6.1.3 NOTA 3

Para todos os tipos e categorias de aço:

$E_s \Rightarrow 2.100.000$ kgf/cm^2 = 210 GPa (módulo de elasticidade)
peso específico do aço $\Rightarrow 7,85$ kgf/dm^3 = 78,50 kN/m^3 (item 8.3.3 da NBR 6118)

O aço CA25 é mais fácil de dobrar que os dois outros tipos de aço[*] (CA50 e CA60) e é usado em pequenas obras. A norma NBR 6118, no seu item 12.4.1, pg. 71, permite o uso desse aço CA25, mas se a obra tem pequeno controle de qualidade (caso muito comum) então o coeficiente de ponderação de resistência tem de ser multiplicado por 1,1.

6.1.4 NOTA 4

Como temos repetido várias vezes, concreto armado é uma construção solidária, devendo o concreto ser atritado com o aço. Quando se usam em conjunto aço e concreto, eles não podem se deslocar um em relação ao outro. Face a isso, exige-se dos aços uma aderência mínima (atrito) em relação ao concreto envolvente.

---

[*] Aspecto do tipo de fabricação e da composição química desse aço.

Para aços de maior resistência, a aderência tem de ser maior que para os aços de menor resistência, pois os de maior resistência trabalham em geral com maiores tensões. Face a isso temos de, nos aços de alta resistência, dar a ele mais atrito no concreto.

Consegue-se isso com saliências e mossas.

6.1.5 NOTA 5

Os aços classe A (CA25 e CA50), como foram produzidos a quente, podem ser, sem maiores problemas, cortados a fogo ou soldados.

Os aços classe B (CA60) não devem ser cortados a fogo, pois isso poderia levar à perda parcial de sua resistência.

6.1.6 NOTA 6

Do ponto de vista de deformação, há uma diferença fundamental entre os aços A e B. Os esquemas a seguir mostram o funcionamento desses aços:

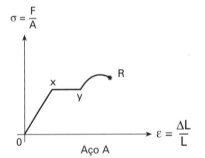 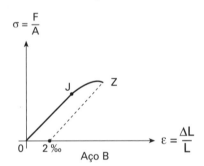

Os aços A, submetidos a esforços crescentes de tração, apresentam uma curva razoavelmente retilínea até o ponto X; nesse ponto, se a tensão de tração permanecer constante, então ocorrerá o escoamento do aço, ou seja, ocorrerão grandes deformações até o ponto Y. Crescendo a partir daí a tensão, a curva tende a crescer ao ponto R, onde o aço se rompe. A tensão que ocorre em X chama-se tensão de escoamento e é, do ponto de vista prático, a tensão-limite de trabalho, já que não se deve projetar estruturas que sofram as deformações causadas pelo escoamento do aço.

Nos aços B, não ocorre um ponto típico de escoamento do material. Ao contrário, com tensão crescente no início, ocorre um trecho retilíneo até J, sucedendo-se um trecho curvo, alcança-se o ponto Z, onde o material se rompe sem ocorrer escoamento.

Por motivos práticos, define-se, para esses aços (B), uma tensão fictícia de escoamento, quando se alcança uma deformação ε no valor de 2‰, ou seja, quando a deformação vale dois por mil do comprimento inicial.

$$\varepsilon = \frac{L}{L} = 2‰$$

6.1.7 NOTA 7

O aço CA60 é produzido por trefilação, que gera uma superfície muito lisa, mais lisa que os outros aços produzidos por laminação.

O aço CA50 tem saliências, dando a ele alta aderência com o concreto.

6.1.8 NOTA 8

Para os mesmos diâmetros é mais fácil dobrar o aço CA25 do que o aço CA50.

6.1.9 NOTA 9

O aço de 5 mm de diâmetro é do tipo CA60, sendo usado principalmente em estribos.

6.2 NORMAS BRASILEIRAS RELACIONADAS COM O CONCRETO ARMADO

As principais normas que interessam aos jovens profissionais são:

NBR 6118 $\Rightarrow$ Projeto de estruturas de concreto — Procedimento.
NBR 14931 $\Rightarrow$ Execução de estruturas de concreto — Procedimento.
NBR 6120 $\Rightarrow$ Cargas para o cálculo de edificações.
NBR 7191 $\Rightarrow$ Execução de desenhos para obras de concreto simples e armado.
NBR 16697 $\Rightarrow$ Cimento Portland – Requisitos.
NBR 7480 $\Rightarrow$ Barras e fios de aço destinados à armadura de concreto armado.
NBR 12655 $\Rightarrow$ Concreto. Preparo, controle e recebimento — Procedimento.
NBR 15146 $\Rightarrow$ Qualificação de pessoal do controle tecnológico do concreto.
NBR 15696 $\Rightarrow$ Formas e escoramentos para estruturas de concreto e procedimentos de execução.

Ver a listagem completa de normas de interesse nas próprias normas NBR 6118 e NBR 14931. Seguir também as normas municipais.

Notar que sempre devemos usar a mais nova das edições de uma norma. Assim, a NBR 12655 tem uma revisão em 2006, portanto, anterior à NBR 6118/2007. Vale sempre a mais nova edição.

Em 2009, foi emitida a norma Formas e Escoramento, NBR 15696/2009. Ver <www.abntcatalogo.com.br>.

6.3 ABREVIAÇÕES EM CONCRETO ARMADO

A nova Norma Brasileira NBR 6118 continuou a adotar a simbologia baseada no Comitê Europeu do Betão, que tende a ser adotado universalmente.

116 Concreto armado eu te amo

A simbologia do CEB tomou por base a língua inglesa, que, por motivos conhecidos, é hoje a mais universal das línguas no meio técnico.

Resumidamente, as simbologias mais comuns e mais usadas são:

A Área (em geral)
A_c Área de seção de concreto
A_s Área de seção de aço (*steel*) tracionada
A'_s Área de seção do aço (*steel*) comprimida
A_t Área de seção de armadura transversal (estribo)
E Módulo de elasticidade (geral)[**]
E_c Módulo de elasticidade do concreto
E_s Módulo de elasticidade do aço (*steel*)
F Força
F_d Valor do cálculo de um aço
F_m Valor médio de uma ação
g Carga permanente
I Momento de inércia (antigamente o símbolo era J)
L Comprimento, vão
M Momento fletor
M_d Momento fletor de cálculo (d – design = cálculo)
N Força normal
q Carga variável
V Força cortante
W Módulo de resistência
X Força componente paralela ao eixo X (horizontal)
a Flecha, distância
b Largura
b_w Largura de vigas
c Cobrimento de concreto, também concreto
d Altura útil
e Excentricidade de uma carga
f Resistência (capacidade de receber esforços)
fc   Resistência do concreto
fck   Resistência característica do concreto
fcd   Resistência de cálculo do concreto
fcj   Resistência do concreto a j dias
fyk   Resistência característica do aço ao escoamento (y – *yeldling*)
fyd   Resistência de cálculo do aço ao escoamento
fk   Resistência característica de um material
g Carga permanente distribuída
h Altura total de uma seção transversal; espessura
i Raio de giração
j Número de dias
s Desvio-padrão, espaçamento

Para fc: { f Resistência; c Concreto; k Característico (médio estatístico) }

(**) O mesmo que módulo de deformabilidade.

s	Aço (*steel*)
γ_c	Coeficiente de minoração de resistência do concreto
γ_s	Coeficiente de minoração de resistência do aço
γ_f	Coeficiente de majoração das forças (solicitações)
ε	Deformação específica
ε_c	Deformação específica do concreto
ε_s	Deformação específica do aço
λ	Índice de esbeltez
ρ	Taxa geométrica de armadura (A_s/A_c)
σ	Tensão normal
σ_c	Tensão normal de compressão no concreto
σ_s	Tensão normal de tração no aço
σ_{sd}	Tensão de projeto no aço
τ	Tensão tangencial

Algumas palavras sobre as novas normas NBR 6118 e NBR 14931.

Essas novas normas introduziram várias inovações no mundo do concreto armado, a saber:

Pela primeira vez, uma norma divide o assunto em:

- Norma de projeto – NBR 6118
- Norma de execução – NBR 14931

A resistência do concreto para o concreto armado agora é de, no mínimo, fck igual a 20 MPa, com a exceção do concreto de obras provisórias, que pode ser fck = 15 MPa.

6.4 CARGAS DE PROJETO NOS PRÉDIOS

Na aula 4.4, dissemos que, nas modernas teorias de cálculo de estruturas, o tratamento estatístico procura se impor, tanto na análise de cargas como na análise de resistência dos materiais.

A definição da resistência do concreto (fck) é estatística e não um valor proveniente de uma média.

Esses são os pressupostos teóricos. Na prática, não é bem assim, e seria impossível (ou quase impossível) trabalhar diretamente no dia a dia de projetos com funções estatísticas. Face a isso, a NBR 6120 da ABNT fixa valores exatos para as cargas de cálculo de lajes de edificações. A NBR 6120 divide as cargas que ocorrem nas lajes nos prédios em cargas permanentes, causadas pelo peso próprio da estrutura, e cargas acidentais, que representam a carga que a estrutura deve sustentar (pessoas, móveis, materiais diversos, veículos etc.).

118 Concreto armado eu te amo

Assim, no projeto de estruturas, considera-se como carga de projeto e dimensionamento:

> carga de projeto = carga de peso próprio de estrutura + carga acidental

Entre outros, os valores são:

Tabela T-5 – Cargas acidentais (NBR 6120)		
Local	Carga acidental * ←— Laje	Carga acidental (kN/m^2)
Hall de banco		3
Sala de depósito de livro		4
Salão de dança de clubes		5
Edifícios residenciais: dormitórios, sala, copa, cozinha e banheiro		1,5
Edifícios residenciais: despensa, área de serviço e lavanderia		2
Forros		0,5
Escadas, lajes de garagens		3

* A expressão carga acidental é algo infeliz. Melhor seria "carga externa" ou "carga de uso".

Nota:

A expressão *carga acidental* pode confundir com situações de acidentes. Não! Carga acidental refere-se a cargas (pesos) de pesssoas, móveis, cortinas etc. Carga acidental não engloba revestimentos. Se houver revestimento, como piso de pedra ou tacos, esse peso deve ser adicionado ao peso próprio, mais a carga acidental.

Nos prédios convencionais de apartamentos e escritórios (prédios para os quais este livro se destina didaticamente), as cargas acidentais (gente, móveis, cortinas etc.) atuam sobre lajes de concreto armado.

Na fase de projeto, além das cargas acidentais, levaremos em conta também o peso próprio da estrutura: peso próprio de lajes, vigas, pilares, sapatas, caixa de água e alvenaria e revestimentos. Avaliaremos o peso próprio dessas peças, suas dimensões (volumes), e multiplicaremos esses volumes pelos pesos específicos de cada material.

Vejamos alguns pesos unitários a usar:

$$\begin{aligned}
\text{Concreto armado} &— 2.500 \text{ kgf/m}^3 = 25 \text{ kN/m}^{3\,(*)} \\
\text{Concreto simples} &— 2.400 \text{ kgf/m}^3 = 24 \text{ kN/m}^3 \\
\text{Alvenaria de tijolos de barro maciço} &— 1.800 \text{ kgf/m}^3 = 18 \text{ kN/m}^3 \\
\text{Alvenaria de tijolos furados} &— 1.300 \text{ kgf/m}^3 = 13 \text{ kN/m}^3 \\
\text{Alvenaria de blocos de concreto} &— 1.400 \text{ kgf/m}^3 = 14 \text{ kN/m}^3 \\
\text{Acabamento de piso} &— 100 \text{ kgf/m}^2 = 1 \text{ kN/m}^2 \\
\text{Acabamento de teto} &— 30 \text{ kgf/m}^2 = 0,3 \text{ kN/m}^2 \\
\text{Impermeabilização de laje} &— 100 \text{ kgf/m}^2 = 1 \text{ kN/m}^2
\end{aligned}$$

6.5 EMENDA DAS BARRAS DE AÇO

(Item 9.5, pg. 42 da NBR 6118)

O aço das armaduras de concreto armado é fornecido com comprimento de 12 m ou em rolos.

Às vezes, é necessário emendar as barras, como, por exemplo, deixar armaduras salientes em trechos de concretagem de pilares (ferros de espera), face à ocorrência de várias etapas de concretagem. A emenda de barras se faz por:

a) Transpasse (99% dos casos)

Colocam-se as armaduras a serem ligadas amarradas por arame, e quem vai ligar as duas são as camadas de concreto. O trecho em comum deve ter um mínimo de comprimento, mostrado a seguir.

b) Outros tipos de emenda são as luvas mecânicas, soldas e outros dispositivos.

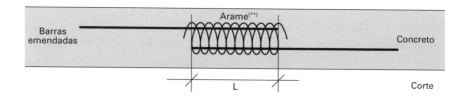

O comprimento L de ancoragem, para condições boas de ancoragem, está mostrado na tabela a seguir:

(*) Esse peso específico do concreto armado é convencional, um dado de referência simples. Peças de concreto armado com baixa taxa de armadura (mais leves) e peças de concreto armado com altas taxas de armadura (mais pesadas) são consideradas como tendo o mesmo peso específico.

(**) A função do arame é simplesmente deixar as barras na posição correta. Depois da concretagem, o arame não tem mais função.

Tabela T-6 – Comprimentos de ancoragem "L" para emendas

Concreto fck	CA25	CA50	CA60
20 MPa	51ø	44ø	53ø
25 MPa	45ø	38ø	46ø
30 MPa	41ø	34ø	40ø

O ø é sempre o maior diâmetro das barras emendadas.

São produtos importantes nas obras:
- arame recozido n. 18 que amarra as barras da armadura, usando-se, para isso, uma torquês;
- dispositivos de segurança como capacete, óculos de segurança e botas. Seguir as normas de segurança do Ministério do Trabalho (NR-18).

Nota: e-mail de um leitor

— Qual o maior vão de vigas que é usado em estruturas de concreto armado?

Resposta:

— No maior vão em estruturas de concreto armado para lojas, ginásios, supermercado etc., pode-se chegar a vigas de concreto armado de até 25 m.

Notas

1. Alvenaria recomendada para revestimento (int./ext.): bloco cerâmico. Argamassa para enchimento e contrapiso (horizontal) de cimento sem cal. Revestimento de paredes e enchimentos verticais mista, com cal. Para assentamento de alvenaria é melhor com cal para preencher os vãos verticais entre os blocos. Revestimento de paredes, espessuras: chapisco 1 a 1,5 cm; emboço 2 a 3 cm; reboco 1,5 a 2 cm.
   Assentamento de alvenaria: 1/2 tijolo 25 L/m^2; 1 tijolo 40 L/m^2. Esses valores são aproximados, pois a espessura da argamassa de assentamento depende do pedreiro, da qualidade do tijolo, da qualificação da mão de obra e até da localização da parede.
   Forma: como é um projeto convencional, concreto revestido, sugiro madeira: compensado e madeira maciça para estruturar a forma (sarrafos, guias, pontaletes e caibros).
   Escoramento: pode ser de madeira também (caibros e pontaletes) mas é melhor em alguns casos usar escoras metálicas alugadas.

2. O projeto estrutural deve detalhar a ligação de alvenaria e a parte de concreto armado, ver detalhes no volume 2.

3. O projeto estrutural deve prever e mostrar nos desenhos os detalhes de contra--flecha.

AULA 7

7.1 QUANDO AS ESTRUTURAS SE DEFORMAM OU A LEI DE MR. HOOKE — MÓDULO DE ELASTICIDADE (E)

Convido o aluno a fazer uma experiência prática. Pegue dois elásticos, mas de comprimentos bem diferentes (um mais ou menos o triplo do outro), mas de mesmo material. Pegue os dois, pregue-os numa tábua em que deve ser posta uma régua centimétrica e coloque um peso qualquer na extremidade de um deles (o maior, por exemplo) e meça quanto ele alongou (deformou) pela ação da força (tração). Ponha agora o mesmo peso no outro e meça essa outra deformação (a nova deformação é menor). Você verá que, apesar de os elásticos serem do mesmo material, submetidos à mesma força de tração, eles se deformam (ΔL) desigualmente, indicando, por isso, que a deformação (ΔL) não é uma característica só do material. Divida agora a deformação ΔL_1 por L_1 (ou seja $\Delta L_1/L_1$) e a deformação ΔL_2 por L_2 (ou seja $\Delta L_2/L_2$). Voce chegará a números iguais. Portanto, para um mesmo peso P, a relação $\Delta L/L$ é constante para um material. Chamamos essa relação de ε (deformação unitária).[*]

Observação: se o aumento de comprimento foi de 5%, para um elástico, podemos garantir que, qualquer que seja o comprimento de um outro elástico, de mesmo material, aplicada essa força P, ele sempre se alonga de 5%.

Agora dobremos o peso P e refaçamos a experiência. Acharemos um ε' que é igual para as duas peças, mas que é o dobro de ε. Agora, se a força P triplica, teremos ε'', que é o triplo de ε.

Podemos estabelecer a seguinte lei para uma dada peça:

"Dentro de uma faixa de trabalho, a relação entre a força que produz uma deformação e a relação $\Delta L/L$ é constante" (relação linear).

---

[*] Um exemplo simplório explica bem. Cintas abdominais de elástico são mais confortáveis que as de couro, pois as primeiras têm menor E que as segundas. Dadas duas cintas abdominais, uma totalmente de material elástico (borracha), e outra com metade do comprimento de elástico (borracha) e metade do comprimento de couro, as primeiras são mais confortáveis (deformáveis) que as segundas, pois, quanto mais comprido o trecho em elástico, maior a deformação de tração para um mesmo esforço.

122 Concreto armado eu te amo

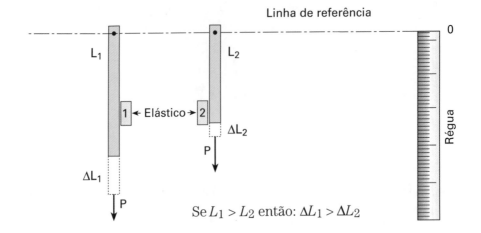

Graficamente temos:

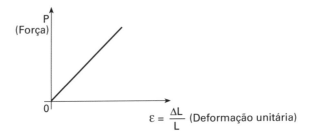

Dobrou P, dobrou $\Delta L/L$. Dividiu a força P por dez, a relação $\Delta L/L$ é dividida por dez.

A experiência foi feita nas condições de tração do material. Se fizéssemos para condições de compressão, o gráfico seria o mesmo (para peças de elástico, não é possível comprimir, mas a lei é geral).

Conclusão: cada material, desde que não seja solicitado demasiadamente, apresenta, tanto na tração como na compressão, em termos aproximados, uma relação linear entre a força de deformação e a relação $\Delta L/L = \varepsilon$. Consideremos agora o mesmo material do elástico, mas com áreas diferentes (elásticos mais finos e mais grossos). Veremos que, para termos a mesma relação $\Delta L/L$ para elásticos grossos (área maior), temos de aplicar forças maiores.

Verifica-se uma lei mais geral, ou seja, para um material (qualquer que seja a seção), a relação F/A sobre $\Delta L/L$ é constante (σ / ε), ou seja:

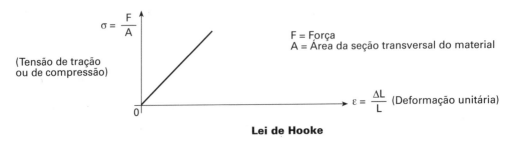

Lei de Hooke

Aula 7 **123**

F pode ser de tração, gerando $\Delta L/L$ de alongamento, ou F de compressão, gerando $\Delta L/L$ de compressão.

Muitos materiais obedecem bem, dentro de limites, essa proporcionalidade da relação $F/A = \sigma$, com $\Delta L/L$ (ε), ou seja, a relação σ/ε é constante (relação linear). Essa característica é conhecida como **lei de Hooke**.

A relação σ/ε, característica de cada material, chama-se "módulo de elasticidade" (tem como símbolo E. Para o concreto será E_c, e para o aço, E_s.

Assim, o aço tem: $E = 2.100$ tf/cm$^2 = 210$ GPa, ou seja, uma barra de aço de qualquer área, de qualquer comprimento e sendo submetida a qualquer força apresenta uma relação σ e ε de 2.100 tf/cm$^2 = 210$ GPa, ou seja:

$$E = \frac{\sigma}{\varepsilon} = \frac{\dfrac{F}{A}}{\dfrac{\Delta L}{L}} = 2.100 \text{ tf/cm}^2 = 2.100.000 \text{ kgf/cm}^2 = 210 \text{ GPa} = 210.000 \text{ MPa} \quad ^{(*)(**)}$$

E (módulo de elasticidade) é, portanto, a principal característica de um material, no tocante à sua deformabilidade (alongamento ou encurtamento), quando este está sendo esticado (tracionado) ou apertado (comprimido).

Tomemos cuidado, entretanto, que por uma falsa sinonímia sejamos levados a um entendimento errado. Quanto *maior* o módulo de elasticidade (E) de um material, *menor* a sua tendência de se deformar. Quanto *menor* o E, *maior* a sua aceitação de se deformar.

Assim, por exagero, o E do aço de construção tem $2.100.000$ kgf/cm$^2 = 210$ GPa e o E da borracha é de 10 kgf/cm$^2 = 0,1$ kN/cm^2. Ninguém tem dúvida de que esticar um fio de borracha com deformação de 2‰ é facílimo. Para alongar nessa proporção o aço, é difícil (as cargas são enormes).

Damos a seguir alguns valores de E (Módulo de Young):

Cresce E, diminui a tendência à deformabilidade do material.

Tabela T-7 – Módulos de elasticidade (E)		
Material	E	
	kgf/cm^2	kN/cm^2
Aço	2.100.000	21.000
Concreto	250.000	2.500$^{(***)}$
Madeira (carvalho)	100.000	1.000
Borracha	10	0,1

---

[*] $G = 10^9$(giga).

[**] Para estudo de flechas e outras deformações, a norma 6118, no seu item 8.2.8, manda usar o valor do módulo de elasticidade inicial (Eci).

[***] O valor de E do concreto é para referência inicial, já que ele varia de acordo com a qualidade (fck) do concreto. O módulo de elasticidade E também é chamado de módulo de Young.

Conhecido o E de um material, podemos conhecer como ele reage às solicitações. Façamos alguns exercícios para clarear o assunto:

Qual a deformação que uma barra de aço de 12,5 mm tem, quando é tracionada com uma força de 30 kN, se ela tiver um comprimento de 30 metros?

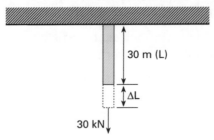

Como sabemos:

$E_{aço} = 2.100.000$ kgf/cm^2 = 21.000 kN/cm^2
$F = 3.000$ kgf = 30 kN
$L = 3.000$ cm
A (ø 12,5 mm) = $1,25$ cm^2

Logo:

$$E = \frac{\sigma}{\varepsilon} = \frac{\frac{F}{A}}{\frac{\Delta L}{L}} \Rightarrow \frac{\frac{30}{1,25}}{\frac{\Delta L}{3.000}} \Rightarrow \Delta L = \frac{\frac{30}{1,25}}{\frac{21.000}{3.000}} = \frac{24}{7} = 3,4 \text{ cm}$$

Fica a pergunta: caso, em vez de tração, essa barra fosse comprimida, qual seria o encurtamento? Estamos abstraindo do fenômeno da flambagem.

Resposta: o mesmo.

Conclusão: peças de mesmo material encompridam-se ou comprimem-se igualmente (dentro de limites de esforço).

Consideremos o gráfico a seguir:

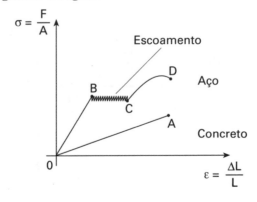

Um corpo de prova de concreto, sofrendo compressão (e, portanto, encurtamento), vai se deformando dentro de uma lei aproximadamente linear e, depois de um ponto, sem maior aviso, rompe (ponto A). Se não dá aviso, chamamos esse material de frágil (são como pessoas que, no meio da discussão, sem que se perceba, estouram).

São materiais frágeis: o concreto, o vidro e o ferro fundido.

Outros materiais vão sofrendo suas deformações também dentro de uma lei linear (dobra a força, dobra a deformação) e, quando chegam no ponto B, começam a apresentar grandes deformações contínuas (sem que se aumente a força) até C. Após esse fenômeno de *escoamento*, continuam a crescer as deformações, não obedecendo mais, obrigatoriamente, à lei de proporcionalidade (lei de Hooke), e depois se rompem (ponto D). Esses materiais avisaram em B que as coisas não estavam boas. É o ponto de escoamento. É bom parar por aí, porque senão, a partir daí, entramos no perigo de deformações enormes.

O aço é um material desse tipo, chamado de material dúctil. O limite de trabalho de uma peça de concreto é a condição de ruptura (material frágil). O limite de trabalho de um material como o aço é o seu escoamento e não a sua ruptura (material dúctil).

A tensão do aço quando ocorre o escoamento é chamada, na NBR 6118, de fyk (valor característico de escoamento do aço). Chama-se de σ_{sd} a tensão do aço que propicia uma deformação de 2‰ = 0,2%.

NBR 6118-2014 – Módulos de elasticidade, pg. 25 da Norma.

Valores estimados de módulo de elasticidade em função da resistência característica à compressão do concreto (considerando o uso de granito como agregado graúdo)										
Classe de resistência	C20	C25	C30	C35	C40	C45	C50	C60	C70	C80	C90
E_{ci} (GPa)	25	28	31	33	35	38	40	42	43	45	47
E_{cs} (GPa)	21	24	27	29	32	34	37	40	42	45	47
α_i	0,85	0,86	0,88	0,89	0,90	0,91	0,93	0,95	0,98	1,00	1,00

$$\alpha_1 = \frac{E_{cs}}{E_{ci}}$$

7.2 VAMOS ENTENDER DE VEZ O CONCEITO DE MÓDULO DE ELASTICIDADE, OU SEJA, VAMOS DAR, DE OUTRA MANEIRA, A AULA ANTERIOR

A ideia é apresentar o mesmo assunto de outra maneira, para cruzar conceitos e estraçalhar dúvidas conceituais (as mais terríveis). Quando a aula 7.1 já estava pronta e terminada, conversei com um famoso engenheiro estrutural[*] e ele me deu uma outra noção de módulo de elasticidade (E). Claro que o conceito é o mesmo, mas o enfoque didático e fenomenológico é diferente. Digamos que eu tenha de ser submetido à seguinte prova: dados quatro cabos (barras), um de borracha, um de concreto, um de madeira e outro de aço, qual deles exigirá a minha maior força para se deformar? Digamos 5% (o raciocínio vale para 10%, 20% etc.).

Acho que todos sentirão que, para dar às barras de mesmo comprimento e mesma seção uma deformação de 5%, o peso terá que: para o elástico, ser pequeno; para o concreto, ser bem maior; para madeira, ser bem maior que o do elástico e quase igual ao do concreto; e para o aço o peso será enorme.

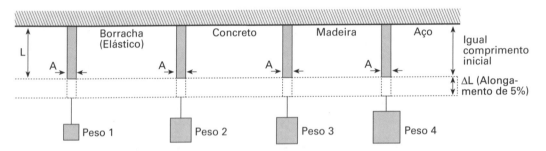

Chamando-se módulo de elasticidade essa dificuldade de se esticar (ou apertar) um material, diremos então que o aço tem uma enorme dificuldade de ser estirado (ou apertado). O concreto tem média dificuldade e o elástico tem fraca dificuldade. O módulo de elasticidade do aço é da ordem de 2.100.000 kgf/cm^2 = 21.000 kN/cm^2, o do concreto é só de 100.000 kgf/cm^2 = 1.000 kN/cm^2 e do elástico (borracha) é da ordem de 10 kgf/cm^2 = 0,1 kN/cm^2.

Vê-se, pois, que o conceito de módulo de elasticidade é o oposto do conceito intuitivo de deformabilidade. Ele deveria ser chamado de "módulo de não deformabilidade" na linguagem oficial.

O elástico é muito deformável, portanto, tem *baixo* módulo de elasticidade. O aço é pouco deformável, portanto, tem *alto* módulo de elasticidade.

Como vimos na aula anterior, o módulo de elasticidade é a relação entre σ e ε ($\Delta L/L$). Colocando todos os gráficos de σ/ε, teremos:

---

[*] O saudoso Engenheiro Paulo Franco Rocha.

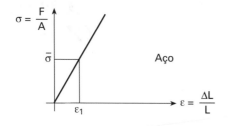
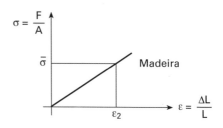
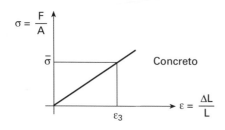
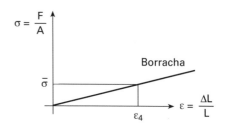

Vê-se que para as mesmas solicitações $\overline{\sigma}$ aplicadas às barras iguais, as deformações são completamente diferentes $\overline{\varepsilon_4} > \overline{\varepsilon_1}$ ou $\overline{\varepsilon_4} > \overline{\varepsilon_2}$ ou $\overline{\varepsilon_4} > \overline{\varepsilon_3}$.

Nota: os quatro desenhos estão em escalas diferentes.

7.3 ANÁLISE DOS TIPOS DE ESTRUTURAS — ESTRUTURAS ISOSTÁTICAS, HIPERESTÁTICAS E AS PERIGOSAS (E ÀS VEZES ÚTEIS) HIPOSTÁTICAS

Imaginemos um vergalhão de ferro simplesmente apoiado em dois apoios e sujeito a uma carga distribuída p adicional ao seu próprio peso.

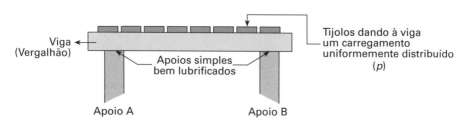

Estrutura 1

O peso próprio e a carga distribuída dão ações verticais que são reagidas nos apoios A e B. Essa estrutura tem os vínculos estritamente necessários para os esforços atuantes. Se o apoio B quebrasse (perda de um vínculo), a estrutura ruiria (ou alguém duvida?).

Nesse caso, a estrutura é isostática (os vínculos são necessários e suficientes). Se o apoio A cedesse (desaparecesse), ela seria hipostática (o vínculo B que sobraria seria necessário, mas não suficiente).

Se nessa estrutura aparecesse uma força F inclinada, o vergalhão poderia sair do lugar, os vínculos A e B não impediriam a translação e, nesse caso, essa estrutura seria hipostática para esforço (andaria para a esquerda).

Movimento da viga para a esquerda, pois nem A nem B podem impedir.

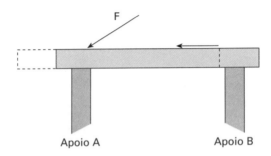

Apoio A   Apoio B

À estrutura 2 a seguir:

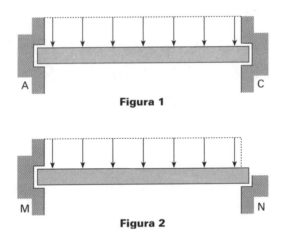

A Figura 1 tem mais vínculos que o necessário para sua estabilidade. Essa estrutura é chamada de hiperestática, pois, se tirássemos alguns vínculos, como a Figura 2, vê-se que ela continuaria estável.

Se o encaixe em M (engastamento) for profundo, podemos até tirar o apoio que a estrutura não cai.

Uma viga apoiada em mais de dois apoios é hiperestática, pois poderíamos (em princípio) tirar um ou mais apoios e os outros poderiam continuar a resistir.

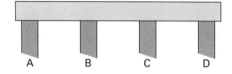
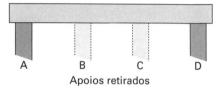
Apoios retirados

Na construção civil, as estruturas hipostáticas não são calculadas, e sim evitadas. Uma estrutura hipostática, em princípio, é uma estrutura que vai andar, girar, cair!^(*)

As estruturas isostáticas são calculáveis (conhecimento das suas reações) com as condições já conhecidas (três condições famosas):

- Somatória das forças horizontais = 0 $\Sigma_H = 0$;
- Somatória das forças verticais = 0 $\Sigma_V = 0$;
- Somatória dos momentos fletores = 0 $\Sigma_M = 0$;
(de todas as ações e reações em relação a um ponto qualquer).

As estruturas hiperestáticas, para serem resolvidas (reações nos apoios), exigem a aplicação da teoria de deformações. Uma viga apoiada em três ou mais apoios é uma estrutura hiperestática.

Em suma:

- Estruturas hipostáticas movem-se,^(**) ou caem.

- Estruturas isostáticas têm calculadas todas as reações dos apoios, os esforços internos, permitindo o dimensionamento das estruturas, aplicando-se as três condições famosas.

- Estruturas hiperestáticas podem, como as isostáticas, ter suas condições de trabalho conhecidas e, portanto, serem dimensionadas, mas, além das três condições famosas, exigem a aplicação de uma teoria adicional (teoria das deformações). Na Aula 16.1, é mostrado o método de Cross para vigas contínuas. O método de Cross tira partido das teorias de deformações, na sua conceituação teórica.

---

^(*) Marquises de prédio são estruturas isostáticas, pois têm o número de vínculos estritamente necessários para seu equilíbrio. Havendo uma falha no apoio (que é sempre um engastamento), a marquise gira, se rompe e cai, podendo matar.
^(**) Uma correia transportadora é uma útil e prática estrutura hipostática. Uma bicicleta também é uma estrutura hipostática. Idem o carro e a roda-gigante dos parques de diversões. São estruturas que se movimentam. Incluam-se aí as janelas corrediças.

8.1 FRAGILIDADE OU DUCTILIDADE DE ESTRUTURAS (OU POR QUE NÃO SE PROJETAM VIGAS SUPERARMADAS, E SIM SUBARMADAS)

Imaginemos uma viga de concreto armado com armadura simples e sujeita a uma carga distribuída q:

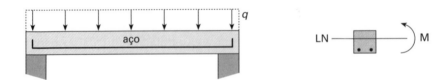

Nessa viga acima da Linha Neutra, resiste o concreto à compressão e, abaixo, o aço resiste à tração. Se por qualquer razão a carga que atua é maior do que a do projeto, essa viga poderá entrar em colapso, ou porque o concreto comprimido não resiste e se destrói, ou porque o aço apresenta deformação excessiva e as trincas (fissuras) ficam enormes.

Imaginemos que a carga seja crescente progressivamente. Se a zona comprimida estiver folgada em relação a essas cargas, mas se a seção de aço for diminuta, então essa estrutura começará a apresentar progressivamente trincas pelas deformações enormes do aço.

Conclusão: no caso de a parte mais fraca ser o aço, o crescer contínuo de carga além do limite de cálculo fará com que a viga vá dando avisos (trincas crescentes) dessa situação.

Se, ao invés disso, a seção de aço for folgada e a seção de concreto for justa e ocorrer uma carga *além da prevista*, chegará a um ponto em que, com o crescer da carga, haverá um inesperado esmagamento do concreto, sem aviso, e a estrutura irá ao colapso.

O uso de seções, em que o aço é abundante em relação ao concreto comprimido, chama-se *seção superarmada*.

No uso de seções em que a seção de concreto comprimido é abundante em relação ao aço, essa seção é chamada de *subarmada*.

Se as cargas de serviço fossem abaixo ou igual à carga de projeto, não haveria problema no uso de seções subarmadas ou superarmadas.

Todavia, face ao relativismo de todo o cálculo, se num prédio todas as vigas forem subarmadas, e se por azar ocorrerem numa viga cargas maiores do que as de projeto, então a viga apresentará sinais dessa situação e, possivelmente, fissuras e trincas (sem outro fenômeno paralelo) serão o único prejuízo.

Se, ao contrário, as vigas forem superarmadas e se ocorrerem cargas superiores às de projeto, há a chance de uma ruptura sem aviso!!!

Os esquemas a seguir mostram as situações:

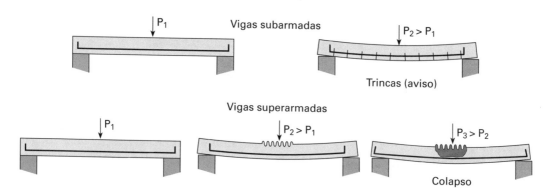

Vê-se, pois, que o aumento sem controle de armadura de uma viga pode não ter consequência *se não ocorrerem esforços superiores àqueles para os quais as seções de concreto foram dimensionadas*.

Se, todavia, ocorrerem nessa viga superarmada cargas de projeto superiores, então essa viga poderá romper sem dar aviso.

Se especificarmos um concreto com fck de 20 MPa e a obra produzir um concreto de fck de 30 MPa estaremos a favor de termos vigas subarmadas (o desejável), já que estamos na prática reforçando a capacidade de resistência da parte comprimida e sem alterar a resistência da parte tracionada (aí quem responde é o aço).

Deixamos para cada um analisar uma frase que às vezes ocorre em obra: "Doutor, não se preocupe, não tinha aço de 12,5 mm para colocar na viga e nós colocamos igual quantidade de 25 mm!!!" Foi gerada uma estrutura superarmada.[*]

Devemos ter sempre vigas subarmadas e nunca superarmadas; não se deve correr risco de colapso sem aviso.

---

[*] Como vimos, as estruturas superarmadas não são proibidas, mas não são desejáveis.

8.2 LAJES — UMA INTRODUÇÃO A ELAS
8.2.1 NOTAS INTRODUTÓRIAS ÀS LAJES ISOLADAS

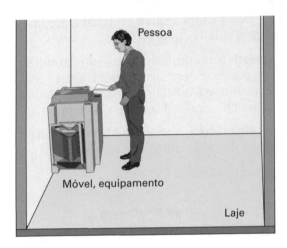

Consideraremos primeiro as lajes isoladas, ou seja, as que não se ligam a outras lajes. Lajes são as estruturas primeiras que recebem e sustentam as cargas verticais acidentais que ocorrem nos prédios. Estruturas planas e quase sempre retangulares, elas possuem relativamente pequenas espessuras, normalmente variando entre seis a dez centímetros, podendo, conforme sejam os esforços e em casos especiais, chegar a ter mais de um metro de espessura.[*] As lajes que estudaremos, e que são as mais comuns, descarregam nas vigas o peso das cargas acidentais e o seu peso próprio.

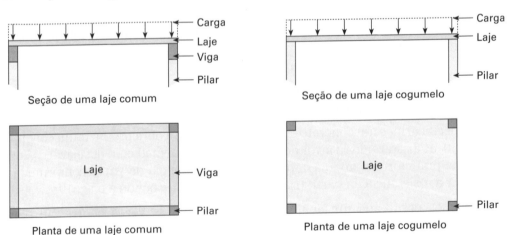

---

[*] A NBR 6118, no seu item 13.2.4.1, p. 74, prevê, quanto à espessura mínima das lajes: 7 cm para lajes de cobertura não em balanço; 8 cm para lajes de pisos não em balanço; 12 cm para lajes de passagem de veículos. Lajes comuns não têm estribos. Lajes especiais, como lajes de caixas-d'água, podem ter estribos, mas, tomando-se cuidados de dimensionamento, os estribos podem ser evitados.

As lajes cogumelos e lajes lisas que raramente ocorrem, e que não estudaremos em nosso curso, descarregam as cargas diretamente em pilares (item 14.7.8 da NBR 6118).

As lajes são construídas, concretadas, junto com as vigas, mas, para efeito de cálculo e dimensionamento, as lajes são consideradas como simplesmente apoiadas nas vigas, ou seja, desprezam-se as reais e indiscutíveis relações íntimas entre lajes e vigas, ou seja, desprezam-se os engastamentos que existem entre lajes e vigas. O esquema, pois, de cálculo é:

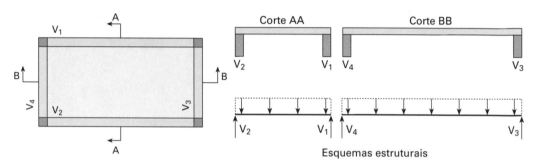

Esquemas estruturais

Considerando que, ao receber o carregamento, a laje se deforma, admite-se que as vigas não têm condições de impedir a deformação da laje e, portanto, o mínimo engastamento que realmente existe entre viga e laje é desprezível. Então, a forma de deformação da laje considerada é a Figura **a** e não a **b**.

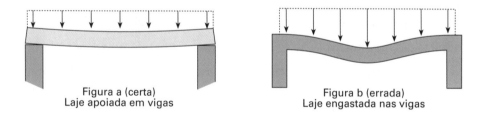

Figura a (certa)
Laje apoiada em vigas

Figura b (errada)
Laje engastada nas vigas

Dentro desse raciocínio de que as lajes não se engastam nas vigas, quando se consideram lajes isoladas (não ligadas a outras lajes), dimensionar uma laje é:

- Determinar sua espessura.
- Determinar a armadura que irá ficar no meio do vão (denominada positiva).
- Escolher uma pobre armadura, precária armadura nos apoios (armação de contorno), que não dá maiores compromissos na relação laje-viga e que tem funções construtivas e que tão somente evita trincas (fissuras).

Logo, uma laje isolada será assim considerada:

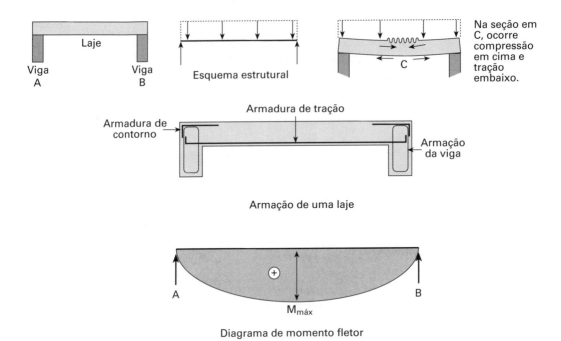

Armação de uma laje

Diagrama de momento fletor

Uma laje pode ser entendida no seu trabalho como uma malha. Dessa forma, uma laje, ao sofrer o efeito das cargas, apresentará no seu meio (meio do vão) tração embaixo e compressão em cima (ocorrência de momento fletor positivo).

A explicação qualitativa (sem cálculo das armações) de uma laje isolada é:

- Armação principal nos sentidos x e y que é necessária principalmente nas partes próximas ao meio do vão e colocada próximo à face inferior para resistir aos momentos fletores positivos (tração embaixo e compressão em cima, onde o concreto resiste).

- Armação de contorno, que não é calculada e que tem por fim evitar trincas nas ligações entre vigas e lajes; essa armação dá um ligeiro engastamento entre vigas e lajes, face ao fato de a viga não ter condições estruturais (rigidez) para evitar a deformação da laje (serve para evitar fissuras).

8.2.2 NOTAS INTRODUTÓRIAS ÀS LAJES CONJUGADAS

Vimos aspectos gerais das lajes isoladas e vimos que elas não possuem (ou não se consideram) engastamento nas vigas. Tudo isso é relativo. Em casos especiais de pequenas lajes que se ligam a enormes vigas, poderemos (ou deveremos) considerar o engastamento laje-viga. Esses casos especiais não serão analisados nesse curso, mas, só como exemplo, uma laje de 3 × 4 metros e 10 centímetros de espessura pode ser calculada como engastada em uma viga, se esta tiver 1 metro de altura por 0,3 metro de largura.[*] Vamos agora considerar um conjunto de lajes de um edifício do porte e tipo do nosso projeto:

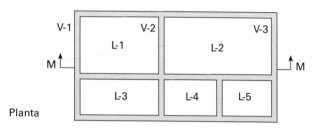
Planta

Vemos, nesse caso, que o livre girar da borda à esquerda da laje L-2 é obstado, impedido pela laje L-1. Se as lajes fossem fundidas e construídas separadamente umas das outras, então não haveria engastamento de umas nas outras. Na prática, as lajes são construídas juntas e solidárias, o que dá muito maior estabilidade aos prédios. Logo, há reais e necessários vínculos entre as lajes (L-1 × L-3), (L-1 × L-2), (L-2 × L-4) (L-2 × L-5), (L-4 × L-5) (L-3 × L-4).

Os croquis a seguir mostram a real situação (a) e a incorreta situação (b) do relacionamento de L-1 e L-2.

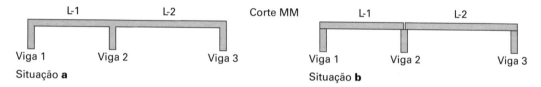

Os esquemas (correto e incorreto) de trabalho de deformação das lajes serão:

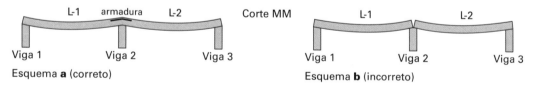

Face a todo o exposto, podemos passar ao esquema estrutural que se associa para o cálculo das lajes.

---

[*] Teremos de considerar também a magnitude das cargas. Se as cargas nas lajes forem altas, os esforços de torção nas vigas poderão levar a situações que fujam às situações de engastamento.

Conclusão: duas lajes contíguas se interengastam nos seus pontos comuns. As lajes contínuas têm apoios simples nas suas extremidades livres.

Dessa forma, abandonando-se o esquema incorreto, podemos imaginar passo a passo como se calculam as lajes contíguas.

Seja o raciocínio para as lajes L-1 e L-2.

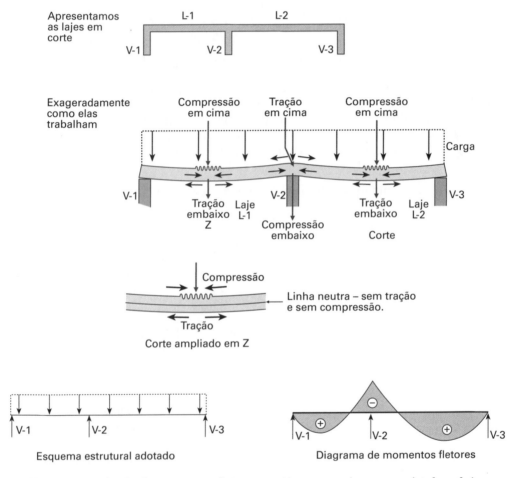

Face à ocorrência de momento fletor negativo no apoio comum às duas lajes contíguas, colocaremos nas lajes e na sua parte superior uma armadura negativa para vencer esse momento fletor negativo.

Observação: o engastamento nos apoios das lajes contíguas não ocorre, caso uma das lajes seja rebaixada. Aí as duas lajes serão consideradas como livremente apoiadas.

Considerando que no meio dos vãos ocorrem Momentos fletores positivos (tração embaixo e compressão em cima) e nos apoios intermediários ocorrem momentos negativos (tração em cima e compressão embaixo) e lembrando sempre que o concreto não resiste à tração, nas lajes contíguas, além de colocar aço no meio do vão para vencer a tracão inferior, temos de colocar agora aço na parte superior da laje no apoio intermediário, para vencer aí a ocorrência de momento negativo (tração em cima).

A armação das lajes tem agora o seguinte esquema geral:

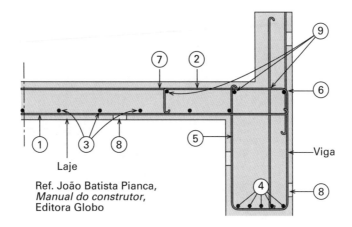

Ref. João Batista Pianca, *Manual do construtor*, Editora Globo

Entenda:

1. armadura para vencer o momento positivo nas lajes;
2. armadura de contorno (construtiva) só para evitar trincas na ligação entre viga e laje;
3. armadura da laje na outra direção;
4. armadura específica das vigas (para resistir ao momento positivo);
5. estribos das vigas (vencem o cisalhamento nas vigas);
6. porta-estribos das vigas;
7. armadura negativa;
8. espaçador para garantir o cobrimento da armadura pelo concreto, evitando a oxidação da armadura pelo oxigênio do ar;
9. armadura construtiva.

Observem que a armadura 1 é calculável; as armaduras 9 são estabelecidas pela prática; a armadura 3 é calculada; as armaduras 4 são calculadas para as vigas; os estribos 5 e 7 são calculados e o porta-estribo 6 é construtivo. As armaduras 2 são estabelecidas por normas, a não ser quando forem para resistir a momentos negativos, ou seja, na parte superior das lajes contíguas a fim de evitar fissuração nas bordas.

Em suma, calcular uma laje conjugada é:
- determinar a espessura dessa laje;
- calcular a armadura positiva;
- calcular a armadura negativa.

O cálculo de armadura positiva e de armadura negativa, além do cálculo de espessura da laje, serão dados na Aula 11.3.

Observação: o caro aluno não acha que vale a pena fazer uma visita a uma obra em construção (um pequeno prédio, por exemplo) e verificar *in loco* a ocorrência de toda essa armação?

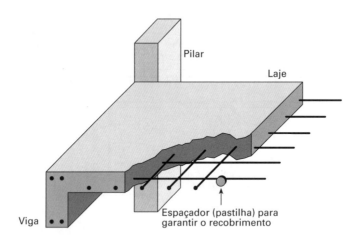

Recordação – Exigências da NBR 6118.

Para lajes maciças, as exigências da norma quanto à sua espessura são mostradas na Tabela T-8 (item 13.2.4.1 da norma). Sempre considerar que o projeto existe para a obra. Projete coisas fáceis de construir. Há profissionais que acham que o projeto existe para si mesmo e não como um ordenador e facilitador para a obra.

Destacando:

Tabela T-8 – Espessuras mínimas de lajes maciças de concreto armado[*]	
Tipo de laje	Espessura mínima (cm)
Laje para cobertura não em balanço	7
Laje de piso não em balanço	8
Laje em balanço[**]	10
Lajes que suportem veículos de peso total 30 kN (todos os automóveis têm peso inferior a isso)	10
Lajes que suportem veículos de peso total maior que 30 kN	12

Nota: Para referência, vejamos os pesos dos carros **lotados**:
Carro pequeno 1.500 kgf = 15 kN
Perua   2.500 kgf = 25 kN

---
[*] Ver item 13.2.4.1, p. 74 da NBR 6118.
[**] Também chamada de laje marquise.

Podemos concluir que lajes de garagem de prédios de apartamento ou de escritório precisam ter espessura de no mínimo 10 cm, e lajes de prédios industriais na estocagem de caminhões com cargas variadas precisam ter no mínimo a espessura de 12 cm.

Para a armadura negativa ficar na laje em posição alta, adequadamente distanciada da face superior, usamos o dispositivo feito na própria obra chamado de "caranguejo". Para produzir caranguejos, use, por economia, restos de armadura. Reprisando, livro ou aula que não cuida de custos, de alguma outra coisa pode ser, mas de engenharia não é.

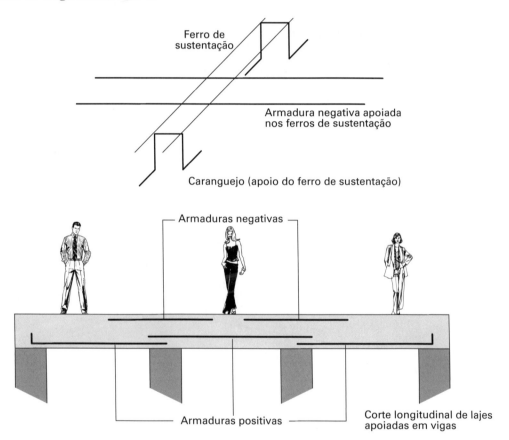

Curiosidade: em um prédio com estrutura de concreto armado, já pronto, viu-se que o único acesso para a entrada do maquinário dos elevadores era por uma rampa externa, não prevista para suportar cargas médias, muito menos grandes cargas. As soluções encontradas foram: reforçar a rampa ou desmontar por completo o maquinário dos elevadores, transportando-os por partes. Faltou diálogo...

Nota: em postura municipal da cidade de São Paulo, consta a exigência de lajes de cobertura sem telhado de prédio, que seja capaz de resistir ao pouso de um helicóptero.

AULA 9

9.1 PARA NÃO DIZER QUE NÃO FALAMOS DO CONCEITO EXATO DAS TENSÕES

No ensino médio se aprende que as grandezas ou são escalares, ou são vetoriais. São grandezas vetoriais aquelas que precisam, para se definir, de um valor (quantidade), direção e sentido. Assim, a velocidade de um carro só fica definida se dissermos 80 km/h (valor), direção (Via Dutra) e sentido (do Rio para São Paulo). São grandezas vetoriais, a força, a velocidade e outras.

Há grandezas que só com seu valor se definem. Exemplos: temperatura (20 °C), comprimento (3,5 metros). As grandezas vetoriais são definidas por um vetor, graficamente indicado por uma seta, em que o seu comprimento é o valor, o seu sentido é o sentido da flecha, e a direção é a direção de sua seta. Haveria, pois, uma tendência de dividir todas as grandezas da Física em grandezas escalares ou vetoriais. Isso é um erro.

Consideremos agora um recipiente de água e um ponto C no seu interior.

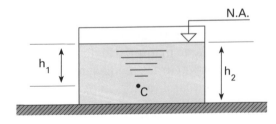

A pressão hidrostática em C é uma grandeza escalar ou vetorial? Grandeza escalar não é. Muitos diriam que a pressão em C é uma grandeza vetorial.

Pensemos, entretanto, que a pressão em C pode ter várias direções e sentidos, conforme seja a consideração. Consideremos vários vasos de água mantendo as alturas h_1 e h_2.

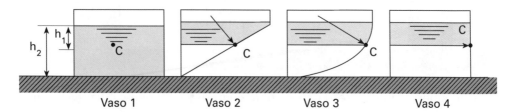

Conforme a forma dos vasos (vasos 1, 2, 3 e 4), a pressão hidrostática tomou uma posição nos pontos C (ver flecha). Logo, não é possível definir a pressão em C, se não definirmos um plano que passe por C. Logo, a pressão em C, para ser conhecida, depende de *um plano* e de um *vetor normal a esse plano*.

Ao conjunto vetor C e plano passando por C chamamos "Tensor". Portanto, pressão é uma grandeza tensorial que exige, para a sua definição, além de um *vetor*, *um plano*.

Consideremos a barra de madeira tracionada a seguir:

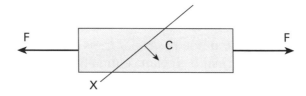

No ponto C, conforme seja o plano X considerado, há um esforço vetorial.

Em C, há, pois, um estado tensorial, ou seja, em cada plano X que passe por C, há um esforço a se considerar. Se a peça romper em C, romperá no plano onde a tensão ultrapassar naquele plano a tensão de ruptura.

Conclusão: no vaso 1, não há condição de se definir a pressão no ponto C dentro da água. Nos vasos 2, 3 e 4, como a pressão é perpendicular à superfície (plano), pode-se definir o vetor nos pontos C.

Logo, *tensão é um vetor associado a um plano*. Na peça de madeira tracionada no ponto C passam infinitos planos. Em um deles ocorre a tensão máxima, e se esta for maior que a tensão de ruptura do material a peça se rompe.

Um exemplo típico de estado tensorial é o seguinte: imagine um cilindro de concreto sendo comprimido, aquele mesmo cilindro que é enviado para laboratório para testar resistência à compressão do concreto da obra.

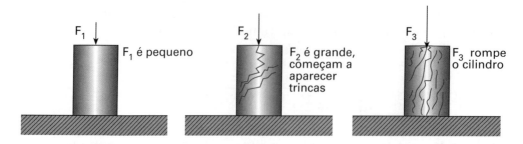

O rompimento do concreto na prova de compressão[*] não se deu efetivamente por compressão. Em algum ponto C, no seu interior, ocorreu em um plano α ($\alpha \cong 45°$) uma tensão-limite de cisalhamento e o concreto se rompeu. Embora se diga que o concreto rompeu por compressão com a força F_3, na verdade, ocorreu uma destruição por uma tensão de cisalhamento propiciada, criada, pela compressão do corpo de prova.

Vamos, por clareza, repetir esta história para firmar conceitos. Imaginemos um cilindro de concreto sendo comprimido.

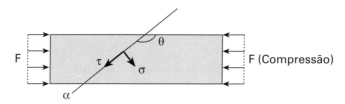

Num ponto C e num plano α que passa por C, as tensões em C podem ser decompostas em uma tensão normal σ ao plano e uma tensão de cisalhamento τ contida no plano α. O corpo pode romper, seja pela tensão normal ou pela tensão de cisalhamento. No rompimento de corpos de prova de concreto feito nos laboratórios de pesquisa para determinar a resistência à compressão, o rompimento se dá por cisalhamento.

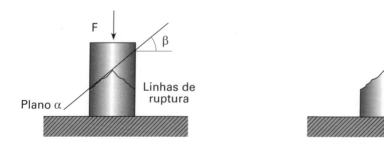

Assim, pressões externas de compressão romperam o corpo de prova, no plano α, que apresentou menor resistência de cisalhamento.

---

[*] A norma da ABNT que fixa as condições do teste de compressão de corpos de prova de concreto é a NBR 5739.

Conclusão: submetido um corpo à tensão de compressão, no ponto C passarão infinitos planos α, existindo infinitas tensões normais e infinitas tensões de cisalhamento. Para um determinado ângulo α, ocorre a maior tensão de cisalhamento e, para um determinado ângulo β, a maior tensão de compressão.

Para o caso em pauta, a máxima tensão de compressão que ocorre é maior do que a máxima tensão de cisalhamento. Todavia, como a resistência à compressão do concreto é muito maior, mas muito maior do que a resistência ao cisalhamento, o corpo de prova rompe por cisalhamento, no teste de compressão.

9.2 CÁLCULO DE LAJES

9.2.1 TIPOS DE LAJES QUANTO À SUA GEOMETRIA[*]

Antes de passarmos a calcular lajes, vamos dividi-las em dois tipos, um para as lajes cuja largura e comprimento não diferem muito, ou seja, onde a maior dimensão não ultrapasse o dobro da outra (e que são as mais comuns), e outro tipo para as lajes ditas retangulares, em que uma dimensão é maior do que o dobro da outra. O primeiro caso chamaremos de *lajes armadas em duas direções* (ou lajes armadas em cruz), e o outro será chamado de *armada em uma só direção*.

Assim, na planta do prédio a seguir L-1, L-2, L-3 são armadas em duas direções (armação em cruz). A laje L-4 é armada em uma só direção.

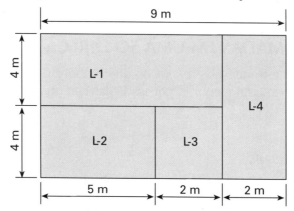

Planta das lajes L-1 e L-3 (armadas em duas direções) e da laje L-4 (armada em uma direção).

Quando dizemos laje armada em duas direções, estamos falando de armação dos momentos positivos que ocorrem nas duas direções no meio do vão.

As lajes armadas em uma só direção só possuem armação principal na direção do vão menor e uma armadura secundária na outra direção.

---

[*] As lajes podem ter qualquer geometria (circulares, triangulares etc.), mas a maioria delas é retangular.

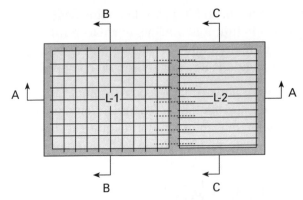

Planta da laje L-1 (armada em duas direções
e da laje L-2 (armada em uma só direção)

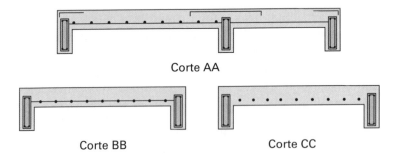

9.2.2 LAJES ARMADAS EM UMA SÓ DIREÇÃO

As lajes em que uma dimensão é maior do que o dobro da outra dimensão nós armamos na direção do lado menor e, por isso, elas são chamadas lajes armadas em uma só direção.

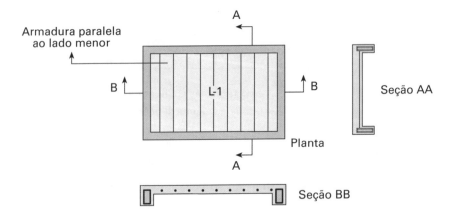

As lajes armadas em uma só direção são calculadas exatamente como se fossem um conjunto de vigas paralelas, sendo que o cálculo da área de aço é feita por metro de laje. Para elas não são aplicáveis as Tabelas de Barës-Czerny, que são usadas para as lajes em cruz.

Para o cálculo, temos de diferenciar lajes isoladas e lajes engastadas. Chamando-se o momento no meio do vão de M, e de X o momento nos apoios, os esquemas possíveis de lajes armadas em uma só direção são:

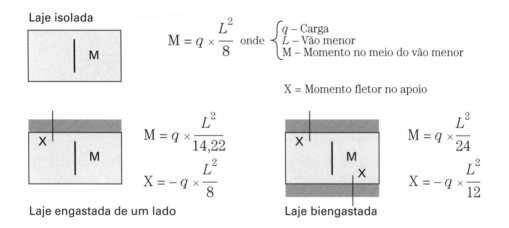

Laje engastada de um lado   Laje biengastada

Para o caso de lajes retangulares (um lado maior que o dobro do outro), não se consideram as possibilidades de engastamento dos lados menores.

Atenção: Mesmo para lajes armadas em uma só direção, existe a obrigatoriedade de se fazer uma armadura transversal de distribuição. A norma, no seu item 20.1, assim o exige, fixando o espaçamento máximo dessa armadura em 33 cm. Para o nosso prédio é razoável fixar-se, como armadura transversal, 20% da principal e maior que 0,9 cm²/m.

Nota: No cruzamento de armadura, é costume o aço de maior diâmetro ficar embaixo da armadura de menor diâmetro. Para que a armadura negativa fique no alto, são necessários:

- uma armadura de sustentação;
- um caranguejo.

Para amarrar armaduras, usa-se arame recozido n. 18

Caranguejo

9.2.3 LAJES ARMADAS EM DUAS DIREÇÕES – TABELAS DE CÁLCULO DE BARËS-CZERNY

Já vimos que calcular lajes será:

- determinar sua espessura;
- calcular a armadura positiva (meio do vão);
- calcular a armadura negativa (nos apoios intermediários).

Vamos explicar o cálculo de lajes armadas em cruz, segundo o *método de czerny*, que é adequado para o tipo de prédio que estamos calculando. O *método de czerny*[(*)] é aplicável somente para lajes armadas em duas direções. Seja a planta do prédio a seguir:

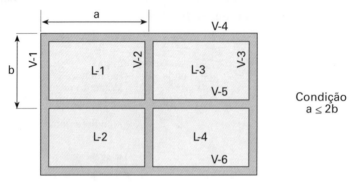

Podemos considerar cada laje como se fosse formada por uma grelha de vigas independentes cortando-se perpendicularmente, como a seguir se mostra para a laje L-1:

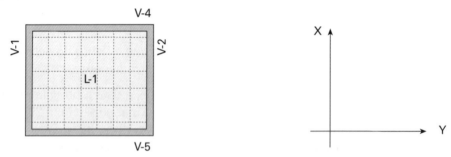

Dentro desse raciocínio, cada laje é substituída por um reticulado de vigas na direção X e na direção Y. Segundo algum critério, deveremos dividir a carga atuante e acidental q em duas cargas q_x e q_y, que se distribuirão nas vigas na direção X e na direção Y.

Se assim fizéssemos, calcular a laje L-1 seria, na prática, calcular as vigas na direção X e na direção Y com as cargas q_x e q_y. As vigas deverão levar em consideração o engastamento previsto de laje com laje. Assim, teremos para L-1:

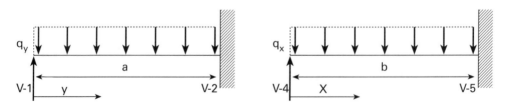

[(*)] Em edições anteriores deste livro, usamos, para determinar os momentos nas lajes, as fórmulas de Marcus (mais antigas). Agora substituímos pelas fórmulas de Czerny, mais modernas. Essas fórmulas para lajes podem ser chamadas de Barës-Czerny.

O diagrama de momentos fletores será como mostram os dois esquemas a seguir, ressaltando-se que os engastamentos indicados não são nas vigas, e sim engastamentos de laje com laje.

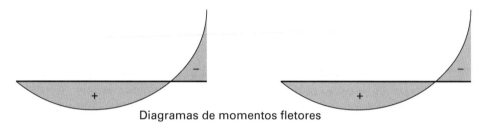

Diagramas de momentos fletores

Se calculássemos essas vigas nas direções X e Y, teríamos resolvida toda a laje.

Qual a falha desse raciocínio? É que não estamos considerando o aspecto de continuidade da laje e que toda ela trabalha, resistindo muito melhor do que se considerada dividida por grelhas de vigas, independentes umas das outras.

O processo de Czerny nada mais é que fazer a divisão de laje por uma grelha de vigas e aplicar adequados coeficientes que levam em conta exatamente esse aspecto nas lajes, de solidariedade conjunta integrada total (boa expressão, não?) de toda a malha de vigas.

As Tabelas de Barës-Czerny já fazem os cálculos diretamente, permitindo facilmente o cálculo dos momentos positivos (permitindo, após isso, o cálculo das armaduras do meio do vão) e os negativos (permitindo, após isso, o cálculo das armaduras nos apoios).

Para a aplicação das Tabelas de Cálculo, vale a simbologia:

M_x – Momento fletor positivo que ocorre no meio do vão. Com M_X e a espessura da laje, será possível calcular posteriormente a armadura positiva (face inferior da viga) na direção X.

M_y – Idem eixo Y.

X_x – Momento fletor no apoio na direção X. Esse momento só ocorre quando nesse lado e nessa direção a laje é engastada em outra laje. Com X_x e a espessura da laje, será possível calcular posteriormente a armadura negativa (face superior da viga) na direção X.

X_y – Idem eixo Y.

q – Carga total que atua na laje (acidental e peso próprio da laje).

q_x – Parcela do peso próprio e carga acidental que atua na direção X e que será usada para o cálculo do momento negativo.

q_y – Idem Y.

$q_x + q_y = q$

m_x e m_y = coeficiente de cálculo.

v – coeficientes para cálculo de cargas nas vigas.

148   Concreto armado eu te amo

Conclusão: o cálculo de lajes pelo processo de Czerny é, na prática, um cálculo de momentos no meio da laje (direção X e direção Y) e nos apoios (direção X e direção Y).

As Tabelas de Barës-Czerny são uma quantificação do cálculo das lajes maciças retangulares, supondo-as com uma grelha de vigas, mas levando em conta o efeito de resistência do fato de a laje ser inteiriça e contínua e, portanto, mais resistente do que a grelha de vigas independentes imaginada.

Conhecidos os momentos fletores no meio do vão (M_x e M_y) e admitida uma espessura de laje, as lajes serão então calculadas como se fossem vigas de 1 metro de largura. Conhecidos os momentos e a espessura de laje, na Aula 11.3 veremos como se calculam as armaduras positivas e as negativas. Na Aula 16.3, veremos como as cargas se transferirão às vigas.

9.3 PARA USAR AS TABELAS DE CÁLCULO DE BARËS-CZERNY[*]

TABELAS T-9

Deveremos:

1. Verificar primeiramente em qual dos seis casos nos encontramos.
2. Verificado o caso em que nos encontramos, temos que orientar a questão dos eixos. Como?
3. Devemos calcular a relação $\varepsilon = \ell_y / \ell_x$ que será a chave única de entrada, resultando conhecidos m_x, m_y, v_1, v_2, v_3, v_4.
4. Conhecidos m_x, m_y, k_x, poderemos calcular:

q = carga total = carga acidental + revestimento + peso próprio em kN/m^2.

$$M_x = q \times \frac{\ell_x^2}{m_x} \quad \text{(momento positivo do meio do vão na direção X considerada no caso)}$$

$$M_y = q \times \frac{\ell_x^2}{m_y} \quad \text{(momento positivo do meio do vão na direção Y considerada no caso)}$$

R_1, R_2, R_3, R_4: cargas nas vigas de apoio da laje

$$X_x = \frac{q \times \ell_x^2}{n_x} \quad \text{(momento negativo do apoio na direção X considerada no caso)}$$

$$X_y = \frac{q \times \ell_x^2}{n_y} \quad \text{(momento negativo do apoio na direção Y considerada no caso)}$$

w = coeficiente para cálculo de flecha da laje, no meio do vão.

v = coeficiente para cálculo de cargas nas vigas.

$$R = v \times q \times \ell_x$$

---

[*] Em edições anteriores deste livro, chamadas de Tabelas de Czerny.

Aula 9   **149**

Tabelas de Barës-Czerny para lajes maciças armadas em cruz[*] – Tabelas T-9 – 1.º Caso

1.º caso – Laje isolada, sem engastamento com outras lajes						
$\varepsilon = \ell_y/\ell_x$	m_x	m_y	v_1	v_2	w	
1,0	27,2	27,2	0,250	0,250	20,534	
1,1	22,4	27,9	0,227	0,273	17,118	
1,2	19,1	29,1	0,208	0,292	14,748	
1,3	16,8	30,9	0,192	0,308	13,064	
1,4	15,0	32,8	0,179	0,321	11,779	
1,5	13,7	34,7	0,167	0,333	10,794	
1,6	12,7	36,1	0,156	0,344	10,039	
1,7	11,9	37,2	0,147	0,353	9,428	
1,8	11,3	38,5	0,139	0,361	8,903	
1,9	10,8	39,6	0,132	0,368	8,526	
2,0	10,4	40,3	0,125	0,375	8,224	

$$M_x = q \times \frac{\ell_x^2}{m_x} \quad M_y = q \times \frac{\ell_x^2}{m_y} \quad R_1 = v_1 \cdot q \cdot \ell_x \quad R_2 = v_2 \cdot q \cdot \ell_x$$

$$f \text{ (flecha no meio do vão)} = q \times \frac{\ell_x^4}{E_{CS} \times h^3 \times w}$$

Exemplo do 1.º Caso

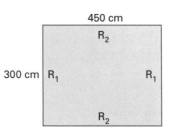

fck = 20 MPa
E_{CS} = 21.000 MPa = 21.000.000 N/cm²   (ver página seguinte)

$\begin{cases} \ell_y = 4{,}5 \text{ m} \\ \ell_x = 3{,}0 \text{ m} \end{cases}$ $h_{min} = \frac{\ell_x}{40} = \frac{300}{40} = 7{,}5 \text{ cm} \rightarrow$ critério prático para fixação da espessura da laje (sendo ℓ_x o menor dos lados)

h_{min} = 8 cm (adotado) (item 13.2.4, pg. 74 da norma)

$\varepsilon = \frac{4{,}5}{3{,}0} = 1{,}5$ $q = 1{,}2 \frac{\text{tf}}{\text{m}^2} = 12 \text{ kN/m}^2$ (carga acidental + peso próprio da laje)

---
[*] Sinônimo = laje armada em duas direções.

Tabela 1.º caso

$$\text{para } \varepsilon = 1,5 \begin{cases} m_x = 13,7 \\ m_y = 34,7 \\ v_1 = 0,25 \\ v_2 = 0,333 \\ w = 10,794 \rightarrow \begin{array}{l} \text{coeficiente para cálculo} \\ \text{da flecha no meio do vão} \end{array} \end{cases}$$

Nota: os coeficientes v são para cálculo de cargas nas vigas de apoio.

Momentos fletores:

$$M_x = \frac{q \times \ell_x^2}{mx} = \frac{12 \times 3^2}{13,7} = 7,88 \text{ kNm}$$

$$M_y = \frac{q \times \ell_x^2}{my} = \frac{12 \times 3^2}{34,7} = 3,11 \text{ kNm}$$

Cargas nas vigas

$$R_1 = q \times \ell_x \times v_1 \qquad R_2 = q \times \ell_x \times v_2$$

$$R_1 = 12 \times 3 \times 0,167 = 6,012 \text{ kN/m} \qquad R_2 = 12 \times 3 \times 0,333 = 11,99 \text{ kN/m}$$

$$f = \frac{q \times \ell_x^4}{E_{CS} \times h^3 \times w} \qquad \text{(cálculo da flecha no meio do vão)}$$

$$E_{CS} = 0,85 \times 5.600 \times \sqrt{\text{fck}} \quad \text{(item 8.2.8, p. 24 - adotado)}$$

$$E_{CS} = 21.000 \text{ MPa}$$

$$\text{Flecha} \quad f = \frac{12 \times 3^4}{21.000.000 \times 0,08^3 \times 10,794} = 0,0084 \text{ m} = 0,84 \text{ cm}$$

Nota: as tabelas de cálculo dão os valores dos esforços (momentos fletores), mas não dão o dimensionamento das lajes. Para dimensionar as lajes com os momentos fletores nas lajes, usaremos a Tabela T-10, Aula 11.

Tabelas de Barës-Czerny para lajes maciças armadas em cruz[(*)] – Tabelas T-9 – 2.º Caso

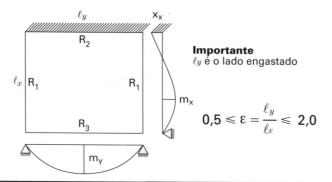

Importante
ℓ_y é o lado engastado

$$0,5 \leqslant \varepsilon = \frac{\ell_y}{\ell_x} \leqslant 2,0$$

2.º caso – Laje comum, lados engastados								
$\varepsilon = \ell_y/\ell_x$	m_x	m_y	n_x	v_1	v_2	v_3	w	
0,50	156,3	45,6	32,8	0,165	0,216	0,125	143,880
0,55	126,6	41,8	27,6	0,172	0,238	0,138	108,847
0,60	99,0	39,3	23,8	0,177	0,260	0,150	85,639
0,65	78,7	37,7	20,9	0,181	0,281	0,163	69,677
0,70	63,7	36,9	18,6	0,182	0,303	0,175	58,332
0,75	53,5	36,7	16,8	0,183	0,325	0,187	50,008
0,80	45,7	36,9	15,4	0,183	0,344	0,199	43,831
0,85	39,8	37,6	14,2	0,183	0,361	0,208	39,096
0,90	35,5	38,6	13,3	0,183	0,376	0,217	35,363
0,95	32,2	39,7	12,5	0,183	0,390	0,225	32,394
1,00	29,3	41,2	11,9	0,183	0,402	0,232	29,940
1,10	27,3	45,2	10,9	0,183	0,423	0,244	26,371
1,20	24,5	48,9	10,2	0,183	0,441	0,254	23,874
1,30	22,5	51,9	9,7	0,183	0,456	0,263	22,021
1,40	21,0	54,3	9,3	0,183	0,466	0,270	20,659
1,50	19,8	55,6	9,0	0,183	0,479	0,277	19,558
1,60	19,0	56,6	8,8	0,183	0,489	0,282	18,838
1,70	18,3	57,7	8,6	0,183	0,498	0,287	18,420
1,80	17,8	58,2	8,4	0,183	0,505	0,292	17,974
1,90	17,4	58,9	8,3	0,183	0,512	0,295	17,439
2,00	17,1	59,5	8,2	0,183	0,518	0,299	16,892

[(*)] Sinônimo = laje armada em duas direções.

$$M_x = q \times \frac{\ell_x^2}{m_x} \quad M_y = q \times \frac{\ell_x^2}{m_y} \quad \begin{array}{l} R_1 = v_1 \cdot q \cdot \ell_x \\ R_2 = v_2 \cdot q \cdot \ell_x \\ R_3 = v_3 \cdot q \cdot \ell_x \end{array}$$

q = carga acidental mais peso próprio. No caso, admite-se

$$q = 1.200 \text{ kgf/m}^2 = 12 \text{ kN/m}^2$$

Exemplo do 2.º Caso – A

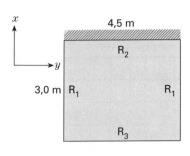

fck = 20 MPa E_{cs} = 21.000.000 kPa

$\begin{cases} \ell_x = 3{,}0 \text{ m} \\ \ell_y = 4{,}5 \text{ m} \end{cases}$
$h_{min} = \dfrac{\ell_x}{40} = \dfrac{300}{40} = 7{,}5 \text{ cm}$

h = 8 cm (adotado)

$\varepsilon = \dfrac{4{,}5}{3{,}0} = 1{,}5 \quad q = 12 \text{ kN/m}^3$

Momentos fletores:

$$M_x = \frac{12 \times 3^2}{19{,}8} = 5{,}45 \text{ kNm} \qquad M_y = \frac{12 \times 3^2}{55{,}6} = 1{,}94 \text{ kNm}$$

$$X_x = \frac{12 \times 3^2}{9} = 12 \text{ kNm}$$

Cargas nas vigas

$R_1 = 0{,}183 \times 12 \times 3 = 6{,}59 \text{ kN/m} \qquad R_2 = 0{,}479 \times 12 \times 3 = 17{,}24 \text{ kN/m}$

$R_3 = 0{,}277 \times 12 \times 3 = 9{,}97 \text{ kN/m} \qquad w = 19{,}558$

$$f = \frac{q \times \ell_x^4}{E_{CS} \times h^3 \times w} = f = \frac{12 \times 3^4}{21.000.000 \times 0{,}08^3 \times 19{,}558} =$$

$$f = 0{,}0046 \text{ m} = 0{,}46 \text{ cm (flecha)}$$

Exemplo 2.º Caso – B

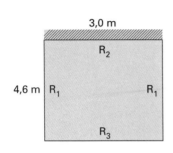

fck = 20 MPa

E_{cs} = 21.000.000 kPa

$\begin{cases} \ell_y = 3 \\ \ell_x = 4,6 \end{cases}$ $\varepsilon = \dfrac{3}{4,6} \cong 0,65$

$q = 12$ kN/m² $\begin{cases} h_{min} = \dfrac{300}{40} = 7,5 \text{ cm} \\ h = 8 \text{ cm (adotado)} \end{cases}$

Momentos

$$M_x = \frac{q \times \ell_x^2}{mx} \qquad M_y = \frac{q \times \ell_x^2}{my}$$

$$M_x = \frac{12 \times 4,6^2}{78,7} = 3,22 \text{ kNm} \qquad M_y = \frac{12 \times 4,6^2}{37,7} = 6,73 \text{ kNm}$$

$$X_x = \frac{12 \times 4,6^2}{20,9} = 12,14 \text{ kNm}$$

Cargas nas vigas

$R = q \times \ell_x \times v_1$ $\qquad \ell_x = 4,6$

$R_1 = 0,181 \times 12 \times 4,6 = 9,99$ kN/m $\qquad R_2 = 0,281 \times 12 \times 4,6 = 15,51$ kN/m

$R_3 = 0,163 \times 12 \times 4,6 = 8,99$ kN/m $\qquad$ Coeficiente p/ cálculo de flecha: $w = 69,677$

$$f = \frac{q \times \ell_x^4}{E_{CS} \times h^3 \times w} = f = \frac{12 \times 4,6^4}{21.000.000 \times 0,08^3 \times 69,677} = 0,0072 \text{ m} = 0,72 \text{ cm}$$

Tabelas de Barës-Czerny para lajes maciças armadas em cruz[*] com dois lados opostos engastados – Tabelas T-9 – 3.º CASO

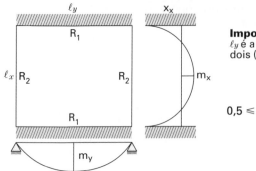

Importante
ℓ_y é a direção com dois (2) engastes

$0,5 \leq \varepsilon = \dfrac{\ell_y}{\ell_x} \leq 2,0$

$\varepsilon = \ell_y/\ell_x$	m_x	m_y	n_x	v_1	v_2	w
0,50	169,5	50,0	33,7	0,216	0,144	157,947
0,55	123,5	47,4	28,6	0,238	0,144	122,514
0,60	95,2	46,1	25,0	0,259	0,144	99,306
0,65	76,9	45,8	22,2	0,278	0,144	83,364
0,70	64,5	46,2	20,1	0,299	0,144	72,058
0,75	55,6	47,4	18,5	0,308	0,144	63,848
0,80	49,3	49,4	17,3	0,320	0,144	57,580
0,85	44,4	52,0	16,3	0,330	0,144	52,774
0,90	40,5	55,1	15,5	0,340	0,144	48,851
0,95	37,5	58,9	14,8	0,348	0,144	45,811
1,00	35,1	61,7	14,3	0,356	0,144	43,478
1,10	31,7	67,2	13,5	0,369	0,144	39,942
1,20	29,4	71,6	13,0	0,380	0,144	37,384
1,30	27,8	74,0	12,6	0,389	0,144	35,727
1,40	26,7	75,0	12,3	0,397	0,144	34,708
1,50	25,8	75,3	12,3	0,404	0,144	34,057
1,60	25,2	76,6	12,1	0,410	0,144	33,600
1,70	24,7	76,9	12,0	0,415	0,144	33,200
1,80	24,4	77,0	12,0	0,420	0,144	33,033
1,90	24,2	77,0	12,0	0,424	0,144	32,964
2,00	24,1	77,0	12,0	0,428	0,144	32,895

$$M_x = q \times \dfrac{\ell_x^2}{m_x} \qquad M_y = q \times \dfrac{\ell_x^2}{m_y} \qquad R_1 = v_1 \cdot q \cdot \ell_x \qquad R_2 = v_2 \cdot q \cdot \ell_x$$

[*] Sinônimo = laje armada em duas direções.

Exemplo do 3.º Caso – A

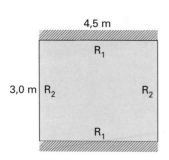

fck = 20 MPa

$E_{C_S} = 21.000.000$ kN/m^2

$\begin{cases} \ell_y = 4,5 \\ \ell_x = 3,0 \end{cases}$ $h_{min} = \dfrac{300}{40} = 7,5$ cm

$\varepsilon = \dfrac{4,5}{3} = 1,5$ $q = 12$ kN/m^2 $h = 8$ cm (adotado)

$w = 34,057$

Momentos fletores:

$M_x = \dfrac{12 \times 3^2}{25,8} = 4,19$ kNm $M_y = \dfrac{12 \times 3^2}{75,3} = 1,43$ kNm

$X_x = \dfrac{12 \times 3^2}{12,3} = 8,78$ kNm

Cargas nas vigas:

$R_1 = 0,404 \times 12 \times 3 = 14,54$ kN/m $R_2 = 0,144 \times 12 \times 3 = 5,18$ kN/m

Flecha: $w = 34,057$

$f = \dfrac{q \times \ell_x^4}{E_{CS} \times h^3 \times w} = f = \dfrac{12 \times 3^4}{21.000.000 \times 0,08^3 \times 34,057} = 0,0027$ m $= 0,27$ cm

Exemplo do 3.º Caso – B

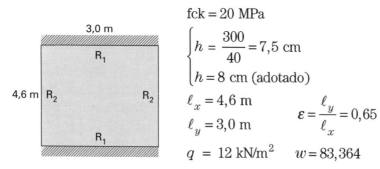

fck = 20 MPa

$\begin{cases} h = \dfrac{300}{40} = 7,5 \text{ cm} \\ h = 8 \text{ cm (adotado)} \end{cases}$

$\ell_x = 4,6$ m

$\ell_y = 3,0$ m $\varepsilon = \dfrac{\ell_y}{\ell_x} = 0,65$

$q = 12$ kN/m^2 $w = 83,364$

Momentos fletores

$$M_x = \frac{12 \times 4{,}6^2}{76{,}9} = 3{,}30 \text{ kNm} \qquad M_y = \frac{12 \times 4{,}6^2}{45{,}8} = 5{,}54 \text{ kNm}$$

$$X_x = \frac{12 \times 4{,}6^2}{22{,}2} = 11{,}43 \text{ kNm}$$

Cargas nas vigas:

$R_1 = 0{,}278 \times 12 \times 4{,}6 = 15{,}34$ kN/m $\qquad R_2 = 0{,}144 \times 12 \times 4{,}6 = 7{,}95$ kN/m

Flecha: $w = 83{,}364$ (coeficiente de cálculo)

$$f = q \times \frac{\ell_x^4}{E_{CS} \times h^3 \times w} = f = \frac{12 \times 4{,}6^4}{21.287.000 \times 0{,}08^3 \times 83.364} = 0{,}00591 \text{ m} = 0{,}591 \text{ cm}$$

f = flecha.

Nota 1: observar que adotamos no projeto desse prédio a altura h da laje igual a 8 cm, que é o mínimo dos mínimos para esse tipo de laje que a norma NBR 6118/2014 (item 13.2.4.1, b, p. 74) aceita.

Relembremos:

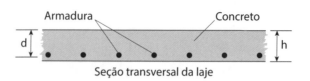

Seção transversal da laje

Alguns chamam:

    h – altura bruta da peça (laje)

    d – altura útil, altura do dimensionamento.

Nota 1: a diferença de espessuras (h-d) é chamada de cobrimento. Esse cobrimento, que é de concreto, é importante, muito importante, pois impede que o ar atmosférico, com sua umidade (água), possa oxidar a armadura. Por isso, ambientes agressivos, como aqueles perto do mar, exigem cobrimentos de maior espessura.

Tabelas de Barës-Czerny para lajes maciças armadas em cruz[*] com dois lados contínuos engastados – Tabelas T-9 – 4.º Caso

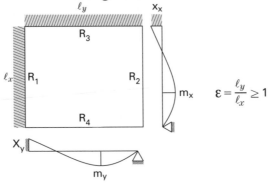

$\varepsilon = \ell_y/\ell_x$	m_x	m_y	n_x	n_y	v_1	v_2	v_3	v_4	w
1,0	40,2	40,2	14,3	14,3	0,317	0,183	0,317	0,183	39,683
1,1	35,1	41,3	12,7	13,6	0,317	0,183	0,346	0,200	33,156
1,2	30,0	44,0	11,5	13,1	0,317	0,183	0,370	0,214	28,706
1,3	26,5	47,7	10,7	12,8	0,317	0,183	0,390	0,225	25,745
1,4	24,0	51,0	10,1	12,6	0,317	0,183	0,414	0,232	23,451
1,5	22,2	52,9	9,6	12,4	0,317	0,183	0,423	0,244	21,707
1,6	20,9	55,0	9,2	12,3	0,317	0,183	0,436	0,252	20,620
1,7	19,8	56,6	9,0	12,3	0,317	0,183	0,447	0,258	19,955
1,8	19,0	57,7	8,7	12,2	0,317	0,183	0,458	0,264	19,441
1,9	18,4	59,1	8,6	12,2	0,317	0,183	0,467	0,270	18,716
2,0	17,9	60,2	8,4	12,2	0,317	0,183	0,475	0,275	17,857

$$M_x = q \times \frac{\ell_x^2}{m_x} \qquad \begin{aligned} R_1 &= v_1 \cdot q \cdot \ell_x \\ R_2 &= v_2 \cdot q \cdot \ell_x \\ R_3 &= v_3 \cdot q \cdot \ell_x \\ R_4 &= v_4 \cdot q \cdot \ell_x \end{aligned}$$

$$M_y = q \times \frac{\ell_x^2}{m_y}$$

Exemplo do 4.º Caso

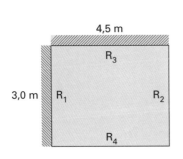

$fck = 20$ MPa

$$\begin{cases} h = \dfrac{300}{40} = 7{,}5 \text{ cm} \\ h = 8 \text{ cm (adotado)} \end{cases}$$

$$\begin{cases} \ell_y = 4{,}5 \text{ m} \\ \ell_x = 3 \text{ m} \end{cases} \qquad \varepsilon = \frac{4{,}5}{3{,}0} = 1{,}5 \qquad q = 12 \text{ kN/m}^2$$

$w = 21{,}707$

---

[*] Sinônimo = laje armada em duas direções.

158 Concreto armado eu te amo

Momentos fletores:

$$M_x = \frac{q \times \ell_x^2}{m_x} = \frac{12 \times 3^2}{22,2} = 4,9 \text{ kNm} \qquad M_y = \frac{12 \times 3^2}{52,9} = 2,0 \text{ kNm}$$

$$X_x = \frac{12 \times 3^2}{9,6} = 11,3 \text{ kNm} \qquad X_y = \frac{12 \times 3^2}{12,4} = 8,7 \text{ kNm}$$

Cargas nas vigas:

$$R_1 = 0,317 \times 12 \times 3 = 11,4 \text{ kN/m} \qquad R_2 = 0,183 \times 12 \times 3 = 6,6 \text{ kN/m}$$
$$R_3 = 0,423 \times 12 \times 3 = 15,2 \text{ kN/m} \qquad R_4 = 0,244 \times 12 \times 3 = 8,8 \text{ kN/m}$$

Flecha: $w = 21,707$

$$f = q \times \frac{\ell_x^4}{E_{CS} \times h^3 \times w} = f = \frac{12 \times 3^4}{21.000.000 \times 0,08^3 \times 21,707}$$

$$= 0,0042 \text{ m} = 0,42 \text{ cm}$$

E_{CS} = Módulo de elasticidade do concreto (item 8.2.8 da NBR 6118)

Tabelas de Barës-Czerny para lajes maciças armadas em cruz[(*)] com os quatro lados engastados – Tabelas T-9 – 5.º Caso

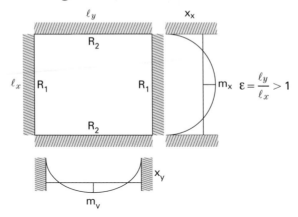

$\varepsilon = \ell_y/\ell_x$	m_x	m_y	n_x	n_y	v_1	v_2	w
1,0	56,8	56,8	19,4	19,4	0,250	0,250	65,400
1,1	46,1	60,3	17,1	18,4	0,250	0,273	55,082
1,2	39,4	66,1	15,6	17,9	0,250	0,292	48,225
1,3	35,0	74,0	14,5	17,6	0,250	0,308	43,766
1,4	31,8	83,6	13,7	17,5	0,250	0,321	40,047
1,5	29,6	93,5	13,2	17,5	0,250	0,333	37,987
1,6	28,0	98,1	12,8	17,5	0,250	0,344	36,330
1,7	26,8	101,1	12,5	17,5	0,250	0,353	35,215
1,8	26,0	103,3	12,3	17,5	0,250	0,361	34,021
1,9	25,4	104,6	12,1	17,5	0,250	0,368	33,362
2,0	25,0	105,0	12,0	17,5	0,250	0,375	32,895

$$M_x = q \times \frac{\ell_x^2}{m_x}$$

$$M_y = q \times \frac{\ell_x^2}{m_y}$$

$$R_1 = v_1 \cdot q \cdot \ell_x$$
$$R_2 = v_2 \cdot q \cdot \ell_x$$

[(*)] Sinônimo = laje armada em duas direções.

Exemplo do 5.º Caso

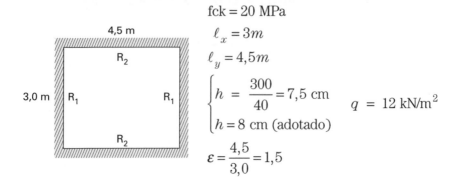

$$\begin{cases} h = \dfrac{300}{40} = 7{,}5 \text{ cm} \\ h = 8 \text{ cm (adotado)} \end{cases}$$

fck = 20 MPa
$\ell_x = 3m$
$\ell_y = 4{,}5m$
$q = 12 \text{ kN/m}^2$
$\varepsilon = \dfrac{4{,}5}{3{,}0} = 1{,}5$

Momentos fletores:

$$M_x = \frac{12 \times 3^2}{29{,}6} = 3{,}65 \text{ kNm} \qquad M_y = \frac{12 \times 3^2}{93{,}5} = 1{,}20 \text{ kNm}$$

$$X_x = \frac{12 \times 3^2}{13{,}2} = 8{,}18 \text{ kNm} \qquad X_y = \frac{12 \times 3^2}{17{,}5} = 6{,}17 \text{ kNm}$$

Cargas nas vigas:

$R_1 = 0{,}25 \times 12 \times 3 = 9 \text{ kN/m} \qquad R_2 = 0{,}333 \times 12 \times 3 = 12 \text{ kN/m}$

Flecha: $w = 37{,}987$ $\qquad f = \dfrac{12 \times 3^4}{21.000.000 \times 0{,}08^3 \times 37{,}987} = 0{,}0024 \text{ m} = 0{,}24 \text{ cm}$

Nota: acrescenta-se à lista de normas brasileiras relacionadas com o concreto armado, presente no item 6.2 deste livro, a NBR 16280/2014: Reforma em edificações – Sistema de gestão de reformas – Requisitos.

Tabelas de Barës-Czerny para lajes maciças armadas em cruz[*] com três lados engastados – Tabelas T-9 – 6.º CASO

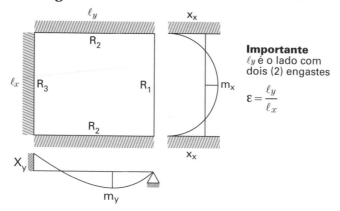

Importante
ℓ_y é o lado com dois (2) engastes

$$\varepsilon = \frac{\ell_y}{\ell_x}$$

$\varepsilon = \ell_y/\ell_x$	m_x	m_y	n_x	n_y	v_1	v_2	v_3	w
0,50	400,0	74,8	49,3	35,2	0,125	0,159	0,217	296,296
0,55	250,0	66,9	40,5	30,7	0,131	0,174	0,227	218.564
0,60	175,4	61,5	34,4	27,2	0,136	0,190	0,236	167,740
0,65	133,3	57,7	29,8	24,6	0,140	0,206	0,242	133,065
0,70	105,3	55,3	26,2	22,5	0,143	0,222	0,247	109,030
0,75	85,5	54,2	23,4	21,0	0,144	0,238	0,249	91,875
0,80	70,9	53,9	21,2	20,0	0,144	0,254	0,250	79,525
0,85	61,3	54,3	19,5	19,2	0,144	0,268	0,250	70,430
0,90	54,3	55,4	18,1	18,7	0,144	0,281	0,250	63,243
0,95	48,5	55,7	17,1	18,4	0,144	0,293	0,250	57,371
1,00	44,1	55,9	16,2	18,3	0,144	0,303	0,250	53,191
1,10	37,9	60,3	14,8	17,7	0,144	0,321	0,250	47,104
1,20	33,8	66,2	13,9	17,5	0,144	0,336	0,250	42,677
1,30	31,0	69,0	13,2	17,5	0,144	0,348	0,250	39,787
1,40	29,0	71,9	12,8	17,5	0,144	0,359	0,250	37,187
1,50	27,6	75,2	12,5	17,5	0,144	0,369	0,250	35,915
1,60	26,6	78,7	12,3	17,5	0,144	0,377	0,250	34,679
1,70	25,8	82,9	12,2	17,5	0,144	0,384	0,250	34,209
1,80	25,3	86,9	12,1	17,5	0,144	0,391	0,250	34,021
1,90	24,8	91,5	12,0	17,5	0,144	0,396	0,250	33,362
2,00	24,5	96,2	12	17,5	0,144	0,402	0,250	32,895

$$M_x = q \times \frac{\ell_x^2}{m_x} \qquad M_y = q \times \frac{\ell_x^2}{m_y} \qquad \begin{array}{l} R_1 = v_1 \cdot q \cdot \ell_x \\ R_2 = v_2 \cdot q \cdot \ell_x \\ R_3 = v_3 \cdot q \cdot \ell_x \end{array}$$

[*] Sinônimo = laje armada em duas direções.

Exemplo do 6.º Caso – A

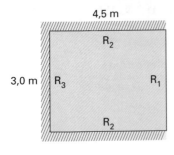

fck = 20 MPa

$\begin{cases} \ell_y = 4,5 \text{ m} \\ \ell_x = 3,0 \text{ m} \end{cases}$

$\varepsilon = \dfrac{\ell_y}{\ell_x} = 1,5$ $\qquad h = \dfrac{300}{40} = 7,5 \text{ cm}$

$h = 8$ cm (adotado) $\qquad q = 12$ kN/m^2

Momentos fletores:

$M_x = \dfrac{12 \times 3^2}{27,6} = 3,91 \text{ kNm} \qquad M_y = \dfrac{12 \times 3^2}{75,2} = 1,43 \text{ kNm}$

$X_x = \dfrac{12 \times 3^2}{12,5} = 8,64 \text{ kNm} \qquad X_y = \dfrac{12 \times 3^2}{17,5} = 6,17 \text{ kNm}$

Cargas nas vigas:

$R_1 = 0,144 \times 12 \times 3 = 5,18$ kN/m $\qquad R_2 = 0,369 \times 12 \times 3 = 13,28$ kN/m

$R_3 = 0,25 \times 12 \times 3 = 9,0$ kN/m $\qquad$ Coeficiente de cálculo da flecha: $w = 35,915$

$f = \dfrac{12 \times 3^4}{21.000.000 \times 0,08^3 \times 35,915} = 0,0025 \text{ m} = 0,25 \text{ cm} \qquad f = \text{flecha}$

Exemplo do 6.º Caso – B

fck = 20 MPa

$\ell_y = 3,0$ m $\qquad \varepsilon = \dfrac{\ell_y}{\ell_x} = 0,65$

$\ell_x = 4,6$ m

$\begin{cases} h = \dfrac{300}{40} = 7,5 \text{ cm} \\ h = 8 \text{ cm (adotado)} \end{cases} \qquad q = 12 \text{ kN/m}^2$

Momentos fletores:

$M_x = \dfrac{12 \times 4,6^2}{133,3} = 1,90 \text{ kNm} \qquad M_y = \dfrac{12 \times 4,6^2}{57,7} = 4,40 \text{ kNm}$

$$X_x = \frac{12 \times 4,6^2}{29,8} = 8,5 \text{ kNm} \qquad X_y = \frac{12 \times 4,6^2}{24,6} = 10,32 \text{ kNm}$$

Cargas nas vigas:

$R_1 = 0,14 \times 12 \times 4,6 = 7,73$ kN/m $\qquad R_2 = 0,206 \times 12 \times 4,6 = 11,37$ kN/m

$R_3 = 0,242 \times 12 \times 4,6 = 13,36$ kN/m $\qquad$ Flecha: $w = 133,065$

$$f = \frac{12 \times 4,6^4}{21.000.000 \times 0,08^3 \times 133,065} = 0,0038 \text{ m} = 0,38 \text{ cm (flecha)}$$

Certas coisas só são compreensíveis quando aplicadas. Vamos dar um exemplo de cálculo de uma laje. Seja uma laje L-2 dentro de um conjunto de lajes:

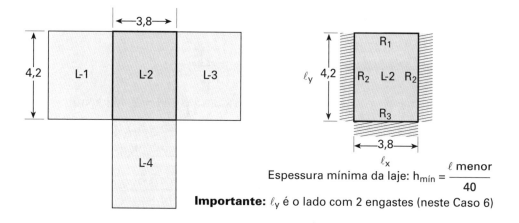

Pelo visto, L-2 tem engastamento em L-1, L-3 e L-4:

Adotou-se uma sobrecarga de 200 kg/m², que é igual a 2,0 kN/m².

$$\ell_x = 3,8 \text{ m}$$
$$\ell_y = 4,2 \text{ m}$$

espessura mínima da laje:

$$h_{\text{mín}} = L_{\text{menor}}/40$$

espessura mínima $h = 380/40 = 9,5$ adotaremos ($h = 10$ cm).

O peso próprio é $0,10 \times 25 = 2,5$ kN/m². Logo, a carga total será:

$$2,5 + 2,0 = 4,5 \text{ kN/m}^2$$

Logo: $q = 4,5$ kN/m².

Como observação importantíssima verifiquem os leitores que o peso próprio da laje é maior que a carga acidental.

Calculemos agora ℓ_y/ℓ_x. Estamos no 6.º caso (três apoios engastados e um apoio simples).

$$\varepsilon = \frac{\ell_y}{\ell_x} = \frac{4,2}{3,8} = 1,11$$

A relação 1,11 será a chave mágica para determinar tudo o que queremos. Olhando a Tabela de Cálculo do 6.º caso, encontraremos:

$\varepsilon = \ell_y/\ell_x$	m_x	m_y	n_x	n_y	v_1	v_2	v_3	w
1,11	37,9	60,3	14,8	17,7	0,144	0,321	0,25	47,104

Entrada mágica ε →

Logo:

$$M_x = q \times \frac{\ell_x^2}{m_x} = \frac{4,5 \times 3,8^2}{37,9} = 1,715 \text{ kNm}$$

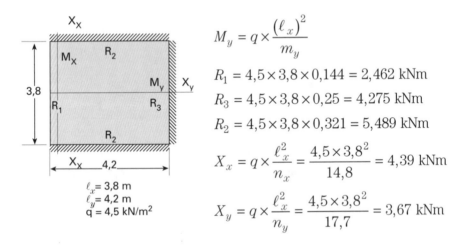

$$M_y = q \times \frac{(\ell_x)^2}{m_y}$$

$R_1 = 4,5 \times 3,8 \times 0,144 = 2,462$ kNm

$R_3 = 4,5 \times 3,8 \times 0,25 = 4,275$ kNm

$R_2 = 4,5 \times 3,8 \times 0,321 = 5,489$ kNm

$$X_x = q \times \frac{\ell_x^2}{n_x} = \frac{4,5 \times 3,8^2}{14,8} = 4,39 \text{ kNm}$$

$$X_y = q \times \frac{\ell_x^2}{n_y} = \frac{4,5 \times 3,8^2}{17,7} = 3,67 \text{ kNm}$$

Conhecidos os momentos e fixada a espessura da laje, na Aula 11.3 aprenderemos a conhecer o que falta, ou seja, as armações nos apoios e no meio do vão.

Notas

1. O uso das Tabelas de Barës-Czerny faz variar, laje por laje, as direções X e Y. O importante é verificar os engastamentos. Por exemplo: no caso 6, ℓ_y é o lado com dois (2) esgastamentos e ℓ_x só tem um (1) engastamento.

2. O cálculo das reações das vigas apresentado é o original do Método de Czerny. A NBR 6118 recomenda o cálculo a partir do critério de uso de triângulos e trapézios (item 14.7.6.1, p. 96), que recomenda que a distribuição das cargas nas lajes seja feita pela criação de triângulos e trapézios gerados por retas inclina-

das, começando nos vértices e com ângulos de:

- 45° entre dois apoios de mesmo tipo;
- 60° a partir de apoio engastado quando o outro for simplesmente apoiado;
- 90° a partir do apoio, quando a borda vizinha for livre.

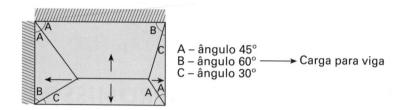

3. Nas lajes, para colocar a armadura negativa, que ocorre em apoios, faz-se na obra um minitripé (caranguejo) e corre-se, ao longo da borda, uma armação para sustentar a armadura negativa na posição alta. Veja a figura a seguir:

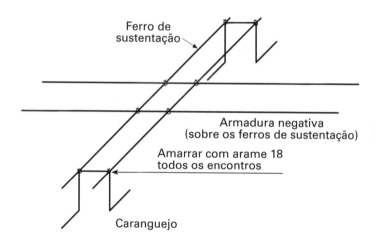

A armadura negativa (alta) apoia-se no ferro de sustentação.

AULA 10

10.1 VÍNCULOS SÃO COMPROMISSOS (OU O COMPORTAMENTO DAS ESTRUTURAS FACE AOS RECALQUES OU ÀS DILATAÇÕES)

Quem se adapta melhor a um mundo em mutações, o jovem ou o velho?

Os jovens têm poucos vínculos, são mais livres e, regra geral, se adaptam e se integram facilmente a um mundo em transição, onde cada valor está sujeito a uma revisão. Os velhos, de vida já estruturada, têm mais dificuldades em adaptarem-se às modificações.

A mesma comparação é válida para estruturas.

As estruturas isostáticas (ver Aula 7.3) são estruturas de poucos vínculos (jovens); as hiperestáticas são estruturas de muitos vínculos (velhas). Imaginemos os dois arcos abaixo:

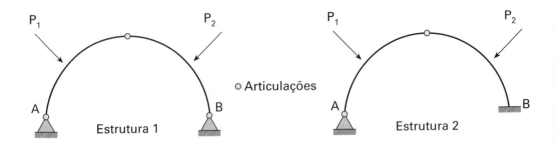

Se nos apoios da estrutura 1[*] acontecer um pequeno recalque diferencial (**A** afunda e **B** afunda diferentemente de **A**), a estrutura, pelo fato de ser triarticulada (*grande ajeitabilidade*), se acomoda de uma maneira que os esforços adicionais provenientes do recalque diferencial serão mínimos.

---

[*] A estrutura 1 é semelhante à do Viaduto Santa Efigênia, SP, que é, pois, uma estrutura isostática.

No caso da estrutura 2, ocorrendo recalque diferencial, haverá um aumento significativo nos esforços internos na estrutura, face à sua *menor ajeitabilidade*.

Se esse exemplo não foi claro, passemos às duas outras estruturas:

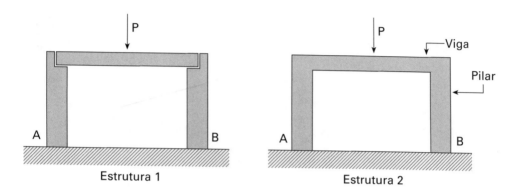

A estrutura 1 é isostática e a 2 é hiperestática (ligação solidária entre a viga e os pilares). Se acontecer um recalque em **A** e ocorrer em **B** um recalque diferente, as estruturas ficarão como abaixo:

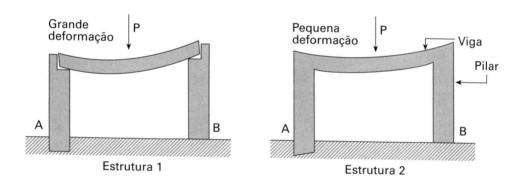

Acho que dá para sentir que o recalque diferencial na estrutura 1 (desde que dentro dos limites) não causou praticamente nenhum esforço adicional em relação aos esforços já existentes na situação sem recalque. Já a estrutura 2 é toda solicitada (a custo de grandes esforços internos) a se adaptar às novas situações.

As deformações, face ao peso p, são maiores na estrutura 1 do que na estrutura 2.

Conclusões: estruturas isostáticas são mais adaptáveis às situações de fundação, onde podem ocorrer recalques diferenciais, do que as hiperestáticas.

Recalques semelhantes (iguais) em todos os apoios não introduzem, em princípio, esforços adicionais nas estruturas, ou seja: o ponto **A** e o ponto **B** se afundam igualmente. Nesse caso, as estruturas isostáticas (tipo 1) e as hiperestáticas (tipo 2) nem tomam conhecimento.

Em pontes, é comum associarem-se estruturas hiperestáticas à estruturas isostáticas, um exemplo é a viga **Gerber**, que é uma estrutura isostática apoiada em uma hiperestática, como a seguir se vê:

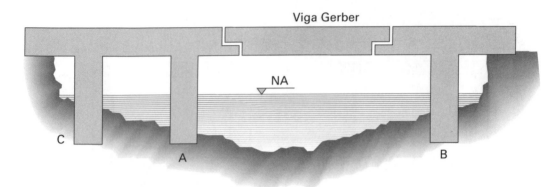

Se A ou B apresentarem recalque diferencial, a viga **Gerber** permitirá uma certa acomodação de estrutura.

O que foi dito para recalques diferenciais vale, em princípio, para dilatações. Um exemplo extremo de trabalho de estruturas, moldáveis (isostáticas) ou menos moldáveis (hiperestáticas) a esforços, é o caso da batida de automóvel. Caso você veja que vai bater, pare de brecar, pois o carro desbrecado quando bate em outro carro se amassa mais e transmite menos esforços internos (aos ocupantes do veículo).

A batida de um carro brecado (estruturas com mais vínculos ao chão) transmite mais esforços aos ocupantes. Claro, não?

Observe-se que, para efeitos estruturais, recalques diferenciais são muito mais terríveis que recalques iguais de toda a estrutura. Em certas cidades, é comum os prédios de apartamento recalcarem por igual em todos os seus apoios cerca de 50 cm, chegando às vezes até a 100 cm. Como o prédio recalca por igual, não há, a rigor, maiores problemas estruturais principais. O que se teme é o recalque diferencial. Um recalque diferencial de alguns centímetros poderia levar a estrutura a situações inaceitáveis. O medo, o pavor a recalques diferenciais é que leva a *não se preverem,* para uma mesma estrutura, dois tipos de fundações (por exemplo: fundação direta por sapatas e fundação por estacas). Como fundações de tipos diferentes recalcam diferentemente, teríamos então recalques diferenciais com maior possibilidade.

10.2 EXEMPLOS REAIS E IMPERFEITOS DE VÍNCULOS

Até aqui apresentamos três tipos de vínculos de estruturas. Temos o apoio simples, que são apoios como A e B:

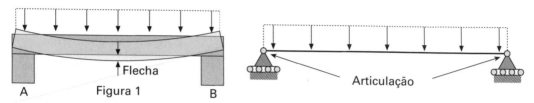

A   Figura 1   B

A viga está simplesmente apoiada em dois pilares de concreto.[*] Esses vínculos não impedem a viga de trabalhar nas extremidades, girando ligeiramente, e não impedem a viga de se transladar para a direita e esquerda, se houvesse um esforço nesse sentido.

Essa viga, ao se deformar (fletir) pela ação de cargas, não transfere esforços de rotação aos apoios. Para que houvesse um engastamento em A e B, precisaríamos que a viga mergulhasse fundo no encaixe do concreto assim indicado:

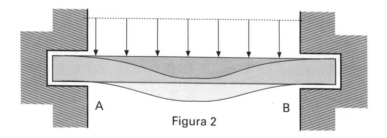

Figura 2

Em A e B, temos engastamentos bastante perfeitos. Essa viga não pode sofrer uma livre deformação como no caso anterior. Os encaixes (engastamentos) A e B impedem a viga de girar. O que impede algo de girar são os encaixes que geram momentos resistentes na viga. Logo, os encaixes, no caso de a viga tentar se deformar, transmitem à viga momentos resistentes. Por contrapartida (vingança), a viga transfere aos encaixes um momento igual e contrário.

Se o encaixe (engastamento) resistir, OK. Se não resistir, ele se rompe e a viga gira.

Consideremos agora (Figura 3) uma viga que se encaixa num buraco com folga e com pequena profundidade como indicado (vínculo B), e que se encaixa sem folga e com grande profundidade no vínculo A.

---

[*] Falamos, no caso, de vigas apoiadas em pilares. Poderíamos estar falando igualmente de lajes apoiadas em vigas.

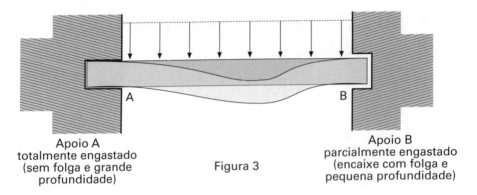

Apoio A
totalmente engastado
(sem folga e grande
profundidade)

Figura 3

Apoio B
parcialmente engastado
(encaixe com folga e
pequena profundidade)

Nesse caso, o vínculo A é perfeitamente engastado e B o é parcialmente, devendo-se, no cálculo da estrutura, considerar isso.

Consideremos agora uma viga de madeira peroba simplesmente apoiada em quatro apoios também de madeira (viga contínua).

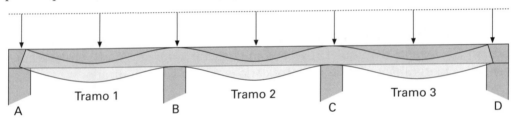

No apoio A, a viga tem um vínculo do tipo "simplesmente apoiado", ou seja, a viga gira sem restrições em redor de A. No ponto B, há um engastamento, não da viga no pilar, mas, sim, da viga na viga; o tramo da viga tenta impedir que o seu vizinho gire.

As condições, aí, de engastamento não dependerão do pilar ou de sua ligação à viga, que não existe, mas, sim, das relações viga com viga (e do tipo de carregamento).[*]

Se, por exemplo, só houver carregamento no tramo AB e não houver carregamento nos tramos BC e CD, as condições de restrição ao giro serão mais precárias, já que haverá poucos esforços para resistir ao giro. As melhores condições de restrição ao giro se darão quando a viga for igualmente carregada.

A viga contínua, de que estamos falando, terá uma curva de deformação (linha elástica), em função de suas características e de carregamento, independendo do seu relacionamento com os apoios que tão somente transferem reações de apoio. A representação da viga deve ser, pois:

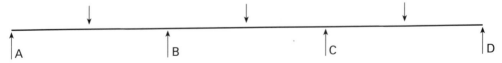

---

[*] Já vimos essa situação na Aula 8.2, em que mostramos que, nas lajes contíguas, a viga de apoio não dá engastamento nas lajes, mas as lajes engastam lajes.

Qualquer amarração entre a viga e os apoios que impeça a livre rotação da viga será uma alteração dos princípios que estamos aqui desenvolvendo.

As vigas de concreto armado dos prédios não serão, a rigor, vigas contínuas, pois o tipo de ligação pilar × viga em obras de concreto opõe restrições ao livre girar da viga nesse apoio.

Em contrapartida, a viga, além de descarregar pesos no pilar, dá-lhe de quebra um momento fletor (resposta à restrição de girar). Na prática, e por facilidade, as vigas de prédio são calculadas como vigas contínuas e se consideram nos pilares (quando for o caso) alguns momentos que essas vigas a eles transmitem.

VOLTEMOS AO ASSUNTO DE VÍNCULOS

Na articulação, há chance de movimento de giro sem deslocamento. Os arcos triarticulados do Viaduto Santa Efigênia são os melhores exemplos.

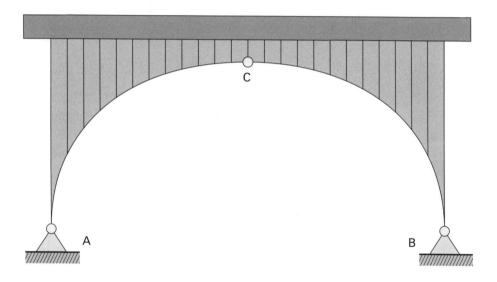

A, B e C são articulações. Para que fossem articulações perfeitas, deveriam girar facilmente, por exemplo, e, em teoria, serem lubrificadas. Por gozação, diríamos que portas que abrem sem ranger são articulações (dobradiças perfeitas). As que cantam não são tão perfeitas.

O último tipo de vínculo é o carrinho, ou seja, o apoio que permite translação (valores, em geral, mínimos). Os apoios de pontes com placas de neoprene (borracha) são exemplos de carrinho. Um apoio simples é um exemplo de carrinho se permitir a translação.

Sejam os pórticos a seguir:

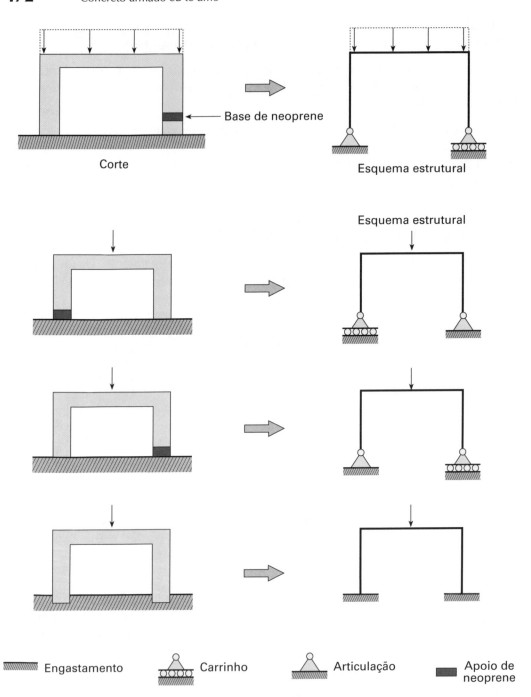

Conclusões: quando a estrutura tem um vínculo em carrinho, o vínculo só transfere à estrutura força na direção vertical. Uma barra de madeira, apoiada com graxa em dois pontos, está apoiada em dois carrinhos.

Numa estrutura que tem o seu vínculo em articulação, esse vínculo pode transmitir à estrutura esforços verticais e horizontais.

10.3 CÁLCULOS DAS LAJES — ESPESSURAS MÍNIMAS

NBR 6118 – Item 13.2.4.1, pg. 74

Nas lajes maciças, devem ser respeitados os seguintes limites mínimos para a espessura h:

a) 7 cm para lajes de cobertura que não estejam em balanço;

b) 8 cm para lajes de piso que não em balanço;

c) 10 cm para lajes em balanço (lajes marquise);

d) 10 cm para lajes que suportam veículos de peso total menor ou igual a 30 kN (garagem);

e) 12 cm para lajes que suportem veículos de peso total maior que 30 kN (garagem);

f) 15 cm para lajes com protensão apoiadas em vigas, com o mínimo de $\ell/42$ para lajes de piso biapoiadas e $\ell/50$ para lajes de piso contínuas;

g) 16 cm para lajes lisas e 14 cm para lajes-cogumelo, fora do capitel.

No dimensionamento das lajes em balanço (lajes-marquises), os esforços solicitantes de cálculo a serem considerados devem ser multiplicados por um coeficiente adicional γ_n, de acordo com o indicado na tabela a seguir.

Valores do coeficiente adicional γ_n para lajes em balanço									
h (cm)	≥ 19	18	17	16	15	14	13	12	11	10
γ_n	1,00	1,05	1,10	1,15	1,20	1,25	1,30	1,35	1,40	1,45

$$\gamma_n = 1,95 - 0,05\,h$$

onde:

h é a altura da laje, expressa em centímetros (cm).

Nota: o coeficiente γ_n deve majorar os esforços solicitantes finais de cálculo nas lajes em balanço, quando de seu dimensionamento.

Para a não verificação da deformação (flecha) nas lajes de edifícios, basta adotarmos como espessura mínima:

$$h_{\text{mínimo}} = \frac{\ell_{\text{menor}}}{40} \quad \text{(regra prática não descrita na NBR 6118)}$$

ℓ_{menor} = menor lado da laje retangular.

Concreto armado eu te amo

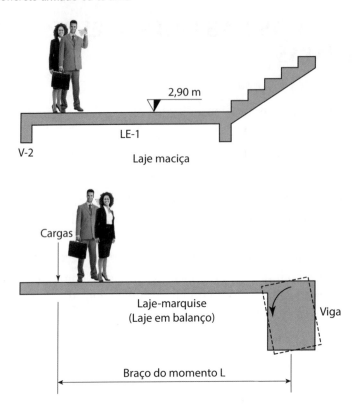

Exemplo: determinar a espessura mínima da laje abaixo:

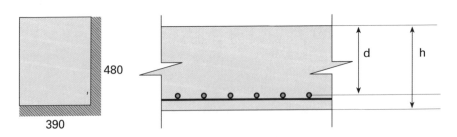

$\ell_{menor} = 390$ cm

$$h_{mínimo} = \frac{390}{40} = 9{,}75 \rightarrow \text{adotaremos } h_{mínimo} = 10 \text{ cm}$$

onde h – espessura total (bruta) da laje;
       d – distância da armadura até a borda superior da laje.

Nota sobre lajes em balanço:

Há razões para esta edição da NBR 6118 tomar esses cuidados com a laje em balanço (chamada também de laje-marquise). Ela, numa estrutura predial, é a única peça em equilíbrio isostático, ou seja, ela não tem folgas estruturais como outras partes da estrutura. Assim, a falta de cuidados na sua execução, não respeitando que sua armadura fique na posição alta da laje (armadura negativa) e/ou falta de cuidados de uso carregando a laje com cargas não previstas ou danificando a sua drenagem podem levar essa laje em balanço ao colapso estrutural, com danos aos seres humanos que estejam embaixo. Em Porto Alegre, RS, existe uma sábia lei municipal que exige inspeção anual de uso e de estado dessas peças, para evitar colapsos estruturais. Dizem que a estrutura de concreto armado é uma amiga do homem. A laje em balanço é a única exceção a essa afirmativa.

Nota: dispositivo contra quedas em terraços e galpões. Adaptado do Código de Edificações do Município de São Paulo, SP – Lei municipal nº 8266 de 20 de junho de 1975. Essa lei já sofreu modificações.

Artigo 94: os andares acima do solo, como os terraços, balcões e outros que não forem vedados por paredes externas deverão dispor de guarda corpos de proteção contra quedas de acordo com os seguintes requisitos:

I – terão altura de 0,90 m no mínimo, contando com o nível do pavimento.

II – se o guarda corpo for vazado, os vãos terão pelo menos uma das dimensões igual ou inferior a 0,12 m.

III – serão de material rígido e capaz de resistir ao empuxo horizontal de 80 kgf/m, aplicado no seu ponto mais desfavorável.

AULA 11

11.1 O AÇO NO PILAR ATRAI PARA SI A MAIOR PARTE DA CARGA

Diz um ditado popular que quando você tem de dar uma tarefa a uma pessoa a ser escolhida, dê àquela que não tem tempo, e nunca, mas nunca, a quem tem tempo. Os que não têm tempo são em geral os que trabalham, e, por isso, podem fazer a tarefa adicional, e os que têm tempo são os que não trabalham e eles nunca farão a tarefa adicional.

Essa comparação vale nos pilares para a união do concreto armado entre o concreto e o aço. O aço é menos elástico que o concreto (como vimos, o aço tem maior módulo de elasticidade $E_s = 210$ GPa do que o concreto $E_c = 21$ GPa).[*]

Se usarmos os dois juntos em um pilar (compressão), o aço chupa a maior parte do trabalho, ou seja, absorve maior carga. Para entendermos isso, imaginemos um pilar de pequena altura (meio metro) em que se possa desprezar a flambagem e o diâmetro 0,80 m e com 10 ø 25 mm de aço na sua periferia, e imaginemos uma carga de 40.000 kN uniformemente distribuída sobre esse pilar de concreto armado.

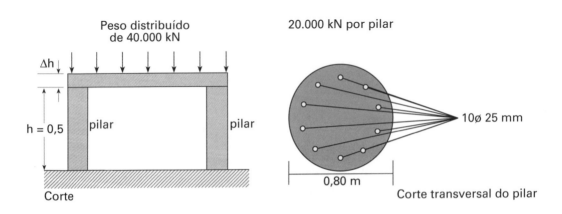

---

[*] Na verdade não é estritamente correto falar em E do concreto como um número fixo, já que varia com fck. O valor numérico aqui indicado é apenas um exemplo comparativo. De qualquer forma, a variação do E_c não é significativa quando se compara o E_s (E do aço), que sempre é um valor muito maior.

Aula 11   **177**

O peso de 20.000 kN por pilar deverá ser suportado por duas reações, uma no concreto (F_1) e outra no aço (F_2), sendo que:

$$F_1 + F_2 = 20.000 \text{ kN (princípio de ação e reação)}$$

Essa estrutura de concreto armado deverá ser comprimida, portanto, sofrer uma redução de altura (Δh) que será igual tanto para o aço como para o concreto, já que os dois estão solidários.

Acho que todos entenderam que seria impossível o aço diminuir independentemente de tamanho, mais ou menos da mesma forma que o concreto.

Chamemos de h a altura do pilar e Δh, o encurtamento da peça.

Conforme a Aula 7.1, chama-se de deformação unitária a relação:

$$\frac{\Delta h}{h} = \varepsilon$$

Como Δh e h são iguais para o aço e para o concreto, disso resultam deformações iguais $\varepsilon_s = \varepsilon_c$. Sabemos que $\varepsilon = \dfrac{\sigma}{E}$, onde σ = pressão de compressão e E = módulo de elasticidade. Se:

$$\varepsilon_s = \varepsilon_c \Rightarrow \frac{\sigma_s}{E_s} = \frac{\sigma_c}{E_c} \quad ^{(*)}$$

Por meio de uma transformação:

$$\frac{\sigma_s}{\sigma_c} = \frac{E_s}{E_c}$$

O módulo de elasticidade do concreto vale da ordem de 21 GPa e do aço vale 210 GPa.

$$\frac{\sigma_s}{\sigma_c} = \frac{210}{21} = 10$$

Conclusão: pelo fato de o aço ter maior módulo de elasticidade (oferece maior dificuldade de ser comprimido) do que o concreto, a tensão de compressão do aço será 10 vezes maior que a do concreto, ou seja, a parte menos elástica ficou com maior tensão.

---

[*] Neste caso temos:
Es = Módulo de elasticidade do aço
Ec = Módulo de elasticidade do concreto
σs = Tensão no aço
σc = Tensão no concreto

178   Concreto armado eu te amo

Continuemos especulando:

$$\frac{\sigma_s}{\sigma_c} = 10 \quad \text{e como} \quad \sigma = \frac{F}{A} \quad \text{logo} \quad \frac{\dfrac{F_s}{A_s}}{\dfrac{F_c}{A_c}} = 10$$

e, como 10 ø 25 mm = 50 cm^2 e Ac = 5.000 cm^2 (área do concreto ø 80 cm desprezando-se a pequena área do aço):

$$\frac{\dfrac{F_s}{50 \text{ cm}^2}}{\dfrac{F_c}{5.000 \text{ cm}^2}} = 10 \Rightarrow \frac{F_s}{50} = 10 \times \frac{F_c}{5000} \Rightarrow F_s = \frac{F_c}{10}$$

Ou seja, a força que age na área do aço é aproximadamente um décimo da força que age na área do concreto. Ora, lembremos que:

$$F_s + F_c = 20.000 \text{ kN} \Rightarrow \frac{F_c}{10} + F_c = 20.000 \text{ kN}$$

$$F_c + 10 \times F_c = 200.000 \Rightarrow 11 \times F_c = 200.000 \text{ kN}$$

$$F_c = \frac{200.000}{11} = 18.182 \text{ kN}$$

Daí, como:

$$F_s + F_c = 20.000 \text{ kN}$$

Logo:

$$F_s = 20.000 - 18.182 \text{ kN}$$

$$F_s = 1.818 \text{ kN}$$

O uso de aço em pilares tem como um dos motivos exatamente o uso de seções menores do que eles teriam se fossem só de concreto simples.

Quanto mais se põe aço, mais "tensão", mais "força de compressão" ele chupa, deixando menos carga para o concreto, reduzindo, portanto, sua seção em relação à que teria se não houvesse esse aço.

No caso em pauta, o aço tem apenas 1% da área do concreto, mas sustenta 10% da carga, mostrando com isso sua maior nobreza.

Conclusão: ao se comprimir uma peça de concreto armado, a peça se encurtará por igual Δh, mas as tensões no concreto são muito menores do que a tensão no aço, devido ao fato de o aço impor muito maior dificuldade de se encurtar do que o concreto, devido a $E_s > E_c$.

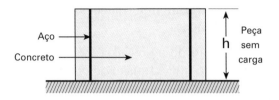 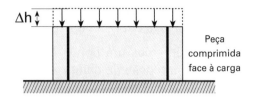

Para sentir melhor essa tensão maior no material de maior E, coloque em uma borracha um alfinete, ambos com igual altura.

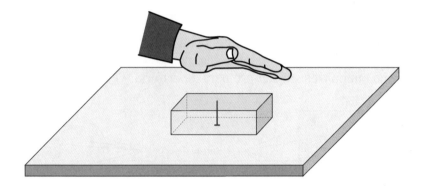

Tente agora, com a mão, apertar o conjunto borracha e alfinete. Ambos, ao serem comprimidos no ponto do alfinete, fazem a mão doer, podendo até sangrar. Por quê? A tensão no alfinete é maior do que na borracha, pois o E do alfinete, que é de aço, é muito maior do que o E da borracha.

Favor não apertar muito, pois não nos responsabilizaremos por derrame de sangue.

REPETIÇÃO PARA FIRMAR CONCEITOS

Às vezes, não fica claro ao principiante do estudo de Resistência dos Materiais esse fenômeno de que peças fundidas juntas e resistindo a cargas apresentem, em pontos próximos e em materiais diferentes, tensões completamente desiguais.

Consideremos a viga duplamente armada vencendo o vão L.

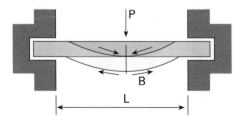 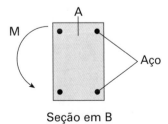

Seção em B

Na seção em B, tanto o concreto como o aço sofreram deformações. No bordo superior da viga em B, a viga foi encurtada (comprimida).

Consideremos um ponto A bem próximo à seção do aço. Nesse ponto A (no concreto), a tensão de compressão é muito menor do que a tensão de compressão do aço, pois o concreto tem E menor do que o aço. Como ambos se deformaram igualmente (solidariedade aço/concreto), isso se faz graças a um grande esforço no aço.

A tensão do aço é tantas vezes maior do que o concreto quanto a relação de E_s/E_c.

O aço é material nobre em relação ao concreto ($E_s > E_c$), chupando, assim, para ele, cargas enormes em relação à sua pequena área frente à área do concreto. Por essa razão e tendo em vista que quanto mais longe dos eixos melhor trabalham os materiais, o aço em pilares vai sempre para a periferia. Vejamos alguns casos:

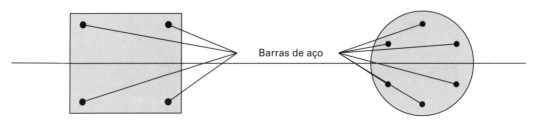

Seções transversais de pilares[*]

11.2 FLEXÃO COMPOSTA NORMAL

Em todos os casos que vimos até aqui, admitimos que os pilares e, em geral, as peças comprimidas recebiam esforços de compressão centradas, ou uniformemente distribuídas. Ora, os pilares (um exemplo de peça comprimida) recebem cargas de vigas que estão se deformando, como no exemplo abaixo. Ocorre, nessas situações, além da carga uniformemente distribuída, um momento fletor adicional no pilar.

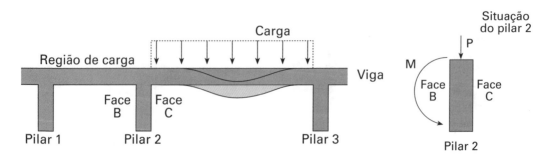

---

[*] Não esquecer os estribos, que combatem a flambagem das armaduras longitudinais.

Podemos, para abordar essa teoria, considerar um pilar que está recebendo uma carga vertical P não rigorosamente centrada, mas, ao contrário, com uma excentricidade **e**, como mostra a figura a seguir:

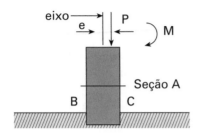

A – Área da seção
W – Módulo de resistência da seção
M = P x *e* (momento fletor causado pela excentricidade *e* e pela carga P)

A tensão de compressão no pilar, esquecendo-se o peso próprio do pilar, seria P/A, se a excentricidade fosse nula e então $M = 0$.

Sucede que a excentricidade e, associada à força P, cria um momento fletor $M = (P \times e)$ que sobrecarrega a face C e descarrega a face B, tal que:

$$\sigma_B = \frac{P}{A} - \frac{M}{W} \qquad \sigma_C = \frac{P}{A} + \frac{M}{W}$$

Vemos que, se a excentricidade for diminuta, o acréscimo de tensões em C pode ser desprezível e idem para a face B (decréscimo), mas se **e** for considerável, a face C seria muito comprimida e na face B a tensão passaria a ser de tração (se $M/W > P/A$). Um exemplo interessante de limitação da excentricidade **e** é na construção de chaminés de alvenaria. A alvenaria é um material que resiste razoavelmente bem à compressão (em paredes, por exemplo) e trabalha muito mal à tração. Se durante a construção o eixo da chaminé se deslocar, o peso (a única carga que atua nas chaminés é o peso próprio) sairá do eixo, criando momentos fletores e, com ele, trações na alvenaria, que, não resistindo, poderá levar tudo abaixo.

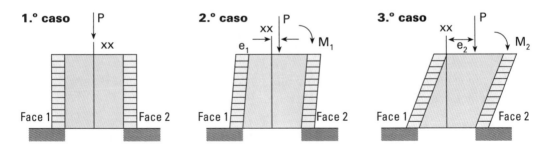

No primeiro caso, a construção é geometricamente perfeita, não há excentricidade da carga (**e** = 0) e a tensão de compressão na base da chaminé é:

$$\sigma = \frac{P}{A}$$

Concreto armado eu te amo

No segundo caso, com a falta de centralização da construção da chaminé, ocorre uma pequena excentricidade e_1; com isso há um momento que sobrecarrega a face 2 e descarrega a face 1:

$$\sigma_1 = \frac{P}{A} - \frac{M_1}{W} \qquad \sigma_2 = \frac{P}{A} + \frac{M_1}{W} \qquad M_1 = P \cdot e_1$$

Admitamos agora que aumentou ainda mais a excentricidade: com o crescer da excentricidade de e_1 para e_2, a construção vê acrescido o momento fletor, que sobrecarrega a face 2 e descarrega a face 1:

$$\sigma_1 = \frac{P}{A} - \frac{M_2}{W} \qquad \sigma_2 = \frac{P}{A} + \frac{M_2}{W} \qquad M_2 = P \cdot e_2$$

Passemos a um exemplo numérico.

Dado um pilar de concreto de seção A (30 × 40 cm) e submetido a uma força P de 50 t, com excentricidade de 3 cm, calcular as tensões de tração e compressão. O pilar, fugindo da norma, não tem armadura:

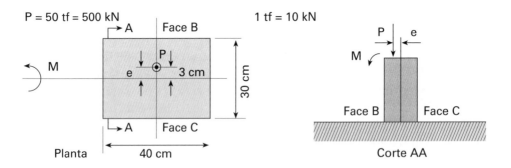

A tensão de compressão simples é (sem considerar a existência do momento, fruto da excentricidade da carga):

$$\sigma = \frac{P}{A} = \frac{500}{0{,}3 \times 0{,}4} = 4.166 \text{ kN/m}^2$$

Levemos agora em consideração o momento $M = (P \cdot e)$. A face B será comprimida e a face C será aliviada.

$$\sigma = \frac{M}{W} \quad \text{onde} \quad M = P \times e = 500 \times 0{,}03 \Rightarrow M = 15 \text{ kNm}$$

$$w = \frac{b \times h^2}{6} = \frac{0{,}4 \times 0{,}3 \times 0{,}3}{6} \Rightarrow 0{,}006 \text{ m}^2$$

$$\sigma_c = \frac{15}{0{,}006} = 2.500 \text{ kN/m}^2$$

Logo, na face B ocorrerá:
$$\sigma_B = 4.166 + 2.500 = 6.666 \text{ kN/m}^2$$

Na face C:
$$\sigma_C = 4.166 - 2.500 = 1.666 \text{ kN/m}^2$$

como as duas tensões são positivas, conclui-se que todo pilar está comprimido.

Vamos agora dar uma deslocada de excentricidade. Passemos e para 12 cm. O σ de compressão simples é o mesmo (4.166 kN/m^2) atingindo todo o pilar.

O momento fletor passou para $M = (P \times e) = 500 \times 0,12 = 60$ kNm. Os σ_c e σ_t face à flexão são iguais e valem:

$$\sigma_C = \sigma_t = \frac{M}{W} = \frac{60}{0,006} = 10.000 \text{ kN/m}^2$$

Logo,

$$\sigma_B(\text{face B}) = 4.166 + 10.000 = 14.166 \text{ kN/m}^2 = 141,66 \text{ kgf/cm}^2 \quad (\text{compressão})$$

$$\sigma_C(\text{face C}) = 4.166 - 10.000 = - 5.834 \text{ kN/m}^2 = - 58,34 \text{ kgf/cm}^2$$
$$(\text{deu tração}) \Rightarrow \text{deu galho!}$$

Conclusão: um pilar sofrendo flexão, se a excentricidade da aplicação de carga for grande, poderá sofrer tração, coisa a que o concreto não resiste bem. Essa é uma das razões por que pilares têm armadura em toda a volta, para resistir a eventuais esforços de tração causados pela excentricidade das cargas.

Quando trabalharmos com materiais que não resistem à tração, ou resistem muito mal (concreto simples, alvenaria), e usamos esse material como pilares, temos de ter certeza que o afastamento máximo de força normal (que causa a tração) é pequeno, tal que a pressão de compressão seja bem superior à tração causada pela flexão e que no final a peça esteja comprimida totalmente, como foi o caso do exemplo apresentado, onde a excentricidade era pequena ($e = 3$ cm).

Nota: quando o plano do momento fletor não coincide com os eixos de simetria de seção, temos a flexão oblíqua. Pilares de seção transversal circulares não sofrem flexão oblíqua, pois a seção circular não tem eixo de simetria.

11.3 LAJES – DIMENSIONAMENTO

Vimos nas aulas anteriores como se calculam nas lajes os momentos fletores no meio do vão e nos apoios. São nesses locais, seja nas lajes isoladas ou conjugadas, seja nas lajes armadas em cruz, seja nas lajes armadas em uma só direção, que ocorrem os maiores momentos fletores positivos e os maiores momentos fletores negativos.

O processo de dimensionamento de lajes, que se ensinará a seguir, é válido indistintamente para qualquer dos casos, ou seja, dado um momento fletor máximo e fixada a espessura da laje, resulta a área de aço (armadura) necessária. Devem ser

184 Concreto armado eu te amo

considerados como conhecidos o fck do concreto e o tipo de aço. *Avisamos que as tabelas de dimensionamento que vamos usar já incorporam os coeficientes de minoração de resistência dos materiais, os coeficientes de majoração de cargas e o coeficiente 0,85 (efeito Rusch).*[*]

Nesta aula, estão anexas essas tabelas de dimensionamento, que se chamarão Tabelas T-10 e T-11 ao longo de todo o curso.

Vamos ao roteiro de cálculo. O caminho será sempre: conhecido o momento fletor, calcula-se o valor k6 que vale:

$$k6 = 10^5 \times \frac{b\,d^2}{M}$$

onde:

b = 1 m (cálculo por metro) (faixa de 1 m de laje);
d = distância da borda mais comprimida ao centro de gravidade da armadura (m);
M = Momento em kNm;
M = (ou X) são valores calculados pela tabela de Czerny (lajes armadas em cruz) ou são os momentos das lajes armadas em uma só direção;
M = Momento fletor positivo;
X = Momento fletor negativo.

Seja M (ou X) = 1,8 kNm e seja d = 9,5 cm.

Como exemplo: seja o concreto fck = 20 MPa e seja o aço CA50. Dessa forma, entretanto, com o valor mais próximo k6 = 486, temos como resposta o valor de k3.

$$k6 = 10^5 \times \frac{bd^2}{M} = \frac{10^5 \times 1 \times (0,095)^2}{1,8} = 501$$

O valor mais próximo da tabela é k6 = 486.

$\downarrow$ k3

k6	CA25	CA50	CA60
486	0,652	0,326	0,272

$\rightarrow$

Temos agora conhecido k3 = 0,326. A área de armadura por metro é calculada como:

$$A_s = \frac{k3}{10} \times \frac{M}{d}$$

---

[*] O efeito Rusch é previsto na norma (item 15.3) diminuindo a capacidade de resistência da estrutura, face ao fenômeno de aplicação de cargas de longa atuação, como o peso próprio.

No nosso caso:

$$A_s = \frac{0,326}{10} \times \frac{1,8}{0,095} = 0,62 \text{ cm}^2/\text{m}$$

Façamos o mesmo exercício admitindo que o momento vale $M = 18$ kNm e aço CA25:

$$k6 = \frac{10^5 \times bd^2}{M} \qquad k6 = \frac{10^5 \times 1 \times (0,095)^2}{18} = 50,13$$

$$k6 = 50,13 \qquad \longrightarrow \qquad k3 = 0,742$$

$$A_s = \frac{k3}{10} \times \frac{M}{d} = A_s = \frac{0,742}{10} \times \frac{18}{0,095} = 14,06 \text{ cm}^2/\text{m}$$

Consultando a Tabela T-11 de armadura para lajes, conclui-se que podemos usar ø 16 mm c/ 14.

Tabela T-10 – Dimensionamento de lajes maciças armadas em cruz[*]					
$\xi = x/d$	Valores de **k6** para concreto			**k3**/aço		
	fck = 20 MPa	fck = 25 MPa	fck = 30 MPa	CA25	CA50	CA60B
0,01	1447,0	1158,0	965,0	0,647	0,323	0,269
0,02	726,0	581,0	484,0	0,649	0,325	0,271
0,03	486,0	389,0	324,0	0,652	0,326	0,272
0,04	366,0	293,0	244,0	0,655	0,327	0,273
0,05	294,0	235,0	196,0	0,657	0,329	0,274
0,06	246,0	197,0	164,0	0,660	0,330	0,275
0,07	212,0	169,0	141,0	0,663	0,331	0,276
0,08	186,0	149,0	124,0	0,665	0,333	0,277
0,09	166,0	133,0	111,0	0,668	0,334	0,278
0,10	150,0	120,0	100,1	0,671	0,335	0,280
0,11	137,0	110,0	91,4	0,674	0,337	0,281
0,12	126,0	100,9	84,1	0,677	0,338	0,282
0,13	117,0	93,6	78,0	0,679	0,340	0,283
0,14	109,0	87,2	72,7	0,682	0,341	0,284
0,15	102,2	81,8	68,1	0,685	0,343	0,285
0,16	96,2	77,0	64,2	0,688	0,344	0,287
0,17	91,0	72,8	60,6	0,691	0,346	0,288
0,18	86,3	69,0	57,5	0,694	0,347	0,289
0,19	82,1	65,7	54,7	0,697	0,349	0,290

(continua)

[*] Esta tabela numérica foi de autoria dos "mestres dos mestres": John Ulic Burke Jr e Mauricio Gertsenchtein.

186 Concreto armado eu te amo

Tabela T-10 – Dimensionamento de lajes maciças armadas em cruz
(continuação)

$\xi = x/d$	Calores de **k6** para concreto			**k3**/aço		
	fck = 20 MPa	fck = 25 MPa	fck = 30 MPa	CA25	CA50	CA60
0,20	78,3	62,7	52,2	0,700	0,350	0,292
0,21	74,9	59,9	49,9	0,703	0,352	0,293
0,22	71,8	57,5	47,9	0,706	0,353	0,294
0,23	69,0	55,2	46,0	0,709	0,355	0,296
0,25	64,1	51,2	42,7	0,716	0,358	0,298
0,26	61,9	49,5	41,2	0,719	0,359	0,300
0,27	59,8	47,9	39,9	0,722	0,361	0,301
0,28	58,0	46,4	38,6	0,725	0,363	0,302
0,29	56,2	45,0	37,5	0,729	0,364	0,304
0,30	54,6	43,7	36,4	0,732	0,366	0,305
0,31	53,1	42,5	35,4	0,735	0,368	0,306
0,32	51,6	41,3	34,4	0,739	0,369	0,308
0,33	50,3	40,3	33,5	0,742	0,371	0,309
0,34	49,1	39,2	32,7	0,746	0,373	0,311
0,35	47,9	38,3	31,9	0,749	0,374	0,312
0,36	46,8	37,4	31,2	0,752	0,376	0,313
0,37	45,7	36,6	30,5	0,756	0,378	0,315
0,38	44,7	35,8	29,8	0,760	0,380	0,316
0,39	43,8	35,0	29,2	0,763	0,382	0,318
0,40	42,9	34,3	28,6	0,767	0,383	0,319
0,41	42,0	33,6	28,0	0,770	0,385	0,321
0,42	41,2	33,0	27,5	0,774	0,387	0,323
0,43	40,5	32,4	27,0	0,778	0,389	0,324
0,44	39,0	31,8	26,5	0,782	0,391	0,326
0,45	39,1	31,2	26,0	0,786	0,393	0,328

De acordo com a NBR-6118 (item 14.6.4.3), o valor x/d $\leq$ 0,45 para concretos com fck $\leq$ 50 MPa.

Notas

1. Nas tabelas de dimensionamento de lajes (e vigas) elas já incluem o fator 0,85 do efeito Rusch (diminuição da resistência do concreto para cargas permanentes de longa duração).

2. O momento fletor nas lajes, seja na sua parte média, seja nos apoios, tem como expressão de sua unidade os símbolos kNm ou kNm/m. Ambas as notações costumam ser usadas.

Tabela T-11 – Área de armadura para lajes

Área em cm²/m de armadura

Espaçamento (cm)	Bitola da barra de aço em mm					
	5	6,3	8	10	12,5	16
7,5	3,33	4,19	6,66	10,66	16,66	26,66
8	2,50	3,93	6,25	10,00	15,62	25,00
9	2,22	3,50	5,55	8,88	13,88	22,22
10	2,00	3,15	5,00	8,00	12,50	20,00
11	1,82	2,86	4,54	7,27	11,36	18,18
12	1,67	2,62	4,16	6,66	10,41	16,66
12,5	1,60	2,52	4,00	6,40	10,00	16,00
13	1,54	2,42	3,84	6,15	9,61	15,38
14	1,43	2,25	3,57	5,71	8,92	14,28
15	1,33	2,10	3,33	5,33	8,33	13,33
16	1,25	1,96	3,12	5,00	7,81	12,50
17	1,18	1,85	2,94	4,70	7,35	11,76
18	1,11	1,75	2,77	4,44	6,94	11,11
19	1,05	1,65	2,63	4,21	6,57	10,52
20	1,00	1,57	2,50	4,00	6,25	10,00
21	0,95	1,50	2,38	3,80	5,95	9,52
22	0,91	1,43	2,27	3,63	5,68	9,09
23	0,87	1,36	2,17	3,47	5,43	8,69
24	0,83	1,31	2,08	3,33	5,20	8,33
25	0,80	1,26	2,00	3,20	5,00	8,00
26	0,77	1,21	1,92	3,07	4,80	7,69
27	0,74	1,16	1,85	2,96	4,62	7,40
28	0,71	1,12	1,78	2,85	4,46	7,14
29	0,69	1,08	1,72	2,75	4,31	5,89
30	0,67	1,05	1,66	2,66	4,16	6,66

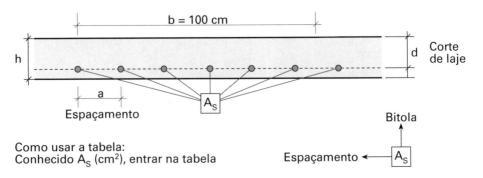

Como usar a tabela:
Conhecido A_S (cm²), entrar na tabela

Exemplo: armadura de uma laje = 3,54 cm²/m de aço. Solução possível: ø 10 mm com 22 cm de espaçamento ou ø 8 mm a cada 14 cm de espaçamento de barras.

11.4 COBRIMENTO DA ARMADURA — CLASSES DE AGRESSIVIDADE

Agressividade do ambiente (NBR 6118):

Uma das mais importantes contribuições da NBR 6118 está relacionada com a proteção da armadura pelo cobrimento do concreto, tendo em vista aumentar a vida útil (durabilidade) das estruturas de concreto armado.

Tabela 6.1, p. 17 da NBR 6118

Classe de agressividade	Agressividade	Tipo de ambiente	Risco de deterioração
I	Fraca	Rural	Insignificante
I	Fraca	Submerso	Insignificante
II	Moderada	Urbano	Pequeno
III	Forte	Marinho	Grande
III	Forte	Industrial	Grande
IV	Muito forte	Industrial quimicamente agressivo	Elevado
IV	Muito forte	Respingos de maré	Elevado

Qualidade do concreto: item 7, Tabela T.1, p. 18 da NBR 6118

Concreto	Tipo	Classes de agressividade			
		I	II	III	IV
Fator A/C		$\leq 0{,}65$	$\leq 0{,}6$	$\leq 0{,}55$	$\leq 0{,}45$
Classe de concreto (resistência fck em MPa)	CA	≥ 20	≥ 25	≥ 30	≥ 40

A/C = Relação água/cimento; CA = Concreto armado.

Cobrimentos nominais mínimos:

$$C_{nom} \geq \begin{cases} \text{ø barra} \\ 1{,}2 \text{ ø max. agreg} \end{cases}$$

Classes de agressividade — cobrimento mínimo (mm)				
	I	II	III	IV
Lajes	20	25	35	45
Vigas/pilares	25	30	40	50

Abertura máxima de fissuras (w) para CA (concreto armado, item 13.4.2, NBR 6118):

Classe agressividade	w(mm)
I	$\leq 0{,}4$
II a IV	$\leq 0{,}3$

Armadura mínima de laje à flexão (principal):

$$A_{S\,min} = \rho_{min}\, bw \times h$$

$bw = 100$ cm h = altura da laje   (item 17.3 da norma)

fck (MPa)	20	25	30
ρ_{min} (%)	0,15	0,15	0,15

Exemplo: laje com 7 cm de espessura, fck 20 MPa.

$$A_{s\,mín} = \rho_{mín} \times b_w \times h = \frac{0{,}15}{100} \times 100 \times 7 = 1{,}05 \text{ cm}^2/\text{m}$$

Armadura secundária em lajes:

$$A_S \geq \begin{cases} 0{,}20\, A_S \text{ principal} \\ 0{,}9 \text{ cm}^2/\text{m} \end{cases}$$

Nota: chamam-se armaduras secundárias ou de distribuição, armaduras sem cálculo, mas que são muito necessárias para fazer a peça distribuir de forma mais homogênea as cargas (pesos) sobre elas. Caso uma peça precise de armadura secundária e essa armadura não seja colocada na obra, pode ter vários problemas. Ver item 19.3.3.2 da NBR 6118. Exemplo de uso de armadura secundária: em laje armada em uma só direção.

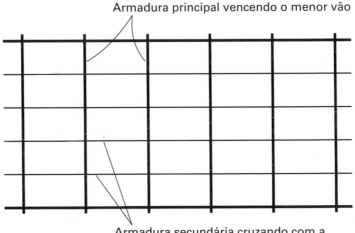

Planta de laje armada em uma só direção

AULA 12

12.1 SE O CONCRETO É BOM PARA A COMPRESSÃO, POR QUE OS PILARES NÃO PRESCINDEM DE ARMADURAS?

Temos dito e repetido, neste curso, que o concreto aguenta bem a compressão, chegando a poder trabalhar em tensões de compressão (pressão de trabalho) de 20 a 50 MPa, o que, convenhamos, não é capacidade para se botar defeito. Isso posto, por que os pilares dos prédios não são feitos de concreto simples? As razões são várias.[*]

1. Quando um pilar é comprimido, ele cede lateralmente, como se nota abaixo, gerando, por incrível que pareça, tensões de tração.

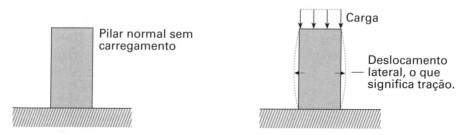

É necessário conter essa tendência do pilar em se distender (efeito de tração). Assim, como os gordinhos tentam desesperadamente esconder sua barriga com uma cinta, o pilar deve receber uma estrutura de contenção desse esforço de tração. Essa estrutura são os estribos, ou seja, o pilar fica assim:

---

[*] Não vale dizer que é uma exigência da norma. O importante é saber por que a norma diz isso. Os pilares da Acrópole de Atenas desobedeceram à norma, são de mármore, só mármore.

Os estribos têm também a importantíssima função de combater a flambagem da armadura vertical em compressão.

2. A ideia de pilar é que ele só trabalha a compressão. Isso não é verdade em parte dos casos. Imaginemos duas salas contíguas de um prédio, uma super-carregada de gente, e outra vazia.

Em corte, teríamos:

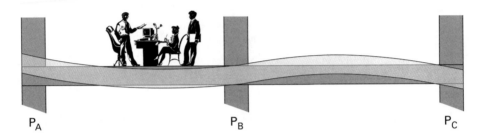

Esse carregamento excêntrico pode gerar um momento fletor no pilar:

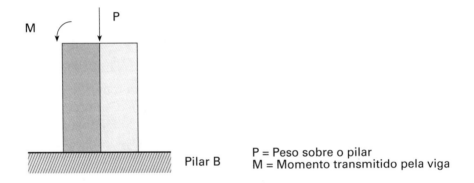

O momento causado no pilar aumenta a compressão da parte esquerda do pilar, podendo gerar tração na parte direita. Dependendo do valor do momento fletor M e do próprio peso sobre o pilar, poder-se-ia criar, no final, tensões de tração na parte direita, e o pilar poderia não resistir. Face a isso, é razoável colocar-se, na periferia do pilar, aços verticais, que resistem bem à compressão (melhor que o concreto), e resistem muito, mas muito, muito melhor que o concreto à tração.

Conclusão: considerando, pois, o caso 1 e o caso 2, resulta que o pilar de concreto tem de possuir armadura vertical e armadura horizontal (estribos), como se vê no esquema a seguir:

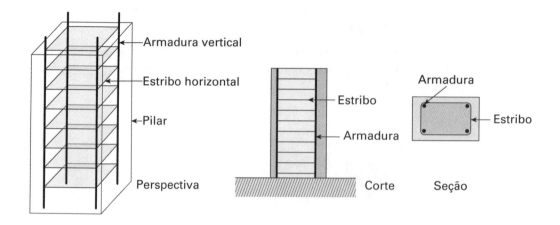

3. Embora o concreto resista bem à compressão, o aço resiste muito melhor. Se usássemos só pilares de concreto simples, dimensionados para resistir aos dois fenômenos anteriormente descritos, esse pilar sem aço teria proporções acentuadamente grandes (lembremos, todavia, que a norma não aceita pilares sem aço).

Se usássemos muito aço e pouco concreto, a estrutura dos pilares ficaria mais esbelta, mas muito cara. Mostra a experiência que há uma relação boa entre a área de aço e a área do concreto e que é da ordem de 2%.

Nota: a norma NBR 6118, no seu item 17.3.5.3.1, p. 132, fixa o mínimo de armadura de um pilar igual a 0,4% da área da seção de concreto. Logo, um pilar de 20 × 50 de seção também terá armadura longitudinal mínima de 20 × 50 × 0,004 = 4,0 cm^2 de área de armadura longitudinal. E no item 17.3.5.3.2 o valor máximo da área da armadura é 8% A_C (A_C é a área transversal do pilar).

Como visto em outra aula, pelo fato de o módulo de elasticidade do aço ser muito maior que o do concreto, ao sofrerem, quando carregados nos pilares, encurtamentos iguais, o aço chupa significativamente parcela de carga, tornando mais esbelto o pilar do que seria se não usasse o aço.

Até agora, temos mostrado os pilares de forma retangular. Nada do que foi dito se altera para as outras formas usuais dos pilares, quais sejam:

Em geral, a forma do pilar é ditada por conveniência da arquitetura, para que o seu tamanho não venha a ocupar áreas úteis dos pavimentos.

O aluno há de concordar que o esquema **b** é melhor que o **a**, a seguir:

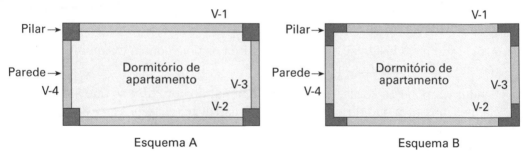

A taxa máxima de armadura de um pilar é de 8% da área total. Um pilar de 20 × 40 cm terá então uma área máxima de armadura de 20 × 40 × 0,080 = 64 cm².

12.2 COMO OS ANTIGOS CONSTRUÍAM ARCOS E ABÓBADAS DE IGREJAS?

Os construtores antigos perceberam (e a engenharia e arquitetura são — nunca nos esqueçamos — a arte de engenhar) que, ao vencerem vãos com vigas de eixo retilíneo, apareciam tensões de tração na parte inferior da viga e as pedras (não se conhecia, então, o concreto armado) rompiam-se.

Eram, portanto, limitados os vãos que podiam ser vencidos com pedras. Outro problema era que as pedras eram obtidas em comprimentos pequenos. E como ligá-las para formar vigas?

Algum engenheiro notou que se, ao invés de usar eixos retilíneos, fossem formados arcos, ele poderia cortar pedras, que ao se encaixar sofriam, pelas formas que tinham, só esforços de compressão.

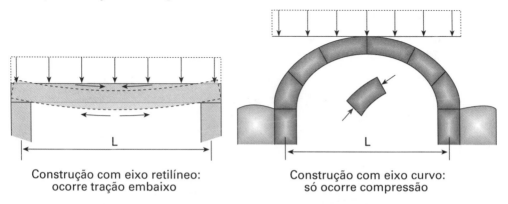

Ao se construir arcos, verificou-se que, dependendo da forma desse arco, as pedras não eram exigidas à tração, e sim tão somente à compressão. Trabalhando só à compressão, elas resistiam muito bem. Mas qual a forma do arco que leva toda a estrutura a trabalhar só em compressão?

Os mestres das catedrais resolveram engenhosamente essa questão ao descobrirem[*] a forma geométrica mágica, que leva a estrutura praticamente a só trabalhar em compressão.

1. Através de modelos, ligavam com uma corda os dois pontos extremos dos pilares que iriam receber os apoios do arco.

2. Penduravam, nessa corda, pedras com o tamanho aproximado que a experiência lhes mostrava que seriam usadas na construção do arco.

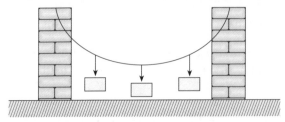

3. Projetavam numa parede (ou por luz solar, ou por archotes) essa curva descrita pela corda carregada pelas pedras.

4. Essa curva era invertida e servia para o projeto do eixo do arco. A seguir, usando essa curva, as pedras eram cortadas.

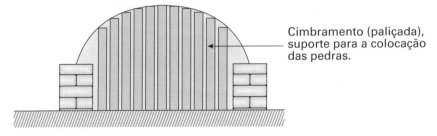

5. Construía-se de madeira uma estrutura de suporte de colocação das pedras (cimbramento — escoramento).

6. Colocavam-se as pedras, uma a uma. Ao colocar a última pedra, "a pedra de fecho", o encaixe perfeito dava estabilidade ao arco.

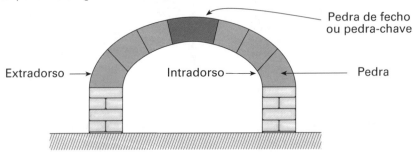

---

[*] Esse seria, em sentido certo, um segredo maçônico, já que se atribui aos pedreiros das catedrais da Idade Média a criação da sociedade maçônica (pedreira) que guardava os segredos de sua profissão.

7. Com o encaixe, a estrutura tornava-se estável e, então, retirava-se a paliçada de madeira, agora desnecessária.
8. Por esse mesmo processo, pode-se construir abóbadas, estruturas totalmente instáveis até a colocação da última pedra, chamada "pedra de fecho". Com a pedra de fecho, a abóbada se autossustenta.

Observações sobre arcos da Antiguidade

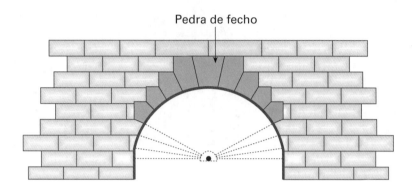

Arco de pedras. Notar que as pedras do arco possuem, às vezes, ressaltos, para encaixe de outras pedras.

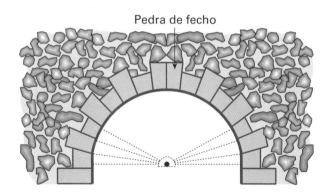

Arco de pedras de mão (não lavradas). Aumentam as necessidades de encaixe para o recebimento das pedras irregulares.

Dizem as más línguas que, ao tirar o escoramento (cimbramento), o mestre de obra, artífices e aprendizes eram obrigados a passar a primeira noite embaixo do arco abóboda. Essa tradição se mantém até hoje, de alguma forma, na manutenção de aviões. Depois de uma revisão geral, o primeiro voo é com o pessoal mecânico que fez essa revisão.

Ponte du Gard (Rio da Guarda, Paris, França)

Ponte Aqueduto, construída pelos romanos, perto de Paris na época de Cristo. Estrutura principal em arcos construídos com pedras em compressão.

12.3 COMEÇAMOS A CALCULAR O NOSSO PRÉDIO — CÁLCULO E DIMENSIONAMENTO DAS LAJES L-1, L-2 E L-3

Vamos iniciar o cálculo da estrutura do nosso prédio. No Volume 2 desta coleção, mostram-se os cuidados com o relacionamento com o arquiteto, o especialista de fundações e com o profissional de instalações prediais (sistemas de águas pluviais, água potável, sistema de combate a incêndio e sistemas elétricos e de telefonia). A regra é a mais elementar. Mantenha esses profissionais sempre informados, por escrito, do andamento do projeto estrutural. Jamais confie em informações verbais, que o vento leva... O nosso prédio terá uma estrutura convencional de:

1. lajes maciças;
2. vigas embaixo de todas as paredes;
3. pilares no encontro das vigas principais;
4. sapatas de concreto armado, recebendo a carga dos pilares e descarregando essas cargas no solo.

A alvenaria de tijolos é a alvenaria de tijolos maciços que garante maior conforto térmico e acústico. *Atenção*: "atenção" e, se necessário, reprisemos "atenção". Consideraremos a hipótese de que a estrutura de tijolos (alvenaria) trabalhe de forma independente da estrutura de concreto armado, ou seja, chamamos isso de alvenaria não estrutural. Face a essa hipótese e o dimensionamento decorrente, o futuro construtor do prédio poderá:

- subir a alvenaria juntamente com a evolução da estrutura de lajes, vigas e pilares; ou
- poderá construir todas as estruturas e, com elas prontas, iniciar a construção da alvenaria.

Em qualquer dos casos, a alvenaria não pode ficar solta em relação à estrutura de concreto armado. A alvenaria tem de ser amarrada na estrutura de concreto armado. Como na amarração em pilares, colocamos uma armadura fina, ligando a argamassa da alvenaria aos pilares. No topo da alvenaria de cada andar, colocamos tijolos encunhados na laje superior do andar. Pode-se usar também argamassas expandidas na alvenaria. Nas marquises, ao usarmos alvenaria como parapeito, esta deverá estar eficientemente amarrada à estrutura de concreto. Vários acidentes já aconteceram no nosso país, pelo fato de a alvenaria ficar solta e, acontecendo um esforço horizontal, ela se movimenta e cai.

A sequência de cálculo segue o fluxo das cargas:

- Primeiro, calculamos as lajes de piso e as lajes das escadas. Sobre cada laje atua a carga acidental, ou seja, nos prédios convencionais (como o nosso) todas as lajes são calculadas igualmente, independentemente do pavimento. Assim, a laje do sexto andar de um prédio de oito andares é igual, estruturalmente, à laje do quarto andar e igual à laje do segundo andar. Idem para as lajes das escadas.

- Depois calculamos as vigas, levando em conta as cargas das alvenarias, que, se supõe, descarregarão seu peso direto nas vigas.

- Em seguida, calculamos os pilares, que recebem os pesos e cargas das vigas.

- Finalmente, calculamos as fundações que recebem as cargas dos pilares.

Alerta, alerta, alerta

O maior erro estrutural que ouvi alguém divulgar foi o seguinte (e só o repito para maior ênfase didática):

As lajes dos andares inferiores devem ser mais resistentes do que as lajes dos andares superiores, pois estas recebem mais cargas... O mesmo procedimento para as vigas... Erro! Erro! Erro!

Uma afirmação totalmente errada. A hipótese estrutural é que as cargas acidentais, andar por andar, são as mesmas, e, por conseguinte, nas vigas também. O que aumenta, andar por andar, é a carga nos pilares, pois esses, sim, recebem acumulativamente, andar por andar, as cargas transmitidas pelas vigas de cada andar.

Nota: no passado, os pilares com cargas crescentes, andar por andar, eram projetados com áreas também crescentes. Hoje, por razões econômicas e não estruturais, os pilares têm sempre a mesma área de concreto armado, e o que varia é a taxa de armadura, andar por andar.

O jovens profissionais têm de saber que, para compor o custo de uma estrutura (e, em geral, uma obra), é necessário levar em conta:

- Custo do material usado, incluso o concreto, o aço e a sempre esquecida forma de madeira ou de outro material, além do custo do escoramento.
- Custo da mão de obra.
- Custo do tempo, pois *"time is money"*, ou seja, o tempo de execução é um item a ser sempre considerado. Um prédio comercial (para vendas) em construção e que esteja previsto para atender às vendas de fim de ano incorre em um custo possivelmente catastrófico para o incorporador se, porventura, ocorrer a dilatação do prazo de construção e, em decorrência, perder as vendas de fim de ano.

Apresenta-se, a seguir, um diagrama lógico para entender a sequência do projeto estrutural.

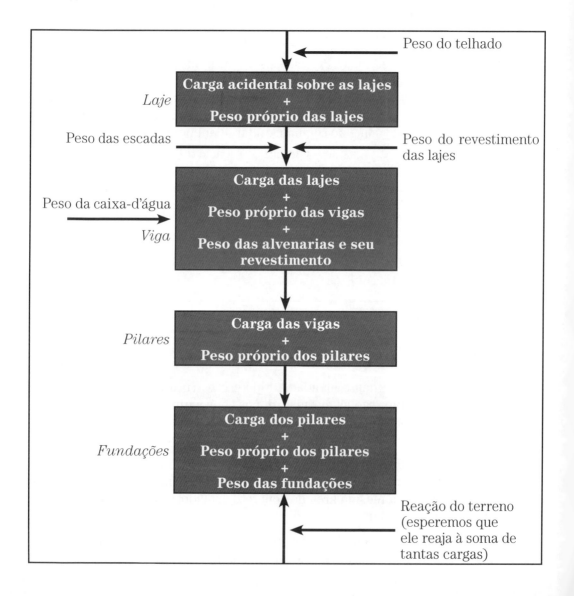

Aqui começa o cálculo do prédio.[*] Relembremos: fck 25 MPa e aço CA50.

As lajes L-1 e L-2 são iguais em tudo, mas são imagens especulares (inversas).

Lajes L-1 e L-2 iguais, mas especulares (invertidas)

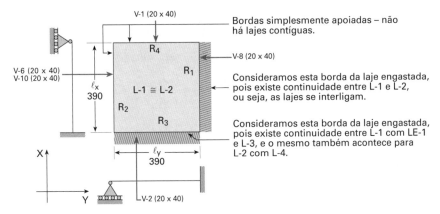

Vamos verificar se podemos nos despreocupar da flecha da laje:

Espessura da laje (h) (critério prático).

$$h = \frac{\ell_{menor}}{40} = \frac{390}{40} = 9{,}75 \text{ cm} \qquad \begin{cases} h = d + 2{,}5 \text{cm} \\ d = 10 - 2{,}5 = 7{,}5 \text{ cm} \end{cases}$$

Adotaremos $h = 10$ cm.

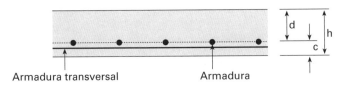

Corte de uma laje

Carga: Revestimento $= 1 \text{ kN/m}^2$
        Peso próprio (PP) $0{,}1 \times 25$ $= 2{,}5 \text{ kN/m}^2$
        Acidental (sala) $= 1{,}5 \text{ kN/m}^2$
                              $q = 5{,}0 \text{ kN/m}^2$

$\gamma_C = 25 \text{ kN/m}^3$

(peso específico do concreto armado é de 2.500 kgf/m^3).

Nota raramente exposta: iniciamos o cálculo do prédio pelas suas partes mais moles (lajes em balanço), depois a parte mais mole seguinte, que são as lajes, depois as vigas, depois os pilares e, finalmente, fazemos o cálculo das fundações, as mais rígidas das peças do prédio.

---

[*] Para melhor acompanhar o cálculo do prédio, recomenda-se obter uma cópia da planta de forma e seguir o cálculo com ela do lado, como fiel companheira. Idem para as tabelas principais.

200 Concreto armado eu te amo

Como a relação de comprimentos $\ell_y/\ell_x = 1$ é menor que 2, estamos no caso de lajes armadas em cruz (armadas em duas direções X e Y). Logo, o cálculo dos momentos no meio do vão e nos apoios será pela Teoria de Czerny (ver Aula 9.2).

Os quinhões de carga são calculados a partir das fórmulas indicadas e representam a carga uniformemente distribuída que as lajes distribuem às vigas que as suportam.

Face aos engastamentos da laje, estamos no 4º caso da Aula 9.3 (tabelas de Barës-Czerny).

$$\varepsilon = \frac{\ell_y}{\ell_x} = \frac{3,9}{3,9} = 1,0 \qquad M_y = M_x = \frac{q \cdot \ell_x^2}{m_x} = \frac{5 \times 3,9^2}{40,2} = 1,89 \text{ kNm/m}$$

Da tabela resultam os coeficientes:

$$\begin{aligned} m_x &= 40,2 \\ m_y &= 40,2 \\ n_x &= 14,3 \\ n_y &= 14,3 \end{aligned} \qquad X_x = X_y = \frac{q \cdot \ell_x^2}{n_x} = \frac{5 \times 3,9^2}{14,3} = 5,32 \text{ kNm/m}$$

Lembremos que: M é o momento no meio do vão e X, o momento no apoio.

$$\left. \begin{aligned} v_1 &= 0,317 & R_1 &= q \times \ell x \times v_1 = 5 \times 3,9 \times 0,317 = 6,19 \text{ kN/m} \\ v_2 &= 0,183 & R_2 &= q \times \ell x \times v_2 = 5 \times 3,9 \times 0,183 = 3,56 \text{ kN/m} \\ v_3 &= 0,317 & R_3 &= q \times \ell x \times v_3 = 5 \times 3,9 \times 0,317 = 6,19 \text{ kN/m} \\ v_4 &= 0,183 & R_4 &= q \times \ell x \times v_4 = 5 \times 3,9 \times 0,183 = 3,56 \text{ kN/m} \end{aligned} \right\} \begin{aligned} &\text{Cargas nas} \\ &\text{vigas} \end{aligned}$$

Cálculo da armação

$$M = 1,89 \text{ kN·m} \qquad k6 = \frac{10^5 \cdot bw \cdot d^2}{M} \qquad k6 = \frac{10^5 \times 1 \times 0,075^2}{1,89} = 297$$

Tabela T-10 da Aula 11.3:

$$\left. \begin{aligned} \text{fck} &= 25 \text{ MPa} \\ \text{Aço CA 50} & \\ \text{k6} &= 297 \end{aligned} \right\} k3 = 0,327 \qquad \begin{aligned} &h = d + c = 7,5 + 2,5 = 10 \text{ cm} \\ &\text{cálculo por metro de laje,} \\ &\text{logo } bw = 1 \text{ m} \end{aligned}$$

$$A_s = \frac{k3}{10} \times \frac{M}{d} \qquad A_s = \frac{0,327}{10} \times \frac{1,89}{0,075} = 0,82 \text{ cm}^2/\text{m}$$

Todavia pela norma:

$$\text{Armadura mínima} = A_s = 0,15/100 \times 100 \times 10 = 1,5 \text{ cm}^2/\text{m}$$

Temos de pegar o maior dos dois valores, logo:

Adotamos $A_S = 1{,}5$ cm²/m $\Rightarrow$ Tabela T-11 (da Aula 11.3) $\Rightarrow$ ø 6,3 c/ 21 cm.

Adotaremos ø 6,3 c/20 cm.

Calculemos agora a armadura nos apoios. Didaticamente a chamamos de armadura negativa (armadura alta).

$X_x = X_y = 5{,}32$ kNm/m $\qquad$ k6 $= \dfrac{10^5 \times bw \times d^2}{M}$ $\qquad$ k6 $= \dfrac{10^5 \times 1 \times 0{,}075^2}{5{,}32} = 105{,}7$

O cálculo é por metro de laje, logo $bw = 1{,}0$ m.

Tabela T-10 da Aula 11.3:

$$\left.\begin{array}{l} \text{fck} = 25 \text{ MPa} \\ \text{Aço CA 50} \\ \text{k6} = 105{,}7 \end{array}\right\} \text{k3} = 0{,}338$$

$$A_s = \dfrac{k3}{10} \times \dfrac{M}{d} \qquad A_s = \dfrac{0{,}338}{10} \times \dfrac{5{,}32}{0{,}075} = 2{,}4 \text{ cm}^2/\text{m}$$

Como já sabemos:

$\qquad$ Armadura mínima $= A_s = 0{,}15 \times 10 = 1{,}5$ cm²/m

Como A_S deu maior, ficaremos com ele, logo:

$\qquad$ Adotamos $A_S = 2{,}4$ cm²/m $\Rightarrow$ Tabela T-11 (da Aula 11.3) ø 6,3 c/13

Armadura de distribuição $= 0{,}9$ cm²/m $\quad \Rightarrow \quad$ ø 5 c/ 22.

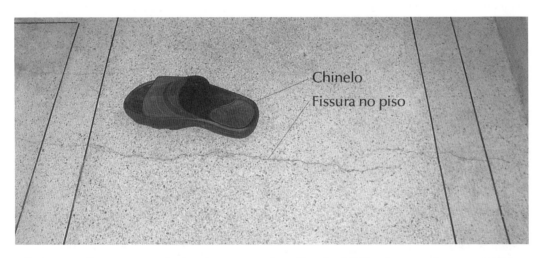

Laje com fissura — embaixo tem uma viga. Possível falta de armadura negativa.

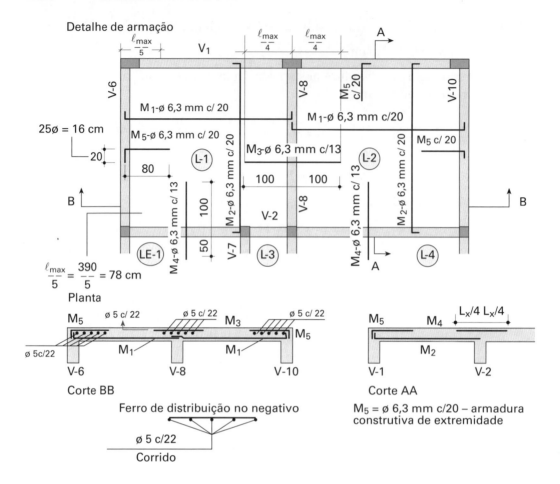

Para manter as armaduras negativas da laje na sua posição alta, é necessário colocar uma armadura de suporte e um "caranguejo" a cada 33 cm. Veja:

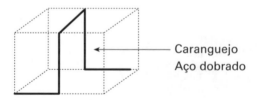

Nota: uma boa fiscalização de obra procurará impedir que o pessoal pise nas armaduras negativas. Pisou, afundou.

Quanto à fissuração: para evitarmos fissuração nas lajes extremas, devemos colocar uma armadura negativa.

Laje L-3

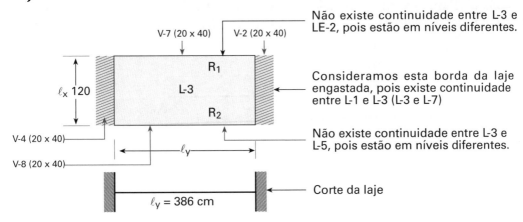

Como

$$\frac{\ell_y}{\ell_x} = \frac{386}{120} = 3,21 \gg 2$$

esta laje funcionará como se fosse armada em uma só direção (a do menor vão).

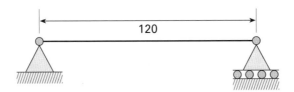

Espessura da laje (h)

$$h = \frac{120}{40} = 3,0 \text{ cm}$$

adotaremos $\begin{cases} h = 7 \text{ cm} \\ d = 7 - 2,5 = 4,5 \text{ cm} = 0,045 \text{ m} \end{cases}$

item 10.3 $\Rightarrow h \geq 7$ cm

Carga

Revestimento = 1 kN/m²
Peso próprio (PP) 0,07 × 25 = 1,75 kN/m²
Carga acidental = 2,0 kN/m²

$q = 4,75$ kN/m²

Como entramos no caso de laje armada em uma só direção, não usaremos Tabelas de Barës-Czerny para calcular momentos. Os momentos serão calculados diretamente pelas fórmulas (ver Aula 9.2.2, p. 144 deste livro).

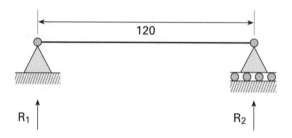

O cálculo seria por metro de largura de laje.

$$R_1 = R_2 = \frac{q \times L}{2} = \frac{4,75 \times 1,20}{2} = 2,85 \text{ kN/m}^{(*)}$$

$$M_x = \frac{q \times L^2}{8} = \frac{4,75 \times 1,20^2}{8} = 0,86 \text{ kN} \cdot \text{m}$$

Armação

$$M = 0,86 \text{ kN} \cdot \text{m} \qquad k6 = \frac{10^5 \times bw \times d^2}{M} \qquad k6 = \frac{10^5 \times 1 \times 0,045^2}{0,86} = 235$$

Tabela T-10 da Aula 11.3:

$$\left.\begin{array}{r}\text{fck} = 25 \text{ MPa} \\ \text{Aço CA 50-A} \\ k6 = 235\end{array}\right\} k3 = 0,329$$

$$A_s = \frac{k3}{10} \cdot \frac{M}{d} \qquad A_s = \frac{0,329}{10} \times \frac{0,86}{0,045} = 0,63 \text{ cm}^2/\text{m}$$

Armadura mínima = A_s = 0,15 × 7 = 1,05 cm²/m.

Temos de pegar o maior dos dois valores, logo:

Tabela T-11 (da Aula 11.3, p. 187 deste livro) ⇒ ø 5 cada 19 cm.

Armadura de distribuição = 0,9 cm²/m, ø 5 c/ 22.

---

[*] **Nota**: alguns projetistas consideram (a favor da segurança) uma carga distribuída virtual $R_3 = 0,25 \cdot l_{menor} \cdot q$ no lado menor da laje (ver item 16.3 deste livro).

Detalhe da armação

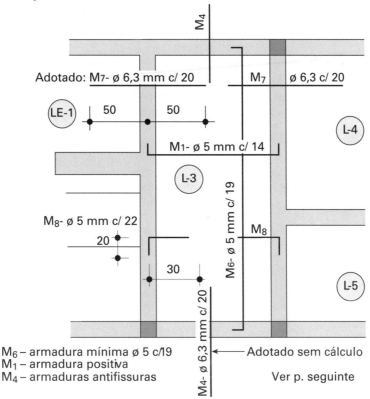

M_6 – armadura mínima ø 5 c/19
M_1 – armadura positiva
M_4 – armaduras antifissuras

Adotado sem cálculo
Ver p. seguinte

Achamos que ficou bem clara a diferença entre lajes armadas em cruz (de formato próximo ao quadrado) e as lajes armadas em uma só direção (bem retangulares, tendo um lado bem, mas bem maior que o outro).

Nas lajes armadas em cruz, temos M_x e M_y. Na laje armada em uma só direção, arma-se paralelamente ao lado menor, como se fosse um conjunto de vigotas vencendo o menor dos vãos e uma armadura de distribuição.

Nota 1: nas lajes extremas e nos seus bordos, deve-se colocar uma armadura negativa, para evitar fissuração, assim:

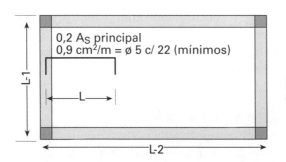

$$L = \frac{L\text{-}1}{5}$$

L = comprimento da armadura antifissuração

206 Concreto armado eu te amo

Para garantir a posição alta dessa e de outras armaduras negativas, usam-se os caranguejos.

Nota 2: o nunca citado! Há um material que nunca é citado nos livros de concreto armado. É o arame recozido número 18, intensamente usado para amarrar as barras de aço. Alertei isso a um colega e ele me respondeu algo irritado, com um certo menosprezo: "— Isso é um detalhe, digamos assim, um mísero detalhe de obra..."

Sem comentários.

Nota 3: os arames são aços, produzidos nas escalas 22, 20, 18, 16, 14 e 12. Quanto menor o número de escala, maior é o diâmetro do arame. O arame mais fino é o 22.

Nota 4: os aços CA25 e CA50 de mesmo diâmetro são diferentes quanto a maior ou menor dificuldade em sua dobradura. Questão de fabricação desses aços. Uma barra de aço CA25 é mais dúctil, ou seja, é mais fácil de dobrar que uma barra de aço CA50, para as mesmas bitolas.

Nota 5: em lajes, a armadura negativa (nos apoios) é sempre um aspecto a se tratar com muito cuidado. Como a laje tem pequena espessura (de 5 a 15 cm), essa armadura tem de ficar numa posição tal que, durante a obra, ao sofrer o pisoteamento, ela não afunde, perdendo, com isso, sua altura e até sua função. Em marquises, isso pode ser catastrófico. Mesmo com caranguejos, para deixar a armadura negativa em posição alta, às vezes, essa armadura cede. Muitos projetistas de estruturas não acreditam no funcionamento dessas armaduras negativas e, com isso, calculam as lajes, todas elas, como fossem lajes isoladas, não levando em conta o funcionamento da armadura negativa, só a colocando (mas sem acreditar muito nela) para evitar trincas. Nas marquises, a falta ou a colocação errada da armadura negativa pode levar ao colapso, tão logo termine a obra.

Nota: referente à armadura antifissuras. Vale o disposto no item 19.3.3.2, p. 157 da norma:

"Nos apoios das lajes que não apresentem continuidade com planos de lajes adjacentes e que tenham ligação com os elementos de apoio deve-se dispor de armadura negativa (alta) de borda. [...] Essa armadura deve se estender até pelo menos 0,15 do vão menor da laje a partir da laje de apoio."

Alertas:

- adotar para essa armadura alta ou 5 mm ou 6,3 mm;
- quanto à laje ter ligação com os elementos de apoio (vigas), lembremos que tudo é concretado junto formando uma estrutura continua e solidária.

AULA 13

13.1 VAMOS ENTENDER O fck?[*]

Imaginemos que comprimimos até a ruptura pequenos cilindros iguais de aço (de pequena altura, para poder esquecer a flambagem) e anotamos as pressões de ruptura por compressão.

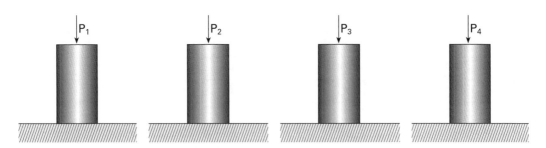

As tensões, por exemplo, seriam

Cilindro de aço	1	2	3	4	5	6	7
Tensão de ruptura (MPa)	230	240	235	245	228	241	239

Note-se que há uma variabilidade mínima entre os valores, e poderíamos, sem maiores preocupações, tirar a média aritmética dos valores e adotar esse valor como o valor-limite de trabalho. Por que essa pequena variabilidade? A razão é que o aço, na sua fabricação, usa matéria-prima sob controle; sua produção é industrial e sob controle rigoroso, resultando, por esses motivos, produtos homogêneos.

Façamos agora a mesma experiência com cilindros de concreto. Os resultados seriam, por exemplo:

Cilindro de concreto	1	2	3	4	5	6	7	8	9
Tensão de ruptura (MPa)	8	12	13	9,5	11	8,9	14	9,1	14

---

[*] Segundo a versão dos gângsteres de Chicago, da década de 1930.

208 Concreto armado eu te amo

A variabilidade é enorme. Qual o valor que interpreta melhor esse concreto? Seria a média aritmética desses resultados? (Média = 11 MPa).

Fica difícil aceitar isso, pois a experiência mostrou que vários cilindros romperam bem abaixo desse valor (exemplo: 8 MPa).

Por que essa variação? As razões são várias. As matérias-primas do concreto são de origem variável e, ao mesmo tempo, o processo de preparação é de difícil controle e a mão de obra que prepara o concreto é de baixa qualificação.

Em obras de construção civil mais industrializadas, a variação é menor, enquanto nas pequenas obras a variação é grande, aumentando, com isso, a complexidade da interpretação dos resultados.

Em qualquer caso (produção industrial de concreto, ou produção artesanal) é difícil aceitar que a simples média aritmética fosse representativa do universo de resultados. Consideremos agora dois lotes de concreto, para os quais tiramos diversas amostras e que, rompidas, apresentaram os seguintes valores:

Tensões de ruptura (MPa)							Média Aritmética[*] (MPa)
Lote 1	10	11	12	9,5	10,5	11	10	10,6
Lote 2	8	15	6	14	8	14	12	11

Vemos que o lote 2, apesar de apresentar maior média aritmética (11), apresenta também grande desuniformidade (ocorrência inclusive de valor igual a 6), enquanto o lote 1, com menor média (10,6), apresenta maior uniformidade. Qual o melhor concreto, o do lote 1 ou o do lote 2?

Chegamos à conclusão de que, para interpretar corretamente o assunto resistência do concreto, não podemos simplesmente nos basear em médias aritméticas, que escondem, camuflam, esquecem a variabilidade do concreto.

Para levantar esse problema, as normas dão ao assunto um tratamento estatístico.

O calculista de concreto, quando indica um concreto de qualidade de 20 MPa, está querendo dizer ao construtor: "Eu quero que, em toda a estrutura, o concreto seja tal que não rompa a tensões inferiores a 20 MPa". Como o concreto é um material intrinsecamente variável, não é possível exigir uma uniformidade absoluta tal que nenhum corpo de prova rompa abaixo disso.

Dessa forma, uma solução de compromisso é dizer que o concreto deve ter um fck = 20 MPa, que quer dizer que, se tirarmos um grande número de amostras desse concreto (digamos 100 amostras), no máximo 5 amostras (5%) podem ser inferiores à ruptura de 20 MPa.

---

[*] O menor fck para o concreto estrutural é 20 MPa, aceitando-se 15 MPa só para obras provisórias. A média aritmética dos resultados é chamada de fc28.

Fácil, não?

Facílimo. Agora, como o construtor garante que na obra se terá um concreto que atenda a esse número teórico? Para entendermos isso, lembremos as histórias dos gângsteres da velha Chicago, na década de 1930.

Naqueles tempos, os gângsteres, depois de muito trabalhar (eu falei trabalhar?), quando decidiam se aposentar, silenciavam algumas pessoas, compravam o silêncio de outras, pagavam o imposto de renda sobre seus ganhos e daí entravam para a sociedade. Claro que quanto mais irregulares tivessem sido suas vidas maior era o preço a pagar pela sua "honorabilidade"(eu falei honorabilidade?).

O gângster, em nossa história, é o concreto, e a sua vida passada é a variabilidade de qualidade.

Quando um calculista fixa um fck, que é um valor teórico, tal que só 5% de muitas amostras romperiam com valor inferior, então temos de preparar um concreto de resistência média alta, para compensar o problema de variabilidade.

Quanto mais organizada for a obra, menos imposto de renda se pagará.

Conhecido o fck do concreto, será essa a tensão do trabalho, ou, mais corretamente, o valor do cálculo de resistência do concreto? Claro que não. Devemos dividir fck (valor característico do concreto) pelo coeficiente de minoração (γ_c), resultando então o valor de cálculo do concreto fcd, logo:

$$\text{fcd} = \frac{\text{fck}}{\gamma_c} \qquad \gamma_c = 1,4$$

A norma permite o uso de coeficiente de minoração igual a 1,3, quando as peças são fabricadas em usinas, onde se pressupõe maior uniformidade e qualidade de produção.

Notas

1. O teste de compressão do concreto é feito normalmente a 28 dias (cerca de 1 mês), quando já é bem expressivo o valor final de resistência do concreto. Ressalte-se que, após 28 dias, o concreto, no seu processo de cura, continua a ganhar resistência, como mostra a tabela:

Resistência a 3 dias	Resistência a 7 dias	Resistência a 28 dias	Resistência a 90 dias	Resistência a 360 dias
40%	60%	80%	90%	100%

Ou seja, o concreto a 360 dias tem uma resistência (100/80) = 1,25 vez maior do que o concreto a 28 dias. Dados aproximados.

210   Concreto armado eu te amo

2. No dimensionamento de estruturas de concreto, além do coeficiente de minoração γ_c, é necessário multiplicar fck pelo fator redutor 0,85, devido ao efeito Rusch, pois a resistência do concreto é menor nas estruturas do que aquela medida em teste rápido na prensa.[*] Ver item 8.2.10.1 da norma NBR 6118-2014.

3. O concreto, quando lançado nas formas, não tem resistência. Com o passar das horas e dias começa a ter alguma resistência. O teste padrão para avaliar a resistência do concreto à compressão é moldar com o concreto da obra corpos de prova, levá-los a uma câmara úmida (condições ótimas de cura) e romper esses corpos de prova depois 28 dias, em uma prensa. O tempo padrão de referência para se testar a resistência do concreto é 28 dias, idade múltipla de sete dias.

Todas as datas importantes do concreto são múltiplos de sete dias. Assim, se uma concretagem é feita na segunda-feira, o rompimento do corpo de prova também será numa segunda-feira.

Depois de o concreto ser lançado nas formas e ter o fck de projeto, ele continuará a ganhar resistência, chegando a aumentar a resistência em cerca de 20% a 30%, ou mais.

4. Para a dosagem do concreto, usamos o conceito de resistência média do concreto (fcj), que é (NBR 12655) fcj = fck + 1,65 Sd, onde Sd é o desvio-padrão da amostra.

Sd = 4,0 MPa para produção de concreto de alta qualidade, como, por exemplo, em concreteiras.
Sd = 5,5 MPa para obras de média qualidade, como, por exemplo, concreto produzido na obra, com assistência de um especialista em tecnologia de concreto.

Assim, como exemplo, obra pequena com concreto produzido no local.

fck = 20 MPa

$\boxed{\text{fcj} = \text{fck} + 1,65 \times Sd}$ = 20 + 1,65 × 5,5 =

fcj = 29,07 $\ominus$ 30 MPa.

Com essa resistência, entraremos nas tabelas de traço. É o fc28.

Conseguiremos produzir na obra um concreto com fck = 20 MPa?

É o que veremos na Aula 26 deste livro. A norma 12655 nos dará os critérios para saber se alcançamos ou não o fck na obra.

Uma das mais importantes contribuições da NBR 6118 está relacionada com a proteção da armadura pela camada de concreto, tendo em vista aumentar a vida útil das estruturas de concreto armado.

Face a isso, a norma estabelece o mínimo de espessura do concreto de cobrimento.

---

[*] Neste livro, este coeficiente, 0,85, já está incorporado nas tabelas de dimensionamento de flexão (Tabela T-10).

13.2 ENTENDENDO O TESTE DO ABATIMENTO DO CONE (*SLUMP*) DO CONCRETO

É dura a vida do concreto nas formas. Há que se disputar espaço com as barras da armadura principal, o espaço com os estribos e com os espaçadores. E, depois disso tudo, vem a agulha do vibrador querendo entrar para adensá-lo (eliminar os vazios de ar). Espera-se que o concreto ocupe todos os espaços eliminando esses vazios. Como fazer com que o concreto contorne tantas interferências e se torne um produto homogêneo?

Há um teste que procura medir essa possibilidade de o concreto não ter vazios (bicheiras). Chama-se "teste do espalhamento do concreto" ou, na forma inglesa, o teste do *slump*. Enche-se com concreto, em várias camadas, um cone metálico e, depois de este estar cheio, retira-se, sem vibrar, a forma e mede-se em quantos centímetros o concreto se abate. O valor em centímetros do abatimento é o valor do *slump*.

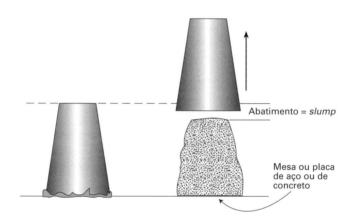

E o que faz o concreto ter um teste com resultado de bom espalhamento? São vários fatores:

- quantidade de água por metro cúbico (mas lembrando que, quanto mais água colocamos, menos resistente resulta o concreto);
- granulometria adequada, fugindo de pedras grandes;
- aditivos plastificantes.

Um valor comum do *slump* é da ordem de 5 cm, podendo chegar a 20 cm (obras muito especiais). Para um mesmo fck, quanto maior o *slump*, mais caro é o concreto, pois, ao colocarmos um pouco mais de água, para manter a relação água-cimento (responsável pela resistência do concreto), teremos de colocar mais cimento, o mais caro dos componentes do concreto.

212 Concreto armado eu te amo

Sejam casos de uso de concreto:

- obra comum (*slump* de 5 cm e uso de pedras 1 e 2);

- obra comum, mas com espaço reduzido entre as barras (*slump* de 5 cm e uso só de pedra 1);

- obra bombeável (*slump* de 8 cm e uso de pedra 1).

A tabela a seguir mostra tudo:

Tabela T-12 – Custo do m^3 do concreto em função do fck e do *slump*				
Slump	fck Custo por m^3 ⟶			Custo por m^3 ⟶
	20 MPa	25 MPa	30 MPa	
5 cm	Pedras 1 + 2 R\$ 168,00	Pedras 1 + 2 R\$ 184,00	Pedras 1 + 2 R\$ 199,00	
5 cm	Pedra 1 R\$ 175,00	Pedra 1 R\$ 192,00	Pedra 1 R\$ 208, 00	
8 cm	Pedra 1 R\$ 181,00	Pedra 1 R\$ 198,00	Pedra 1 R\$ 215,00	

Nas primeiras linhas dos quadros da segunda, terceira e quarta coluna estão os tamanhos de pedra usados.

Na segunda linha dos quadros da segunda, terceira e quarta coluna estão indicados os preços em m^3 do concreto de concreteiras, em função do *slump* e do uso de pedra 1 e pedra 2.

Notar que o preço do concreto aumenta com o crescer do *slump* e também cresce quando deixa-se de usar a pedra 2 e começa a se usar só a pedra 1. Foge-se do uso da pedra 2 (maior que a pedra 1), para se ter um concreto que, com a maior facilidade, penetre nos espaços entre as armaduras e as formas, ou seja, maior *slump* (abatimento). Ref. *Revista Construção Mercado*, abril 2002.

Nota: uma obra em destaque.

Na Internet, site TQS, temos a informação de um recorde nacional na cidade de Ponta Grossa, PR, em 2006.

Prédio construído com fck = 90 MPa com relação água/cimento = 0,25.

Cimento ARI. Aditivos e *slump* 20 cm.

13.3 TERMINOU O PROJETO ESTRUTURAL DO PRÉDIO – PASSAGEM DE DADOS PARA A OBRA

A fase de projeto estrutural terminou. Que informações deve o projeto da estrutura de concreto armado passar à obra?

São elas:

- lista de desenhos de estrutura;
- os desenhos de forma;
- os desenhos de armação;
- especificações;
- fck adotado. Normalmente é um só, mas podemos ter um fck para a superestrutura, por exemplo fck = 25 MPa e outro para as fundações como fck = 20 MPa;
- aço adotado;
- *slump* necessário; { varia em função
- tipos de pedra a usar; { do concreto ser
- relação água/cimento. { bombeado ou não

Não estamos dizendo que é de responsabilidade do projetista de estruturas enviar tudo isso para a obra, mas estamos dizendo que a coordenação do projeto tem que fazer com que isso chegue à obra.

Acreditem. Muitas obras sofreram por falhas de comunicação documental entre o projeto e a obra; por exemplo, a arquitetura faz modificações e não comunica ao projeto estrutural. A obra modifica o projeto estrutural e não avisa o projetista. O fornecedor do sistema de ar-condicionado faz exigências que não são passadas nem para a arquitetura nem para o projetista da estrutura. Enfim, um caos total. Há necessidades de rotinas e formalidades no manuseio das comunicações entre todos os envolvidos.

13.4 OS VÁRIOS ESTÁGIOS (ESTÁDIOS) DO CONCRETO

Imaginemos uma viga simplesmente apoiada e sujeita a uma carga uniformemente distribuída, que suporemos crescente de zero até um valor que leve à ruptura do concreto à compressão. Se a viga é subarmada, isso só ocorrerá, como sabemos (Aula 8.1), após grandes deformações do aço e fissuras gritantes. Se a viga for superarmada, ela, então, romperá (pelo concreto) sem maiores avisos (fissuras)[*].

Admitamos que a carga q seja diminuta. Nesse caso, a tensão de tração no concreto (σ_{ct}) será inferior à tensão de ruptura (que, sabemos, é pequena) e, então, o

---

[*] É a viga "nervosinha", estoura sem avisar.

concreto resiste acima de LN à compressão e resiste à tração junto com o aço abaixo da LN. Estamos no estádio **I**.

Admitamos agora que cresça significativamente a carga q.

O concreto na parte tracionada não resiste mais e apresenta fissuras (pequenas trincas), sendo que agora resiste só a armadura. Acima da LN, o concreto resiste bem à compressão. É o estádio **II**. A tensão de compressão-limite (na borda da viga) no concreto é tal que o concreto ainda está na fase elástica.

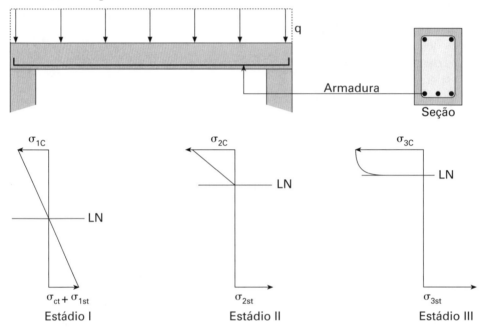

Admitamos agora que q cresça um pouco mais.

O concreto abaixo da LN há muito que já foi (fissurou). Na parte comprimida e na extremidade, a tensão é tal que já estamos trabalhando não na fase elástica do mesmo, mas, sim, na fase plástica (deformações permanentes). Estamos no estádio III.

Sem dúvida que, no estádio III são maiores as tensões de trabalho no concreto à compressão e no aço, tração, resultando o emprego do estádio III em economia de material, pois exige-se mais dos materiais.

Manda a NBR 6118 que verifiquemos a estrutura em relação aos estados-limite seguintes:

- *Estado-limite último (de ruína)* (E.L.U.) (Item 10.3 da NBR 6118)

    É quando, em grandes palavras, a estrutura coloca em risco sua estabilidade (perda de estabilidade, ruptura de seções importantes).

- *Estado-limite de utilização (serviço)* (E.L.S.) (Item 10.4 da NBR 6118)

  É quando, em grandes palavras, a estrutura não atinge o estado de ruína, mas atinge a perda de sua utilização real por grandes recalques, grandes deformações, grandes trincas que permitem uma corrosão crescente da armadura.

  Uma estrutura com carga acidental crescente chega a um ponto que é próximo do Estado de Limite de Serviço – ELS. Se a carga continuar a crescer, vai ultrapassar o ELS e aproximar-se do Estado-Limite Último – ELU, chegando-se então à ruína.

13.5 CÁLCULO E DIMENSIONAMENTO DAS LAJES L-4, L-5 E L-6

Cálculo da laje L-4 – a laje da cozinha

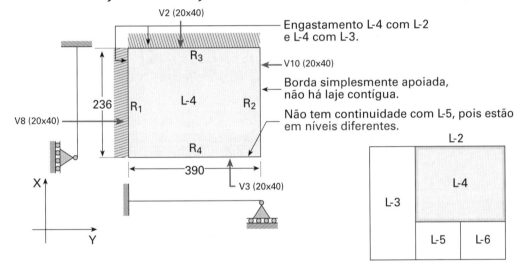

Espessura da laje (h),

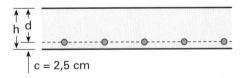

d = altura útil da laje
L = menor vão

$$h = \frac{236}{40} = 5,9 \text{ cm} \quad \text{(critério prático) adotado } h = 7 \text{ cm}^{(*)}$$

$h = 7$ cm (no nosso caso), espessura adotada = 7 cm.

---

[*] Mantivemos essa altura de laje igual a 7 cm. Pelo item 13.2.4, p. 74 da norma, deveria ser 8 cm. A manutenção dessa altura é para efeito comparativo.

216   Concreto armado eu te amo

Como a maior dimensão (390 cm) não é maior do que o dobro de 236 cm, essa laje será armada em cruz, usando-se as Tabelas de Barës-Czerny, nossa velha conhecida.

Carga

Revestimento	$= 1{,}0 \text{ kN/m}^2$
Peso próprio (PP) $0{,}07 \times 25$	$= 1{,}75 \text{ kN/m}^2$
Carga acidental	$= 1{,}5 \text{ kN/m}^2$

$$q = 4{,}25 \text{ kN/m}^2$$

Face aos engastamentos da laje, estamos no 4º caso da Aula 9.3 (Tabela de Czerny).

$$\lambda = \frac{\ell_y}{\ell_x} = \frac{3{,}9}{2{,}36} = 1{,}65 \qquad M_x = \frac{q \times \ell_x^2}{m_x} = \frac{4{,}25 \times 2{,}36^2}{20{,}35} = 1{,}16 \text{ kNm/m}$$

$$M_y = \frac{q \times \ell_x^2}{m_y} = \frac{4{,}25 \times 2{,}36^2}{55{,}8} = 0{,}43 \text{ kNm/m}$$

$m_x = 20{,}35$ Cargas nas vigas

$m_y = 55{,}80$ $R = v \times q \times \ell_x$

$n_x = 9{,}1$ $R_1 = 0{,}317 \times 4{,}25 \times 2{,}36 = 3{,}18 \text{ kN/m}$

$n_y = 12{,}3$ $R_2 = 0{,}183 \times 4{,}25 \times 2{,}36 = 1{,}84 \text{ kN/m}$

$v_1 = 0{,}317$ $R_3 = 0{,}442 \times 4{,}25 \times 2{,}36 = 4{,}43 \text{ kN/m}$

$v_2 = 0{,}183$ $R_4 = 0{,}255 \times 4{,}25 \times 2{,}36 = 2{,}56 \text{ kN/m}$

$v_3 = 0{,}442$

$v_4 = 0{,}255$

Lembremos que: M é o momento no meio do vão e X, o momento no apoio.

$$X_x = \frac{q \times \ell_x^2}{n_x} = \frac{4{,}25 \times (2{,}36)^2}{9{,}1} = 2{,}6 \text{ kNm/m}$$

$$X_y = \frac{q \times \ell_x^2}{n_y} = \frac{4{,}25 \times (2{,}36)^2}{12{,}3} = 1{,}92 \text{ kNm/m}$$

Quem entendeu o cálculo para as lajes L-1 e L-2 entenderá L-4.

Aula 13 **217**

Cálculo de armação

$d = 7 - 2,5 = 4,5$ cm (cálculo para 1 metro de largura de laje)

$M_x = 1,16$ kNm/m
$\qquad$
$k6 = \dfrac{10^5 \times bw \times d^2}{M}$
$\qquad$
$k6 = \dfrac{10^5 \times 1 \times 0,045^2}{1,16} = 174$

Tabela T-10 da Aula 11.3

$$\left.\begin{array}{l} \text{fck} = 25 \text{ MPa} \\ \text{Aço CA 50} \end{array}\right\} k3 = 0,331$$

$$A_s = \frac{k3}{10} \times \frac{M}{d} \qquad A_s = \frac{0,331}{10} \times \frac{1,16}{0,045} = 0,85 \text{ cm}^2/\text{m}$$

$$A_{s\,min} = \frac{0,15}{100} \times 100 \times 7 = 1,05 \text{ cm}^2/\text{m} \implies \varnothing\, 5 \text{ c/ } 19$$

$M_y = 0,43$ kNm/m
$\qquad$
$k6 = \dfrac{10^5 \times bw \times d^2}{M}$
$\qquad$
$k6 = \dfrac{10^5 \times 1 \times 0,045^2}{0,43} = 470$

Tabela T-10

$$\left.\begin{array}{l} \text{fck} = 25 \text{ MPa} \\ \text{Aço CA 50} \\ k6 = 470 \end{array}\right\} k3 = 0,326$$

$$A_s = \frac{k3}{10} \times \frac{M}{d} \qquad A_s = \frac{0,326}{10} \times \frac{0,43}{0,045} = 0,31 \text{ cm}^2/\text{m}$$

$X_x = 2,6$ kNm/m
$\qquad$
$k6 = \dfrac{10^5 \times bw \times d^2}{M}$
$\qquad$
$k6 = \dfrac{10^5 \times 1 \times 0,045^2}{2,6} = 77,8$

Tabela T-10

$$\left.\begin{array}{l} \text{fck} = 25 \text{ MPa} \\ \text{Aço CA 50} \\ k6 = 77,8 \end{array}\right\} k3 = 0,344$$

$$A_s = \frac{k3}{10} \times \frac{M}{d} \qquad A_s = \frac{0,344}{10} \times \frac{2,6}{0,045} = 1,99 \text{ cm}^2/\text{m}$$

$X_y = 1,92$ kNm/m $k6 = \dfrac{10^5 \times bw \times d^2}{M}$ $k6 = \dfrac{10^5 \times 1 \times 0,045^2}{1,92} = 105$

Tabela T-10

$$\left.\begin{array}{r} \text{fck} = 25 \text{ MPa} \\ \text{Aço CA 50} \\ k6 = 105 \end{array}\right\} k3 = 0,338$$

$A_s = \dfrac{k3}{10} \times \dfrac{M}{d}$ $A_s = \dfrac{0,338}{10} \times \dfrac{1,92}{0,045} = 1,44 \text{ cm}^2/\text{m}$ (ø 6,3 c/ 20)

$A_{s\,min} = \dfrac{0,15}{100} \times 100 \times 7 = 1,05 \text{ cm}^2/\text{m}$ Tabela T-11 ø 5 c/ 19

Detalhe de armação de laje L-4 (laje da cozinha)

Nota: entre as armaduras e as formas não esquecer os espaçadores.

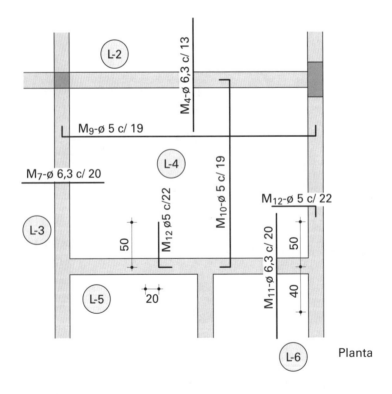

Planta

Terminamos o projeto da laje L-4. Vamos imediatamente para o cálculo da laje L-5.

Cálculo da laje L-5 – laje do banheiro (rebaixada)

A laje é simplesmente apoiada nos quatro bordos, pois ela está 30 cm abaixo das outras lajes circunvizinhas e, desse modo, não tem continuidade.

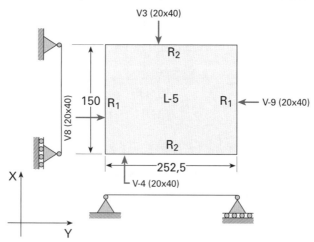

Espessura mínima da laje (h)

$$h = \frac{150}{40} = 3{,}75 \text{ cm critério prático}$$

d = altura útil da laje
L = menor vão

Espessura adotada = 7 cm (ver observação laje L-4).

Carga   Revestimento   = 1   kN/m²
           Peso próprio (PP) 0,07 × 25 = 1,75 kN/m²
           Carga acidental   = 1,5 kN/m²
           Enchimento 0,3 × 15   = 4,5 kN/m²   (caco de tijolos, entulho)

$$q = 8{,}75 \text{ kN/m}^2$$

Face aos não engastamentos da laje, estamos no 1º caso da Aula 9.3 (tabelas de lajes).

$$\varepsilon = \frac{\ell_y}{\ell_x} = \frac{252{,}5}{150} = 1{,}67 \qquad M_x = \frac{q \times \ell_X^2}{m_x} = \frac{8{,}75 \times 1{,}5^2}{11{,}9} = 1{,}66 \text{ kNm/m}$$

$m_x = 11{,}9$
$m_y = 37{,}2$
$v_1 = 0{,}25$
$v_2 = 0{,}353$

$$M_y = \frac{q \times \ell_X^2}{m_y} = \frac{8{,}75 \times 1{,}5^2}{37{,}2} = 0{,}53 \text{ kNm/m}$$

$$R_1 = 0{,}25 \times 8{,}75 \times 1{,}5 = 3{,}28 \text{ kN/m}$$
$$R_2 = 0{,}353 \times 8{,}75 \times 1{,}5 = 4{,}63 \text{ kN/m}$$

Cálculo da armação

$$M_x = 1,66 \text{ kNm/m} \qquad k6 = \frac{10^5 \times bw \times d^2}{M} \qquad k6 = \frac{10^5 \times 1 \times 0,045^2}{1,66} = 122$$

Tabela T-10

$$\left.\begin{array}{l} \text{fck} = 25 \text{ MPa} \\ \text{Aço CA50} \\ k6 = 122 \end{array}\right\} k3 = 0,335$$

$$A_s = \frac{k3}{10} \times \frac{M}{d} \qquad A_s = \frac{0,335}{10} \times \frac{1,66}{0,045} = 1,24 \text{ cm}^2/\text{m}$$

Tabela T-11 $\Rightarrow$ ø 6,3 c/ 25.[*]

$$M_y = 0,53 \text{ kNm/m} \qquad k6 = \frac{10^5 \times bw \times d^2}{M} \qquad k6 = \frac{10^5 \times 1 \times 0,045^2}{0,53} = 382$$

Tabela T-10

$$\left.\begin{array}{l} \text{fck} = 25 \text{ MPa} \\ \text{Aço CA50} \\ k6 = 382 \end{array}\right\} k3 = 0,327$$

$$A_s = \frac{k3}{10} \times \frac{M}{d} \qquad A_s = \frac{0,327}{10} \times \frac{0,53}{0,045} = 0,39 \text{ cm}^2/\text{m}$$

Armadura mínima $\Rightarrow A_{s\,min} = 0,15 \times 7 = 1,05 \text{ cm}^2/\text{m}$.

Tabela T-11 (da Aula 11.3) – ø 6,3 c/ 30.

Detalhe de armação de laje L-5 (laje do banheiro)

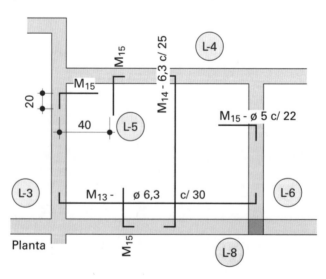

---

[*] O item 20.1 da NBR 6118 (p. 169) estabelece que o espaçamento máximo entre as barras da armadura principal de flexão deve ser o menor dos valores 2h ou 20 cm.

Observações sobre L-5

1. É calculada como laje isolada, pois ela é rebaixada e não pode ser considerada como engastada às lajes que lhes são contíguas.
2. É calculada como laje de armação em duas direções (armadas em cruz), pelo fato de $L_y/L_x = 1,67$ ser menor que 2.
3. Os cortes na L-5 mostram:

4. O rebaixo dessa laje serve para colocar a tubulação do esgoto, mais o enchimento. A tendência é não usar mais esse tipo de laje e sim usar a laje do banheiro no mesmo nível de outras lajes, atravessar com as tubulações essa laje e tampar a visão das tubulações no banheiro de baixo com placas de gesso.

Cálculo da laje L-6 (laje da área de serviço)

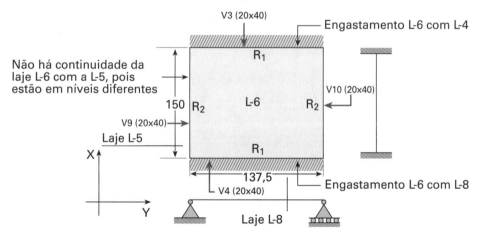

Espessura da laje (h) critério prático (item 10.3)

$$h = \frac{137,5}{40} = 3,44 \text{ cm}$$

Espessura adotada = 7 cm (ver observação laje L-4).

Carga   Revestimento   = 1   kN/m²
           Peso próprio (PP) 0,07 × 25 = 1,75 kN/m²
           Carga acidental   = 2,0 kN/m²
           _____
                                   q = 4,75 kN/m²

222 Concreto armado eu te amo

A laje L-6 será armada em cruz (caso 3, Aula 9):

$$\ell_y = 1,375 \qquad \varepsilon = \frac{\ell_y}{\ell_x} = \frac{1,375}{1,5} = 0,92$$
$$\ell_x = 1,5$$

$$m_x = 39 \qquad M_x = \frac{q \times \ell_X^2}{m_x} = \frac{4,75 \times 1,5^2}{39} = 0,274 \text{ kNm/m}$$

$$m_y = 57$$

$$n_x = 15,15 \qquad M_y = \frac{q \times \ell_X^2}{m_y} = \frac{4,75 \times 1,5^2}{57} = 0,188 \text{ kNm/m}$$

$$v_1 = 0,344$$

$$v_2 = 0,144$$

$$X_x = \frac{q \times \ell_X^2}{n_x} = \frac{4,75 \times 1,5^2}{15,15} = 0,71 \text{ kNm/m}$$

Lembremos que: M é o momento no meio do vão e X, o momento no apoio.

$$R_1 = 4{,}75 \times 1{,}5 \times 0{,}344 = 2{,}45 \text{ kN/m}$$
$$R_2 = 4{,}75 \times 1{,}5 \times 0{,}144 = 1{,}03 \text{ kN/m}$$

Cálculo da armação

$$M_x = 0,274 \text{ kNm/m} \qquad k6 = \frac{10^5 \times bw \times d^2}{M} \qquad k6 = \frac{10^5 \times 1 \times 0,045^2}{0,274} = 739$$

Tabela T-10 da Aula 11.3 (p. 185-186 deste livro)

$$\left.\begin{array}{l} \text{fck} = 25 \text{ MPa} \\ \text{Aço CA 50} \\ k6 = 739 \end{array}\right\} k3 = 0,325$$

$$A_s = \frac{k3}{10} \times \frac{M}{d} \qquad A_s = \frac{0,325}{10} \times \frac{0,274}{0,045} = 0,20 \text{ cm}^2/\text{m}$$

Como $My < M_x$ $\qquad A_{s\,\text{mín}} = 0,15 \times 7 = 1,05 \text{ cm}^2/\text{m}$

$$X_x = 0,71 \text{ kNm/m} \qquad k6 = \frac{10^5 \times bw \times d^2}{M} \qquad k6 = \frac{10^5 \times 1 \times 0,045^2}{0,71} = 285$$

Tabela T-10 (p. 185-186 deste livro)

$$\left.\begin{array}{l} \text{fck} = 25 \text{ MPa} \\ \text{Aço CA 50} \\ k6 = 285 \end{array}\right\} k3 = 0,329$$

$$A_s = \frac{k3}{10} \times \frac{M}{d} \qquad A_s = \frac{0,329}{10} \times \frac{0,71}{0,045} = 0,52 \text{ cm}^2/\text{m}$$

Armadura mínima $\Rightarrow A_s = 0,15 \times 7 = 1,05 \text{ cm}^2/\text{m}$

Tabela T-11 (da Aula 11.3) $\Rightarrow$ ø 5 c/ 19.

Detalhe de armação da laje L-6 (laje da área de serviço)

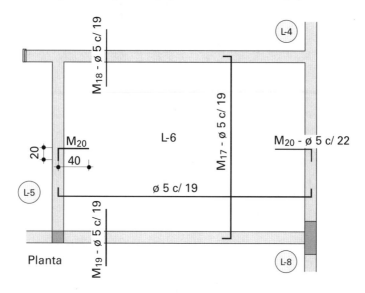

Planta

Notas

1. O custo de forma (material + mão de obra) tem ganhado importante participação no custo total da estrutura. A possibilidade de reúso das formas é algo importantíssimo.

2. A ABNT lançou no ano de 2009 uma nova norma, a NBR 15696 "Fôrmas e escoramentos para estruturas de concreto e procedimentos de execução".

3. Para estruturas mais complexas e de grande vulto, deve haver:
   - projeto de formas;
   - projeto de escoramento;
   - definição pelo projetista para a obra dos valores e locais das contraflechas;
   - planos detalhados de concretagem; e
   - sequência de retirada do escoramento.

4. Na opinião do autor MHC Botelho, é de responsabilidade do projetista estrutural, depois de conversar com o engenheiro da obra e conhecer dos detalhes de formas e escoramentos, usar e definir locais e valores das contraflechas.

5. Em julho de 2018, a ABNT lançou uma nova norma, a NBR 16693, aplicável a todos os cimentos da construção civil. Ver Anexo 3 deste livro.

AULA 14

14.1 VAMOS PREPARAR UMA BETONADA DE CONCRETO E ANALISÁ-LA CRITICAMENTE?

O concreto é, como sabemos, uma mistura de pedra, areia, cimento e água, que, face à hidratação do cimento, perde a sua característica de moldável durante a mistura e ganha forma definitiva e resistência com o passar do tempo. O cimento hidratado é a cola dessa mistura heterogênea.

Analisemos criticamente a composição de preparação do concreto. O concreto é uma tentativa de construir uma pedra artificial e que tem sobre a pedra natural uma grande e fundamental vantagem: o concreto durante a sua preparação é moldável, permitindo adquirir a forma que sua forma indicar.

Analisemos a participação de cada um dos atores dessa peça.

- **Agregado graúdo (pedra):** esse é o legítimo herdeiro da pedra natural que o concreto *vai tentar substituir*. Lembremos que a resistência média dos concretos varia normalmente de 15 a 60 MPa, enquanto as pedras possuem resistência média variando na faixa de 80 a 200 MPa. Vê-se por aí que o concreto nada mais é que uma *pedra artificial fraca* e que o uso mais intenso possível de agregado é mais vantajoso por economia. Em obras de grande porte, como construção de maciços de barragens, pode-se jogar no concreto grandes matacões, que são as pedras naturais de grandes diâmetros, economizando-se em custos. Nas obras médias, no concreto em que o espaçamento entre as barras da armadura é da ordem de centímetros, não podemos usar pedras de grandes diâmetros, pois estas não se distribuem adequadamente ao longo da massa. É uma grande restrição, pois a escolha do agregado graúdo será o distanciamento entre barras de aço, além de outros aspectos construtivos. A NBR 6118 indica que a dimensão máxima do agregado deverá ser menor que 1/4 da menor distância entre as faces da forma, 1/3 da espessura das lajes.

Conclusão: para o agregado graúdo, deve-se usar o maior diâmetro de pedra, que não seja inconveniente com o espaçamento de armadura e com as características geométricas das formas e espessuras de laje.

- **Agregado miúdo (areia):** o agregado miúdo (areia) tem por função encher o espaço livre deixado pelo agregado graúdo; coparticipa, pois, no esforço de reproduzir a pedra natural. O agregado miúdo vem, em geral, das mesmas fontes (da natureza) do agregado graúdo. É pedra de pequeno diâmetro, produzida pela natureza (pedregulho), que ficou com o formato arredondado pelo fato de muito rolar, ou produzida em pedreiras por máquinas britadoras (com formato não esférico).

- **Cimento:** o cimento é o elemento fundamental da cola. Alertamos que, no concreto, a cola é o elemento fraco, ou seja, é o elemento que determina a resistência final do concreto, já que a resistência da cola é inferior à resistência dos agregados. Uma maneira de melhorar a cola (argamassa) é aumentar a porcentagem de cimento na argamassa.[*]

    Para ter a ação de cola, o cimento precisa ser hidratado. Água demais favorece a mistura do concreto, na sua fase de preparação e lançamento nas formas, mas diminui a resistência final, face à futura evaporação do excesso de água que ocorrerá, deixando espaços vazios.

    Usar cimento demais, além de encarecer a obra, já que é o produto de maior custo específico ($R\$/m^3$), pode aumentar o efeito da retração (diminuição do volume do concreto ao longo do tempo, formando trincas).

- **Água:** é o elemento fundamental para a hidratação do cimento.

    Água em falta impede a completa hidratação do cimento, diminuindo a resistência final do concreto. Além disso, a falta de água leva a um concreto muito seco e de difícil trabalhabilidade (moldagem). Por outro lado, água em demasia favorece a trabalhabilidade, mas produz um concreto fraco e sem resistência.

    Há, portanto, um mínimo de água para a hidratação do cimento e para dar maior trabalhabilidade.

    Face à importância do teor de água em relação à resistência do concreto, diz-se que a resistência do concreto é *função primordial da relação água/cimento*.

    Em alguns casos, para aumentar a trabalhabilidade do concreto sem aumentar a quantidade de água (que reduziria a resistência final do concreto, como visto), adicionam-se à mistura produtos plastificantes que aumentam a trabalhabilidade, sem precisar aumentar o teor de água.

---

[*] Vem daí a expressão da qualidade do concreto, expressa em quilos de cimento por metro cúbico de concreto.

Apresentamos, a seguir, uma tabela que mostra, para iguais composições de concreto, a variação da quantidade de água e a consequente variação de resistência à compressão do corpo de prova.

Fator água/cimento	Litros de água por saco de cimento[*]	Resistência à compressão (MPa)		
		3 dias	7 dias	28 dias
0,4	20,0	19,5	25,4	35
0,6	30,0	11,4	15,3	21,5
0,8	40,0	6,7	9,6	13,2

Notar que a tabela mostra que a crescente relação água/cimento diminui progressivamente a resistência do concreto.

Apresentamos, a seguir, como prova de ser a cola o ponto fraco do concreto, a resistência à compressão de um corpo de prova feito de três partes em peso de areia e uma parte de cimento comum.

Idade (dias)	Resistência à compressão (MPa)
7	19
28	28

Se compararmos essas resistências com a resistência média das pedras que dão origem aos agregados, veremos a fraqueza da cola.

Tipo de pedra matriz	Resistência à compressão (MPa)
Arenito	160
Granito	170
Basalto	200

Uma pergunta pode ficar no estudo crítico de preparação do concreto: devemos usar seixos rolados de rio ou brita (pedra quebrada em pedreira) como agregado?

As vantagens e desvantagens são:

- **Seixo rolado:** é mais difícil de ser encontrado, pois depende de ocorrência de minas próximas da obra. Do ponto de vista técnico, tem vantagens, pois a sua forma é chamada "forma de situação maior resistência", pois, ao muito rolar, o seixo perdeu suas formas mais fracas.

---

[*] O saco de cimento tem 50 kgf.

- **Pedra britada:**[*] é mais fácil de ser encontrada, pois resulta da britagem de pedras de pedreiras. Tem a desvantagem de apresentar pontos de concentração de tensões no concreto junto às suas arestas. Os diâmetros das pedras (pedregulhos britados) mais usadas são: brita n. 1 (0,5 mm a 19 mm) e brita n. 2 (19 mm a 38 mm).

Passemos agora a analisar várias composições de concreto e as resistências médias obtidas.

Consumo em litros de materiais para produzir 1 m³ de concreto								
Traço em volume	Consumo de cimento (litros)	Consumo de areia seca (litros)	Consumo de brita (litros)		Consumo de água (litros)	Resistência à compressão – fcj (MPa)		
Cimento, areia, agregado	—	—	n. 1	n. 2	—	3 dias	7 dias	28 dias
1:1:2	363	363	363	363	226	22,8	30	40
1:2:4	210	420	420	420	202	9	13,7	21
1:3:6	147	441	441	441	198	3	5,4	10

Na terminologia de concreto, usam-se os seguintes conceitos:
- pasta = cimento e água;
- argamassa = pasta e agregado miúdo (areia);
- concreto = argamassa e agregado graúdo (pedra);
- concreto armado = concreto e armadura passiva;
- forma = estrutura provisória que dá forma ao concreto;
- escoramento = estrutura provisória que dá suporte às formas e ao concreto.

14.2 DAS VIGAS CONTÍNUAS ÀS VIGAS DE CONCRETO DOS PRÉDIOS

Denomina-se viga contínua a viga que se apoia em três ou mais apoios.

Imaginemos duas situações de um perfil metálico. Na situação 1, ele é simplesmente apoiado em três pilares e, na situação 2, além de ser apoiado nos pilares, ele recebe solda de ligação nesses pilares. Sujeito à ação de forças, qual das situações se assemelha mais à teoria da viga contínua?

Na situação 1, a viga pode girar nos apoios, ou seja, não há engastamento nos apoios. Portanto, a viga não transfere momentos aos pilares e nem recebe momento deles.

---

[*] No vale amazônico, por falta de montanhas, é muito difícil se obter seixos ou britas.

Na situação 2, a ligação com solda é solicitada, ou seja, nos pontos A, B e C, a viga tenderia a girar, mas é impedida pelas soldas nos apoios.

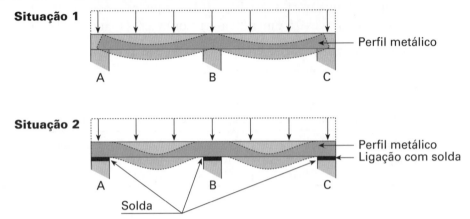

A viga, ao tentar girar (mas é impedida), transfere um momento fletor ao apoio (que seria quase um engastamento). Claro que a condição de maior ou menor engastamento será função da maneira e do grau com que foi feita a soldagem.

A situação 1 é a que mais se aproxima da teoria de viga contínua. A situação 2, na verdade, se aproxima de trechos de vigas engastadas. Assim:

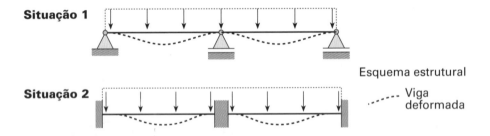

Qual a situação que temos em um prédio? Ou seja, quais as vigas que são contínuas ou que podem ser consideradas contínuas? E quais as que devem ser consideradas trechos de vigas biengastadas?

Se tivermos uma viga de 30 × 20 cm ligando dois pilares de 1,0 × 1,0 m, podemos admitir que estamos na situação 2.[*] Tirando casos extremos como esse, regra geral, as vigas de prédios são calculadas como vigas contínuas. A rigor, não são vigas contínuas, pois a ligação viga-pilar impede na prática a livre rotação.

Todavia, os resultados que se obtêm na prática são razoáveis, admitindo-se essa hipótese. Uma coisa é clara. Considerando-se viga biengastada (não contínua) a carga que carrega um lado da viga em nada influencia o outro trecho da viga.

---

[*] A pequena viga (30 × 20 cm) tem pouca chance de girar, já que está amarrada a grandes pilares (100 × 100 cm).

As estruturas de aço e de madeira são mais próximas das estruturas ideais da Resistência dos Materiais que as estruturas de concreto armado.

Consideremos uma viga carregada em apenas um dos trechos e verifiquemos a linha elástica (linha de deformação) em cada um dos casos.

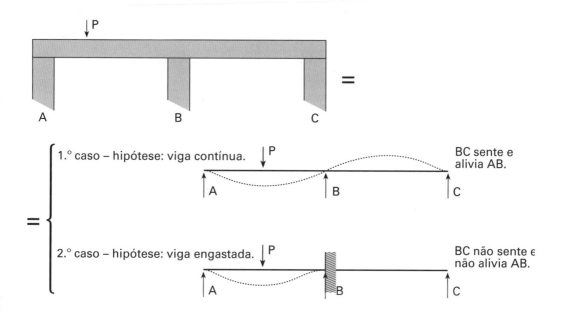

Uma viga contínua é como se fosse um cortiço, onde todos sabem de todos e todos interferem com todos. O carregamento em um tramo é transmitido para os outros tramos.

Uma viga biengastada são duas casas no Morumbi.[*] Uma briga em uma casa não chega a outra casa. Um muro (engastamento) de silêncio impede a transmissão de emoções (esforços).

Na hipótese de vigas contínuas, o trecho não carregado (BC) se deforma com os momentos (e as tensões) do trecho carregado (AB).

É solidariedade da viga contínua.

Nas vigas biengastadas, o trecho BC nada interfere e nem sofre com o carregamento em AB.

Nos cortiços, a solidariedade (da miséria, é verdade) é maior que a solidariedade (de riqueza) do Morumbi, Jardim América, SP, ou São Conrado, RJ, bairros ricos.

---

[*] Bairro elegante da cidade de São Paulo.

14.3 CÁLCULO ISOSTÁTICO OU HIPERESTÁTICO DOS EDIFÍCIOS

Façamos uma comparação geral entre estruturas isostáticas e hiperestáticas, procurando mostrar que, para os mesmos esforços externos (cargas), os esforços nas estruturas isostáticas são sempre maiores do que nas estruturas hiperestáticas.[*]

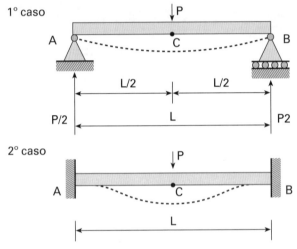

No primeiro caso, o momento máximo ocorre em C e vale:

$$M_c = \frac{P}{2} \times \frac{L}{2} = \frac{P \times L}{4}$$

No segundo caso, o momento máximo também ocorre no ponto C e vale:

$$M_c = \frac{P \cdot L}{8}$$

Seja um vão de 8 m e um peso de 50 kN, calculemos os momentos ($L = 8$ m e $P = 50$ kN):

1º caso $M_c = \dfrac{50 \times 8}{4} = 100$ kNm

2º caso $M_c = \dfrac{50 \times 8}{8} = 50$ kNm

Vê-se, pelo simples exemplo, que os esforços no meio do vão (momento fletor) são muito maiores nas estruturas isostáticas do que nas hiperestáticas.

A estrutura hiperestática é então, em princípio, mais interessante, já que momentos menores geram tensões menores e poderemos dimensionar estruturas mais esbeltas para resistir a essas tensões.

---

[*] Admitindo-se a igualdade das outras condições.

Lembremos que os momentos menores, que ocorrem em estruturas hiperestáticas, se fazem à custa de um engastamento em cada um dos lados, ou seja, os *engastamentos puxam* o momento no meio do vão para si. Há, pois, momentos nos engastamentos e só teremos esses momentos se tivermos esses engastamentos. Mas só *se pode pensar em engastar, quando se tem onde engastar.*

Quando vamos vencer um vão de rio com uma tábua e não temos onde encaixá-la, temos de construir uma estrutura isostática.

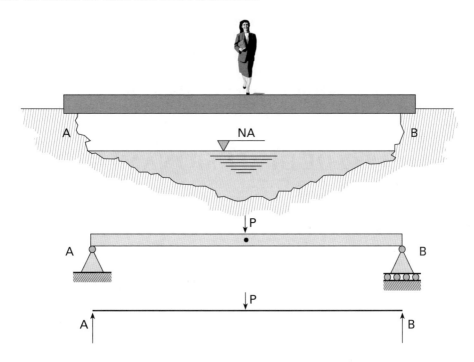

Se tivermos estruturas que permitam engastamentos, então podemos pensar em usar estruturas mais delgadas, pois o esforço no meio do vão (momento fletor) e as tensões que resultam serão menores.

As estruturas dos prédios de concreto armado, pelo tipo construtivo, formam um complexo hiperestático pelo intertravamento de vigas com pilares, vigas com vigas, lajes com vigas, lajes com lajes e assim por diante.

Se calculássemos cada viga como simplesmente apoiada, cada laje desprezando a ligação com outra (engastamento), estaríamos chegando a esforços muito maiores (mais conservativos) do que chegamos levando em consideração os reais engastamentos e solidariedades que existem. Na verdade, o cálculo correto de um prédio deveria ser feito a partir da teoria de pórticos, considerando todos os engastamentos existentes entre todas as partes estruturais.

Na prática, o cálculo estrutural convencional não calcula tudo como estruturas isostáticas (o que levaria a esforços enormes e estruturas caríssimas), e também não leva em conta toda a solidariedade dos engastamentos que existem (pois esse cálculo levaria a estruturas mais leves que as atuais, mas o cálculo seria difícil sobremaneira). Seria o cálculo pelo sistema de pórticos.

O cálculo estrutural do dia a dia considera o relacionamento e engastamento da laje com laje, viga com viga, ou seja, não leva em maiores considerações os engastamentos reais entre lajes e vigas e entre vigas e pilares.[*] Dessa maneira, adota-se um cálculo isostático-hiperestático que não chega a estruturas antieconômicas e os procedimentos de cálculos são mais simples.

As vigas que poderiam tirar partido real e existente de engastamento nos pilares (principalmente no caso de pequenas vigas ligadas em pilares de médio tamanho) são consideradas, regra geral, como simplesmente apoiadas nos pilares. Curiosamente, o engastamento viga-pilar, que pode ser desprezado na viga, não pode ser desprezado no cálculo de pilares, que são sensíveis a momentos fletores no seu topo.
Nota: O peso padrão do brasileiro é 70 kgf, ou seja, aproximadamente 700 N.

14.4 CÁLCULO DE DIMENSIONAMENTO DAS LAJES L-7 E L-8

14.4.1 CÁLCULO DAS LAJES L-7 = L-8 (LAJES DOS DORMITÓRIOS)

As lajes L-7 e L-8 são iguais (uma é imagem especular da outra).

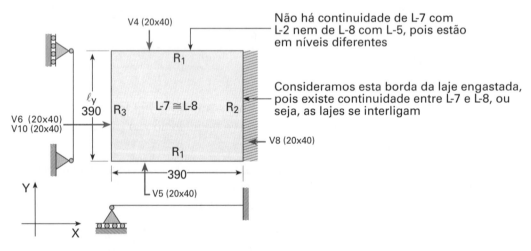

Espessura da laje (h) (critério prático)

$$h = \frac{390}{40} = 9,75$$

Espessura adotada = 10 cm, $d = 10 - 2,5 = 7,5$ cm

---

[*] A dona NBR 6118, cautelosa mãe de família, ciosa dos relacionamentos feitos sob sua égide, faz aqui e ali algumas observações e restrições para não deixar essas liberdades chegarem a exageros.

Carga 1 (para o apartamento em estudo)

$$
\begin{array}{ll}
\text{Revestimento} & = 1 \text{ kN/m}^2 \\
\text{Peso próprio (PP) } 0,10 \times 25 & = 2,5 \text{ kN/m}^2 \\
\text{Carga acidental} & = 1,5 \text{ kN/m}^2 \\
\hline
q & = 5 \text{ kN/m}^2
\end{array}
$$

Nesta laje, estudaremos também, para fim de exercício, uma sobrecarga maior (sobrecarga industrial).

Para fazer uma comparação didática, como varia o porte da estrutura com a carga, vamos introduzir uma sobrecarga majorada 10 kN/m² e estudar as consequên-cias que advirão.

Caso 2 (como exercício de comparação):

Carga 2

$$
\begin{array}{ll}
\text{Revestimento} & = 1 \text{ kN/m}^2 \\
\text{Peso próprio (PP) } 0,10 \times 25 & = 2,5 \text{ kN/m}^2 \\
\text{Acidental (carga industrial)} & = 10 \text{ kN/m}^2 \\
\hline
q & = 13,5 \text{ kN/m}^2
\end{array}
$$

Pelo tipo de engastamento da laje, estamos no 2.º caso da Aula 9.3 (p. 151 deste livro) das tabelas de cálculo.

$$\varepsilon = 1$$

$$m_x = 29,3$$
$$m_y = 41,2$$
$$n_x = 11,9$$
$$v_1 = 0,183$$
$$v_2 = 0,402$$
$$v_3 = 0,232$$

Carga 1
$$q = 5 \text{ kN/m}^2$$

$$M_x = \frac{q \times \ell_x^2}{m_x} = \frac{5 \times 3.9^2}{29,3} = 2,60 \text{ kNm}^{(*)}$$

$$M_y = \frac{q \times \ell_x^2}{m_y} = \frac{5 \times 3.9^2}{41,2} = 1,85 \text{ kNm}$$

$$X_x = \frac{q \times \ell_x^2}{n_x} = \frac{5 \times 3.9^2}{11,9} = 6,39 \text{ kNm}$$

$$R_1 = 0,183 \times 5 \times 3,9 = 3,57 \text{ kN/m}$$
$$R_2 = 0,402 \times 5 \times 3,9 = 7,84 \text{ kN/m}$$
$$R_3 = 0,232 \times 5 \times 3,9 = 4,52 \text{ kN/m}$$

cargas nas vigas

Carga 2
$$q = 13,5 \text{ kN/m}^2$$

$$M_x = \frac{q \times \ell_x^2}{m_x} = \frac{13,5 \times 3.9^2}{29,3} = 7,01 \text{ kNm}$$

$$M_y = \frac{q \times \ell_x^2}{m_y} = \frac{13,5 \times 3.9^2}{41,2} = 4,98 \text{ kNm}$$

$$X_x = \frac{q \times \ell_x^2}{n_x} = \frac{13,5 \times 3.9^2}{11,9} = 17,26 \text{ kNm}$$

---

[*] Há os que preferem grafar, por razões didáticas, kNm/m.

234 Concreto armado eu te amo

Cálculo das cargas nas vigas

$$R = v \times q \times \ell_x$$

$$
\begin{aligned}
R_1 &= 0{,}183 \times 13{,}5 \times 3{,}9 = 9{,}63 \text{ kN/m} \\
R_2 &= 0{,}402 \times 13{,}5 \times 3{,}9 = 21{,}17 \text{ kN/m} \\
R_3 &= 0{,}232 \times 13{,}5 \times 3{,}9 = 12{,}21 \text{ kN/m}
\end{aligned}
\qquad
\left. \begin{array}{l} \text{cargas} \\ \text{nas} \\ \text{vigas} \end{array} \right.
$$

Cálculo da armação (consultar Tabelas T-10 e T-11 da Aula 11.3)[*]

Carga 1

$$M_x = 2{,}60 \text{ kNm/m} \Rightarrow k6 = \frac{10^5 \times 1 \times 0{,}075^2}{2{,}60} = 216 \Rightarrow \text{T}-10 \Rightarrow k3 = 0{,}330 \Rightarrow$$

$$\Rightarrow A_s = \frac{0{,}330}{10} \times \frac{2{,}60}{0{,}075} = 1{,}14 \text{ cm}^2/\text{m} \Rightarrow \text{T}-11 \Rightarrow \o \, 6{,}3 \text{ c/27}$$

$$M_y = 1{,}85 \text{ kNm/m} \Rightarrow k6 = \frac{10^5 \times 1 \times 0{,}075^2}{1{,}85} = 304 \Rightarrow \text{T}-10 \Rightarrow k3 = 0{,}327 \Rightarrow$$

$$\Rightarrow A_s = \frac{0{,}327}{10} \times \frac{1{,}85}{0{,}075} = 0{,}81 \text{ cm}^2/\text{m} \Rightarrow \text{T}-11 \Rightarrow \o \, 6{,}3 \text{ c/30}$$

$$X_x = 6{,}39 \text{ kNm/m} \Rightarrow k6 = \frac{10^5 \times 1 \times 0{,}075^2}{6{,}39} = 88 \Rightarrow \text{T}-10 \Rightarrow k3 = 0{,}341 \Rightarrow$$

$$\Rightarrow A_s = \frac{0{,}341}{10} \times \frac{6{,}39}{0{,}075} = 2{,}91 \text{ cm}^2/\text{m} \Rightarrow \text{T}-11 \Rightarrow \o \, 6{,}3 \text{ c/10}$$

Carga 2

$$M_x = 7{,}01 \text{ kNm/m} \Rightarrow k6 = \frac{10^5 \times 1 \times 0{,}075^2}{7{,}01} = 80{,}2 \Rightarrow \text{T}-10 \Rightarrow k3 = 0{,}344 \Rightarrow$$

$$\Rightarrow A_s = \frac{0{,}344}{10} \times \frac{7{,}01}{0{,}075} = 3{,}22 \text{ cm}^2/\text{m} \Rightarrow \text{T}-11 \Rightarrow \o \, 6{,}3 \text{ c/9}$$

$$M_y = 4{,}98 \text{ kNm/m} \Rightarrow k6 = \frac{10^5 \times 1 \times 0{,}075^2}{4{,}98} = 112{,}9 \Rightarrow \text{T}-10 \Rightarrow k3 = 0{,}337 \Rightarrow$$

$$\Rightarrow A_s = \frac{0{,}337}{10} \times \frac{4{,}98}{0{,}075} = 2{,}24 \text{ cm}^2/\text{m} \Rightarrow \text{T}-11 \Rightarrow \o \, 6{,}3 \text{ c/14}$$

$$X_x = 17{,}26 \text{ kNm/m} \Rightarrow k6 = \frac{10^5 \times 1 \times 0{,}075^2}{17{,}26} = 32{,}59 \Rightarrow \text{T}-10 \Rightarrow k3 = 0{,}389 \Rightarrow$$

$$\Rightarrow A_s = \frac{0{,}389}{10} \times \frac{17{,}26}{0{,}075} = 8{,}95 \text{ cm}^2/\text{m} \Rightarrow \text{T}-11 \Rightarrow \o \, 12{,}5 \text{ c/13}$$

Notar que, com a carga maior (carga 2), a armação da laje ficou sensivelmente mais pesada, sem que fosse alterada a espessura da laje.

---

[*] Ver p. 185-187 neste livro.

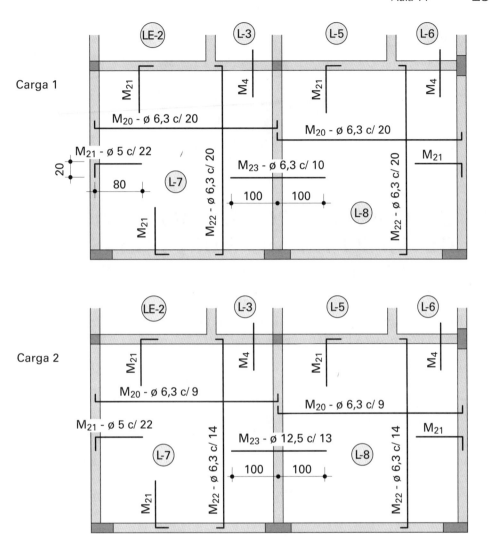

Nota: nas bordas das lajes externas, por não haver continuidade dessas lajes, devemos colocar a armadura de borda, armadura negativa (M_{21}), para evitar fissuras. Para que armaduras negativas fiquem em posições altas, usar "caranguejos" feitos em obra.

Em lajes que usam armaduras finas, faz-se a amarração de todas as barras em todos os cruzamentos, usando o arame n. 18 recozido. Quando nas lajes usam-se barras de maior diâmetro, o costume é amarrar um encontro sim e outro não. É que nessas lajes com armadura de maior diâmetro, elas movimentam-se menos que as armaduras finas.

AULA 15

15.1 CÁLCULO PADRONIZADO DE VIGAS DE UM SÓ TRAMO PARA VÁRIAS CONDIÇÕES DE CARGA E DE APOIO

Apresentamos, a seguir, uma tabela de cálculo de vigas de um só tramo, sofrendo vários tipos de carregamentos e em várias condições de apoio, e fazemos a comparação crítica dos resultados das várias situações.

Calcularemos momentos fletores em pontos singulares, reações nos apoios e flechas máximas. Esses exercícios, além do formulário que segue, além de sua importância própria (cálculo de vigas de um só tramo), têm grande valor quanto ao cálculo de vigas contínuas, pelo método de Cross, quando cada trecho de viga contínua é considerado isolado e calculado, então, pelas fórmulas do presente capítulo.

Para os exercícios de aplicação e melhor compreensão, consideraremos como constante o vão de 3 metros, ora atuando carga concentrada de 50 kN, ora atuando carga distribuída de 16,6 kN/m sobre uma viga de madeira com seção de 30 × 40 cm ($I = 0{,}0016$ m^4 e $E = 10.000.000$ kN/m^2).[*]

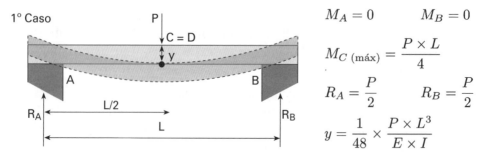

$M_A = 0 \qquad M_B = 0$

$M_{C\,(\text{máx})} = \dfrac{P \times L}{4}$

$R_A = \dfrac{P}{2} \qquad R_B = \dfrac{P}{2}$

$y = \dfrac{1}{48} \times \dfrac{P \times L^3}{E \times I}$

(M_A e M_B são momentos na viga transmitidos pelos encaixes).

---

[*] $I = \dfrac{bh^3}{12} = \dfrac{30 \times 40^3}{12} = 160.000$ cm^4 = $0{,}0016$ m^4

(**) É importante consultar a nota presente na página 378 deste livro.

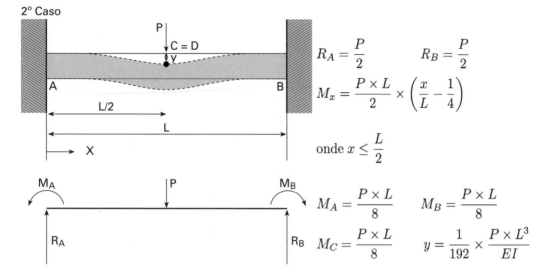

Observação: $C = D$ (o máximo momento e a máxima flecha ocorrem no meio do vão). A simetria o explica.

Válida para toda a aula 15.1.

1. O ponto C é o ponto médio da viga.
2. O ponto D é o ponto onde ocorre a máxima flecha.
3. y é a máxima flecha.

Calculemos os valores para o exemplo prático indicado:

1.º Caso

$$M_A = 0, \quad M_B = 0, \quad M_C = \frac{50 \times 3}{4} = 37,5 \text{ kNm}$$

$$R_A = \frac{50}{2} = 25 \text{ kN}, \quad R_B = 25 \text{ kN}$$

Fórmula da flecha 1.º caso

$$y = \frac{1}{48} \times \frac{50 \times 3^3}{10.000.000 \times 0,0016} = 0,00175 \text{ m}; \quad y = 0,175 \text{ cm} = 1,75 \text{ mm}$$

2.º Caso

$$M_A = \frac{P \times L}{8} = \frac{50 \times 3}{8} = -18,75 \text{ kNm}$$

$$M_B = -18,75 \text{ kNm}, \quad M_C = 18,75 \text{ kNm}$$

$$y = \frac{1}{192} \times \frac{50 \times 3^3}{10.000.000 \times 0,0016} = 0,000439 \text{ m} = 0,0439 \text{ cm} = 0,439 \text{ mm}$$

Conclusões:

1. As vigas simplesmente apoiadas (1.º caso) e as vigas duplamente engastadas apresentam reações verticais (reações nos apoios iguais).

2. O momento fletor no meio do tramo, na viga simplesmente apoiada, é grande (37,5 kNm), mas em compensação não exige nada do apoio ($M_A = 0$, $M_B = 0$) (não transmite momento ao apoio). A viga biengastada tem menor momento no meio do tramo ($M_c = 18,75$ kNm), mas isso se deve ao fato de os apoios A e B impedirem a viga de livre fletir, passando para os apoios (solidariedade de A e B para C) momentos fletores de –18,75 kNm (tração em cima da viga e compressão embaixo).

3. A flecha do 2.º caso é sensivelmente menor. No 1.º caso nada impede a viga de se deformar e ter uma flecha maior. No 2.º caso, há restricões à deformabilidade (são os engastamentos).

4. Observemos que em todos os casos a flecha é calculada por meio de uma fórmula com E (módulo de elasticidade) no denominador. Como conclusão lógica, quanto maior E, menor a flecha.

   Como sabemos, o E do aço é cerca de dez vezes maior que o E do concreto.

A conclusão é que para as mesmas condições (vão, seção, inércia, carga) a flecha de uma viga de aço é dez vezes menor do que a flecha de uma viga de concreto.

3.º Caso

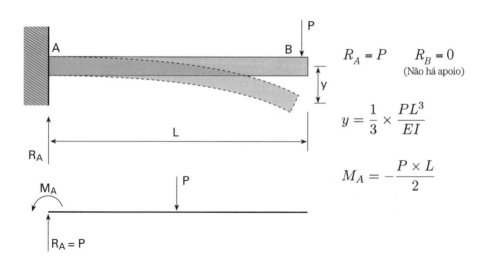

4.º Caso

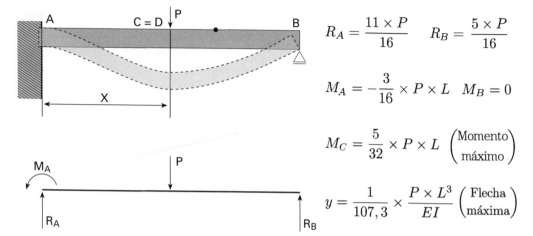

$$R_A = \frac{11 \times P}{16} \quad R_B = \frac{5 \times P}{16}$$

$$M_A = -\frac{3}{16} \times P \times L \quad M_B = 0$$

$$M_C = \frac{5}{32} \times P \times L \quad \begin{pmatrix}\text{Momento} \\ \text{máximo}\end{pmatrix}$$

$$y = \frac{1}{107,3} \times \frac{P \times L^3}{EI} \quad \begin{pmatrix}\text{Flecha} \\ \text{máxima}\end{pmatrix}$$

A flecha máxima se dá para $x = 0{,}4777 \times L$ (ponto D). Observar que a flecha não ocorre no meio do vão e sim mais próxima de A. Consideremos os valores para o exercício prático iniciado para o 3.º e 4.º casos.

3.º Caso

$$P = 50 \text{ kN}, \quad L = 3 \text{ m}, \quad \frac{L}{2} = 1{,}5 \text{ m}, \quad R_A = 50 \text{ kN}$$

$$MA = P \times \frac{L}{2} = 50 \times 1{,}5 \text{ kNm} \quad MA = 75 \text{ kNm}$$

$$y = \frac{1}{3} \times \frac{50 \times 3^3}{10.000.000 \times 0{,}0016} = 0{,}0281 \text{ m} = 2{,}81 \text{ cm} = 28{,}1 \text{ mm}$$

No 3.º caso, o máximo momento fletor ocorre em A.

4.º Caso

$$R_A = \frac{11}{16} \times 50 = 34{,}375 \text{ kN}, \quad R_B = 15{,}625 \text{ kN}$$

$$M_C = \frac{5}{32} \times 50 \times 3 = 23{,}44 \text{ kNm}$$

$$M_A = -\frac{3}{16} \times P \times L = -28{,}125 \text{ kNm}$$

$$y = \frac{1}{107,3} \times \frac{P \times L^3}{E \times I} = \frac{1}{107,3} \times \frac{50 \times 3^3}{10.000.000 \times 0{,}0016} = 0{,}00079 \text{ m} = 0{,}079 \text{ cm}$$

$$x = 0{,}477 \times L = 0{,}477 \times 300 = 143 \text{ cm} \quad \begin{pmatrix}\text{O ponto de flecha máxima} \\ \text{é contado a partir de A}\end{pmatrix}$$

Conclusões:

1. No 4.º caso, há um apoio (B) que não há no 3.º caso. Esse apoio é uma solidariedade ao engastamento A que não precisa resistir sozinho. Por isso, a flecha do 4.º caso é menor do que no terceiro caso, e o momento no engastamento A também é menor do que no 3.º caso. *Como muitas vezes repetiremos neste curso, o aumento de vínculos distribui melhor as tensões e diminui as deformações.*

2. Observe-se no 4.º caso que o ponto de flecha máxima dista 143 cm do apoio A, ou seja, o ponto de flecha máximo está mais próximo de A do que de B.

Para o 5.º caso, compararemos as diferenças que ocorrem em uma viga quando temos uma carga concentrada P ou uma carga distribuída. Para facilitar a comparação, a carga distribuída (16,66 kN/m) foi escolhida para corresponder, para o vão de 3 m, à carga concentrada de 50 kN.

5.º Caso

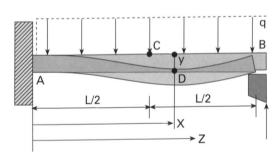

$$R_A = \frac{5}{8} \times q \times L, \quad R_B = \frac{3}{8} \times q \times L$$

$$M_A = -\frac{q \times L^2}{8}, \quad M_B = 0$$

$$y = \frac{q \times L^4}{185 \times EI}, \quad \underbrace{x = 0,5785 \cdot L}_{\text{(Posição maior da flecha)}}$$

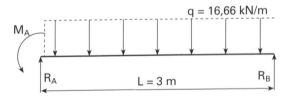

$$M_{o\,máx} = \frac{q \times L^2}{14,22} \quad \text{para} \quad \underbrace{y = \frac{5}{8}L}_{\text{(vindo de A)}}$$

$$R_A = \frac{5}{8} \times 16,66 \times 3 = 31,24 \text{ kN}, \quad R_B = 3 \times 16,66 - 31,24 = 18,74 \text{ kN}$$

$$M_A = -\frac{16,66 \times 3^2}{8} = -18,74 \text{ kNm} \quad M_B = 0 \quad M_{max} = \frac{16,66 \times 3^2}{14,22} = +10,54 \text{ kNm}$$

$$y = \frac{1}{185} \times \frac{16,66 \times 3^4}{10.000.000 \times 0,0016} = 0,000456 \text{ m} = 0,0456 \text{ cm} = 0,456 \text{ mm}$$

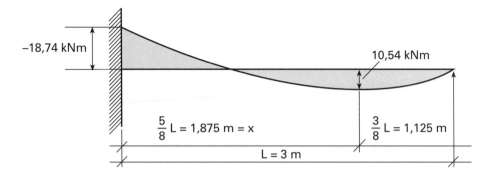

Recordemos os resultados numéricos do 4.º caso (aplicar as fórmulas do 4.º caso):

$$R_A = 34{,}375 \text{ kN} \qquad R_B = 15{,}625 \text{ kN}$$
$$M_A = -28{,}125 \qquad M_B = 0$$
$$y = 0{,}079 \text{ cm}$$

x (distância do ponto de maior flecha) = 1,43 m.

$M_C = 23{,}44$ kNm, onde M_C (momento interno do vão)

Da comparação do resultado do mesmo tipo de estrutura, mas submetida uma a uma carga concentrada de 50 kN, e outra a uma carga de 50 kN, distribuída nos 3 m (dando uma carga uniforme de 16,66 kN/m), conclui-se que:

1. As reações de apoio não variam muito de caso para caso. Vejamos:

5.º Caso	4.º Caso
$R_A = 31{,}24$ kN	$R_A = 34{,}38$ kN
$R_B = 18{,}74$ kN	$R_B = 15{,}62$ kN

2. O momento máximo (M_C) é sensivelmente maior com a carga concentrada, como, em geral, é o momento que define tensões (e, portanto, o dimensionamento da peça), sempre há vantagem em distribuir as forças concentradas. Vejamos:

5.º Caso	4.º Caso
$M_C = 18{,}74$ kNm	$M_C = 23{,}44$ kNm

3. A flecha na carga distribuída é cerca da metade do caso de carga concentrada, Como devemos fugir de grandes flechas, verifica-se a vantagem de fugir de cargas concentradas. Vejamos:

5.º Caso	4.º Caso
$f = 0{,}0456$ cm	$f = 0{,}079$ cm

Várias conclusões podem ser tiradas dos exemplos dados. Quando vamos projetar estruturas, deveremos procurar aquelas que gerem menores momentos fletores localizados, pois aí teremos menores tensões e devemos fugir de grandes flechas.

Duas regras ajudam a fugir de grandes momentos (e, portanto, tensões) localizados.

- Usar estruturas hiperestáticas em vez de isostáticas. As hiperestáticas distribuem os momentos para os apoios, diminuindo os momentos no meio do vão.

- As cargas distribuídas espalham também os esforços ao longo de toda a viga.

Os exemplos e as fórmulas apresentadas para os casos expostos são genéricos.

Nos livros de Resistências dos Materiais, apresentam-se fórmulas para situações diferentes das aqui estudadas. Para efeito do cálculo do nosso prédio, vamos apresentar de outra forma a maneira de calcular reações de apoio, momentos fletores nos apoios e momentos máximos ao longo do vão.

O formulário é simples e de aplicação direta.

Situação 1

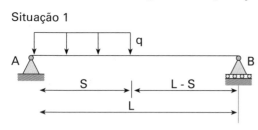

$$A = K_3 \times q \times L \quad n = \frac{S}{L}$$

$$K_3 = \frac{n}{2} \times (2-n)$$

$$B = K_4 \times q \times L \quad K_4 = \frac{n^2}{2}$$

$$M_M = K_7 \times q \times L^2 \quad K_7 = \frac{n^2}{8} \times (2-n)^2$$

Situação 2

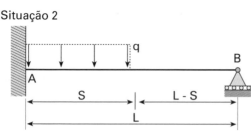

$$n = \frac{S}{L}$$

$$M_A = -K_1 \times q \times L^2$$

$$K_1 = \frac{n^2}{8} \times (2-n)^2$$

Situação 3

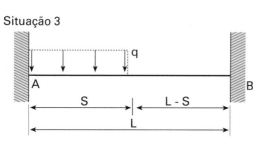

$$n = \frac{S}{L}$$

$$M_A = -K_1 \times q \times L^2$$

$$K_1 = \frac{n^2}{12} \times (6 - 8n + 3n^2)$$

$$M_B = -K_2 \times q \times L^2$$

$$K_2 = \frac{n^3}{12} \times (4 - 3n)$$

Aula 15   **243**

Situação 4

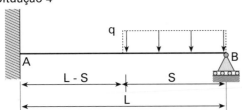

$$n = \frac{S}{L}$$

$$M_A = -K_2 \times q \times L^2$$

$$K_2 = \frac{n^2}{8} \times (2 - n^2)$$

Situação 5

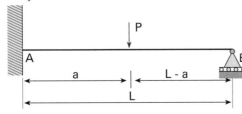

$$m = \frac{a}{L}$$

$A = K_3 \times P \qquad K_3 = 1 - m$

$B = K_4 \times P \qquad K_4 = m$

$M_M = K_7 \times P \times L \quad K_7 = m \times (1 - m)$

Situação 6

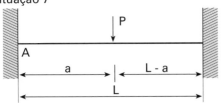

$$m = \frac{a}{L}$$

$$M_A = -K_1 \times P \times L$$

$$K_1 = \frac{m}{2} \times (2 - 3m + m^2)$$

Situação 7

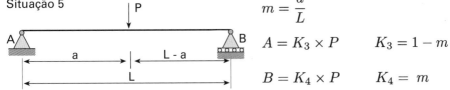

$$m = \frac{a}{L}$$

$M_A = -K_1 \times P \times L \quad K_1 = m \times (1 - m)^2$

$M_B = -K_2 \times P \times L \quad K_2 = m^2 \times (1 - m)$

Situação 8

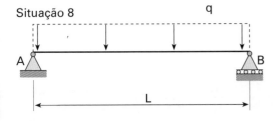

$$A = B = q \times \frac{L}{2}$$

$$M_M = q \times \frac{L^2}{8}$$

Situação 9

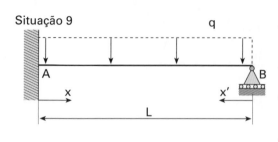

$$A = \frac{5}{8} q \times L \qquad B = \frac{3}{8} \times q \times L$$

$$M_A = -q \times \frac{L^2}{8} \qquad M_M = \frac{q \times L^2}{14,22}$$

Obs.: Momento máximo ocorre em:

$$s' = \frac{3}{8} \times L$$

Situação 10

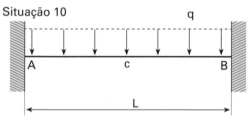

$$A = B = q \times \frac{L}{2}$$

$$M_A = M_B = -q \times \frac{L^2}{12} \qquad M_{C\,\text{máx}} = \frac{qL^2}{24}$$

Exemplo:

Façamos um exemplo (situação 3):

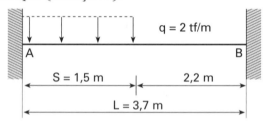

$$M_A = -K_1 \times q \times L^2, \qquad K_1 = \frac{n^2}{12} \times (6 - 8n + 3n^2), \qquad n = \frac{S}{L}$$

No caso

$$n = \frac{1,5}{3,7} = 0,405$$

Cálculo de K_1

$$K_1 = \frac{0,405^2}{12} \times (6 - 8 \times 0,405 + 3 \times 0,405^2) = 0,0136 \times (6 - 3,24 + 0,492)$$

$$K_1 = 0,044$$

Cálculo de M_A

$$M_A = -0,044 \times 2 \times 3,7^2 = -1,2 \text{ tfm}$$

$$M_B = -K_2 \times q \times L^2, \qquad K_2 = \frac{n^3}{12} \times (4 - 3n)$$

Cálculo de K_2

$$K_2 = \frac{0,405^3}{12} \times (4 - 3 \times 0,405) = \frac{0,0664}{12} \times (2,785) = 0,015$$

Cálculo de M_B

$$M_B = -0,015 \times 2 \times 3,7^2 = -0,4107 \text{ tfm}$$

15.2 OS VÁRIOS PAPÉIS DO AÇO NO CONCRETO ARMADO

Como já foi visto em várias aulas, o aço tem várias funções na sua ação de *amigo solidário e atritado ao concreto* nas estruturas de concreto armado. Vamos rever algumas dessas funções:

1. O aço é mergulhado no concreto, ficando solidário e principalmente atritado a este nas partes das estruturas onde estas são solicitadas à tração. Nessas partes, o concreto chega até a se fissurar, respondendo o aço, nessa parte, pela resistência da peça.[*]

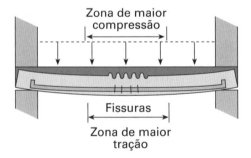
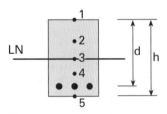

Vejamos, para os diferentes pontos da viga, como são as suas situações (ver o corte transversal):

- ponto 1: concreto fortemente comprimido;
- ponto 2: concreto medianamente comprimido;
- ponto 3: zona sem tração ou compressão, mas com cisalhamento (linha neutra);
- ponto 4: zona de concreto levemente tracionado;
- ponto 5: zona de concreto fissurado "já foi". Aí o aço responde à tração.

---

[*] Nas estruturas de concreto armado, a armadura é chamada de armadura passiva, pois só começa a trabalhar depois que surgem as cargas. No chamado concreto protendido, antes das cargas começarem a atuar, a armadura já está tracionada por macacos que comprimem o concreto. São as armaduras ativas.

No caso de vigas contínuas (ou lajes) onde há alternância de tração em cima e embaixo, o aço vai aonde há tração.

A viga em trabalho   O aço socorre a viga na parte tracionada

2. O aço pode ir também nas vigas, na parte comprimida para "chupar" o esforço de compressão, aliviando a seção de concreto. São as vigas duplamente armadas.

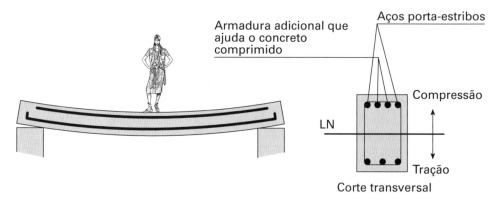

3. O aço vai também nos pilares para "chupar" parte do esforço, graças ao seu maior E (módulo de elasticidade).

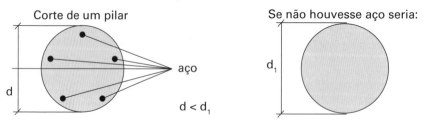

Observação: pela Norma é proibido usar pilar de concreto sem aço. O exemplo é só para ilustração.

Observação para os casos 1, 2 e 3. Como o aço é mais nobre do que o concreto, e sendo válida a observação de que quanto mais longe do eixo trabalha melhor, o aço é colocado o mais perifericamente possível da seção. Ele só não fica exposto para não ser oxidado, servindo a cobertura pela camada de concreto (cobrimento do aço) como proteção dele.

A NBR 6118 determina (item 17.3.5.3) o valor de 0,4% como a porcentagem mínima de armação do pilar em relação à seção transversal do pilar. Esta é uma exigência. A NBR- 6118 também fixa distanciamentos máximos para as barras da armadura.[*]

4. Digamos que você tenha de suportar um peso através do uso de quatro barras de aço de pequeno diâmetro, como mostra a Figura 1. Você não acha que se houvesse uma amarração (mesmo que fosse um arame) entre elas o conjunto seria mais estável?

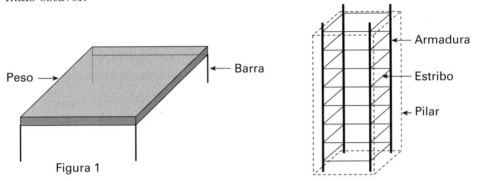

Figura 1

A ligação entre as barras é feita no concreto armado, por meio de barras de aço de pequeno diâmetro (estribos), que dão uma rigidez maior à construção, impedindo a instabilidade das barras (flambagem das barras).

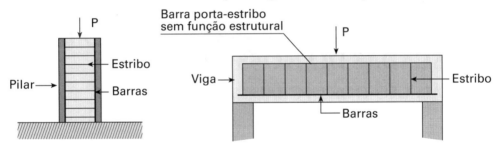

5. Os estribos têm também a importante função de vencer os esforços de cisalhamento que ocorrem nas vigas. Imaginemos duas vigas de peroba, apoiadas uma sobre a outra. Carregadas, elas trabalharão desigualmente, como mostra a figura seguinte, se não tiverem ligação entre elas.

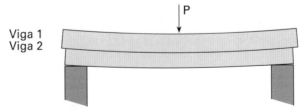

Observação: sem a ligação, as barras deslizam uma sobre a outra.

---

[*] A dona norma também limita a 8% a taxa máxima de armadura nos pilares calculada sobre a seção transversal do pilar (Ac). Ver item 17.3.5.3.2, p. 132 da norma. No item 18.4.2 o diâmetro mínimo da armadura longitudinal deve ser ≥ 10 mm (p. 151 da norma).

Para que as duas vigas se deformassem por igual, elas deveriam ser pregadas uma com a outra, como mostrado a seguir:

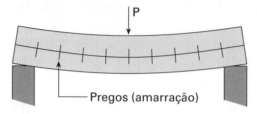

Observar que, devido à solidariedade, as faces ficam juntas, não deslizam, devido aos pregos. Uma viga de concreto armado pode ser considerada como um conjunto de lâminas de concreto, que trabalham solidárias, se deformando por igual.

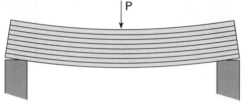

Quem solidariza as várias lâminas horizontais da viga? *Resposta implacável*: **os estribos!**

15.3 CÁLCULO E DIMENSIONAMENTO DAS ESCADAS DO NOSSO PRÉDIO

15.3.1 CÁLCULO DOS DEGRAUS

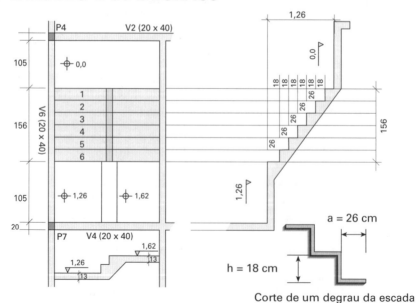

Cálculo dos degraus, fórmula de Blondel (para conforto):

$$2h + a = 62 \text{ a } 64$$
$$\text{para } h = 18 \text{ cm} \to 2 \times 18 + a = 62 \to a = 26 \text{ cm}$$

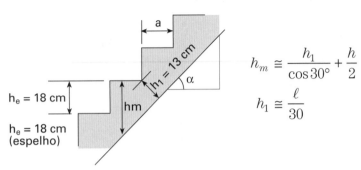

$$h_m \cong \frac{h_1}{\cos 30°} + \frac{h}{2}$$

$$h_1 \cong \frac{\ell}{30}$$

Temos então:

$$h_1 \cong \frac{386}{30} \cong 13 \text{ cm}$$

$$h_m = \frac{13}{\cos 30°} + \frac{18}{2} = 24 \text{ cm}$$

adotaremos $h_m = 24$ cm

Cargas na escada:

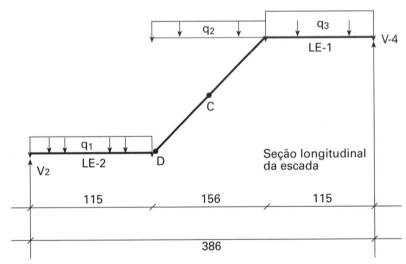

Seção longitudinal da escada

Revestimento –   1 kN/m²
Acidental –   3,0 kN/m²
                 ─────────
                 4,0 kN/m²

Patamar – $0,13 \times 25 = 3,25$ kN/m²
Degraus – $0,24 \times 25 = 6,0$ kN/m²
$q_1 = q_3 = 4,0 + 3,25 = 7,25$ kN/m²
$q_2 = 4,0 + 6 = 10$ kN/m²

Modelo de cálculo de laje apoiada na viga V-2 e V-E (viga intermediária) (faixa de 1 m de largura)

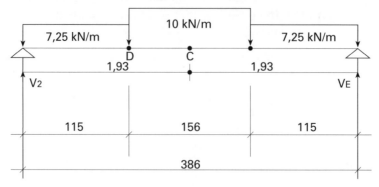

$$V_E = V_2 = 7{,}25 \times \frac{3{,}86}{2} + (10 - 7{,}25) \times \frac{1{,}56}{2} = 13{,}99 + 2{,}15 = 16{,}14 \text{ kN/m}$$

$$M_D = 16{,}14 \times 1{,}15 - 7{,}25 \times 1{,}15 \times \frac{1{,}15}{2} = 18{,}56 - 4{,}79 = 13{,}77 \text{ kN·m/m}$$

$$M_C = 16{,}14 \times 1{,}93 - 7{,}25 \times 1{,}93 \times \frac{1{,}93}{2} - (10 - 7{,}25) \times \frac{1{,}56}{2} \times \left(\frac{1}{2} \times \frac{1{,}56}{2}\right) =$$
$$= 31{,}15 - 13{,}50 - 0{,}84 = 16{,}81 \text{ kN·m/m}$$

Cálculo da armação

Em D:

$M_D = 13{,}77$ kNm espessura = 13 cm

$k6 = 10^5 \times \dfrac{bw \times d^2}{M}$ $k6 = 10^5 \times \dfrac{1 \times 10{,}5^2}{13{,}77} = 80{,}06$ $\begin{cases} h = 13 \text{ cm} \\ d = 13 - 2{,}5 = 10{,}5 \text{ cm} \end{cases}$

Tabela T-10, Aula 11.3 (p. 185-186)

$\left.\begin{array}{l} \text{fck} = 25 \text{ MPa} \\ \text{Aço CA-50} \\ k6 = 80{,}06 \end{array}\right\}$ $k3 = 0{,}344 \rightarrow A_s = \dfrac{0{,}344}{10} \times \dfrac{13{,}77}{0{,}105} = 4{,}51 \text{ cm}^2/\text{m}$

$$A_{s\,min} = \frac{0{,}15}{100} \times 100 \times 13 = 1{,}95 \text{ cm}^2/\text{m}$$

Tabela T-11, Aula 11.3 (p. 187) — ø 10 a cada 17 cm

Em C:

$M_C = 16{,}81$ kNm $\begin{cases} \text{espessura} = 13 \text{ cm} \\ d_{médio} = 24 - 2{,}5 = 21{,}5 \text{ cm} \\ d = 13 - 2{,}5 = 10{,}5 \text{ cm} \end{cases}$

$$k6 = 10^5 \times \frac{bw \times d^2}{M} \quad k6 = 10^5 \times \frac{1 \times (0{,}105)^2}{16{,}81} = 65{,}58 \rightarrow \text{Tabela T-10} \rightarrow k3 = 0{,}350$$

$$A_s = \frac{0{,}350}{10} \times \frac{16{,}81}{0{,}105} = 5{,}60 \text{ cm}^2/\text{m}$$

Adotaremos o maior: ø 10 mm c/ 14.

$$A_{s\,min} = \frac{0{,}15}{100} \times 100 \times 13 = 1{,}95 \text{ cm}^2/\text{m}$$

Detalhe da armação da escada (corte):

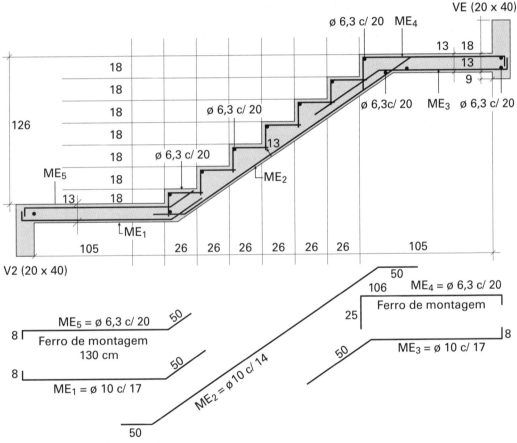

ME₁, ME₂, ME₃ — Ferros calculados

• ø 6,3 c/ 20 e ø 6,3 c/ 20 — Ferros de montagem da escada e não calculados – são optativos.

Há especialistas que não concordam com esses ferros ME₅ e não os preveem.

AULA 16

16.1 CÁLCULO DE VIGAS CONTÍNUAS PELO MAIS FENOMENOLÓGICO DOS MÉTODOS, O MÉTODO DE CROSS

Na Aula 15.1, estudamos vários tipos de vigas de um só vão (tramo) e com vários carregamentos.

Determinamos então para essas vigas, face às fórmulas padrões, as forças reativas nos apoios e os momentos fletores resistivos nos apoios; calculamos os momentos fletores ao longo da viga, flechas máximas e tudo mais. Conhecidos esses elementos, podem-se dimensionar essas vigas. Agora se coloca uma pergunta: e como se calculam as vigas de vários vãos e com vários carregamentos? Seja, por exemplo, uma barra de madeira, sujeita a esforços, estando essa barra tão simplesmente apoiada em quatro pilaretes de madeira e sem nenhuma ligação, além do descanso da viga nos pilaretes.

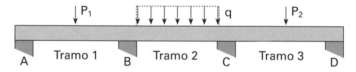

Como são reações nos apoios, qual o máximo momento fletor no tramo AB, qual a máxima flecha em CD? Além disso, como aumenta (ou diminui) a reação em C se aumentarmos P_1?

Resolver todos esses problemas é conhecer a viga, chamada de viga contínua, e isso iremos conseguir através do Método de Cross.[*] Notemos que uma viga contínua é uma estrutura hiperestática, não podendo ser resolvida só pela aplicação das três condições[**] ($\Sigma M = 0$, $\Sigma V = 0$, $\Sigma H = 0$). Conhecida a viga (forças e momentos) podemos dimensioná-la, ou seja, fixar suas dimensões que resistam aos esforços, o que é o objetivo final do projeto estrutural.

---

[*] O método de Cross é um método geral da Resistência dos Materiais podendo, portanto, também ser usado em estruturas de madeira e aço e outros materiais. Ver <http://www.tecgraf.puc-rio.br/ftool/>.
[**] As famosas três condições.

O método de Cross não é o único método para resolver vigas contínuas. Existem outros que chegam a *resultados iguais*. Ficaremos com o método de Cross, que nos parece o mais fenomenológico.

Para resolver uma viga contínua, é necessário saber se a viga é contínua (bidu), ou seja, precisamos saber se a viga que vamos estudar se enquadra dentro das teorias desenvolvidas para ela.

Assim, sejam duas pranchas de madeira, uma simplesmente apoiada em quatro pilaretes de madeira (1.º caso) e outra que, hipoteticamente, atravessa quatro grossas paredes de alvenaria (2.º caso), ambas sofrendo, no primeiro tramo, a ação de uma carga P concentrada que pode variar de intensidade.

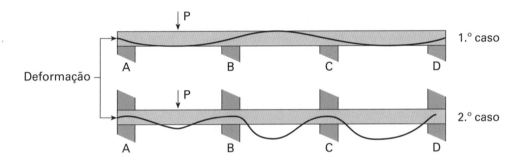

No 1.º caso, a ação da força P transmite esforços ao longo de toda a viga, ou seja, até no apoio D ocorrem reações à ação de P. No 2.º caso, o que acontece no tramo AB praticamente não se comunica ao tramo BC e muito menos ao tramo CD.

No 1.º caso, temos uma viga contínua, no 2.º caso, estamos já longe dela e estamos já quase com três vigas independentes de um só tramo, sofrendo engastamento nas paredes.

Em geral, as vigas de um prédio são calculadas como contínuas. Notemos que, nas vigas contínuas, seus apoios não recebem momentos, mas só cargas verticais, ou seja, nos apoios as vigas se acomodam (giram) como querem, sem restrições dos apoios. Uma prancha de madeira apoiada em quatro pilaretes de madeira e sofrendo a ação de cargas se deforma como se vê a seguir:

Notamos que nos quatro pilaretes só são transmitidas cargas verticais. Se pregássemos um prego ligando a prancha de madeira a um pilarete (o B por exemplo), verificaríamos que a flecha f_1 tenderia a diminuir, mas haveria um esforço passando ao prego e deste ao pilarete. Estaríamos começando a sair das condições de vigas contínuas, pois ocorreria um momento fletor no pilar B. Quanto mais pregos pregássemos nos apoios, mais nos afastaríamos das vigas contínuas e mais nos aproximaríamos de vigas de trechos independentes, cujo cálculo foi visto na Aula 15.1.

Nos prédios, as vigas são calculadas como contínuas (sem transmissão de momentos aos pilares), mas, apesar disto, estes, obrigatoriamente, têm de levar em conta um resquício de momento no seu dimensionamento,[*] o que pode parecer uma surpresa lógica, mas é a favor da segurança, compensando efeitos colaterais não calculados.

Mas, continuemos na hipótese de vigas contínuas, onde os apoios só servem de descanso para vigas (sem transmissão ou recebimento de momentos).

Vamos expor o Método de Cross, aplicado diretamente a um exercício, para facilitar a compreensão, lembrando que este método é geral e será aplicado rigorosamente igual a todos os outros exercícios que se seguirão. Seja, pois, a viga de um material qualquer, de três tramos, submetida a três esforços verticais, cada um no meio de cada tramo.

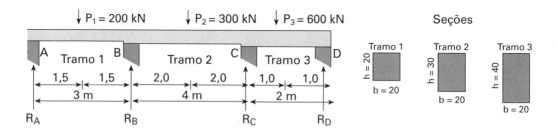

Seja 20 × 20 cm a seção da viga no tramo 1, 20 × 30 cm no tramo 2 e 20 × 40 cm no tramo 3. Desnecessário dizer que a menor dimensão é a base, e a maior, a altura.[**] Pela magnitude dos esforços P_1, P_2 e P_3, desprezaremos o peso próprio da vigas.

Como primeira providência, calculemos o momento de inércia (I) de cada tramo.

$$I_1 = \frac{bh^3}{12} = \frac{0,2 \times 0,2^3}{12} = 1,333 \times 10^{-4} \text{ m}^4 = 13.333 \text{ cm}^4$$

$$I_2 = \frac{bh^3}{12} = \frac{0,2 \times 0,3^3}{12} = 4,5 \times 10^{-4} \text{ m}^4 = 45.000 \text{ cm}^4 \quad \text{e}$$

$$I_3 = \frac{bh^3}{12} = \frac{0,2 \times 0,4^3}{12} = 10,666 \times 10^{-4} \text{ m}^4 = 106.666 \text{ cm}^4$$

---

[*] Exigência para os pilares engastados parcialmente nos pilares de extremidade.
[**] Estamos procurando ter sempre o maior momento de inércia I.

Calculemos agora o conceito $\omega = I/L$, onde L é igual ao tamanho do vão.

$$\omega_1 = \frac{I_1}{L_1} = \frac{13.333}{300} = 44,4 \text{ cm}^3$$

$$\omega_2 = \frac{45.000}{400} = 112,5 \text{ cm}^3 \quad \text{e} \quad \omega_3 = \frac{106.666}{200} = 533 \text{ cm}^3$$

Não há necessidade de se aprofundar no conceito de ω. Aceitemos que essa grandeza seja simplesmente a divisão do momento de inércia do vão (I), pelo tamanho do vão (L).

Vamos agora fazer um artifício e considerar que os três tramos sejam independentes (um não recebe influência do outro), ou seja, criemos falsos engastamentos em B e C, gerando assim, ficticiamente, três vigas independentes entre si.

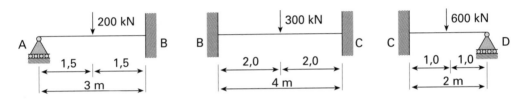

Calculemos agora os momentos em todos os apoios, para essas três vigas agora supostas independentes. Para este caso, usaremos uma notação de sinal para o momento fletor no apoio, chamada **Código de Grinter**.

São positivos os momentos no apoio no sentido horário e negativos os de sentido anti-horário (Código de Grinter).

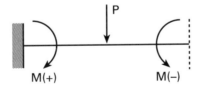

Aplicando-se as fórmulas da Aula 15.1, podemos calcular os momentos nos apoios de cada uma das três vigas independentes.

1.º tramo $M_A = 0 \quad M_B = -\dfrac{3 \times P \times L}{16} = -\dfrac{3 \times 200 \text{ kN} \times 3 \text{ m}}{16} = -112,5 \text{ kNm}$

2.º tramo $\begin{cases} M_B = -\frac{P \times L}{8} = +\frac{300 \times 4}{8} = +150 \text{ kNm} \\ M_C = -\frac{P \times L}{8} = -\frac{300 \times 4}{8} = -150 \text{ kNm} \end{cases}$

3.º tramo $M_C = +\dfrac{3 \times P \times L}{16} = +\dfrac{3 \times 600 \times 2}{16} = +225 \text{ kNm} \quad M_D = 0$

Se voltássemos à viga contínua com esses momentos, veríamos que há uma divergência de momento para os pontos dela sobre os apoios. Vejamos:

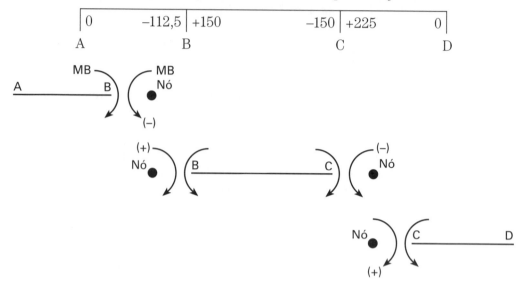

Os momemos das vigas nos apoios A e D, não há dúvida, são zero. Mas em B o momento é −112,5 kNm ou +150 kNm? E em C ele é −150 kNm ou +225 kNm? Temos que compensar essas diferenças nos vãos. Como compensar a diferença em B e em C?

Calculemos os chamados quinhões de distribuição, ou seja, como compensar por exemplo o nó B. Faremos depois o mesmo para C. Para calcular como compensar o nó B, da ocorrência de momentos diferentes, temos de ver todas as condições de cada tramo que nasce desse ponto, ou seja, o vão (L), o momento de inércia (I), e se as extremidades do vão são intermediárias ou apoiadas.

A influência de B para A é, por hipótese, medida por 3 (pelo fato de A ser apoio simples) e a de B para C é 4 (pelo fato de ser apoio intermediário e, portanto, suposto o engastamento). O cálculo de quinhões de distribuição de B para A e de B para C é feito considerando-se as quantidades ω de cada tramo.

Chamemos esses quinhões de β_{BA} e β_{BC}.

$$\beta_{BA} = \frac{3 \times \omega_1}{3 \times \omega_1 + 4 \times \omega_2} \quad \text{e} \quad \beta_{BC} = \frac{4 \times \omega_2}{3 \times \omega_1 + 4 \times \omega_2}$$

Como se pode ver pela fórmula $\beta_{BA} + \beta_{BC} = 1$. Calculemos:

$$\beta_{BA} = \frac{3 \times 44,4}{3 \times 44,4 + 4 \times 112,5} = 0,23 \quad \text{e} \quad \beta_{BC} = \frac{4 \times 112,5}{3 \times 44,4 + 4 \times 112,5} = 0,77$$

Sendo $\beta_{BA} = 0,23$ e $\beta_{BC} = 0,77$.

O cálculo de β_{BC} pela fórmula é uma não necessidade, pois podia ser calculado diretamente $\beta_{BC} = 1 - \beta_{BA} = 1 - 0,23 = 0,77$.

Sabemos agora que a diferença de momentos em B (–112,5 kNm e +150 kNm) deverá ser dividida pelos quinhões 0,23 e 0,77, dando para cada lado de B valores iguais de momento (mas com sinais invertidos, face à notação de Grinter). A diferença a ser distribuída é 150 – 112,5 = 37,5 kNm, mas com sinal negativo e multiplicada pelos quinhões.

Logo: $\qquad -37,5 \times 0,23 = -8,6$ kNm

$\qquad\qquad -37,5 \times 0,77 = -28,9$ kNm

Logo em B teremos:

B	
0,23	0,77
–112,5	+150
–8,6	–28,9
–121,1	+121,1
tramo 1	tramo 2

⇐ Soma (na linha –121,1 / +121,1)

Vemos que à esquerda teremos –121,1 kNm e à direita +121,1 kNm e o nó está equilibrado.

Mas não basta equilibrar o nó B, já que esse equilíbrio foi conseguido graças à adição de duas quantias de cada lado do ponto B. Temos de propagar essas quantias adicionadas aos nós vizinhos. Admitamos como verdade que a propagação para nós internos seja de 50% e para nós externos, de 0%. Logo, propagamos:

0	$\xleftarrow{0\%}$	–8,6	–28,9	$\xrightarrow{50\%}$	–14,5
A			B		C

O nó C, que não estava balanceado, recebe a propagação e fica então:

$$0,5 \times 28,9 \cong 14,5$$

B	C		D
	–150	+225	
	–14,5		
Soma ⇒	–164,5	+225	
	tramo 2	tramo 3	

Logo, temos à esquerda –164,5 kNm e à direita +225 kNm. Temos que equilibrar a diferença 225 – 164,5 = 60,5 kNm para ambos os lados de C. Para dividir essa diferença, temos de calcular os quinhões de distribuição, β_{CB} e β_{CD}, e sabemos que $\beta_{CB} + \beta_{CD} = 1$.

258 Concreto armado eu te amo

$$\beta_{CB} = \frac{4 \times \omega_2}{3 \times \omega_3 + 4 \times \omega_2} = \frac{4 \times 112,5}{3 \times 533 + 4 \times 112,5} = 0,22$$

$$\beta_{CD} = \frac{3 \times \omega_3}{3 \times \omega_3 + 4 \times \omega_2} = \frac{3 \times 533}{3 \times 533 + 4 \times 112,5} = 0,78$$

Multiplicando a diferença 60,5 kNm por 0,22 e 0,78 teremos –13,3 e –47,2. Logo:

C

0,22	0,78
–150	+225
–14,5	
–13,3	–47,2
–177,8	+177,8

⇐ Soma (na linha –13,3 / –47,2)

Vemos que à direita temos o valor de +177,8 kNm, e à esquerda, –177,8 kNm, e o nó está balanceado.

Feito isso, temos de propagar, com o mesmo critério (50% para nós internos e 0% para nós externos, apoiados; se o nó externo fosse engastado, seriam 50%). Isso provocará um desequilíbrio em B que será reequilibrado; propagará, então, um momento para C, desequilibrando-o, e assim por diante, com amortecimentos que tenderão para um equilíbrio final.

A		B			C			D
		0,23	0,77		0,22	0,78		
0		–112,5	+150		–150	+225		0
0	0% ←	–8,6	–28,9	50% →	–14,5			
			–6,7	50% ←	–13,3	–47,2	0% →	0
0	0% ←	+1,5	+5,2	50% →	+2,6			
			–0,2	50% ←	–0,5	–2,1	0% →	0
		+0,1	+0,1					
		–119,5	+119,5		–175,7	+175,7		0
0		–119,5 kNm			–175,7 kNm			0

Conclusão: o momento fletor de viga no ponto A é nulo (bidu), o momento fletor em B é –119,5 kNm (aplicando-se a convenção de Grinter, quando se tem $\overline{-\!\top\!+}$, o sinal efetivo do momento é negativo), (tração em cima e compressão embaixo).

Se fosse $\overline{+\!\top\!-}$, seria momento negativo.

Conhecidos os momentos em todos os apoios, podemos calcular cada trecho de viga como independente e tendo como ligação o momento fletor. Teremos então:

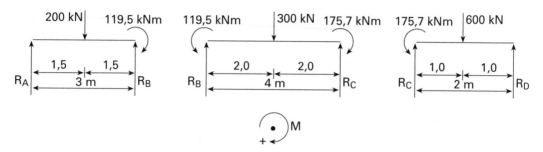

A viga está resolvida em termos de momentos fletores nos apoios.

Calculemos agora as reações nos apoios:

1.º tramo:

$$R_A + R_B = 200 \text{ kN}$$

$$\Sigma_{M_B} = 0 \Rightarrow R_A \times 3 - 200 \times 1,5 + 119,5 = 0 \Rightarrow 3 \times R_A - 180,5 = 0$$

$$3 \times R_A = 180,5 \qquad\qquad \Rightarrow R_A = \frac{180,5}{3} \cong 60 \text{ kN}$$

$$R_A + R_B = 200 \text{ kN} \qquad\qquad R_B = 200 - 60 = 140 \text{ kN}$$

2.º tramo:

$$R_B + R_C = 300 \text{ kN}$$

$$\Sigma_{M_C} = 0 \Rightarrow -119,5 + 175,7 + R_B \times 4 - 300 \times 2 = 0 \Rightarrow 56,2 + 4R_B - 600 = 0$$

$$4 \times R_B = 543,8 \Rightarrow R_B = \frac{543,8}{4} \qquad\qquad \Rightarrow R_B \cong 136 \text{ kN}$$

$$R_C = 300 - 136 = 164 \text{ kN}$$

3.º tramo:

$$R_C + R_D = 600 \text{ kN}$$

$$\Sigma_{M_D} = 0 \Rightarrow -175,7 + R_C \times 2 - 600 \times 1 = 0$$

$$2 \times R_C = 775,7 \qquad\qquad \Rightarrow R_C = 388 \text{ kN}$$

$$R_D = 600 - 388 = 212 \text{ kN}$$

As reações efetivas que ocorrem nos apoios (junção das reações calculadas dos trechos das vigas) são:

A	B		C		D
60	140	136	164	388	212
60		276		552	212

Conhecemos agora todas as reações nos apoios e podemos, pois, calcular os momentos fletores em todos os pontos da viga, e particularmente nos pontos singulares.

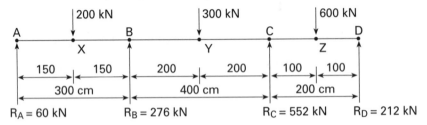

Viremos da esquerda para a direita e valendo:

- O momento na viga no ponto A é zero.
- O momento na viga no ponto X vale:
  $M_X = + R_A \times 1,5 = + 60 \times 1,5 = + 90$ kNm
  $M_B = + 60 \times 3 - 200 \times 1,5 = - 120$ kNm
  $M_Y = + 60 \times (3 + 2) - 200 \times (1,5 + 2) + 276 \times 2$

Logo:
  $M_Y = + 300 - 700 + 552 = 152$ kNm
  $M_C = + 60 \times (7) - 200 \times (5,5) + 276 \times (4) - 300 \times 2$

Logo:
  $M_C = 420 - 1.100 + 1.104 - 600 = - 176$ kNm
  $M_Z = + 60 \times (8) - 200 \times (6,5) + 276 \times 5 - 300 \times 3 + 552 \times 1$

Logo:
  $M_Z = 480 - 1.300 + 1.380 - 900 + 552 = + 212$ kNm

O gráfico dos momentos será (em tcm)

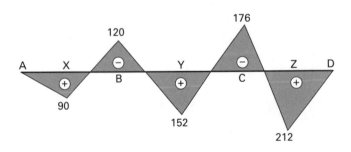

A deformação da curva será:

Aula 16   **261**

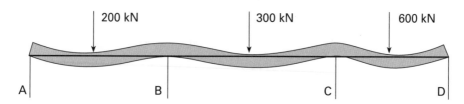

O diagrama de forças cortantes será:

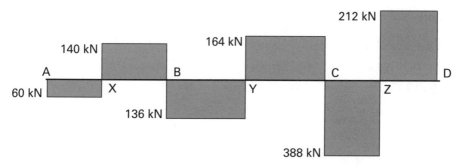

Conhecemos agora os momentos fletores ao longo de toda a viga, e as forças cortantes ao longo de toda a viga. Como cada tramo tem uma seção transversal (20 × 20 cm), (20 × 30 cm), (20 × 40 cm), calculemos as tensões em cada tramo.

1.º Tramo:

Máximo momento fletor = –120 kNm (no apoio B)
Máxima força cortante = 140 kN
Seção (20 × 20 cm) $A = 400$ cm^2

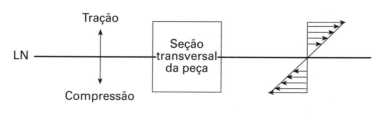

$$\sigma = \frac{M}{W} \Rightarrow \sigma = \frac{120}{0,00133} = 90.225,5 \text{ kN/m}^2$$

onde W é módulo de resistência

$$W = \frac{b \cdot h^2}{6} = \frac{0,2 \times 0,2^2}{6} = 0,00133 \text{ m}^3$$

Cálculo da tensão de cisalhamento no ponto X (pegar a maior força cortante no ponto):

$$\tau = k \times \frac{Q}{A} \quad \text{onde} \quad \begin{array}{l} k = 1{,}5 \text{ para seção retangular} \\ A = \text{área} = b \cdot d \end{array}$$

Logo:

$$\tau = 1{,}5 \times \frac{140}{0{,}2 \times 0{,}2} = 5.250 \text{ kN/m}^2$$

2.º Tramo:

Momento fletor = –176 kNm (no apoio C)

Máxima força cortante = –164 kN

Seção (20 × 30 cm) $A = 600 \text{ cm}^2$

$$W = \frac{b \times h^2}{6} = \frac{0{,}2 \times 0{,}3^2}{6} = 0{,}003 \text{ m}^3$$

$$\sigma = \frac{M}{W} \Rightarrow \sigma = \frac{176}{0{,}003} = 58.666{,}6 \text{ kN/m}^2$$

Cálculo da tensão de cisalhamento no ponto Y (pegar a maior força cortante no ponto):

$$\tau = k \times \frac{Q}{A} = 1{,}5 \times \frac{164}{0{,}2 \times 0{,}3} = 4.100 \text{ kN/m}^2$$

3.º Tramo:

Momento fletor = +212 kNm (no ponto Z)

Máxima força cortante = 388 kN

Seção (20 × 40 cm) $A = 800 \text{ cm}^2$

$$W = \frac{b \times h^2}{6} = \frac{0{,}2 \times 0{,}4^2}{6} = 0{,}00533 \text{ m}^3$$

$$\sigma = \frac{M}{W} \Rightarrow \sigma = \frac{212}{0{,}00533} = 39.774{,}9 \text{ kN/m}^2$$

Cálculo da tensão de cisalhamento no ponto Z (pegar a maior força cortante no ponto):

$$\tau = k \times \frac{Q}{A} = 1{,}5 \times \frac{388}{0{,}2 \times 0{,}4} = 7.275 \text{ kN/m}^2$$

Chegamos ao final. A viga está resolvida.

Vamos, agora, para efeito crítico, analisar quais seriam os resultados a que chegaríamos se:

- 1.º Caso: A viga fosse considerada como contínua (é o exercício resolvido).
- 2.º Caso: Se a viga fosse suposta com três tramos independentes e simplesmente apoiados em quatro pilares.
- 3.º Caso: Se a viga fosse suposta como três tramos independentes e engastados nos quatro pilares.

1.º Caso: viga contínua (exemplo resolvido nas páginas anteriores):

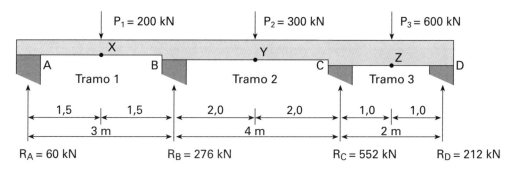

Observar que a viga gira livre em A e D. Nos apoios B e C, há um engastamento, não da viga no apoio, mas sim o engastamento de trecho da viga em trecho da viga.

2.º Caso: viga simplesmente apoiada, dividida em três partes independentes (3 vigas):

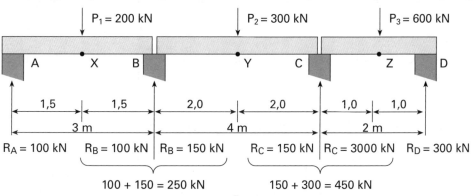

$$M_X = \frac{P_1 \times L}{4} = \frac{200 \times 3}{4} = 150 \text{ kNm}$$

O diagrama de forças cortantes será:

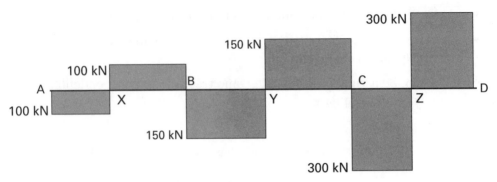

O gráfico dos momentos será (em kNm):

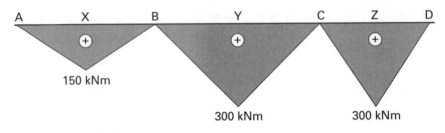

$$M = \frac{200 \times 3}{4} = 150 \text{ kNm} \qquad M = \frac{300 \times 4}{4} = 300 \text{ kNm} \qquad M = \frac{600 \times 2}{4} = 300 \text{ kNm}$$

A deformação de curva será:

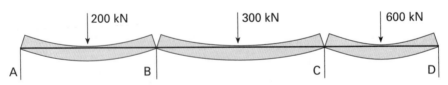

Momentos transmitidos aos apoios, igual a zero. Observar que as vigas são livres para girar nos apoios.

3.º Caso: viga engastada em quatro grossos pilares:

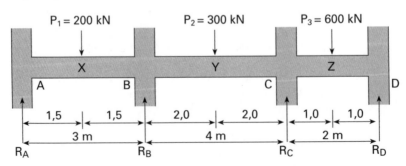

O diagrama de forças cortantes será:

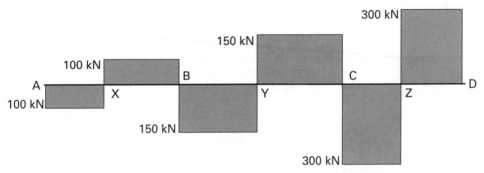

O gráfico dos momentos será (em kNm):

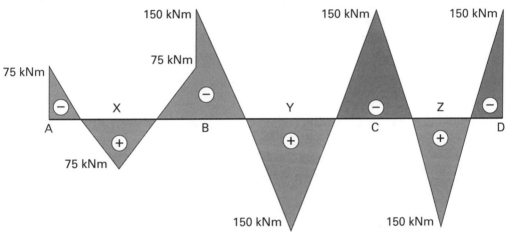

$$M_B = M_A = \frac{-200 \times 3}{8} = (-)75 \text{ kNm} \qquad M_C = M_B = \frac{(-)300 \times 4}{8} = (-)150 \text{ kNm}$$

$$M_X = \frac{200 \times 3}{8} = 75 \text{ kNm} \qquad M_Y = \frac{300 \times 4}{8} = 150 \text{ kNm}$$

$$M_C = M_D = \frac{(-)600 \times 2}{8} = (-)150 \text{ kNm}$$

$$M_Z = \frac{600 \times 2}{8} = 150 \text{ kNm}$$

A deformação de curva será:

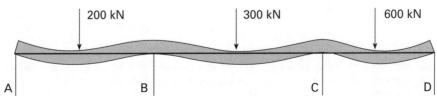

Observar que os trechos da viga não podem girar livremente nos apoios. Aí o engastamento é de viga com pilar.

Análise comparativa entre as três soluções

Para vencer um vão usando engastamentos intermediários em B e C, ocorrerão os menores momentos fletores (o máximo ocorrido foi de 150 kNm).

A solução que leva a três vigas simplesmente apoiadas independentes leva a maiores momentos fletores (o máximo ocorrido foi de 300 kNm).

A solução de viga contínua leva a momentos fletores maiores que as de solução de engastamento, mas menores que a solução de três vigas independentes.

Para forças cortantes, o máximo é para vigas contínuas (a solidariedade sobrecarrega os pilares intermediários). O maior valor foi de 388 kN.

As soluções de vigas engastadas ou independentes dão iguais valores de forças cortantes. O máximo foi de 300 kN. Em geral, nas três hipóteses, as maiores forças cortantes acontecem nos apoios.[*]

Para confirmar nossas compreensões, passemos a resolver outros problemas, utilizando sempre a mesma metodologia. Seja a viga a seguir:

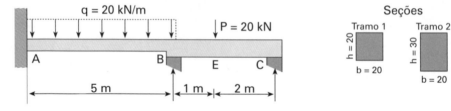

Procure acompanhar o andamento do problema anterior, para facilitar a compreensão. Calculemos:

$$I_1 = \frac{b \times h^3}{12} = \frac{20 \times 20^3}{12} = 13.333 \text{ cm}^4$$

$$\omega_1 = \frac{I_1}{L_1} = \frac{13.333}{500} = 26,7 \text{ cm}^3$$

$$I_2 = \frac{20 \times 30^3}{12} = 45.000 \text{ cm}^4$$

$$\omega_2 = \frac{45.000}{300} = 150 \text{ cm}^3$$

---

[*] Na nossa primeira aula, mostramos que, no Viaduto Santa Efigênia, havia um enrijecimento no arco, nos pontos de apoio, onde se descarregavam os pilares. Fica agora explicada a razão. O enrijecimento é para vencer as forças cortantes, que são máximas nos apoios.

Admitamos o engastamento dos nós intermediários, que no caso é um só (B), e calculemos os dois tramos, como se engastados fossem e independentemente.

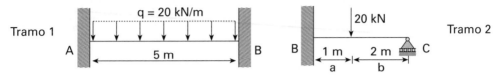

Para o Tramo 1:

$$M_A = +\frac{q \times L^2}{12} = +\frac{20 \times 5^2}{12} = +41,7 \text{ kNm}$$
$$M_B = -\frac{q \times L^2}{12} = -\frac{20 \times 5^2}{12} = -41,7 \text{ kNm}$$

Convenção de Grinter

Para o Tramo 2: $a = 1$ m; $b = 2$ m, $\ell = 3$ m; $m = a/\ell$

$$k_1 = \frac{m}{2} \times (2 - 3m + m^2) \qquad m = \frac{a}{\ell} = \frac{1}{3} = 0,333$$

$$k_1 = \frac{0,333}{2} \times (2 - 3 \times 0,333 + 0,333^2) = 0,1851$$

$$M_B = -k_1 \times P \times L = -0,1851 \times 20 \times 3 = -11,106 \text{ kNm}$$

$$M_C = 0$$

Cálculo dos quinhões de distribuição:

$$\beta_{BC} = 3 \times \omega_2 \qquad e \qquad \beta_{BA} = 4 \times \omega_1$$

$$\beta_{BC} = \frac{\beta_{BC}}{\beta_{BC} + \beta_{BA}} = \frac{3 \times \omega_2}{3 \times \omega_2 + 4 \times \omega_1} = \frac{3 \times 150}{3 \times 150 + 4 \times 26,7}$$

$$\beta_{BC} = \frac{450}{450 + 106,8} = 0,81$$

$$\beta_{BA} = 0,19$$

A		B		C
		0,19	0,81	
+41,7		−41,7	+11,1	0
+ 2,9	50% ←	+5,8	+24,8	0
+44,6		−35,9	+35,9	0% →	0

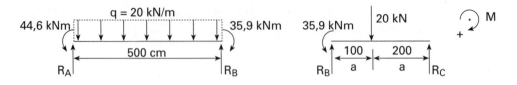

Cálculo do 1.º Tramo:

$\Sigma_{M_B} = 0 \Rightarrow -44,6 + 35,9 + R_A \times 5 - 20 \times 5 \times 2,5 = 0 \Rightarrow R_A = \dfrac{258,7}{5} = 51,7 \text{ kN}$

$R_A + R_B = 20 \times 5 = 100 \text{ kN} \quad \begin{cases} R_B = 48,3 \text{ kN} \\ R_A = 51,7 \text{ kN} \end{cases}$

Cálculo do 2.º Tramo:

$\Sigma_{M_B} = 0 \Rightarrow -35,9 + 20 \times 1 - R_C \times 3 = 0 \Rightarrow -15,9 - 3 R_C = 0 \Rightarrow R_C = \dfrac{+15,9}{-3} = -5,3 \text{ kN}$

$R_B + R_C = 20 \text{ kN} \qquad R_B = 25,3 \text{ kN} \quad R_B - 5,3 = 20 \Rightarrow R_B = 20 + 5,3 = 25,3 \text{ kN}$

Logo $R_B = 25,3$ kN e $R_C = -5,3$ kN.

As reações nos apoios serão:

A	B	C	
51,7	48,3	−5,3	
	25,3		⇐ Soma
51,7	73,6	−05,3	

A viga será, pois:

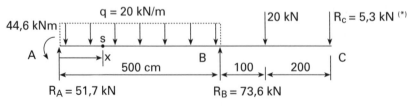

(*) Pelo resultado negativo de R_C, temos de inverter a posição do apoio C. Imaginamos , mas deve ser assim:

Cálculo dos momentos:

1.º Tramo:

Consideremos um ponto S qualquer no tramo 1, distante x de A. O momento no ponto S será:

$$M_S = -44,6 + 51,7 \times x - 20 \times x \times x/2$$
$$M_S = -44,6 + 51,7 \times x - 10 \times x^2$$

A fórmula indica que, para se conhecer o ponto onde ocorre máximo momento fletor,[*] temos de conhecer o ponto x que maximiza essa função.

Para isso, ou se calcula por tentativas, ou se deriva a função:

$$51,7 - 20x = 0 \Rightarrow x = 2,59 \text{ m}$$
$$\text{para } x = 2,59 \Rightarrow M_S = -44,6 + 51,7 \times 2,59 - 10 \times 2,59^2 = 22,2 \text{ kNm}$$

O máximo momento fletor valerá (para $x = 259$ cm)

$$M_M = -44,6 + 51,7 \times 2,59 - \frac{20}{2} \times 2,59^2 = -44,6 + 133,9 - 67,1 = 22,2 \text{ kNm}$$
$$M_M = 22,2 \text{ kNm para } x = 2,59 \text{ m}$$

O gráfico de momento fletor será (em kNm):

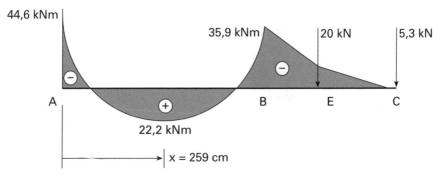

(*) Momento fletor positivo.

270 Concreto armado eu te amo

O gráfico de força cortante será:

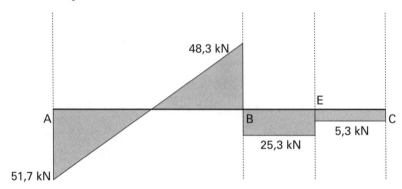

Façamos um outro exercício. Seja outra viga a seguir, com carregamentos uniformes nos dois tramos:

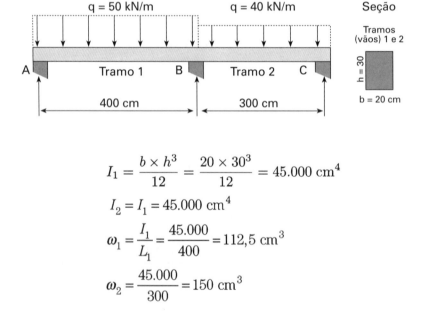

$$I_1 = \frac{b \times h^3}{12} = \frac{20 \times 30^3}{12} = 45.000 \text{ cm}^4$$

$$I_2 = I_1 = 45.000 \text{ cm}^4$$

$$\omega_1 = \frac{I_1}{L_1} = \frac{45.000}{400} = 112,5 \text{ cm}^3$$

$$\omega_2 = \frac{45.000}{300} = 150 \text{ cm}^3$$

Consideremos os dois tramos. Admitimos o engastamento dos nós intermediários, que no caso é um só (B), e calculemos os dois tramos, como se engastados fossem e independentes.

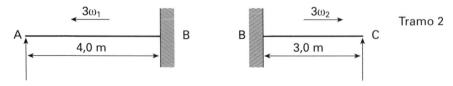

Para o Tramo 1 (convenção de Grinter):

$$M_A = 0$$

$$M_B = -\frac{q \times L^2}{8} = -\frac{50 \times 4^2}{8} = -100 \text{ kNm}$$

Para o Tramo 2:

$$M_B = -\frac{q \times L^2}{8} = -\frac{40 \times 3^2}{8} = +45 \text{ kNm}$$

Cálculo dos quinhões de distribuição:

$$\frac{\beta_{BA}}{\beta_{BA} + \beta_{BC}} = \frac{3 \times \omega_1}{3 \times \omega_1 + 3 \times \omega_2} = \frac{3 \times 112,5}{3 \times 112,5 + 3 \times 150} = \frac{337,5}{787,5} = 0,43$$

$$\begin{array}{c|c}
0,43 & 0,57 \\
\hline
-100 & 45 \\
23,65 & 31,35 \\
\hline
-76,35 & 76,35 \text{ kNm}
\end{array}
\quad \begin{cases} \Delta M = -100 + 45 = 55 \\ +55 \times 0,43 = 23,65 \text{ kNm} \\ +55 \times 0,57 = 31,35 \text{ kNm} \end{cases}$$

Logo:

$$\frac{\beta_{BC}}{\beta_{BA} + \beta_{BC}} = 1 - 0,43 = 0,57$$

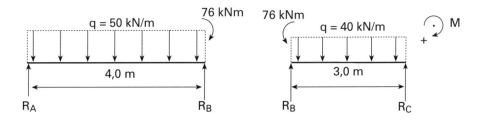

Cálculo do 1.º Tramo:

$$R_A + R_B = 50 \times 4 = 200 \text{ kN}$$

$$\Sigma_{M_B} = 0 \quad \Rightarrow R_A \times 4 - 50 \times 4 \times 2 + 76 = 0 \Rightarrow R_A = \frac{324}{4} = 81 \text{ kN}$$

$$R_A + R_B = 200 \Rightarrow R_B = 200 - 81 \quad\quad \Rightarrow R_B = 119 \text{ kN}$$

Cálculo do 2.º Tramo: $xm \to$ cortante $= 0$

$R_B + R_C = 40 \times 3 = 120$ kN

$\Sigma M_B = 0 \quad (-)R_C \times 3 + 120 \times 1,5 - 76 = 0 \Rightarrow R_C = \dfrac{180 - 76}{3} = 34,7$ kN

$R_B + R_C = 120 - 34,7 = 85,3$ kN

As reações nos apoios serão:

A	B	C
+81	+119	+34,7
	+ 85,3		⇐ Soma
+81	+204,3	+34,7

A viga será, pois:

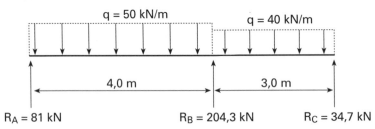

Diagrama dos momentos:

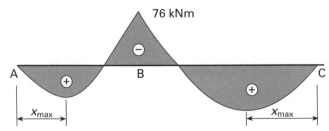

$x_{\max_{AB}} = \dfrac{R_A}{q} = \dfrac{81}{50} \cong 1,62$ m $\qquad M_{AB} = 81 \times 1,62 - 50 \times \dfrac{1,62^2}{2} = 65,61$ kNm

$x_{\max_{BC}} = \dfrac{R_C}{q} = \dfrac{34,7}{40} \cong 0,87$ m $\qquad M_{BC} = 34,7 \times 0,87 - 40 \times \dfrac{0,87^2}{2} = 15,05$ kNm

Nota:

Um leitor pergunta: quando usar cada tipo de solução?

A hipótese do 1.º caso é o caso mais comum nas estruturas de concreto armado. A hipótese do 2.º caso pode ser feita em situações em que podem acontecer em alguns pontos recalques diferenciais (um valor de recalque em um ponto diferente do valor de recalque em outro ponto).

A estrutura do 2.º caso se adapta melhor, se acomoda melhor que a estrutura do 1.º caso.

A estrutura do 3.º caso é para obras com pilares de enorme tamanho e, então, a hipótese do 1.º caso (apoio simples na extremidade) não reflete a realidade. Adotamos então a hipótese do 3.º caso (engastamento das extremidades da pequena viga nos enormes pilares).

16.2 A ARTE DE ESCORAR E A NÃO MENOR ARTE DE RETIRAR O ESCORAMENTO

O cimbramento (escoramento) é a estrutura provisória (normalmente de madeira, e recentemente começam a ficar comuns as estruturas metálicas tubulares) que sustenta as formas que vão receber e dar forma ao concreto ainda mole (pastoso).

Quando o concreto inicia a pega, ele adquire uma determinada resistência, que permite a retirada progressiva do escoramento das formas.

Se foi necessário prever um adequado escoramento, para que as formas não cedessem ou não se deformassem, quando o concreto as esforçava, há uma técnica de retirada de formas toda especial, de maneira que não sejam transferidos às estruturas já agora resistentes tipos de esforços para os quais elas não foram projetadas.

Em projetos de grande fôlego, há um projeto específico de cimbramento (escoramento) e outro de descimbramento. É famosa uma história trágica de destruição de uma obra tecnicamente perfeita por erro de descimbramento.

Contemos o caso. Uma viga em balanço já tinha sido concretada e estava pronta para ser desformada. Quando pronta, ela trabalharia da seguinte forma:

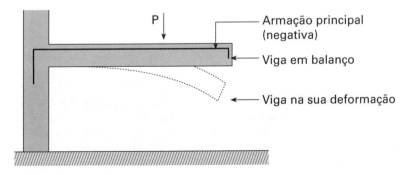

O jovem responsável da obra, ao iniciar o descimbramento, mandou tirar as escoras do centro (para que a viga começasse a trabalhar devagarzinho, pensava ele).

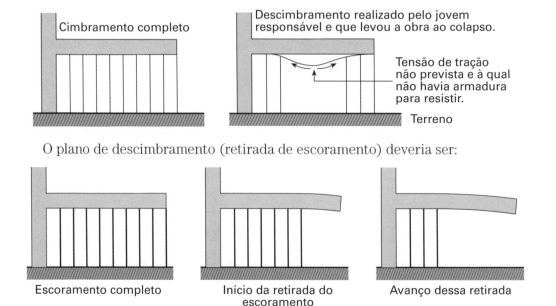

As normas preveem que as obras maiores devem ter um plano de cimbramento e um plano de descimbramento.[*]

Atenção: consultar a nova norma NBR 15696/09 para formas e escoramentos.

16.3 ATENÇÃO: CARGAS NAS VIGAS!!!

Pela Tabela de Barës-Czerny, calculamos os momentos fletores nos pontos médios e nos apoios das lajes armadas em cruz. Fórmulas diretas dão os momentos fletores no meio e nos apoios, para as lajes armadas em uma só direção.

Como se calculam as cargas (carga acidental e peso próprio) que as lajes transferem às vigas?

---

[*] A antiga e sempre respeitável norma NB-1/78, antecessora da NBR 6118, dizia no seu item 14.2.1: "A retirada das formas e do escoramento só poderá ser feita quando o concreto se achar suficientemente endurecido para resistir às ações [...], a retirada das formas e do escoramento não deverá dar-se antes de: nas faces laterais, 3 dias; nas faces inferiores, deixando pontaletes bem encunhados e convenientemente espaçados, 14 dias; e nas faces inferiores, sem pontaletes, 21 dias".

16.3.1 LAJES ARMADAS EM UMA SÓ DIREÇÃO

Para lajes armadas em uma só direção, a solução é simples. A totalidade da carga é transferida às vigas colocadas paralelas à direção do comprimento maior (x).

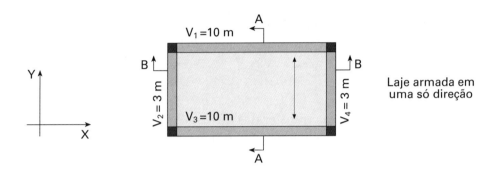

Laje armada em uma só direção

Toda a carga da laje passa, em igualdade de condições, para V-1 e V-3.

Assim, uma laje de 10 × 3 × 9 cm de espessura e carga de 4,75 kN/m² transfere, às vezes, as cargas seguintes:

Sobrecarga	10 × 3 × 2,50 =	75,0 kN
Peso próprio	10 × 3 × 0,09 × 25,00 =	67,5 kN
	q =	142,5 kN

$$\text{ou } q_2 = \frac{142,5}{10 \times 3} = 4,75 \text{ kN/m}^2$$

Todo o peso de 142,5 kN será transferido às duas vigas, cada uma de 10 m. A carga por metro transmitida às vigas será:

$$\frac{142,5}{2 \times 10} = 7,125 \text{ kN/m}$$

O esquema é:

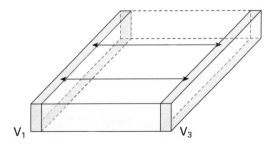

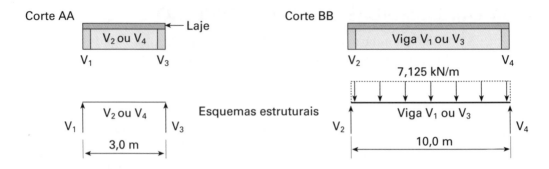

Em princípio, não há cargas transferidas a V-2 ou V-4. Na prática, é comum nos cálculos admitir uma carga residual nas vigas, que vencem o menor vão. No nosso exemplo, no cálculo da laje, a rigor, não haveria carga na direção y transferida à viga.

Por segurança, será atribuída uma carga mínima de $q_y = 0{,}25 \times 3 \times 4{,}75 = 3{,}56$ kN/m.

$$q_y = 0{,}25 \times \ell_{\text{menor}} \times q$$

AULA 17

17.1 FLAMBAGEM OU A PERDA DE RESISTÊNCIA DOS PILARES QUANDO ELES CRESCEM (Os professores do curso[*] não chegaram a um acordo e por isso esta aula é dada duas vezes) – notas sobre pilares

O assunto Flambagem (ou empenamento, como dizem lá na santa terrinha) é um dos assuntos mais complexos da mecânica das estruturas. Como uma prova dessa complexidade e grau de discussão do tema, esta aula vai ser escrita duas vezes, dando, assim, chance para que dois professores apresentem suas opiniões. A Aula 17.1.1 dá uma explicação mais fenomenológica e algo menos rigorosa. A Aula 17.1.2 dá uma explicação mais correta e, convenhamos, algo menos didática.

17.1.1 FLAMBAGEM – UMA VISÃO FENOMENOLÓGICA

Pegue uma chapa de metal de pequena espessura e com mais ou menos 30 cm de comprimento e comprima as extremidades como mostra a figura a seguir:

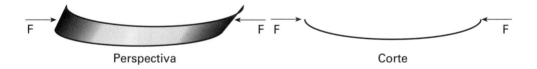

Perspectiva   Corte

Você notará que a peça anteriormente plana se curva. Aumente a força de compressão e você notará que a peça se encurvará ainda mais.

Você poderá repetir a experiência com uma ripa de madeira de alguns metros. Com o aumento da força de compressão, a peça poderá até romper. Refaça a experiência com o mesmo material, mas com comprimento bem menor. Você notará que, com comprimento menor, ficará mais difícil dobrar a chapa ou a ripa de madeira. Para quebrar então ficará muito mais difícil. O que mudou? A peça comprimida "parece que ganhou resistência" quando seu comprimento diminuiu. Uma peça compri-

---
[*] Este livro nasceu de um curso por correspondência.

mida (um pilar de prédio, por exemplo) é uma peça que "ganha resistência" quando tem sua altura diminuída, ou "perde resistência" quando sua altura cresce.

O fenômeno chama-se *flambagem*. Notemos que a perda de resistência que acontece em peças comprimidas quando cresce seu comprimento está intimamente vinculada à liberdade da peça em se deformar. Assim, se a ripa de madeira comprimida estivesse encaixada em uma reentrância de uma parede, então, para rompermos a peça na compressão, seria muito mais difícil (exigiria uma carga maior).

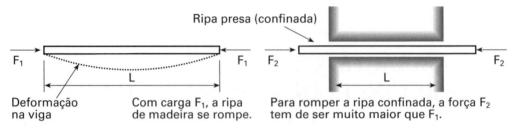

Conclusão: o fenômeno da variação de resistência de uma peça comprimida (flambagem) depende fundamentalmente do comprimento da peça (L) e do seu grau de liberdade em se deformar. Posteriormente se verá que a forma da seção também influi na majoração ou minoração da flambagem.

Consideremos agora dois pilares de igual seção, e submetida à mesma força P,[*] mas tendo esses pilares alturas bem diferentes. Os pilares têm seção igual (mesma forma e área) e, portanto, igual módulo de resistência.

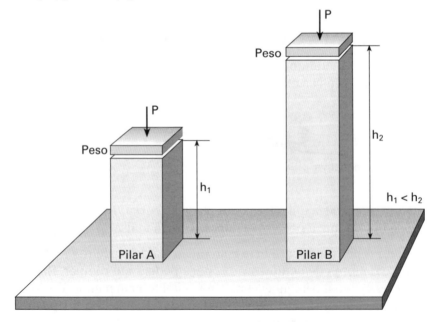

---

[*] Estamos desprezando o efeito dos pesos dos dois pilares, admitindo que a carga P é muito superior a qualquer um dos dois pesos próprios.

Nos dois casos, considerando a reação no apoio, temos o seguinte esquema estrutural:

Qual dos dois pilares parece ser o mais resistente, o mais estável? Claro que a nossa experiência e o nosso sentimento mostram que o pilar A "parece" ser o mais resistente e mais estável. Esse sentimento é confirmado pela experiência. Quanto mais alto um pilar, ele parece que "perde" a sua resistência. Essa "perda de resistência" é explicada pelo fenômeno da flambagem. Podemos garantir que, se os pilares fossem construídos de forma geométrica perfeita, se a força fosse centrada no eixo ou tivesse uma distribuição perfeitamente uniforme em toda a área do pilar, então não ocorreria o fenômeno da perda de resistência dos pilares quando eles têm suas alturas acrescidas (não ocorreria a flambagem).

Acontece, na prática, que nenhum pilar tem sua construção geométrica perfeita, a carga não é colocada geometricamente no meio e nem é distribuída perfeitamente na área superior do pilar. O que acontece então na realidade? Daremos uma explicação simplificada, mas que é suficiente para entender e sentir e, posteriormente, medir, principalmente para superar o problema.

Admitamos que, devido a uma pequena excentricidade Δ_1, que seja, de aplicação da força P, essa excentricidade faça agir sobre o pilar um momento fletor M_1. Como vimos na Aula 11.2 (Flexão Composta), esse momento fletor acresce tensões de compressão ao pilar em relação à tensão inicial P/A. Além disso, esse momento tende a deslocar o pilar de sua posição inicial, aumentando, assim, a excentricidade Δ_1 para Δ_2.

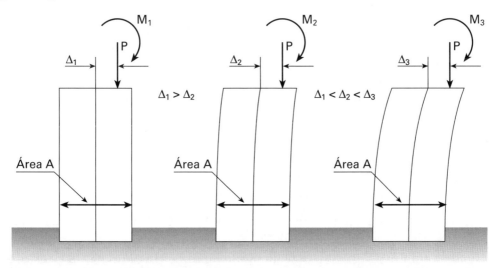

A tensão de compressão teórica do pilar seria $\sigma = P/A$. Face à excentricidade Δ_1, a tensão de compressão passou a ser $\sigma_1 = P/A + $ acréscimo$_1$ (acréscimo$_1 = M_1/W$).

280　Concreto armado eu te amo

O deslocamento causado pelo momento M_1 leva a um deslocamento Δ_2, que é maior que Δ_1, e isso aumenta o momento fletor para M_2, que é maior que M_1. Então, a tensão de compressão no pilar será:

$$\sigma_2 = \frac{P}{A} + \text{acréscimo}_2 \qquad \text{sendo acréscimo}_2 = \frac{M_2}{W}$$

O acréscimo de deformação causado pelo momento M_2 leva a uma situação mais crítica da excentricidade de carga P (excentricidade de Δ_3 que é maior que Δ_2 e muito maior que Δ_1).

Assim, o fenômeno poderá crescer sucessivamente e, com ele, crescem as tensões de compressão do pilar, podendo chegar até um ponto em que a tensão de compressão no pilar será superior à tensão de resistência-limite do material, e o pilar rompe. Rompe por compressão ou por flambagem?

Ele rompe por compressão, face ao aumento da tensão de compressão causada pela deformação crescente oriunda da flambagem (liberdade de o pilar ter sua excentricidade aumentada).

Vemos, pois, que o fenômeno de flambagem está ligado a:

- Tensões crescentes de compressão.

- Altura do pilar.

- Liberdade do pilar em fugir do seu eixo, face aos momentos fletores causados por excentricidade de cargas ou falta de geometria da situação.

Considerando que essas são as causas, para se contornar o problema nas construções de pilares, devemos:

- Tentar ao máximo centrar ou bem distribuir as cargas. Essa é uma intenção, já que durante a construção das estruturas não se pode garantir isso perfeitamente e, além disso, as estruturas não trabalham exatamente como imaginamos, podendo sempre ocorrer esforços que não são exatamente como previmos e que deslocam a aplicação da força. Tentar vencer a flambagem com essa intenção é, pois, algo inglório.

- Tentar reduzir a altura dos pilares. Sem dúvida que isso é uma medida prática que reduz bastante o fenômeno de flambagem. Mas nós não podemos levar isso a extremos, porque senão construiríamos prédios com pés-direitos inaceitáveis e nas nossas casas só poderiam morar pessoas de baixa estatura.

- Tentar reduzir a facilidade dos pilares em ter a excentricidade Δ_1 aumentada para Δ_2. Essa é a grande solução. Como conseguimos isso? Pelo intertravamento, pela amarração e solidariedade dos pilares. Nos prédios, as vigas que ligam têm também essas importantíssimas funções. Elas intertravam os pilares combatendo eventuais tendências neles de sofrer deslocamento. Olhando internamente um pilar de concreto armado, veremos que as barras longitudinais de aço são intertravadas pelos estribos que têm, entre outras, essa função de intertravamento (evitar flambagem da armadura).

- Dar forma aos pilares que minimizem as tensões adicionais de compressão causadas pela flambagem.

Como visto, a tensão no pilar causada pela força P e pelo momento fletor não desejável é:

$$\sigma = \frac{P}{A} + \frac{M}{W}$$

W é o módulo de resistência de seção. Se W for grande, então o valor M/W é pequeno e as consequências da flambagem são sensivelmente diminuídas.

Mas qual W? W_{xx} ou W_{yy}?

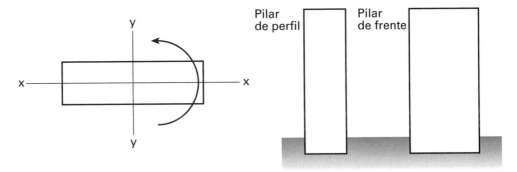

O fenômeno de flambagem pode se dar em qualquer posição. Não adianta ter um pilar muito resistente em um lado e muito fraco em outro. O que fazer? Temos de nos preocupar com a seção de menor W (W_{xx}), pois é para ele que teremos o maior coeficiente M/W.

No caso mostrado, o pilar é mais fraco em relação ao eixo x, e quando formos dimensionar a estrutura será esse o W a considerar (W_{xx}).

Condições de travamento dos pilares:

Sejam os quatro pilares indicados a seguir com diferentes condições de travamento (temos sempre de considerar as condições de travamento superior, inferior e lateral).

Considerando que a flambagem é, na sua essência, um problema de deslocamento, ou seja, de perda de equilíbrio, quanto mais vínculos pusermos, menores serão as facilidades de flambagem. Assim, o pilar 1 tem menos condições de flambar que o pilar 2, face à liberdade no pilar 2 do seu bordo superior. O pilar 3 tem menos condições de flambar que o 2, e o pilar 5 (pilar totalmente confinado), em princípio, não deve flambar nunca.

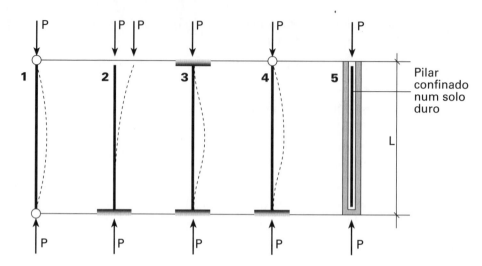

Um exemplo de pilar 5 é uma estaca de fundação cravada em um solo muito resistente.

Um indicador excelente das condições de flambagem de uma peça comprimida é o chamado índice de esbeltez (λ). λ é, pois, uma medida numérica de tendência de um pilar em flambar. Quanto maior λ, pioram-se as condições de flambagem.

$$\lambda = \frac{k \times L}{i} = \frac{k \times L}{\sqrt{\frac{I}{A}}}$$

onde:

λ = Índice de esbeltez;

k = Característica do pilar (liberdade de fletir);

i = Raio de giração = $\sqrt{I/A}$;

I = Momento de inércia em relação ao eixo que mais tem condições de flambar, ou seja, o que dá menor I;

A = Área de seção;

L = Altura do pilar.

Observação: O produto $k \times L$ é chamado comprimento de flambagem (L_{fl}).

Para o: tipo 1 $\Rightarrow k = 1$;
        tipo 2 $\Rightarrow k = 2$;
        tipo 3 $\Rightarrow k = 0{,}5$;
        tipo 4 $\Rightarrow k = 0{,}7$;
        tipo 5 $\Rightarrow k = 0$. Não ocorrerá flambagem.

Calculamos λ para vários pilares:

1.º Caso (seção 20 × 30 cm) – A

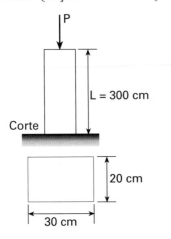

$$I = \frac{b \times h^3}{12} = \frac{30 \times 20^3}{12} = 20.000 \text{ cm}^4$$

$$A = 20 \times 30 \Rightarrow A = 600 \text{ cm}^2$$

$$i = \sqrt{\frac{I}{A}} = \sqrt{\frac{20.000}{600}} = 5,8$$

$$i = 5,8$$

$$\lambda = \frac{k \times L}{\sqrt{\frac{I}{A}}} = \frac{2 \times 300}{5,8} = 103$$

$$\lambda = 103$$

2.º Caso (seção 20 × 20 cm) – B

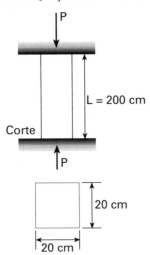

$$I = \frac{b \times h^3}{12} = \frac{20 \times 20^3}{12} = 13.333 \text{ cm}^4$$

$$A = 20 \times 20 \Rightarrow A = 400 \text{ cm}^2$$

$$i = \sqrt{\frac{I}{A}} = \sqrt{\frac{13.333}{400}} = 5,8$$

$$i = 5,8$$

$$\lambda = \frac{k \times L}{\sqrt{\frac{I}{A}}} = \frac{0,5 \times 200}{5,8} = 17,24$$

$$\lambda = 17,24$$

Pela análise direta de λ, vê-se que o pilar A (1.º caso) tem muito mais chances de flambar do que o pilar B (2.º caso).

Sumário e orientações:

A flambagem é um fenômeno de equilíbrio de peças comprimidas (verticais ou horizontais), levando a um acréscimo das condições de compressão da peça.

Uma peça comprimida que não tenha condições de flambagem (λ muito pequeno) pode ter sua tensão de compressão calculada diretamente $\sigma = P/A$. Caso haja flambagem, essa tensão de compressão aumentará, podendo levar a peça comprimida a tensões de ruína.

O índice λ (índice de esbeltez) é uma medida das condições de flambagem.

A flambagem é uma característica de peças comprimidas, sendo ou não pilares. Correntes, panos e cordas funcionam bem à tração e não funcionam à compressão, pois à compressão esses materiais não tem estabilidade e flambam quando surge a primeira e fraquíssima força de compressão.

17.1.2 FLAMBAGEM – DE ACORDO COM A NORMA NBR 6118

17.1.2.1 Cálculo de pilares

Quando fazemos a análise global das estruturas, contraventadas ou não, deve ser considerado um desaprumo (fruto da imperfeição da obra) dos elementos verticais. Conforme figura abaixo, devem ser considerados momentos devido à inclinação.

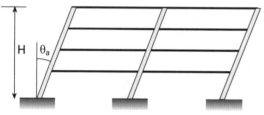

$$\theta_1 = \frac{1}{100\sqrt{H}}$$

$$\theta_a = \theta_1 \sqrt{\frac{1 + 1/n}{2}}$$

n prumadas de pilares

$\theta_{1\,máx} = 1/400$ para estruturas de nós fixos;
$\theta_{1\,mín} = 1/300$ para estruturas de nós móveis e imperfeições locais;
$\theta_{1\,máx} = 1/200$;
H é a altura total da edificação, em metros;
H_1 = distância vertical entre andares.

Estes momentos são semelhantes aos provocados pelos efeitos de 2.ª ordem. Também temos *desaprumos de origem local* que podem ser avaliados como abaixo (sendo desprezadas as influências favoráveis das vigas).

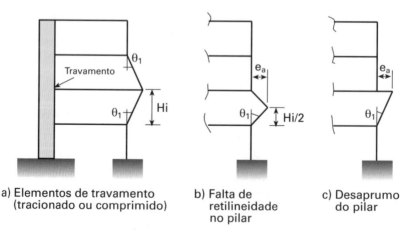

a) Elementos de travamento
   (tracionado ou comprimido)

b) Falta de
   retilineidade
   no pilar

c) Desaprumo
   do pilar

Aula 17 **285**

17.1.2.2 Momento mínimo (1.ª ordem)[*]

O efeito das imperfeições locais nos pilares pode ser substituído em estruturas reticuladas pela consideração do momento mínimo de 1.ª ordem, dado a seguir.

$$M_{1d\,\text{mín}} = Nd\,(0{,}015 + 0{,}03h)$$

h é a altura total da seção transversal na direção considerada, em metros.

17.1.2.3 Esforços locais de 2.ª ordem – pilar padrão ($\lambda \leq 90$)[**]

Usamos o pilar padrão, com linha elástica "senoidal", que é utilizada para avaliarmos os momentos de 2.ª ordem locais. A linha elástica senoidal é dada pela equação

Ábaco 3

$Nd = 2.520$ kN

$M_{1yd}^b = 70$ kNm

$\rho_{\text{mín}} = 0{,}4\%$

$$y = a \times \text{sen}\frac{\pi}{\ell e}x \qquad \nu = \frac{Nd}{Ac \times \text{fcd}}$$

onde a é dado por:

$$a = \frac{\ell e^2}{\pi^2}\left(\frac{1}{r}\right)_{\text{máx}} \cong \frac{\ell e^2}{10} \times \left(\frac{1}{r}\right)_{\text{máx}}$$

onde a curvatura da seção crítica é dada por:

$$\left(\tfrac{1}{r}\right)_{\text{máx}} = \frac{0{,}005}{(\nu+0{,}5)\times h} \leq \frac{0{,}005}{h}$$

$$\nu = \frac{Nd}{Ac \times \text{fcd}}$$

$$M_{2d} = Nd \times \frac{\ell_e^2}{10} \times \left(\frac{1}{r}\right)_{\text{máx}} \qquad \mu = \frac{M_{1d}}{A_c \cdot h \cdot Fcd}$$

onde r é raio de curvatura da peça deformada.

17.1.2.4 Momentos globais em pilares com "nós fixos" ($\lambda \leq 90$)

Pilares de "nós fixos" são aqueles em que os efeitos globais de 2.ª ordem são considerados desprezíveis.

1.º Caso

Para cada trecho do pilar entre duas vigas, iremos analisar três seções: topo, base e centro.

---

[*] O momento fletor de primeira ordem é causado por forças e seus braços de atuação. O momento fletor de segunda ordem é causado pela carga nas deformações dos momentos fletores de primeira ordem. O momento fletor de segunda ordem é consequência da consequência.

[**] Ver item 15.8.3.3.2 da NBR 6118 (p. 109).

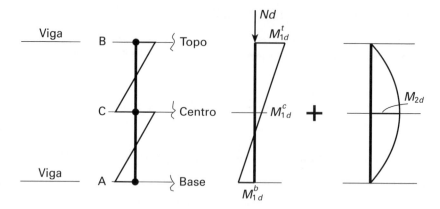

O momento no centro é avaliado a partir dos momentos no topo e na base. Sendo dado por:

$$M_d^c = \left[\underbrace{0{,}6 + 0{,}4\frac{MB}{MA}}_{\alpha_b}\right] \times MA \geq 0{,}4MA$$

Item 15.8.2 (pg. 95) da NBR 6118.

onde:

MA é o maior valor entre M^t_{1d} e M^b_{1b} em valor absoluto;

MB é o outro momento com sinal positivo quando traciona da mesma face que MA, e negativo em caso contrário.

Na seção central, também serão considerados os efeitos de 2.ª ordem local, quando $35 < \lambda \leq 90$.

17.1.2.5 Detalhes dos pilares (ver item 18.4, p. 150, e 13.2.3, p. 73, da NBR 6118/2014)

1) Dimensões mínimas $\begin{cases} \text{em geral } h \geq 19 \text{ cm} \rightarrow \gamma f = 1{,}4 \\ \text{caso especial } 14 \leq h < 19 \text{ cm} \end{cases}$

$$h = 14 \text{ cm} \rightarrow \gamma f \times \gamma n = 1{,}75$$
$$h = 15 \text{ cm} \rightarrow \gamma f \times \gamma n = 1{,}68$$
$$h = 16 \text{ cm} \rightarrow \gamma f \times \gamma n = 1{,}61$$
$$h = 17 \text{ cm} \rightarrow \gamma f \times \gamma n = 1{,}54$$
$$h = 18 \text{ cm} \rightarrow \gamma f \times \gamma n = 1{,}47$$
$$h = 19 \text{ cm} \rightarrow \gamma f \times \gamma n = 1{,}4$$

A área mínima da seção transversal do pilar tem de ser 360 cm^2.

Aula 17   **287**

Detalhes

2)[*]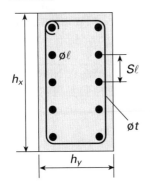

$$10 \text{ mm} \leq \phi\ell \leq \frac{h_{min}}{8}$$

$$\left.\begin{array}{l}4\phi \\ 4 \text{ cm}\end{array}\right\} \leq S\ell \leq \begin{cases}40 \text{ cm espaçamento} \\ 2h_{min}\end{cases}$$

$$\phi t \geq \begin{cases}\dfrac{\phi\ell}{4} \\ 5 \text{ mm}\end{cases} \quad e \quad St \leq \begin{cases}20 \text{ cm} \\ h_{min} \\ 12\ \phi\ell\end{cases}$$

$\phi\ell$ diâmetro da barra longitudinal
$S\ell$ espaçamento da barra longitudinal
ϕt diâmetro da barra do estribo
St espaçamento das barras dos estribos

3) Travamento das barras longitudinais

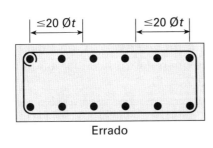
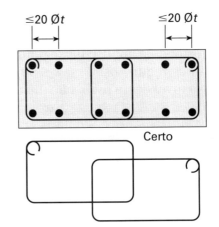

20 ϕt – máxima distância das barras sem estribo.

4) Armadura longitudinal máxima e mínima A_S

$$\left.\begin{array}{l}0{,}4\% \ Ac \\ 0{,}15\dfrac{Nd}{fyd}\end{array}\right\} \leq A_S \leq 8\% \ Ac$$

também na seção das emendas. (item 17.3.5.3.2, NBR 6118)

---

[*] Para o cálculo dos pilares, usar os quatro ábacos (Aula 25.2, p. 475 a 479 deste livro).

288   Concreto armado eu te amo

17.1.2.6 Roteiro para cálculo dos pilares (NBR 6118/2007) (itens 11 e 15)[*]

Nos pilares em que o índice de esbeltez é menor que 35 ($\lambda \leq 35$) (pilares gordinhos), não há necessidade de considerar a análise do momento de 2.ª ordem.

Caso	Situação suposta no projeto	Situação no cálculo pela NBR 6118 (excentricidade de 1.ª ordem)
1		*Compressão centrada* $\lambda \leq 35$
2		*Flexão normal composta* $\lambda \leq 35$
3		*Flexão oblíqua composta* $\lambda \leq 35$

Nos pilares onde a análise de segunda ordem *for necessária*, devemos atender aos seguintes requisitos: $35 < \lambda \leq 90$ (pilares não gordinhos mas não muito esbeltos). No nível deste livro, não ultrapassar $\lambda = 90$.

Caso	Situação suposta no projeto	Situações admitidas no cálculo pela NBR 6118 (excentricidades de 1.ª ordem e 2.ª ordem)
4		*Compressão centrada* $35 < \lambda \leq 90$
5		*Flexão normal composta* $35 < \lambda \leq 90$
6		*Flexão oblíqua composta* $35 < \lambda \leq 90$

---

[*] Para o cálculo dos pilares, usar os quatro ábacos da Aula 25.2 (p. 475 a 479).

a) Pilares com $\lambda \leq 35$

Para cada lance de pilar, entre dois pisos, deverão ser analisadas as três seções: topo, base e centro.

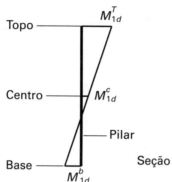

sendo que o momento no meio do pilar M_{1d}^c é avaliado a partir dos momentos de extremidades dados por:

$$M_{1d}^c = \left[0,6 + 0,4\frac{MB}{MA}\right] \times MA \geq 0,4 MA$$

onde:
    MA é o maior valor em módulo entre M_{1d}^T e M_{1d}^b;
    MB é o outro momento, tomado como sinal positivo quando traciona o mesmo lado que MA, e negativo caso contrário.

Caso 1 Pilares com compressão centrada ($\lambda \leq 35$)

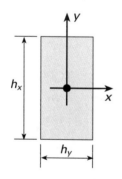

$M_{1xd,\min} = (0,015 + 0,03 hx) \cdot Nd$
$M_{1yd,\min} = (0,015 + 0,03 hy) \cdot Nd$

Situações que deverão ser analisadas:

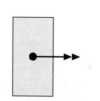

CENTRO
$\begin{cases} Nd \\ M_{1xd,\,\text{mín}} \end{cases}$

CENTRO
$\begin{cases} Nd \\ M_{1yd,\,\text{mín}} \end{cases}$

Adotar maior armadura.

Caso 2

2a) Pilares com flexão normal composta ($\lambda \leq 35$)

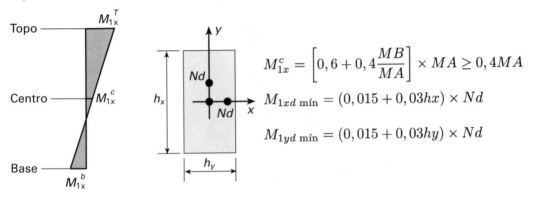

$$M_{1x}^c = \left[0,6 + 0,4\frac{MB}{MA}\right] \times MA \geq 0,4MA$$

$$M_{1xd\ \text{mín}} = (0,015 + 0,03hx) \times Nd$$

$$M_{1yd\ \text{mín}} = (0,015 + 0,03hy) \times Nd$$

2b) Flexão normal em torno do eixo x:

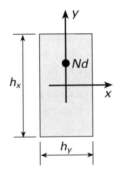

Situações que deverão ser analisadas:

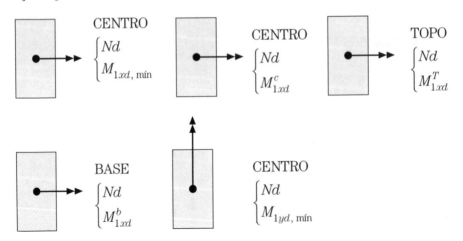

Adotar maior armadura.

2c) Flexão normal em torno do eixo y:

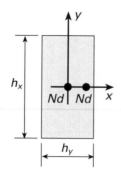

Situações que deverão ser analisadas:

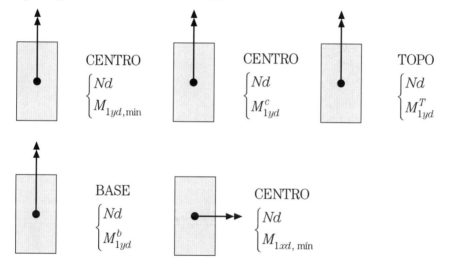

Adotar maior armadura.

Nota muito importante:

A situação que apresentar a maior taxa de armadura (ρ) será usada para dar a solução final.

Caso 3

Pilares com flexão oblíqua composta: ($\lambda \leq 35$)

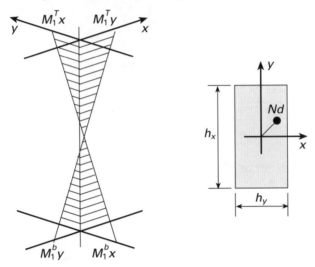

sendo:

$$M_{1xd\,\text{mín}} = (0,015 + 0,03hx) \times Nd \qquad M_{1yd\,\text{mín}} = (0,015 + 0,03hy) \times Nd$$

$$M_{1xd}^c = \left[0,6 + 0,4\frac{MB_x}{MA_x}\right] \times MA_x \geq 0,4MA_x$$

$$M_{1dy}^c = \left[0,6 + 0,4\frac{MB_y}{MA_y}\right] \times MA_y \geq 0,4MA_y$$

Situações que deverão ser analisadas:

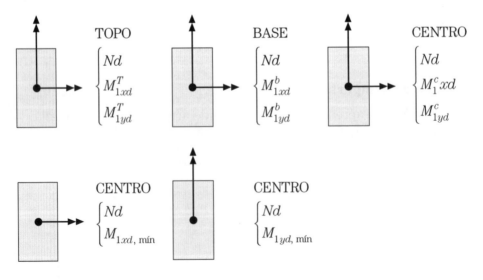

Adotar maior armadura.

Pilares com $35 < \lambda \leq 90$

Para cada lance de pilar entre dois pisos, deverão ser analisadas as três seções: topo, base e centro.

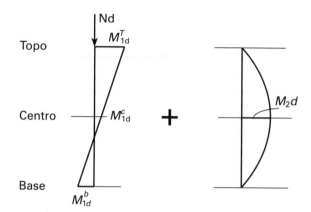

Momento de 1.ª ordem(*)   Momento de 2.ª ordem(*)

Sendo que o momento no meio do pilar $M_{1}^{c}d$ é avaliado a partir dos momentos de extremidades dados por:

$$M_{1d}^{c} = \left[0,6 + 0,4\frac{MB}{MA}\right] \times MA \geq 0,4MA$$

onde:

MA é o maior valor em módulo entre $M_{1\,d}^{T}$ e $M_{1\,d}^{b}$;

MB é o outro momento tomado como sinal positivo quando traciona o mesmo lado que MA, e negativo, em caso contrário.

Na seção central, serão considerados também os efeitos de 2.ª ordem local.

Cálculo do momento de 2.ª ordem:

$$\nu = \frac{Nd}{Ac \times \text{fcd}} \qquad \left(\frac{1}{r}\right)_{\text{máx}} = \frac{0,005}{h(\nu + 0,5)} \leq \frac{0,005}{h}$$

$$M_{2d} = Nd \times \frac{\ell e^{2}}{10} \times \left(\frac{1}{r}\right)_{\text{máx}} \qquad \mu = \frac{M_{1d}}{A_{c} \cdot h \cdot \text{fcd}}$$

(*) Relembrando. O momento de 1.ª ordem é o momento causado por forças externas e peso próprio na estrutura ainda não deformada. Momento de 2.ª ordem é causado pelas cargas e peso próprio na estrutura já deformada. A flambagem é uma consequência de momento de ordens superiores aos de 1.ª ordem. Ver item 15.8.3.3.2 da NBR 6118 (p. 109 da norma).

Caso 4

Pilar com compressão centrada. $35 < \lambda \leq 90$

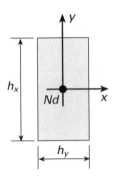

$M_{1xd,\,\text{mín}} = (0,015 + 0,03hx) \times Nd$

$M_{1yd,\,\text{mín}} = (0,015 + 0,03hy) \times Nd$

$M_{2xd} = Nd \times \dfrac{\ell e^2}{10}\left(\dfrac{1}{rx}\right)_{\text{máx}}$

$M_{2yd} = Nd \times \dfrac{\ell e^2}{10}\left(\dfrac{1}{ry}\right)_{\text{máx}}$

Situações que deverão ser analisadas:

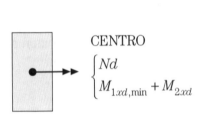

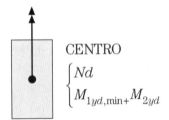

Adotar maior armadura.

Caso 5

Pilar com flexão normal composta. $35 < \lambda \leq 90$

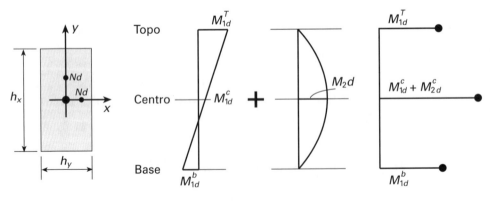

$M_{1xd,\,\text{mín}} = (0,015 + 0,03hx) \times Nd$ $M_{1yd,\,\text{mín}} = (0,015 + 0,03hy) \times Nd$

$M_{2xd} = Nd \times \dfrac{\ell ex^2}{10}\left(\dfrac{1}{rx}\right)_{\text{máx}}$ $M_{2yd} = Nd \times \dfrac{\ell ey^2}{10}\left(\dfrac{1}{ry}\right)_{\text{máx}}$

5a) Flexão normal em torno do eixo x.

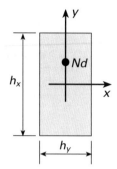

Situações que deverão ser analisadas:

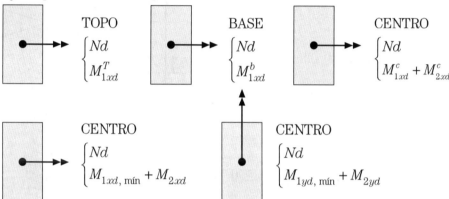

Adotar maior armadura.

5b) Flexão composta em torno do eixo y.

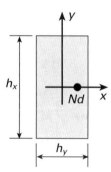

Situações que deverão ser analisadas:

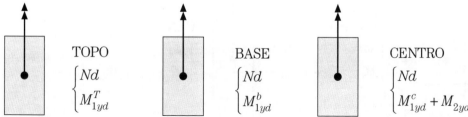

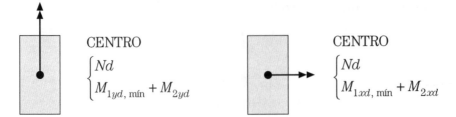

Adotar maior envergadura

Caso 6

Pilar com flexão oblíqua composta.

$35 < \lambda \leq 90$

$M_{1xd,\text{mín}} = (0,015 + 0,03hx) \times Nd$

$M_{1yd,\text{mín}} = (0,015 + 0,03hy) \times Nd$

onde:

$M_{1xd}^c = \left[0,6 + 0,4\dfrac{MB_x}{MA_x}\right] \times MA_x \geq 0,4MA_x$

$M_{1yd}^c = \left[0,6 + 0,4\dfrac{MB_y}{MA_y}\right] \times MA_y \geq 0,4MA_y$

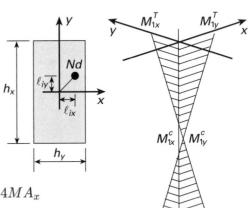

Situações que deverão ser analisadas:

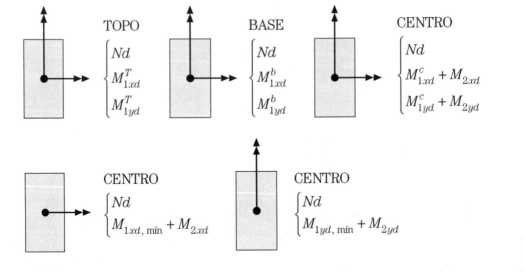

Exemplo 1 (caso 1):

Seja o pilar biapoiado (35 × 30 cm), com carga de N = 1.250 kN e concreto fck = 25 MPa, aço CA50.

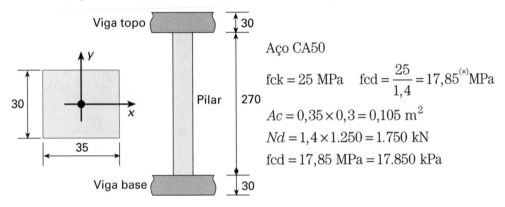

Aço CA50

$fck = 25$ MPa $\quad fcd = \dfrac{25}{1,4} = 17,85^{(*)}$MPa

$Ac = 0,35 \times 0,3 = 0,105$ m²

$Nd = 1,4 \times 1.250 = 1.750$ kN

$fcd = 17,85$ MPa $= 17.850$ kPa

1) Comprimento equivalente do pilar:

$\ell e = 270 + \underset{\substack{h\ no\\ pilar}}{30} = 300$ cm

$\ell e = 270 + 15 + 15 = 300$ cm

$\Big\}\ \ell e = 300$ cm (o menor)

2) Cálculo do índice de esbeltez de pilares retangulares:

$\lambda e_x = 3,46 \times \dfrac{300}{30} = 34,6 < 35 \qquad \lambda = 3,46 \dfrac{\ell}{b}$

$\lambda e_y = 3,46 \times \dfrac{300}{35} = 29,65 < 35$

3) Cálculo de compressão centrada (caso 1):

$M_{1\ min} = (0,015 + 0,03h) \cdot Nd$

$M_{1\ xd,\ min} = (0,015 + 0,03 \times 0,3) \times 1.750 = 42$ kNm

$M_{1\ yd,\ min} = (0,015 + 0,03 \times 0,35) \times 1.750 = 44,62$ kNm

---

(*) Ao longo deste livro será adotado fcd = 17,85 MPa.

4) Cálculo da armadura:

Ábaco $\nu = \dfrac{Nd}{Ac \times fcd}$

(entrar com ν e μ) $\mu = \dfrac{M_{1d}}{A_C \times h \times fcd}$

$Nd = 1.750$ kN $\nu = \dfrac{1.750}{0,105 \times 17.850} = 0,933$

$M_{1xd,\text{mín}} = 42$ kNm $\mu = \dfrac{42}{0,105 \times 0,3 \times 17.850} = 0,075$

Do ábaco 3 $As = \rho \cdot Ac$

$\rho = 1,3\%$ $As = \dfrac{1,3}{100} \times 30 \times 35 = 13,65 \text{ cm}^2$

Ábaco 3   (entrar com ν e μ)
$Nd = 1.750$ kN $\nu = 0,933$

$M_{1yd,\text{mín}} = 44,62$ kN/m $\mu = \dfrac{44,62}{0,105 \times 0,35 \times 17.850} = 0,068$

Do gráfico $As = \rho \cdot Ac$

$\rho = 1,2\%$ $As = \dfrac{1,2}{100} \times 30 \times 35 = 12,6 \text{ cm}^2$

Detalhe da armação:

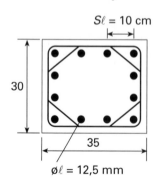

Adotaremos $A_S = 13,65$ cm² (a maior taxa entre 13,65 e 12,60)

Será adotado 12 ø 12,5 mm para deixar a armadura simétrica.

12 ø 12,5 mm
Estribos ø 5 mm c/ 15 cm
Verificação → ø $\ell \geq$ 10 mm (O.K.)

$S\ell \begin{cases} 20 \text{ ø } t = 20 \times 0,5 = 10 \text{ cm} \\ 40 \text{ cm} \\ 2\, h_{\text{mín}} = 2 \times 30 = 60 \text{ cm} \end{cases}$

ø $t = 5$ mm (O.K.)

$St \leq \begin{cases} 20 \text{ cm} \\ h_{\text{mín}} = 30 \text{ cm} \\ 12 \text{ ø } \ell = 12 \times 1,25 = 15 \text{ cm} \end{cases}$

Exemplo 2 (caso 2):

Seja o pilar biapoiado de (50 × 60 cm), com carga $N = 1.800$ kN e momento fletor de $M_{1y}^{T} = 60$ kNm e $M_{1y}^{b} = 50$ kNm.

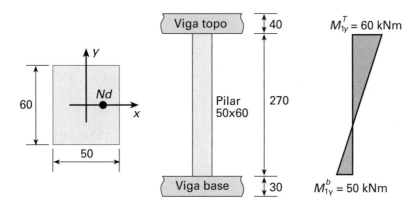

A carga é chamada carga de serviço sem coeficiente de ponderação.

$M_{1yd}^{T} = 1,4 \times 60 = 84$ kNm

$M_{1yd}^{b} = 1,4 \times 50 = 70$ kNm

fck = 25 MPa $fcd = \dfrac{25}{1,4} = 17,85$ MPa = 17.850 kPa

Aço CA50 $Nd = 1,4 \times 1.800 = 2.520$ kN $Ac = 0,5 \times 0,6 = 0,3$ m^2

1) Comprimento equivalente do pilar:

$\left. \begin{array}{l} \ell e = 270 + \underset{\substack{h \text{ do} \\ \text{pilar}}}{50} = 320 \text{ cm} \\ \ell e = 270 + \dfrac{40}{2} + \dfrac{30}{2} = 305 \text{ cm} \end{array} \right\} \ell e = 305$ cm (o menor)

2) Cálculo do índice de esbeltez:

$\lambda e_y = 3,46 \times \dfrac{305}{50} = 21,1 < 35$

$\lambda e_x = 3,46 \times \dfrac{305}{60} = 17,58 < 35$

3) Cálculo de flexão normal composta (caso 2):

Momento mínimo:

$M_{1xd,\text{mín}} = (0{,}015 + 0{,}03 \times 0{,}6) \times 2.520 = 83{,}16$ kNm

$M_{1yd,\text{mín}} = (0{,}015 + 0{,}03 \times 0{,}5) \times 2.520 = 75{,}60$ kNm

Cálculo do $M_1^c d$

$$M_1^c = \left[0{,}6 + 0{,}4 \times \frac{MB}{MA}\right] \times MA$$

$M_{1yd}^c = \left[0{,}6 + 0{,}4 \times \frac{(-70)}{84}\right] \times 84 = 0{,}266 \times 84 = 22{,}34$ kNm

$0{,}4\,M_A = 0{,}4 \times 84 = 33{,}6$ kNm

Adotaremos $M_{1yd}^c = 33{,}6$ kNm

$MA = 84$ kNm
$MB = 70$ kNm (traciona outro lado (negativo))

4) Cálculo da armadura:

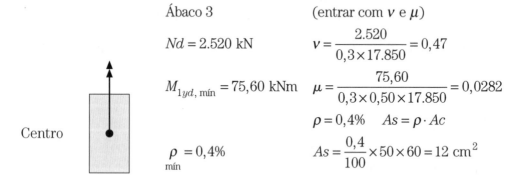

Ábaco 3 (entrar com ν e μ)

$Nd = 2.520$ kN $\nu = \dfrac{2.520}{0{,}3 \times 17.850} = 0{,}47$

$M_{1yd,\text{mín}} = 75{,}60$ kNm $\mu = \dfrac{75{,}60}{0{,}3 \times 0{,}50 \times 17.850} = 0{,}0282$

$\rho = 0{,}4\%$ mín $\rho = 0{,}4\%$ $As = \rho \cdot Ac$

$As = \dfrac{0{,}4}{100} \times 50 \times 60 = 12$ cm^2

Centro

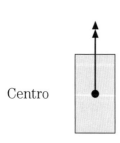

Ábaco 3
$Nd = 2.520$ kN $\nu = 0{,}47$

$M_{1yd}^c = 33{,}6$ kNm $\mu = \dfrac{33{,}6}{0{,}3 \times 0{,}50 \times 17.850} = 0{,}013$

$As = \rho \cdot Ac$ $As = 12$ cm^2

$\rho = 0{,}4\%$ mín $As = 12$ cm^2

Centro

Topo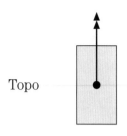
Ábaco 3
$Nd = 2.520$ kN $\quad \nu = 0,47$
$M^{T}_{1yd} = 84$ kNm $\quad \mu = \dfrac{84}{0,3 \times 0,50 \times 17.850} = 0,0313$
$\rho_{mín} = 0,4\%$ $\quad As = 12$ cm^2

Base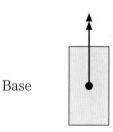
Ábaco 3
$Nd = 2.520$ kN $\quad \nu = 0,47$
$M^{b}_{1yd} = 70$ kNm $\quad \mu = \dfrac{70}{0,3 \times 0,50 \times 17.850} = 0,026$
$\rho_{mín} = 0,4\%$ $\quad As = 12$ cm^2

Centro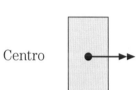
Ábaco 3
$Nd = 2.520$ kN $\quad \nu = 0,47$
$M_{1xd,\,mín} = 83,16$ kNm $\quad \mu = \dfrac{83,16}{0,3 \times 0,6 \times 17.850} = 0,0259$
$\rho = 0,4\%$ $\quad As = 12$ cm^2

Detalhe da armação

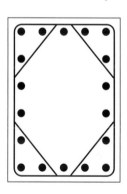

18 ø 10 mm
ø 5 milímetros cada 12 centímetros (estribos)

Verificações: ø $\ell \geq 10$ mm (O.K.)

$S\ell \leq \begin{cases} 40 \text{ cm} \\ 20\, ø\, t = 20 \times 0,5 = 10 \text{ cm} \end{cases}$

ø $t = 5$ mm (O.K.)

$S\, t \leq \begin{cases} 20 \text{ cm} \\ h_{mín} = 50 \text{ cm} \\ 12\, ø\, \ell = 12 \times 1 = 12 \text{ cm} \end{cases}$

Lembrete de recordação

Para os ábacos 1 e 3 (flexão normal composta) entrar com:

$$\nu = \dfrac{Nd}{Ac \cdot \text{fcd}} \qquad \mu = \dfrac{M_{1d}}{Ac \cdot h \cdot \text{fcd}}$$

Exemplo 3 (caso 3):

Seja o pilar biapoiado de (50 × 60 cm), com carga $N = 3.000$ kN e com os seguintes momentos fletores.

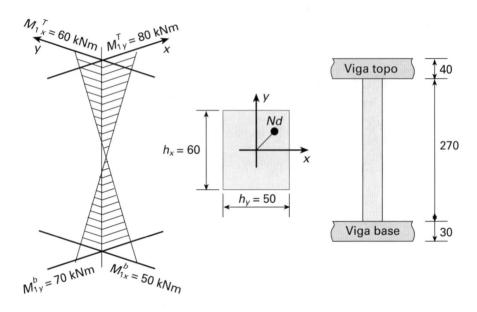

Lembremos:

$N = 3.000$ carga de serviço, a que teoricamente poderá ser medida.
$N_d = 3.000 \times 1,4 = 4.200$ kN.

$$fck = 25 \text{ MPa}$$

$$fcd = \frac{25}{1,4} = 17,85 \text{ MPa} = 17.850 \text{ kPa}$$

Aço CA50

$$Ac = 0,6 \times 0,5 = 0,3 \text{ m}^2$$

$$Nd = 1,4 \times 3.000 = 4.200 \text{ kN}$$

$$M^T_{1yd} = 1,4 \times 80 = 112 \text{ kNm} \qquad M^b_{1yd} = 1,4 \times 70 = 98 \text{ kNm}$$

$$M^T_{1xd} = 1,4 \times 60 = 84 \text{ kNm} \qquad M^b_{1xd} = 1,4 \times 50 = 70 \text{ kNm}$$

1) Comprimento equivalente do pilar:

$$\ell e = 270 + \overset{\substack{h \text{ do} \\ \text{pilar}}}{50} = 320 \text{ cm}$$

$$\ell e = 270 + \frac{40}{2} + \frac{30}{2} = 305 \text{ cm}$$

$\ell e = 305$ cm (o menor)

2) Cálculo do índice de esbeltez:

$$\lambda e_x = 3,46 \times \frac{305}{60} = 17,58 < 35$$

$$\lambda e_y = 3,46 \times \frac{305}{50} = 21,10 < 35$$

3) Cálculo de flexão oblíqua composta (caso 3):

Momento mínimo:

$M_{1xd,min} = (0,015 + 0,03 \times 0,6) \times 4.200 = 138,6$ kNm

$M_{1yd,min} = (0,015 + 0,03 \times 0,5) \times 4.200 = 126$ kNm

Cálculo de $M_1^c d$

Traciona outro lado de MA (negativo)

$$M_{1xd}^C = \left[0,6 + 0,4\frac{(-70)}{84}\right] \times 84 = 0,2667 \times 84 = 22 \text{ kNm}$$

$0,4 \times 84 = 33,6$ kNm

Adotaremos o maior: $M_{1xd}^C = 33,6$ kNm

Traciona outro lado de MA (negativo)

$$M_{1yd}^C = \left[0,6 + 0,4\frac{(-98)}{112}\right] \times 112 = 0,25 \times 112 = 28 \text{ kNm}$$

$0,4 \times 112 = 44,8$ kNm

Adotaremos o maior: $M_{1yd}^C = 44,8$ kNm

4) Cálculo da armadura:

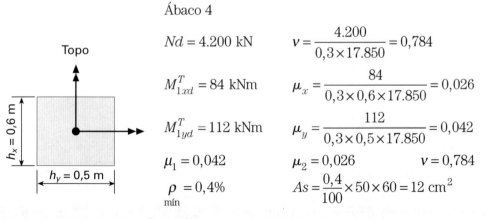

Ábaco 4

$Nd = 4.200$ kN $\quad\quad v = \dfrac{4.200}{0,3 \times 17.850} = 0,784$

$M_{1xd}^T = 84$ kNm $\quad\quad \mu_x = \dfrac{84}{0,3 \times 0,6 \times 17.850} = 0,026$

$M_{1yd}^T = 112$ kNm $\quad\quad \mu_y = \dfrac{112}{0,3 \times 0,5 \times 17.850} = 0,042$

$\mu_1 = 0,042 \quad\quad \mu_2 = 0,026 \quad\quad v = 0,784$

$\rho = 0,4\%$ mín $\quad\quad As = \dfrac{0,4}{100} \times 50 \times 60 = 12$ cm^2

Nota: μ_1 é sempre o maior dos valores μ_x e μ_y.

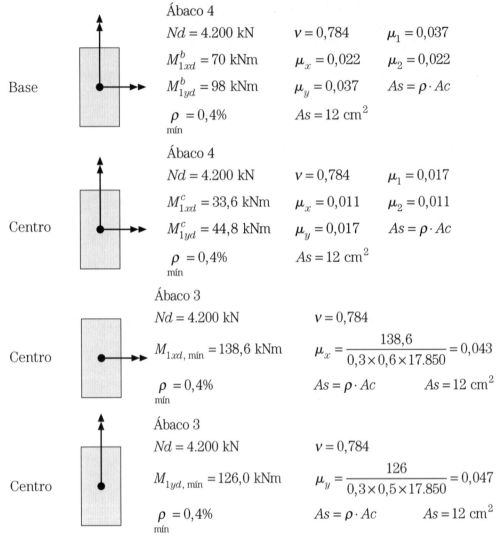

Base

Ábaco 4
$Nd = 4.200$ kN $\nu = 0,784$ $\mu_1 = 0,037$
$M^b_{1xd} = 70$ kNm $\mu_x = 0,022$ $\mu_2 = 0,022$
$M^b_{1yd} = 98$ kNm $\mu_y = 0,037$ $As = \rho \cdot Ac$
$\rho_{mín} = 0,4\%$ $As = 12$ cm^2

Centro

Ábaco 4
$Nd = 4.200$ kN $\nu = 0,784$ $\mu_1 = 0,017$
$M^c_{1xd} = 33,6$ kNm $\mu_x = 0,011$ $\mu_2 = 0,011$
$M^c_{1yd} = 44,8$ kNm $\mu_y = 0,017$ $As = \rho \cdot Ac$
$\rho_{mín} = 0,4\%$ $As = 12$ cm^2

Centro

Ábaco 3
$Nd = 4.200$ kN $\nu = 0,784$
$M_{1xd, mín} = 138,6$ kNm $\mu_x = \dfrac{138,6}{0,3 \times 0,6 \times 17.850} = 0,043$
$\rho_{mín} = 0,4\%$ $As = \rho \cdot Ac$ $As = 12$ cm^2

Centro

Ábaco 3
$Nd = 4.200$ kN $\nu = 0,784$
$M_{1yd, mín} = 126,0$ kNm $\mu_y = \dfrac{126}{0,3 \times 0,5 \times 17.850} = 0,047$
$\rho_{mín} = 0,4\%$ $As = \rho \cdot Ac$ $As = 12$ cm^2

Detalhe da armação:

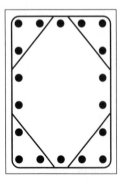

18 ø 10 mm
Estribos ø 5 mm c/ 12 cm

Seção transversal do pilar

Nota: a existência de μ_x e μ_y em alguns casos se deve ao fato de estar sendo analisada uma situação em que aparece M_x e M_y.

Exemplo 4 (caso 4):

Seja o pilar do exemplo 1, com distância entre pisos de 600 cm.

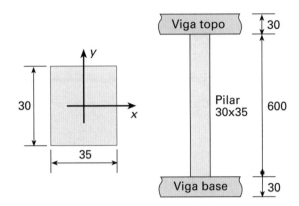

$$N = 1.250 \text{ kN} \qquad Nd = 1,4 \times 1.250 = 1.750 \text{ kN}$$

$$\text{fck} = 25 \text{ MPa} \qquad \text{fcd} = \frac{25}{1,4} = 17,85 \text{ MPa} = 17.850 \text{ kpa}$$

$$Ac = 0,35 \times 0,3 = 0,105 \text{ m}^2$$

Aço CA50

1) Comprimento equivalente do pilar:

$$\left. \begin{array}{l} \ell e = 600 + \overset{\substack{h \text{ do} \\ \text{pilar}}}{30} = 630 \text{ cm} \\ \ell e = 600 + \dfrac{30}{2} + \dfrac{30}{2} = 630 \text{ cm} \end{array} \right\} \ell e = 630 \text{ cm (o menor)}$$

2) Cálculo do índice de esbeltez:

$$\lambda e_x = 3,46 \times \frac{630}{30} = 72,66 \qquad 35 < \lambda_{ex} < 90$$

$$\lambda e_y = 3,46 \times \frac{630}{35} = 62,28 \qquad 35 < \lambda_{ey} < 90$$

3) Cálculo da compressão centrada (caso 4):

Momento mínimo:

$M_{1xd,\,mín} = (0,015 + 0,03 \times 0,3) \times 1.750 = 42 \text{ kNm}$

$M_{1yd,\,mín} = (0,015 + 0,03 \times 0,35) \times 1.750 = 44,62 \text{ kNm}$

Cálculo do momento de segunda ordem:

$\nu = \dfrac{1.750}{0,105 \times 17.850} = 0,933$ $\qquad \left(\nu = \dfrac{Nd}{A_C \times fcd}\right)$

$\left(\dfrac{1}{r_x}\right)_{máx} = \dfrac{0,005}{\underset{\geq 1}{(0,933+0,5)} \times 0,3} = 0,01163 \text{ m}^{-1}$

$\left(\dfrac{1}{r}\right)_{máx} = \dfrac{0,005}{n(r+0,5)}$

$\left(\dfrac{1}{r_y}\right)_{máx} = \dfrac{0,005}{\underset{\geq 1}{(0,933+0,5)} \times 0,35} = 0,00997 \text{ m}^{-1}$

$M_{2xd} = N_d \times \dfrac{le^2}{10} \times \left(\dfrac{1}{r_x}\right)_{máx}$

$M_{2xd} = 1.750 \times \dfrac{6,3^2}{10} \times 0,01163 = 80,78 \text{ kNm}$

$M_{2yd} = 1.750 \times \dfrac{6,3^2}{10} \times 0,00997 = 69,25 \text{ kNm}$

4) Cálculo da armadura:

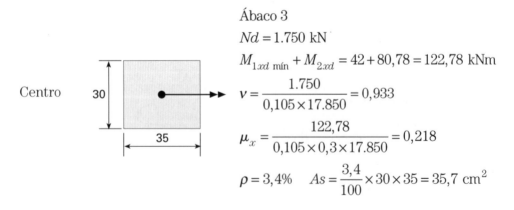

Ábaco 3

$Nd = 1.750 \text{ kN}$

$M_{1xd\,mín} + M_{2xd} = 42 + 80,78 = 122,78 \text{ kNm}$

$\nu = \dfrac{1.750}{0,105 \times 17.850} = 0,933$

$\mu_x = \dfrac{122,78}{0,105 \times 0,3 \times 17.850} = 0,218$

$\rho = 3,4\% \quad As = \dfrac{3,4}{100} \times 30 \times 35 = 35,7 \text{ cm}^2$

Para entrar nas tabelas faremos $\mu_x = \mu$;
e, em outros casos, $\mu_y = \mu$.

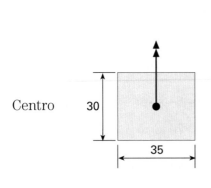

Ábaco 3
$Nd = 1.750$ kN
$M_{1yd,\,mín} + M_{2yd} = 44{,}62 + 69{,}25 = 113{,}87$ kNm
$v = 0{,}933$
Para entrar nas tabelas de pilares $\mu_y = \mu$

$$\mu_y = \frac{113{,}87}{0{,}105 \times 0{,}35 \times 17.850} = 0{,}174^{(*)}$$

$\rho = 2{,}7\%$ $As = \dfrac{2{,}7}{100} \times 30 \times 35 = 28{,}35$ cm^2

Adotaremos $As = 35{,}7$ cm^2 12 ø 20 mm

Detalhe da armação:

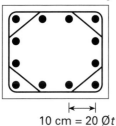

10 cm = 20 Øt

12 ø 20 mm
Estribos ø 5 mm c/ 20 cm

Verificação: ø ℓ = 20 mm > 10 mm (O.K.)

Estribos : $\emptyset t \geq \begin{cases} \dfrac{\emptyset \ell}{4} = \dfrac{20}{4} = 5 \text{ mm} \\ 5 \text{ mm} \end{cases}$

$St \leq \begin{cases} 20 \text{ cm} \\ h_{mín} = 30 \text{ cm} \\ 12 \, \emptyset \, \ell \times 2 = 24 \text{ cm} \end{cases}$

Exemplo 5 (caso 5):

Seja o pilar do exemplo 2, com distância entre pisos de 600 cm.

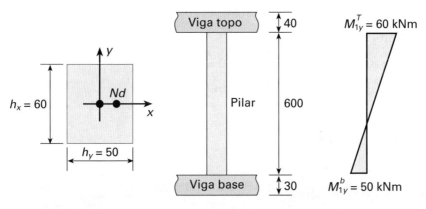

$^{(*)}$ Para entrar na tabela de pilares, $\mu_x = \mu$.

308   Concreto armado eu te amo

$$Nk = 1.800 \text{ kN} \qquad Nd = 1,4 \times 1.800 = 2.520 \text{ kN}$$

$$Ac = 0,5 \times 0,6 = 0,3 \text{ m}^2$$

$$\text{fck} = 25 \text{ MPa} \qquad \text{fcd} = \frac{25}{1,4} = 17,85 \text{ MPa} = 17.850 \text{ kpa}$$

$$M_{1y}^T = 60 \text{ kNm} \qquad M_{1yd}^T = 1,4 \times 60 = 84 \text{ kNm}$$

$$M_{1y}^b = 50 \text{ kNm} \qquad M_{1yd}^b = 1,4 \times 50 = 70 \text{ kNm}$$

Nk = carga (força) de serviço, ou seja, sem coeficiente de ponderação.
Nd = carga com coeficiente de ponderação.

1) Comprimento equivalente do pilar:

$$\ell e = 600 + \underset{\substack{h \text{ do} \\ \text{pilar}}}{50} = 650 \text{ cm}$$

$$\ell e = 600 + \frac{40}{2} + \frac{30}{2} = 635 \text{ cm}$$

$\ell e = 635$ cm (o menor)

2) Cálculo do índice de esbeltez:

$$\lambda e_y = 3,46 \times \frac{635}{50} = 43,94 \qquad 35 < \lambda < 90$$

$$\lambda e_x = 3,46 \times \frac{635}{60} = 36,61 \qquad 35 < \lambda < 90$$

3) Cálculo da flexão normal composta (caso 5):

Momento mínimo:

$$M_{1xd,\text{ mín}} = (0,015 + 0,03 \times 0,6) \times 2.520 = 83,16 \text{ kNm}$$

$$M_{1yd,\text{ mín}} = (0,015 + 0,03 \times 0,5) \times 2.520 = 75,60 \text{ kNm}$$

Cálculo de $M_1^c yd$

$$M_{1yd}^c = \left[0,6 + 0,4 \times \frac{(-70)}{84}\right] \times 84 = 0,266 \times 84 = 22,34 \text{ kNm}$$

$$0,4 \, MA = 0,4 \times 84 = 33,6 \text{ kNm}$$

Adotaremos o maior:
$M_{1yd}^c = 33,6$ kNm

Cálculo do momento de segunda ordem:

$$v = \frac{2.520}{0,3 \times 17.850} = 0,47$$

$$\left(\frac{1}{r_x}\right)_{\text{máx}} = \frac{0,005}{\underset{\geq 1}{(0,47+0,5)} \times 0,6} \quad \text{então} \quad = \frac{0,005}{1 \times 0,6} = 0,00833 \text{ m}^{-1}$$

$$M_{2xd} = 2.520 \times \frac{6,35^2}{10} \times 0,00833 = 84,64 \text{ kNm}$$

$$\left(\frac{1}{r_y}\right)_{\text{máx}} = \frac{0,005}{\underset{\geq 1}{(0,47+0,5)} \times 0,5} \quad \text{então} \quad = \frac{0,005}{1 \times 0,5} = 0,0100 \text{ m}^{-1}$$

$$M_{2yd} = 2.520 \times \frac{6,35^2}{10} \times 0,0100 = 101,61 \text{ kNm}$$

4) Cálculo da armadura:

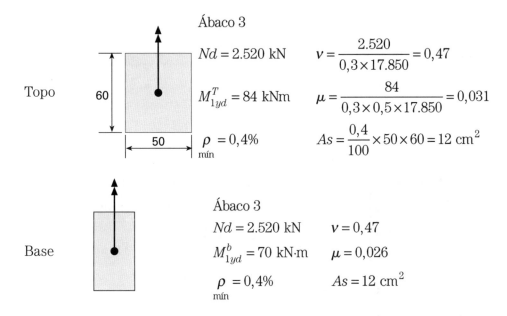

Topo

$Nd = 2.520$ kN

$M^T_{1yd} = 84$ kNm

$\rho_{\text{mín}} = 0,4\%$

Ábaco 3

$v = \dfrac{2.520}{0,3 \times 17.850} = 0,47$

$\mu = \dfrac{84}{0,3 \times 0,5 \times 17.850} = 0,031$

$As = \dfrac{0,4}{100} \times 50 \times 60 = 12 \text{ cm}^2$

Base

Ábaco 3

$Nd = 2.520$ kN

$M^b_{1yd} = 70$ kN·m

$\rho_{\text{mín}} = 0,4\%$

$v = 0,47$

$\mu = 0,026$

$As = 12 \text{ cm}^2$

Centro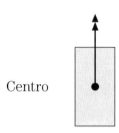

Ábaco 3 (p. 475 neste livro)
$Nd = 2.520$ kN $\qquad \nu = 0,47$
$M^c_{1yd} + M_{2yd} = 33,6 + 101,61 = 135,21$ kNm
$$\mu = \frac{135,21}{0,3 \times 0,5 \times 17.850} = 0,05$$
$\rho = 0,4\%$ $\qquad As = 12$ cm^2

Centro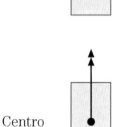

Ábaco 3
$Nd = 2.520$ kN $\qquad \nu = 0,47$
$M_{1yd,\,mín} + M_{2yd} = 75,6 + 101,61 = 177,21$ kNm
$\mu = 0,066$
$\rho = 0,4\%$ $\qquad As = 12$ cm^2

Centro

Ábaco 3
$Nd = 2.520$ kN $\qquad \nu = 0,47$
$M_{1xd,\,mín} + M_{2xd} = 83,16 + 84,64 = 167,8$ kNm
$$\mu = \frac{167,8}{0,3 \times 0,6 \times 17.850} = 0,052$$
$\rho_{mín} = 0,4\%$ $\qquad As = 12$ cm^2

Detalhe da armadura:

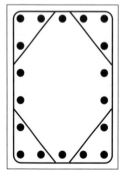

Seção transversal do pilar

18 ø 10 mm
Estribos ø 5 mm c/ 12 cm

Verificações: ø $\ell \geq 10$ mm (O.K.)

$S\ell \leq \begin{cases} 40 \text{ cm} \\ 20 \text{ ø } t = 20 \times 0,5 = 10 \text{ cm} \end{cases}$

ø $t = 5$ mm (O.K.)

$St \leq \begin{cases} 20 \text{ cm} \\ h_{mín} = 50 \text{ cm} \\ 12 \text{ ø } \ell = 12 \text{ cm} \end{cases}$

Exemplo 6 (caso 6):

Seja o pilar do exemplo 3, com distância entre pisos de 600 cm.

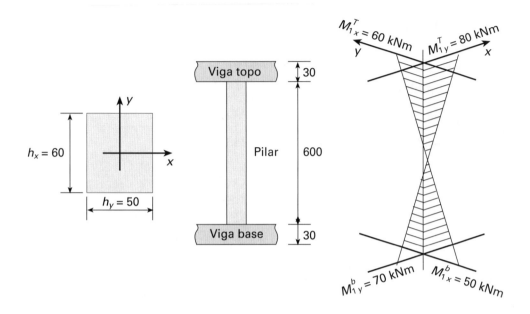

$$\text{fck} = 25 \text{ MPa}$$

$$\text{fcd} = \frac{25}{1,4} = 17,85 \text{ MPa} = 17.850 \text{ kPa}$$

Aço CA50

$$Ac = 0,6 \times 0,5 = 0,3 \text{ m}^2$$

$$Nd = 1,4 \times 3.000 = 4.200 \text{ kN}$$

$$M_{1yd}^T = 1,4 \times 80 = 112 \text{ kNm} \qquad M_{1yd}^b = 1,4 \times 70 = 98 \text{ kNm}$$

$$M_{1xd}^T = 1,4 \times 60 = 84 \text{ kNm} \qquad M_{1xd}^b = 1,4 \times 50 = 70 \text{ kNm}$$

1) Comprimento equivalente do pilar:

$$\left. \begin{array}{l} \ell e = 600 + \overset{h\ do\ pilar}{50} = 650 \text{ cm} \\ \ell e = 600 + \dfrac{40}{2} + \dfrac{30}{2} = 635 \text{ cm} \end{array} \right\rangle \ell e = 635 \text{ cm (o menor)}$$

312   Concreto armado eu te amo

2) Cálculo do índice de esbeltez:

$$\lambda e_x = 3,46 \times \frac{635}{60} = 36,61 \qquad 35 < \lambda < 90$$

$$\lambda e_y = 3,46 \times \frac{635}{50} = 43,94 \qquad 35 < \lambda < 90$$

3) Cálculo de flexão oblíqua composta (caso 6):

Momento mínimo:

$$M_{1xd,\,mín} = (0,015 + 0,03 \times 0,6) \times 4.200 = 138,6 \text{ kNm}$$

$$M_{1yd,\,mín} = (0,015 + 0,03 \times 0,5) \times 4.200 = 126 \text{ kNm}$$

Cálculo de $M_1^c d$

Traciona outro lado de MA (negativo)

$$M_{1xd}^c = \left[0,6 + 0,4\frac{(-70)}{84}\right] \times 84 = 0,2667 \times 84 = 22,4 \text{ kNm} \left.\begin{array}{l} \\ 0,4 \times 84 = 33,6 \text{ kNm} \end{array}\right\} M_{1xd}^c = 33,6 \text{ kNm}$$

$$M_{1yd}^c = \left[0,6 + 0,4\frac{(-98)}{112}\right] \times 112 = 0,25 \times 112 = 28 \text{ kNm} \left.\begin{array}{l} \\ 0,4 \times 112 = 44,8 \text{ kNm} \end{array}\right\} M_{1yd}^c = 44,8 \text{ kNm}$$

Cálculo do momento de segunda ordem:

$$v = \frac{4.200}{0,3 \times 17.850} = 0,784$$

$$\left(\frac{1}{r_x}\right)_{máx} = \frac{0,005}{\underset{\geq 1}{(0,78 + 0,5) \times 0,6}} = 0,00651 \text{ m}^{-1}$$

$$M_{2xd} = 4.200 \times \frac{6,35^2}{10} \times 0,00651 = 110,25 \text{ kNm}$$

$$\left(\frac{1}{r_y}\right)_{máx} = \frac{0,005}{\underset{\geq 1}{(0,78 + 0,5) \times 0,5}} = 0,00781 \text{ m}^{-1}$$

$$M_{2yd} = 4.200 \times \frac{6,35^2}{10} \times 0,00781 = 132,27 \text{ kNm}$$

4) Cálculo da armadura:

Topo

Ábaco 4 (p. 476 neste livro)

$Nd = 4.200$ kN $\quad v = \dfrac{4.200}{0,3 \times 17.850} = 0,784$

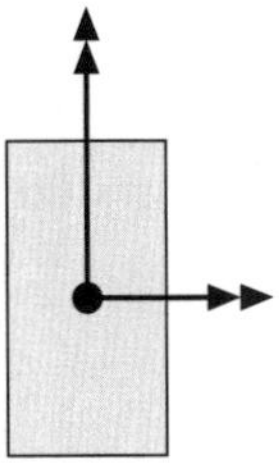

$M_{1xd}^{T} = 84$ kNm $\quad \mu_x = \dfrac{84}{0,3 \times 0,6 \times 17.850} = 0,026$

$M_{1yd}^{T} = 112$ kNm $\quad \mu_y = \dfrac{112}{0,3 \times 0,5 \times 17.850} = 0,042$

$\mu_1 = 0,042$ $\quad \mu_2 = 0,026$

$\rho_{mín} = 0,4\%$ $\quad As = 12$ cm^2

Base

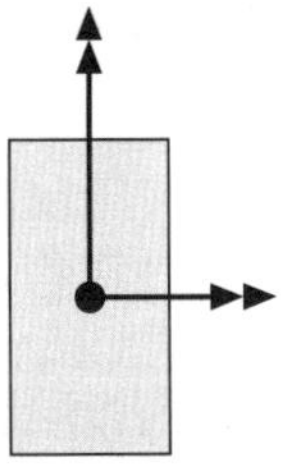

Ábaco 4
$Nd = 4.200$ kN $\quad v = 0,784$ $\quad \mu_1 = 0,037$
$M_{1xd}^{b} = 70$ kNm $\quad \mu_x = 0,022$ $\quad \mu_2 = 0,022$
$M_{1yd}^{b} = 98$ kNm $\quad \mu_y = 0,037$
$\rho_{mín} = 0,4\%$ $\quad As = 12$ cm^2

Centro

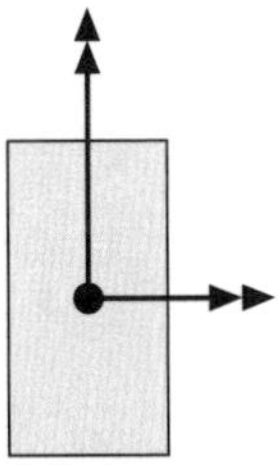

Ábaco 4
$Nd = 4.200$ kN
$M_{1xd}^{c} + M_{2xd} = 33,6 + 110,25 = 143,85$ kNm
$M_{1yd}^{c} + M_{2yd} = 44,8 + 132,27 = 177,07$ kNm

$v = 0,784$

$\mu_x = \dfrac{143,85}{0,3 \times 0,6 \times 17.850} = 0,045$

$\mu_y = \dfrac{177,07}{0,3 \times 0,5 \times 17.850} = 0,066$

$\mu_1 = 0,066$ $\quad \mu_2 = 0,045$

$\rho = 0,8\%$ $\quad As = \dfrac{0,8}{100} \times 50 \times 60 = 24$ cm^2

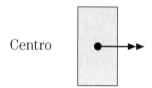

Centro

Ábaco 3 (p. 475 neste livro)
$Nd = 4.200$ kN
$M_{1xd,\,mín} + M_{2xd} = 138,6 + 110,25 = 248,85$ kNm
$v = 0,784$

$$\mu_x = \frac{248,85}{0,3 \times 0,6 \times 17.850} = 0,077^{(*)}$$

$\rho = 0,7\%$ $As = \dfrac{0,7}{100} \times 50 \times 60 = 21$ cm^2

Centro

Ábaco 3
$Nd = 4.200$ kN
$M_{1yd,\,mín} + M_{2yd} = 126 + 132,27 = 258,27$ kNm
$v = 0,784$

$$\mu_y = \frac{258,27}{0,3 \times 0,5 \times 17.850} = 0,096$$

$\rho = 1\%$ $As = \dfrac{1}{100} \times 50 \times 60 = 30$ cm^2

Adotaremos $As = 30$ cm^2

Detalhe da armação

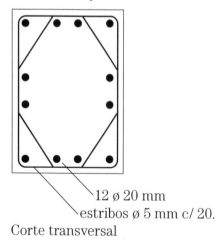

12 ø 20 mm
estribos ø 5 mm c/ 20.
Corte transversal

(*) Para entrar na tabela de pilares, $\mu_x = \mu$.

17.2 O CONCRETO ARMADO É OBEDIENTE, TRABALHA COMO LHE MANDAM

Um engenheiro estrutural,[*] ao saber da preparação deste curso, alertou para a necessidade de mostrar aos alunos que existe uma importância significativa de sentir e compreender as estruturas, além do seu matemático cálculo. Seja, por exemplo, uma viga descarregando carga em dois pilares.

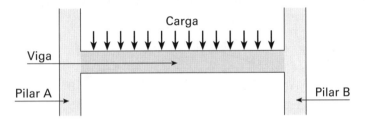

Se admitirmos que essa viga é isostática (1.ª hipótese, apoios livres), o esquema estrutural de cálculo e a solução de armação consequente serão:

1.ª hipótese estrutural

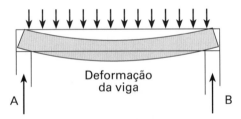

Notemos que, nessa hipótese, a viga se deforma e gira livremente em A e B.

O diagrama de momento indica que não há momento em A e B, e só há momento positivo ao longo da viga.

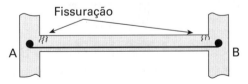

A armação da viga atende à hipótese estrutural. Só há armação para vencer o momento positivo.

---
[*] C.A.R.

Nessa primeira hipótese, não há necessidade de armação de momento negativo. Mas como trabalhará a viga, na prática? Os esquemas não são perfeições e não é pelo fato de não se admitir engastamento, nas ligações entre vigas e pilares, que ele deixará de existir ou reclamar quanto à falta de previsão.

Como na prática a viga sofre restrição de livre girar, face à sua ligação com o pilar, ela ou rompe seu relacionamento com este senhor, dando trincas na sua parte superior (situação bem provável), ou vai tentar girar o pilar junto com ela (situação menos provável, já que o concreto, sendo pouco resistente à tração, conseguirá puxar pouco o pilar). Deverá, pois, acontecer:

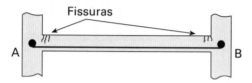

Admitamos agora que queiremos evitar trincas (que não causam problemas de estabilidade à estrutura, mas que são indesejáveis esteticamente). Vamos, pois, considerar que a viga deve manter seu relacionamento com o pilar através de uma armadura, ou seja, que a viga será engastada ao pilar. Estamos na segunda hipótese estrutural.

2.ª hipótese estrutural

Notemos que, nessa hipótese, a viga não gira em A ou em B.

O diagrama mostra que, para a viga não girar em A ou B, ela exige momentos de engastamento, que de troco são transferidos aos pilares.

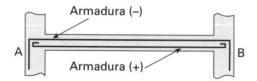

A armação da viga atende à hipótese estrutural. Além da armação para vencer o momento positivo (que neste caso é inferior ao da primeira hipótese), há necessidade de armação nos apoios para vencer o momento negativo.

Nesta segunda hipótese, não deverão ocorrer as indesejáveis fissuras superiores, face ao fato de a viga não se desligar (nas suas fibras, nos limites superiores) do pilar. Conseguimos isso amarrando a viga ao pilar pela armadura negativa. Qual o preço disso, além do gasto da armadura? Quem amarra é amarrado, ou seja, o pilar que transmitiu à viga um momento recebe de troco um momento fletor.

Devemos considerar (dependendo, é claro, das proporções relativas do tamanho do pilar, tamanho da viga e das cargas) que o pilar deverá ter um momento causado pelo engastamento, ou seja,

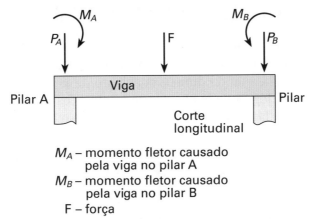

M_A – momento fletor causado pela viga no pilar A
M_B – momento fletor causado pela viga no pilar B
F – força

Conselho de um construtor de estruturas com cabelos brancos:

Exija que conste formalmente no contrato de preparação do projeto estrutural:

- detalhes das alvenarias de divisão interna e externa;
- detalhes das alvenarias de varandas e sacadas (amarração dessa alvenaria com a estrutura principal).

E, dependendo do porte da estrutura:

- plano de concretagem;
- projeto de escoramento;
- projeto de retirada de escoramento.

Nota: o diabo adora quando esses cuidados não são tomados.

AULA 18

18.1 DIMENSIONAMENTO DE VIGAS SIMPLESMENTE ARMADAS À FLEXÃO

Daremos, agora, a metodologia para o cálculo de vigas simplesmente armadas, no que diz respeito à armadura que resiste à flexão. Esta aula é uma cópia, uma repetição, sem novidades, da aula de dimensionamento de lajes maciças. (Lembremos que nas lajes maciças, depois de conhecidos os momentos no centro dos vãos e nos apoios, elas são calculadas como se fossem vigas de um metro de largura).

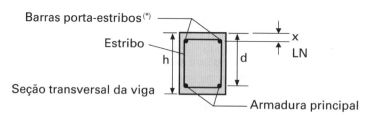

Em vez de explicar com exemplos teóricos, vamos dar exemplos práticos, e, depois, analisaremos os resultados.

1.º Exemplo:

Dimensionar uma viga de 20 cm de largura, apta a receber um momento de 120 kNm, para um concreto fck = 20 MPa e aço CA50.

1.º passo — Fixemos uma altura para essa viga. O iniciante poderá fixar uma altura excessiva ou insuficiente, mas a própria tabela o conduzirá até uma altura adequada da viga.

Fixemos $d = 57$;
b_w = largura da viga;
d = altura da viga sem considerar o cobrimento de armadura.

$$k6 = 10^5 \times \frac{b_w \times d^2}{M} \qquad As = \frac{k3}{10} \times \frac{M}{d} \qquad \text{Unidades kN e m}$$

(*) Os estribos combatem o cisalhamento, e as barras porta-estribos colocam o estribo na posição correta.

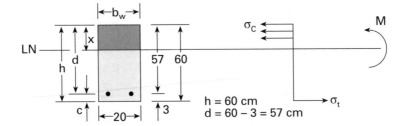

Calcularemos inicialmente o coeficiente k6, que vale:

$$k6 = 10^5 \times \frac{bw \times d^2}{M} \qquad k6 = \frac{0{,}2 \times 0{,}57^2 \times 10^5}{120} = 54{,}15 \left\} \begin{array}{l} \text{Para entrar na tabela,} \\ \text{respeitar as unidades.} \\ \text{Ver Tabela T-13.} \end{array} \right.$$

Chamamos a atenção para o uso da Tabela T-13 (p. 323), onde as dimensões devem ser calculadas em metros e o momento em kNm (k6 = 54,15).

Procuremos agora na Tabela T-13, com fck = 20 MPa e CA50, qual o coeficiente denominado k3 que corresponde a k6 = 54,15.

$$\xrightarrow{\text{entrada}} \begin{array}{cc} \underline{\text{k6}} & \underline{\text{CA50}} \\ 54{,}15 & 0{,}368 \end{array} \Rightarrow k3 = 0{,}368$$

A área do aço será agora calculada diretamente por meio da fórmula:

$$A_S = \frac{k3}{10}\frac{M}{d} \qquad A_S = \frac{0{,}368}{10} \times \frac{120}{0{,}57} = 7{,}74 \text{ cm}^{2\,(*)}$$

Conclusão: temos de colocar aí um número de barras de aço, que tenham 7,74 cm² de área. Escolhamos 4 ø 16 mm (Consultar a Tabela-Mãe da Aula 2.1).

Para esse caso, não é obrigatório saber-se onde está a linha neutra, mas a tabela nos dá essa posição, pois para o mesmo código de entrada k6 = 54,15 resulta:

$$\varepsilon = \frac{x}{d} = 0{,}31$$

$$x = d \times 0{,}31 = 57 \times 0{,}31 = 17{,}67 \text{ cm} = 0{,}1767 \text{ m}$$

A solução completa da viga é:

(*) Os dados de entrada são cargas e momentos fletores de serviço, ou seja, sem coeficientes de majoração. Esses coeficientes de majoração de esforços e minoração de resistências estão internos às tabelas de dimensionamento de vigas (e lajes) deste livro. Em certos programas de computador, o próprio programa pergunta: quais os coeficientes de ponderação (de segurança) você quer usar? Em obras com baixo nível de controle, a dona norma manda aumentar certos coeficientes de ponderação (item 12.4.1).

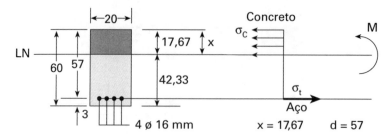

A viga está dimensionada para o momento fletor.

Se não houver problema de alojamento do aço, a área de 7,74 cm² poderia, sem problemas, ser substituída por 3 ø 20 mm.

Notar que a linha neutra está sempre mais próxima da borda superior do que a inferior. A causa disso é a presença de um material estranho (aço), numa seção de concreto. Como o E_s (módulo de elasticidade do aço) é muito maior do que E_c e não se considera a resistência do concreto à tração, isso tende a jogar a LN para cima. Nas nossas aulas de Resistência dos Materiais, em que vimos exercícios usando materiais homogêneos (madeira, concreto simples), a LN coincidia com o eixo geométrico (a linha neutra fica igual à distância das bordas). No concreto armado, a LN, em geral, se afasta do aço.

Como seria o problema, se o concreto fosse fck = 30 MPa?

O k6 não muda, já que é uma característica geométrica da seção (b_w, d) e do momento. Varia agora o k3, que valerá 0,35.

A área do aço será (olhar na Tabela T-13, parte direita):

$$A_s = \frac{0,35}{10} \times \frac{120}{0,57} = 7,37 \text{ cm}^2$$

Calculemos:

$$\varepsilon = 0,20 \Rightarrow \varepsilon = \frac{x}{d} \Rightarrow 0,2 = \frac{x}{d} \Rightarrow x = 0,20 \cdot d \Rightarrow x = 0,2 \times 57 = 11,4 \text{ cm}$$

onde: $x = 11,4$ cm.

A nova situação de viga será:

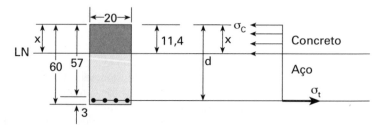

Aula 18   **321**

A conclusão a que se chega é que o uso do concreto de maior qualidade (fck = 30 MPa) leva a um menor consumo de aço que, no caso específico, é desprezível, mas a conclusão não.

A linha neutra subiu de posição, indicando que menos seção de concreto terá de resistir ao momento fletor. Por que menos seção de concreto? Exatamente porque o concreto agora é mais forte, teremos de usar menos aço, a viga terá uma menor parte comprimida que o outro caso. Se fizéssemos o cálculo com menor fck, mantendo o momento e as dimensões das vigas, veríamos que mais aço seria necessário, e a linha neutra ficaria mais baixa.

2.º **Exemplo**:

Dimensionar uma viga de 25 cm de largura, apta a receber um momento de 110 kNm para um fck = 25 MPa e aço CA50.

Estabelecemos a altura da viga em 50 cm.

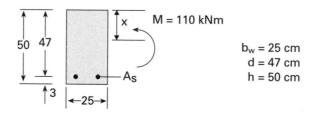

A rotina é sempre a mesma:

$$k6 = 10^5 \times \frac{bw \times d^2}{M} \qquad k6 = \frac{0,25 \times 0,47^2 \times 10^5}{110} = 50,2$$

Procurando na Tabela T-13, fck = 25 MPa e aço CA50 com k6 = 50 temos k3 = 0,359. O cálculo de A_s será:

$$A_s = \frac{k3}{10} \times \frac{M}{d} = \frac{0,359}{10} \times \frac{110}{0,47} = 8,4 \text{ cm}^2 \xrightarrow{\text{Tabela-Mãe T-2}} 5 \, \varnothing \, 16 \text{ mm}$$

3.º **Exemplo**:

Vamos comparar, agora, o caso de dois aços, de qualidade bem diferente, ou seja, vamos no mesmo caso usar aço CA25 (o mais fraquinho) e o CA60 (o mais fortinho), aplicados à mesma viga e ao mesmo momento.

Assim, seja uma viga de 20 × 50 cm e um momento fletor de 60 kNm, calcularemos as áreas de ferragens (fck = 20 MPa).

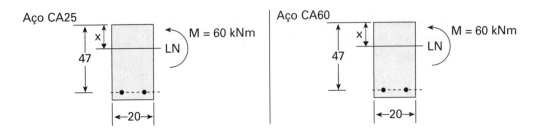

$$k6 = 10^5 \times \frac{bw \times d^2}{M} \quad \rightarrow \quad k6 = 10^5 \times \frac{0{,}2 \times 0{,}47^2}{60} = 73{,}63$$

Até aqui tudo igual. Calcularemos, agora, o k3, à esquerda para aço CA25 e à direita para CA60.

CA25	CA60
Da Tabela T-13	Da Tabela T-13
k3 = 0,706	k3 = 0,294
A área da armadura, nesse caso, será:	A área da armadura, nesse caso, será:
$A_s = \dfrac{0{,}706}{10} \times \dfrac{60}{0{,}47} = 9{,}01 \text{ cm}^2$	$A_s = \dfrac{0{,}294}{10} \times \dfrac{60}{0{,}47} = 3{,}75 \text{ cm}^2$
Escolhemos 3 ø 20 mm	Escolhemos 3 ø 12,5 mm

Conclusão (lógica): quando usamos aço melhor (CA60), usamos menos aço que se usarmos aço inferior (CA25).

E a posição de linha neutra?

Da mesma tabela tiram-se os resultados (o código de entrada é k^6)

$$CA25 = 0{,}22 \quad | \quad CA60 = 0{,}22$$

Conclusão: a posição da linha neutra não se altera, ou seja, a posição da linha neutra já estava definida com k^6, e este é definido só com as características do momento fletor e da seção geométrica.

Nota: fuja, mas fuja mesmo, de situações com:
• x/d menores que 0,01. Você está jogando concreto fora.
• x/d maiores que 0,45. Você está entrando na zona perigosa de estruturas superarmadas. Aumente a seção de concreto.

Aula 18 · 323

Tabela T-13 – Dimensionamento de vigas à flexão k6 e k3					
$\xi = x/d$	Valores de k6 para concreto de fck (MPa)			Valores de k3 para aços		
	20	25	30	CA25	CA50	CA60
0,01	1.447,0	1.158,0	965,0	0,647	0,323	0,269
0,02	726,0	581,0	484,0	0,649	0,325	0,271
0,03	486,0	389,0	324,0	0,652	0,326	0,272
0,04	366,0	293,0	244,0	0,655	0,327	0,273
0,05	294,0	235,0	196,0	0,657	0,329	0,274
0,06	246,0	197,0	164,0	0,660	0,330	0,275
0,07	212,0	169,0	141,0	0,663	0,331	0,276
0,08	186,0	149,0	124,0	0,665	0,333	0,277
0,09	166,0	133,0	111,0	0,668	0,334	0,278
0,10	150,0	120,0	100,1	0,671	0,335	0,280
0,11	137,0	110,0	91,4	0,674	0,337	0,281
0,12	126,0	100,9	84,1	0,677	0,338	0,282
0,13	117,0	93,6	78,0	0,679	0,340	0,283
0,14	109,0	87,2	72,7	0,682	0,341	0,284
0,15	102,2	81,8	68,1	0,685	0,343	0,285
0,16	96,2	77,0	64,2	0,688	0,344	0,287
0,167	92,5	74,0	61,7	0,690	0,345	0,288
0,17	91,0	72,8	60,6	0,691	0,346	0,288
0,18	86,3	69,0	57,5	0,694	0,347	0,289
0,19	82,1	65,7	54,7	0,697	0,349	0,290
0,20	78,3	62,7	52,2	0,700	0,350	0,292
0,21	74,9	59,9	49,9	0,703	0,352	0,293
0,22	71,8	57,5	47,9	0,706	0,353	0,294
0,23	69,0	55,2	46,0	0,709	0,355	0,296
0,24	66,4	53,1	44,3	0,713	0,356	0,297
0,25	64,1	51,2	42,7	0,716	0,358	0,298
0,259	62,1	49,7	41,4	0,719	0,359	0,299
0,26	61,9	49,5	41,2	0,719	0,359	0,300
0,27	59,8	47,9	39,9	0,722	0,361	0,301
0,28	58,0	46,4	38,6	0,725	0,363	0,302
0,29	56,2	45,0	37,5	0,729	0,364	0,304
0,30	54,6	43,7	36,4	0,732	0,366	0,305
0,31	53,1	42,5	35,4	0,735	0,368	0,306
0,32	51,6	41,3	34,4	0,739	0,369	0,308
0,33	50,3	40,3	33,5	0,742	0,371	0,309

Continua

Tabela T-13 – Tabela de dimensionamento de vigas à flexão *(continuação)*

$\xi = x/d$	Valores de k6 para concreto de fck (MPa)			Valores de k3 para aços		
	20	25	30	CA25	CA50	CA60
0,34	49,1	39,2	32,7	0,746	0,373	0,311
0,35	47,9	38,3	31,9	0,749	0,374	0,312
0,36	46,8	37,4	31,2	0,752	0,376	0,313
0,37	45,7	36,6	30,5	0,756	0,378	0,315
0,38	44,7	35,8	29,8	0,760	0,380	0,316
0,39	43,8	35,0	29,2	0,763	0,382	0,318
0,40	42,9	34,3	28,6	0,767	0,383	0,319
0,41	42,0	33,6	28,0	0,770	0,385	0,321
0,42	41,2	33,0	27,5	0,774	0,387	0,323
0,43	40,5	32,4	27,0	0,778	0,389	0,324
0,44	39,8	31,8	26,5	0,782	0,391	0,326
0,442	39,6	31,7	26,4	0,782	0,391	0,327
0,45	39,1	31,2	26,0	0,786	0,393	0,328

Unidades: M_k = kNm; b_w = m; d = m

Tabela T-14 – Cálculo de vigas duplamente armadas k7 e k8

Aço	Valores de k7 e k8					
	fck = 20 MPa		fck = 25 MPa		fck = 30 MPa	
	k7	k8	k7	k8	k7	k8
CA25	0,716	0,716	0,716	0,716	0,716	0,716
CA50	0,358	0,358	0,358	0,358	0,358	0,358
CA60B	0,302	0,403	0,302	0,403	0,302	0,403

Nota: fuja das situações de k6 superiores a 900, pois você está jogando concreto fora. Fuja também das condições de k6 muito baixos, pois você está entrando na região de vigas superarmadas. Nas vigas superarmadas, acontecendo uma carga superior à prevista, o concreto pode romper sem avisar.

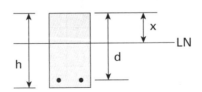

18.2 DIMENSIONAMENTO DE VIGAS DUPLAMENTE ARMADAS

Iniciamos esta aula com o seguinte problema:

- Dimensionar a seção de uma viga de 20 × 60 cm, sujeita a um momento fletor de 200 kNm. Aço CA50 e fck = 20 MPa.

$$k6 = 10^5 \times \frac{bw \times d^2}{M}$$

$$k6 = 10^5 \times \frac{0{,}2 \times 0{,}57^2}{200} = 32{,}49$$

Ao procurarmos o coeficiente k6 na Tabela T-13, não encontramos o k3 correspondente, pois o menor valor de k6 com existência de k3 é 39,1. O que isso quer dizer? Quer dizer que a armadura simples não poderá resistir a esse momento fletor. Uma solução para vencer o problema é aumentar a altura. Passemos a altura para 80 cm.

$$k6 = 10^5 \times \frac{bw \times d^2}{M}$$

$$k6 = 10^5 \times \frac{0{,}20 \times 0{,}77^2}{200} = 59{,}29$$

Pronto. Nesse caso, já existe o k3 e poderíamos dimensionar nossa viga. Sucede que, nesse momento arquitetônico (sempre os arquitetos), não podemos alterar a seção da nossa viga, que deve ser de 20 × 60 cm.

Como fazer? A seção 20 × 60 cm, com armadura simples, não dá. Uma ideia é enriquecer a viga, ou seja, colocar em cima e embaixo um material mais nobre que o concreto, ou seja, colocar uma armadura de aço.

Como calcular esse aço adicional, ou seja, como calcular essa viga?

É o que veremos daqui por diante.

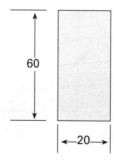

Primeiramente, verifiquemos o k6-limite para esse concreto e aço.

O k6-limite é 39,1, ou seja, até um certo momento fletor, a viga poderia ser simplesmente armada. A fórmula do k6 é:

$$k6 = \frac{b_w \times d^2 \times 10^5}{M}$$

O momento-limite que resulta $k6_{lim} = 39,1$ é:

$$M_{\ell_{lim}} = \frac{b_w \times d^2 \times 10^5}{k_{6_{lim}}} \Rightarrow M_{\ell_{lim}} = \frac{0,2 \times 0,57^2 \times 10^5}{39,1} \cong 166,19$$

Esse é o maior momento a que uma seção simplesmente armada pode resistir. O valor de ξ é 0,45 (ver Tabela T-13).

Temos um momento, que atua na seção, que vale 200 kNm, e o momento-limite da seção simplesmente armada é M = 166,19 kNm. Temos, pois, uma diferença de momentos que a seção simplesmente armada não pode absorver, que é ΔM = 200 – 166,19 = 33,81 kNm.

A armadura inferior total (A_s) é calculada pela fórmula:

$$A_s = \frac{k_{3_{lim}}}{10} \cdot \frac{M_{\ell_{lim}}}{d} + \frac{k_7}{10} \cdot \frac{\Delta M}{d} \qquad \text{(ver Tabela T-14)}$$

No nosso caso:

$$A_s = \frac{0,393}{10} \times \frac{166,19}{0,57} + \frac{0,358}{10} \times \frac{33,81}{0,57} = 11,46 + 2,12 = 13,58 \text{ cm}^2$$

A área de aço, de 13,58 cm², é a área de aço para colocar na parte inferior da viga — armadura tracionada.

A armadura superior será calculada pela fórmula:

$$A'_s = \frac{0,358}{10} \times \frac{33,81}{0,57} = 2,12 \text{ cm}^2$$

Fácil, não?

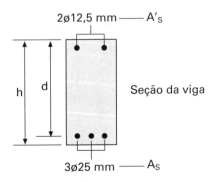

18.3 DIMENSIONAMENTO DE VIGAS T SIMPLESMENTE ARMADAS

Seja a viga T a seguir:

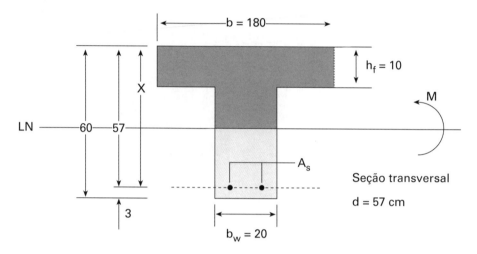

Na seção T, é fundamental saber-se onde está a linha neutra.

Se esta cortar a mesa, a viga não é viga T, e sim uma viga de seção retangular, já que, acima dela, temos uma seção retangular de concreto trabalhando à compressão; abaixo dela temos uma seção de concreto, que não é levada em conta pois pode até fissurar. Vejamos os esquemas:

1.º **Caso**: essa não é uma viga T e sim uma viga retangular, pois:

$$x < h_f$$

$$\boxed{\xi = \frac{x}{d} < \xi_f = \frac{h_f}{d}}$$

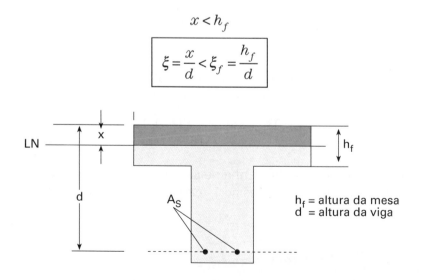

h_f = altura da mesa
d = altura da viga

Seja, agora, uma outra viga T, com LN passando bem mais baixo (não cortando a mesa) e que se mostra a seguir:

2.º Caso: esta é uma viga T de verdade, pois $x > h_f$. A condição da viga T é:

$$\xi = \frac{x}{d} \geq \xi_f = \frac{h_f}{d}$$

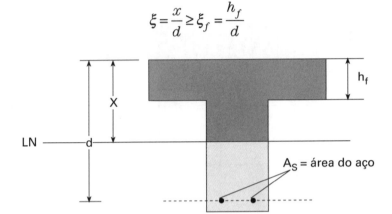

Voltemos ao exemplo numérico do início desta aula.

Calculemos inicialmente

$$\xi_f = \frac{h_f}{d} = \frac{10}{57} = 0{,}175$$

Calculemos agora a quantidade

$$k6 = \frac{b \times d^2 \times 10^5}{M} = \frac{1{,}8 \times 0{,}57^2 \times 10^5}{120} = 487$$

Calculemos a quantidade de k6, como se a viga fosse retangular, e vejamos o ξ correspondente. Pela Tabela T-13, para o aço CA50 e fck = 20 MPa.

$$\xi = 0{,}03 \quad \text{e} \quad \xi f = 0{,}175 > \xi$$

Conclusão: estamos no caso de a linha neutra cortar a mesa e, portanto, não estamos na condição de viga T (estamos no 1.º caso), viga retangular (180 × 60).

ROTEIRO DE CÁLCULO DE FLEXÃO SIMPLES

Para analisarmos melhor, faremos dois exemplos de aplicação do método, um de viga de seção retangular e outro de viga T, com fck = 20 MPa.

Com relação às taxas mínimas de armadura, a NBR 6118/2014 indica (ver na norma o item 17.3.5.2.1, p. 130):

Taxas mínimas de armadura de flexão			
Armadura mínima de flexão	p_{min} (%) CA50		
	fck = 20	fck = 25	fck = 30
Retangular	0,150	0,150	0,150
T (mesa comprimida)	0,150	0,150	0,150
T (mesa tracionada)	0,150	0,150	0,150

Nas vigas T, a área da seção transversal a ser considerada deve ser considerada pela alma, acrescida da mesa *colaborante*.

Armadura de pele (somente para altura maior que 60 cm)

$A_{s\,pele} = 0,10\% \, A_{c\,alma}$ em cada face e com espaçamento $s \leq 20$ cm entre barras de alta aderência, não sendo necessária uma armadura superior a 5 cm²/m (item 17.3.5.2.3 da NBR 6118-2014).

Roteiro para o cálculo de vigas retangulares

Armadura simples

$$k6 = \frac{b_w \times d^2 \times 10^5}{M} \Rightarrow \text{Tabela T-13} \Rightarrow k3$$

$$\boxed{A_s = \frac{k3}{10} \times \frac{M}{d}}$$

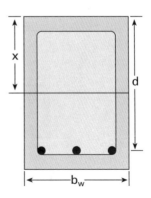

M = momento de serviço (sem majorar)[*]

---

[*] Momento de serviço, situação de serviço é a situação que teoricamente poderia ser medida na estrutura por aparelhos, ou seja, sem considerar coeficientes de ponderação (de aumento ou diminuição).

Armadura dupla

$$k6 = \frac{b_w \times d^2 \times 10^5}{M} \Rightarrow k6 \leq k6_{lim}$$

$$M_{lim} = \frac{b_w \times d^2 \times 10^5}{k6_{lim}}$$

$$\boxed{A_s = \frac{k3_{lim}}{10} \times \frac{M_{\ell_{lim}}}{d} + \frac{k7}{10} \times \frac{\Delta M}{d}} \quad \boxed{A'_s = \frac{k7}{10} \times \frac{\Delta M}{d}}$$

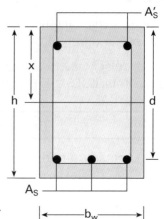

A entrada na Tabela T-14, que dá k7 e k8, é por ξ.

Seção T, com armadura simples

$$k6 = \frac{b_w \times d^2 \times 10^5}{M} \Rightarrow \text{Tabela} \Rightarrow 0,8\xi \leq \xi_f \quad \text{seção retangular} \quad \text{onde} \quad \boxed{\xi_f = \frac{h_f}{d}}$$

$$k3 \Rightarrow \boxed{A_s = \frac{k3}{10} \times \frac{M}{d}}$$

$$k6 = \frac{b_w \times d^2 \times 10^5}{M} \Rightarrow \text{Tabela} \Rightarrow 0,8\xi > \xi_f \quad T \begin{cases} \text{Não é real; e só serviu para} \\ \text{definir o dimensionamento} \\ \text{como seção T.} \end{cases}$$

$$\xi = \frac{\xi_f}{0,8} \Rightarrow \text{Tabela} \Rightarrow k6_f, k3_f \Rightarrow M_f = \frac{(b - b_w) \times d^2 \times 10^5}{k3_f}$$

$$M_w = M - M_f \Rightarrow k6 = \frac{b_w \times d^2 \times 10^5}{M_w} \Rightarrow \text{Tabela} \Rightarrow k6 < k6_{lim}, k3$$

$$\boxed{A_s = \frac{k3}{10} \times \frac{M_w}{d} + \frac{k3_f}{10} \times \frac{M_f}{d}}$$

Largura colaborante de vigas de seção T

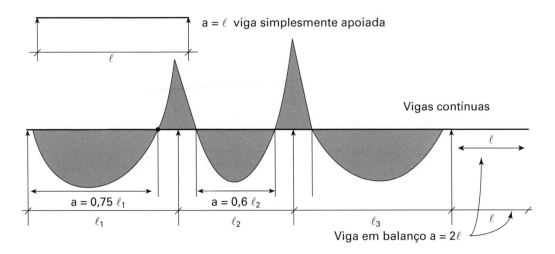

onde:

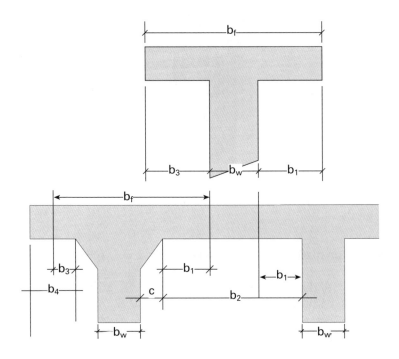

onde:

$$\begin{cases} b_1 \leq 0.5 \times b_2 & b_1 \leq 0.1 \times a \\ b_3 \leq b_4 & b_3 \leq 0.1 \times a \end{cases}$$

Seja, agora, um outro caso da mesma estrutura, trabalhando agora com $M = 900$ kNm. Sabemos que quando aumenta o momento, a LN abaixa, para que mais seção de concreto trabalhe a compressão. Verifiquemos, pois, se agora a LN deixou de cortar a mesa. fck = 20 MPa – Aço CA50.

$$k6 = \frac{b \times d^2 \times 10^5}{M} = k6 = \frac{1,8 \times 0,57^2 \times 10^5}{900} = 64,98 \quad \xi = 0,25 \quad \xi_f = \frac{10}{57} = 0,175 \quad 0,8\xi = 0,8 \times 0,25 = 0,20$$

$0,8\,\xi > \xi_f \Rightarrow$ estamos na condição de viga T (2.º caso).

Observamos que o cálculo de ξ, supondo a viga retangular, só serviu para verificar se a viga funciona como retangular ou não. Daqui por diante, passaremos ao dimensionamento.

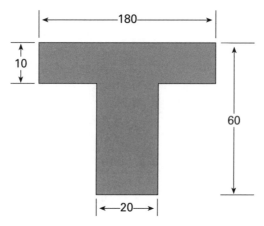

1.º Passo:

Cálculo de ξ. Por razões teóricas, adotaremos; $\xi = \xi_f/0,8$.

$$\xi = \frac{\xi_f}{0,8} \begin{pmatrix} \text{diagrama retangular} \\ \text{no concreto} \end{pmatrix} \quad \xi = \frac{\xi_f}{0,8} = \frac{0,175}{0,8} = 0,219$$

com $\xi = 0,219 \to$ Tabela T-13 $\to$ k6 = 71,8.

Entrando com ξ na Tabela T-13, resulta $k6_f = 71,8$ e $k3_f = 0,353$.

$$k6_f = \frac{(b-b_w) \times d^2 \times 10^5}{M_f} \Rightarrow M_f = \frac{(b-b_w) \times d^2 \times 10^5}{k6_f} = \frac{(1,8-0,2) \times 0,57^2 \times 10^5}{71,8} = 724 \text{ kNm}$$

sendo: $M_f = 724$ kNm (momento das abas)
$M_w = M - M_f$
$M_w = 900 - 724 = 176$ kNm (momento da alma)

$$k6 = \frac{b_w \times d^2 \times 10^5}{M_w} \Rightarrow k6 = \frac{0,2 \times 0,57^2 \times 10^5}{176} = 36,92$$

Entramos na Tabela T-13 $\Rightarrow$ k3 = 0,403. O cálculo da armadura será:

$$A_s = \frac{k3_f}{10} \times \frac{M_f}{d} + \frac{k3}{10} \times \frac{M_w}{d}$$

$$A_s = \frac{0,353}{10} \times \frac{724}{0,57} + \frac{0,403}{10} \times \frac{176}{0,57} = 57,28 \text{ cm}^2$$

$$A_s = 57,28 \text{ cm}^2 (12 \, \emptyset \, 25 \text{mm})$$

Vamos aplicar esses resultados na nossa viga T.

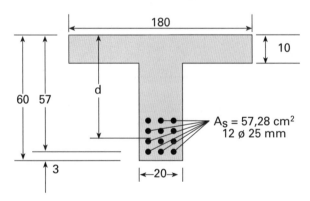

Estamos na condição de momento fletor extremamente alto para esta seção, resultando em uma área de aço muito grande. Face a isso, temos aço demais para alojar em uma pequena área. Tivemos de colocar aço em posições mais altas e, com isso, altera-se a nossa suposição de que o centro de gravidade do aço estivesse a 57 cm (d) da extremidade superior da aba. No caso presente, como temos camadas de aço fora da distância de 57 cm, deveríamos considerar uma outra distância d_{real}, digamos, cerca de 49,5 cm $d_{\text{real}} = 49,5$ cm e recalcular a viga.

Fica, pois, claro uma coisa: a altura útil de uma viga (d) é a distância da borda comprimida da viga ao *centro de gravidade* da armadura tracionada.

18.4 DIMENSIONAMENTO DE VIGAS AO CISALHAMENTO

Na Aula 15.2 (caso 5), vimos que as vigas, ao sofrerem a ação de cargas verticais, sofrem a possibilidade de suas lamelas escorregarem umas sobre as outras. Ao fazer a experiência com folhas de papel, os grampos aumentavam a resistência da viga de folhas.

Numa viga de concreto armado, quem interliga as lamelas? A armadura de tração não é. A eventual armadura de compressão também não. Quem aguenta, então? São os estribos[*] e o material concreto. Para explicar melhor esses fenômenos, muitas vezes associa-se uma viga em trabalho a uma treliça, para uma comparação de fenômenos e de elementos resistentes.

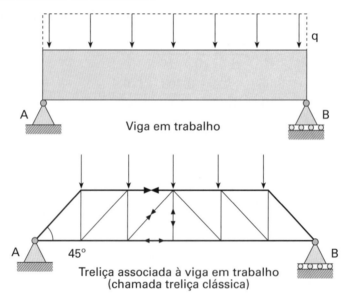

Em detalhe, um trecho da treliça

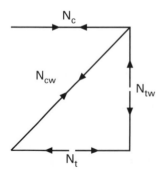

N_c = força de compressão no banzo superior;
N_{cw} = força de compressão no banzo inclinado;
N_{tw} = força normal de tração no banzo vertical;
N_t = força normal de tração no banzo inferior.

---

[*] Para vencer vãos limitadíssimos podemos usar peças de concreto simples (por exemplo tubos de concreto simples vencendo um trecho de má sustentação do solo). Ocorrerão na peça de concreto tensões muito baixas de cisalhamento e, nesse caso, quem resiste a essas tensões de cisalhamento é exclusivamente o material concreto.

Se uma viga pode associar-se a uma treliça, quem é o responsável pelo quê?

- A força de compressão N_c é resistida pelo concreto.
- A força de tração N_t é resistida pela armadura inferior da viga.
- A força de compressão N_{cw}, que ocorre no banzo inclinado, é resistida na viga pelo concreto.
- A força normal de tração N_{tw}, que ocorre no banzo vertical, é resistida pelos estribos.

O cálculo da seção de concreto, das armaduras inferiores e superiores, já foi visto anteriormente. Resta dimensionar a solidariedade entre as várias camadas horizontais do concreto.

ROTEIRO DE CÁLCULO — FORÇA CORTANTE EM VIGA

A resistência da peça, numa determinada seção transversal, é satisfatória quando, simultaneamente, são verificadas as seguintes condições:

$$V_{sd} < V_{rd_2}$$

$$V_{sd} < V_{rd_3} = V_c + V_{SW}$$

onde: V_{sd} = Força cortante de cálculo na seção.

V_{rd_2} = Força cortante resistente ao cálculo, relativa à ruína das diagonais comprimidas de concreto.

V_{rd_3} = $V_c + V_{SW}$, é a força cortante de cálculo, relativa à ruína por tração das diagonais.

V_c = Parcela da força cortante absorvida por mecanismos complementares ao de treliça.

V_{SW} = Parcela absorvida pela armadura transversal.

a) Verificação do concreto

$$V_{rd_2} = 0,27 \times \alpha_v \times \text{fcd} \times b_w \times d$$

Com $\alpha_v = (1 - \text{fck}/250)$ e fck em megapascal, temos:

$$\alpha_v \begin{cases} \text{fck} = 20 \text{ MPa} \implies \alpha_v = 1 - \dfrac{20}{250} = 0,92 \\[2ex] \text{fck} = 25 \text{ MPa} \implies \alpha_v = 1 - \dfrac{25}{250} = 0,90 \\[2ex] \text{fck} = 30 \text{ MPa} \implies \alpha_v = 1 - \dfrac{30}{250} = 0,88 \end{cases}$$

b) **Cálculo da armadura transversal de vigas (estribos)**

$$\frac{A_{SW}}{s} = \frac{V_{SW}}{0,9 \times d \times f_{yd}} \quad \text{para estribos verticais}$$

onde: $V_c = 0$ Elementos estruturais tracionados, quando a linha neutra se situa fora da seção.

$V_c = V_{co}$ Na flexão simples e na flexo-tração, com linha neutra cortando a seção.

$V_c = V_{CO} \times (1 + M_o/M_{sd_{máx}}) \leq 2\, V_{CO}$ na flexão-compressão;
$V_{CO} = 0,6 \times f_{ctd} \times b_w \times d$

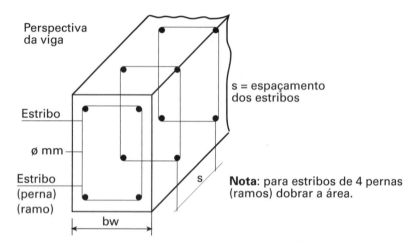

Nota: para estribos de 4 pernas (ramos) dobrar a área.

Tabela T-15 — Valores de A_{SW}/s para estribos de 2 ramos (pernas)

Espaçamento (s) cm	ø 5 mm	ø 6,3 mm	ø 8 mm	ø 10 mm	Espaçamento (s) cm	ø 5 mm	ø 6,3 mm	ø 8 mm	ø 10 mm
5	8,00				19	2,11	3,32	5,26	8,42
6	6,67	10,5	16,7	26,7	20	2,00	3,15	5,00	8,00
7	5,71	9,00	14,3	22,9	21	1,90	3,00	4,76	7,62
8	5,00	7,88	12,5	20,0	22	1,82	2,86	4,55	7,27
9	4,44	7,00	11,1	17,8	23	1,74	2,74	4,35	6,96
10	4,00	6,30	10,0	16,0	24	1,67	2,62	4,17	6,67
11	3,64	5,73	9,09	14,5	25	1,60	2,52	4,00	6,40
12	3,33	5,25	8,33	13,3	26	1,54	2,42	3,85	6,15
13	3,08	4,85	7,69	12,3	27	1,48	2,33	3,70	5,93
14	2,86	4,50	11,4	7,14	28	1,43	2,25	3,57	5,71
15	2,67	4,20	6,67	10,7	29	1,38	2,17	3,45	5,52
16	2,50	3,94	6,25	10,0	30	1,33	2,10	3,33	5,33
18	2,22	3,50	5,56	8,89					

Cálculo de V_{CO}:

$$V_{CO} = 0,6 \times \text{fctd} \times d \quad \text{onde} \quad \text{fctd} = \text{fctk}_{\text{int}}/\gamma_c$$

fck (MPa)	fctd (MPa)	0,6 fctd (MPa)	0,6 fctd (kPa)	$V_{CO} = 0,6 \times \text{fctd} \times b_w \times d$
20	1,107	0,664	664	$V_{CO} = 664 \times b_w \times d$
25	1,278	0,767	767	$V_{CO} = 767 \times b_w \times d$
30	1,450	0,870	870	$V_{CO} = 870 \times b_w \times d$

b_w e d (em metros), V_{CO} em kN.

Cálculo de V_{R2}:

$$V_{R2} = 0,27 \times \alpha_{v2} \times \text{fcd} \times b_w \times d$$

fck (MPa)	α_{v2}	fcd (MPa)	$0,27 \times \alpha_{v2} \times$ fcd (kPa)	VRd2 $= 0,27 \times \alpha_{v2} \times$ fcd $\times b_w \times d$
20	0,92	14,286	3.548	VRd2 $= 3.548 \times b_w \times d$
25	0,90	17,857	4.339	VRd2 $= 4.339 \times b_w \times d$
30	0,88	21,429	5.091	VRd2 $= 5.091 \times b_w \times d$

b_w e d (em metros), VRd2 em kN.

$$A_s = \frac{V_{SW}}{0,9 \times d \times \text{fyd}}$$

Armadura mínima:

$$\rho_{sw} = \frac{A_{sw}}{b_w \times s} \geq 0,2 \frac{\text{fctw}}{\text{fyd}}$$

fck (MPa)	$\rho_{sw\text{min}}$	
20	0,09	$A_{sw} = \rho_{sw_{\text{min}}} \times b_w$
25	0,10	
30	0,12	

- Diâmetro de estribos $\phi\, t$:

$$5 \text{ mm} \leq \phi\, t \leq \frac{b_w}{10}$$

- Espaçamento longitudinal s_t dos estribos (item 18.3.3.2 da NBR 6118, p. 134 da norma)

$$7 \text{ cm} \leq s \leq \begin{cases} \text{Se } V_d \leq 0{,}67 V_{Rd2} \{S_{máx} = 0{,}6 \times d \leq 30 \text{ cm} \\ \text{Se } V_d > 0{,}67 V_{Rd2} \{S_{máx} = 0{,}3 \times d \leq 20 \text{ cm} \end{cases}$$

- Espaçamento transversal dos ramos dos estribos (a)

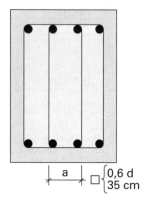

- **Cálculo da armadura de suspensão da viga apoiada sobre viga**

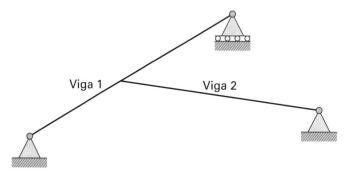

As cargas da viga 2 chegam à região inferior de V_1, sendo necessário suspender a carga.

Região para alojamento da armadura de suspensão:

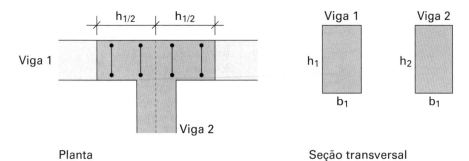

Planta　　　　　　　　　　　　　Seção transversal

Na planta, no caso da viga em balanço, temos:

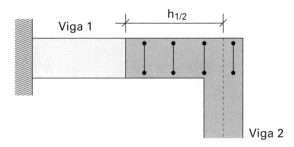

Carga a ser suspensa:

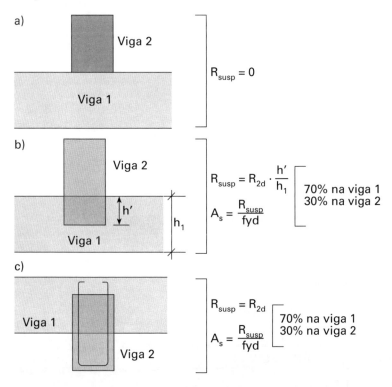

sendo R_{2d} a carga da viga 2 na viga 1.

A armadura de suspensão será calculada por:

$$A_{susp} = \frac{R_{2d}}{fyd}$$ Aço CA50
fyd = 43,5 kN/cm²

Não devemos somar a armadura de cisalhamento, mas devemos adotar a maior das duas na região de alojamento da armadura de suspensão.

Exemplo: seja a viga abaixo, calcular a armadura para a força cortante de 150 kN.

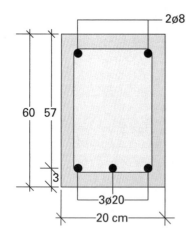

fck = 20 MPa   Aço CA50
fcd = 14,28 MPa
b_w = 20 cm = 0,2 m
V_s = 150 kN V_{sd} = 150 × 1,4 = 210 kN
fyd = 4.350 kgf/cm² = 4,35 tf/cm² = 43,5 kN/cm²

1) Cálculo de V_{R2}:

$$VRd2 = 3.548 \times 0,2 \times 0,57 = 404,47 \text{ kN} > V_{sd} \quad (O.K.)$$

2) Cálculo de V_{CO}:

$$V_{CO} = 664 \times 0,2 \times 0,57 = 75,70 \text{ kN}$$

3) Cálculo da armadura A_{sw}:

$$Vsd = V_{CO} + V_{sw} \to V_{sw} = 210 - 75,70 = 134,3 \text{ kN}$$

$$\frac{A_{sw}}{s} = \frac{V_{sw}}{0,9 \times d \times f_{yd}} = \frac{134,3}{0,9 \times 0,57 \times 43,5} = 6,02 \text{ cm}^2/\text{m} \to \text{Tabela T-15: ø 8 mm c/16 cm}$$

$$A_{sw \text{ mín}} = 0,09 \times 20 = 1,8 \text{ cm}^2/\text{m}$$

18.5 DISPOSIÇÃO DA ARMADURA PARA VENCER OS ESFORÇOS DO MOMENTO FLETOR

Conhecida a seção de aço que resiste aos momentos fletores máximos, ocorre a necessidade de colocar os aços. Como os momentos fletores variam ao longo da viga, a distribuição da armadura deve acompanhar a variação dos momentos. Assim, seja a viga a seguir, que possui, quando carregada, o diagrama de momentos fletores, conforme ilustrado a seguir:

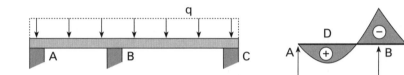

Nessa viga ocorrem três momentos máximos, nos pontos D, B, e E. Resolver esse problema é dispor a armadura para atender aos momentos fletores. O roteiro é o seguinte.

Daremos a descrição do método para diagrama de uma viga biapoiada, mas facilmente se transportará a solução para diagramas de outras vigas.

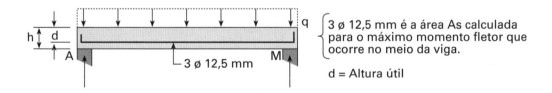

d = Altura útil

Como primeira providência, traça-se uma paralela do eixo principal. Em seguida, divide-se a altura PO em partes iguais e no mesmo número de barras que escolhemos para vencer o momento. No caso, são 3 ø e o trecho PO foi dividido em três partes iguais PY, XY e XO. Agora, pega-se 0,75 da altura d da viga e adiciona-se esse valor às retas paralelas.

(*) O maior momento fletor em módulo (valor sem o sinal), para cargas distribuídas (como no caso), acontece no apoio interno B.

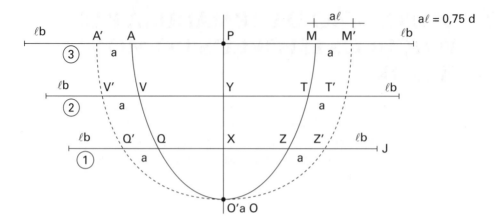

Foi feita a decalagem do diagrama A V Q O Z T M para o diagrama A' V' Q' O' Z' T' M'. Passemos à parada de barras. A primeira barra deveria corresponder a O' O e Q' Z', mas devemos acrescentar ℓ_b (comprimento de ancoragem) de cada lado da armadura. A segunda barra será V' T', acrescentando-se ℓ_b para cada lado. A terceira barra será A' M', acrescentando-se ℓ_b de cada lado.

Manda ainda a NBR 6118 que o ponto J, distante de ℓ_b de Z' (que foi decalado de Z), não fique antes de T' + 10 × ø. Idem para os outros pontos.

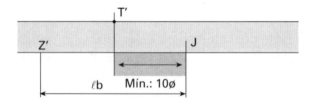

Observação: o ponto J, neste caso, é o ponto genérico, resultante do distanciamento ℓ_b do diagrama decalado.

Exemplo qualitativo:

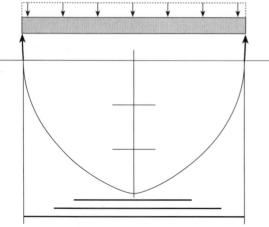

Observação: não esquecer que, no mínimo, duas barras devem ir até o apoio.

AULA 19

19.1 ANCORAGEM DAS ARMADURAS

19.1.1 INTRODUÇÃO

Há que se ter certeza de que a ligação atritada, armadura trabalhando à tração e concreto à compressão, se mantenha, para que todo o castelo mágico da teoria de concreto armado se verifique. Há, pois, que se garantir que a armadura não se desloque do concreto que a envolve e que, portanto, as deformações entre o aço e o concreto sejam iguais. Como o $E_s > E_c$, ou seja, como a deformabilidade do aço é diferente do concreto, esses dois materiais só se deformarão por igual, recebendo tensões diferentes, como indicado nas Aulas 7.1 e 7.2.

A garantia de igual deformabilidade de concreto e aço é sustentada por:

- Atrito natural entre o concreto e o aço. Para os aços que trabalham a altas tensões, em que poderia haver tendência a descolamento, aumenta-se o atrito natural entre o concreto e o aço, por meio da irregularidade no aço (ranhuras, mossas e saliências).

- Ancoragem do aço em zonas especiais do concreto (aderência). A ancoragem ou é conseguida pelo comprimento do aço em contato com o concreto (comprimento da ancoragem), ou auxiliarmente com ganchos. Para aços CA25, exigem-se ganchos em suas extremidades, por terem menor aderência. Para os aços CA50 e CA60, podem ou não haver ganchos. Nas vigas há zonas de boa aderência e zonas de má aderência, como mostra a figura a seguir:

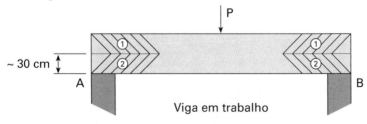

1 – Zona de má aderência
2 – Zona de boa aderência

19.1.2 ROTEIRO DE CÁLCULO DO COMPRIMENTO DE ANCORAGEM DAS BARRAS TRACIONADAS

O comprimento da ancoragem básica em barras tracionadas é dado por:

$$\ell_b = \frac{\varnothing}{4} \times \frac{\text{fyd}}{\text{fdb}} \quad \text{sendo} \quad \text{fdb} = \eta_1 \times \eta_2 \times \eta_3 \frac{\text{fct } k_{\text{inf}}}{\gamma_c}$$

onde:

$$
\begin{array}{llll}
\eta_1 = 1 & \text{CA25} & \eta_3 = 1 & \text{CA25} \\
\eta_1 = 1,4 & \text{CA60} & \eta_3 = 1 & \text{CA60} \\
\eta_1 = 2,25 & \text{CA50} & \eta_3 = 1 & \text{CA50}
\end{array}
\left.\begin{array}{}\\ \\ \\\end{array}\right\} \varnothing < 32 \text{ mm}
$$

$$\eta_2 = 1 \quad \text{(boa aderência)} \quad \text{(CA25, CA60, CA50)}$$

$$\eta_2 = 0,7 \quad \text{(má aderência)} \quad \text{(CA25, CA60, CA50)}$$

$$\text{fct}_m = 0,3 \times \text{fck}^{2/3}, \qquad \text{fct}_{k\text{ inf}} = 0,7 \text{ fct}_m$$

- Comprimento de ancoragem básico

	CA25		CA50		CA60	
fck (MPa)	ℓ_b		ℓ_b		ℓ_b	
	Condição		Condição		Condição	
	Região boa	Região má	Região boa	Região má	Região boa	Região má
20	49 ø	70 ø	44 ø	63 ø	84 ø	120 ø
25	43 ø	61 ø	38 ø	54 ø	73 ø	104 ø
30	38 ø	54 ø	34 ø	48 ø	65 ø	92 ø

Tabela T-16 — Comprimento de ancoragem da armadura tracionada

- Comprimento necessário de ancoragem

$$\ell_{b \text{ nec}} = \alpha_1 \, \ell_b \, \frac{A_{s \text{ calc}}}{A_{s, \text{ efetivo}}, y} \geq \ell_{b \text{ mín}}$$

onde:

$\alpha_1 = 1,0$ para barras sem gancho;

$\alpha_1 = 0,7$ para barras tracionadas com gancho, com cobrimento no plano normal ao do gancho ≥ 3 ø.

$\ell_{b \text{ mín}}$ é o maior valor entre $\begin{cases} 0,3 \, \ell_b \\ 10 \text{ ø e} \\ 100 \text{ mm} \end{cases}$

19.1.3 ANCORAGEM DAS BARRAS NOS APOIOS

É necessário que as barras de armadura, no mínimo duas delas, cheguem aos apoios intermediários.

Para mais de cinco barras, pelo menos 1/3 da área das armaduras deve chegar aos apoios, como demonstra a figura a seguir:

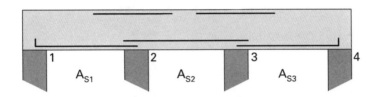

apoio (2) ⎫ Devemos levar até os apoios intermediários no mínimo 2 barras,
apoio (3) ⎭ 1/3 da armadura longitudinal, ou seja:

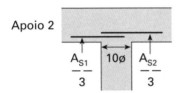 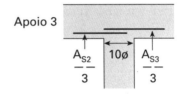

19.1.4 CASOS ESPECIAIS DE ANCORAGEM

A ancoragem nos apoios extremos exige cuidados especiais.

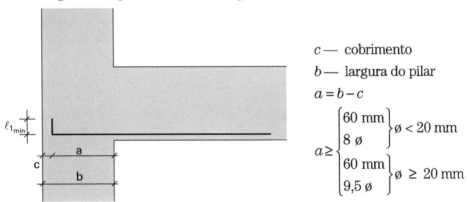

c — cobrimento
b — largura do pilar
$a = b - c$

$$a \geq \begin{cases} \begin{rcases} 60 \text{ mm} \\ 8\,\emptyset \end{rcases} \emptyset < 20 \text{ mm} \\ \begin{rcases} 60 \text{ mm} \\ 9{,}5\,\emptyset \end{rcases} \emptyset \geq 20 \text{ mm} \end{cases}$$

Diâmetro dos pinos de dobramento

$$\text{CA50} - \begin{cases} D = 5\emptyset & \text{para} \quad \emptyset < 20 \text{ mm} \\ D = 8\emptyset & \text{para} \quad \emptyset \geq 20 \text{ mm} \\ D = 2r \end{cases}$$

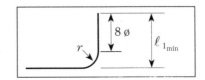

Então temos:

$$\text{para } \emptyset < 20 \text{ mm} \rightarrow \ell_{1\,\text{mín}} = 11\,\emptyset$$
$$\text{para } \emptyset \geq 20 \text{ mm} \rightarrow \ell_{1\,\text{mín}} = 13\,\emptyset$$

Portanto, temos como comprimento de ancoragem disponível:

$$\ell_{disp} = b - c + 11\,\emptyset \rightarrow \emptyset < 20 \text{ mm}$$
$$\ell_{disp} = b - c + 13\,\emptyset \rightarrow \emptyset \geq 20 \text{ mm}$$

Como temos que ancorar no apoio à força:

$$\text{fbd} = 0{,}75\,Vd$$

Então, a tensão efetiva que podemos ancorar será:

$$\sigma_s = \frac{\ell_{disp}}{\ell_b} \times \text{fyd} \qquad \leq \text{fyd}$$

A armadura necessária no apoio será:

$$A_{s\,\text{apoio}} = \frac{0{,}75\,Vd}{\sigma_s} \qquad \text{com} \qquad \sigma_s \leq \text{fyd}$$

Aço CA50, fyd = 435 MPa = 43,5 kN/cm².

Exemplo: dada a viga abaixo, calcular a armadura de apoio

Concreto fck = 20 MPa.

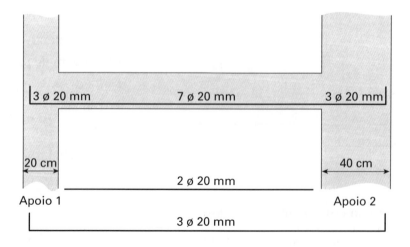

V_k = 190 kN cortante.

Calcular a armadura necessária no apoio.

Apoio (1)

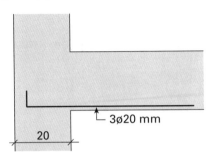

Aço CA50   fyd = 435 MPa = 43,5 kN/cm²
fck = 20 MPa $\ell_b = 44\varnothing = 44 \times 2 = 88$ cm
fbd = $0,75 \times V_d = 0,75 \times 1,4 \times 190 = 199,5$ kN
$a = 20 - 3 = 17$ cm
$\ell_{1\,min} = 13\varnothing = 13 \times 2 = 26$ cm
$\ell_{disp} = 17 + 26 = 43$ cm

Tensão efetiva de ancoragem:

$$\sigma_s = \frac{\ell_{disp}}{\ell_b} \times fyd = \frac{43}{88} \times 43,5 = 21,26 \text{ kN/cm}^2$$

$$A_{s\,apoio} = \frac{0,75 \times V_d}{\sigma_S} = \frac{199,5}{21,26} = 9,38 \text{ cm}^2 \quad \text{(O.K.)(temos } 3\varnothing\,20 = 9,45 \text{ cm}^2\text{)}$$

Apoio (2)

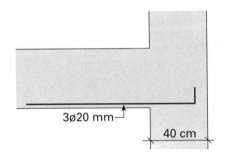

Aço CA50   fyd = 435 MPa = 43,5 kN/cm²
fck = 20 MPa $\ell_b = 44\varnothing = 44 \times 2 = 88$ cm
fbd = $0,75 \times V_d = 0,75 \times 1,4 \times 190 = 199,5$ kN
$a = 40 - 3 = 37$ cm
$\ell_{1\,min} = 13\varnothing = 13 \times 2 = 26$ cm
$\ell_{disp} = 37 + 26 = 63$ cm

Tensão efetiva de ancoragem:

$$\sigma_s = \frac{\ell_{disp}}{\ell_b} \times f_{yd} = \frac{63}{88} \times 43,5 = 31,14 \text{ kN/cm}^2$$

$$A_{s\,apoio} = \frac{199,5}{31,14} = 6,41 \text{ cm}^2 \quad \text{(O.K.) temos } 3\varnothing\,20 \text{ mm} = 9,45 \text{ cm}^2$$

19.1.5 ANCORAGEM DE BARRAS COMPRIMIDAS

Há necessidade de se ancorar barras comprimidas nos seguintes casos:

a) Nas vigas, quando há barras longitudinais comprimidas (armadura dupla), conforme mostrado na figura.

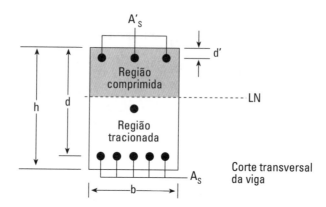

b) Nos pilares, nas regiões de emendas por traspasse, que ocorrem no nível dos andares e nas regiões junto aos blocos de fundações.

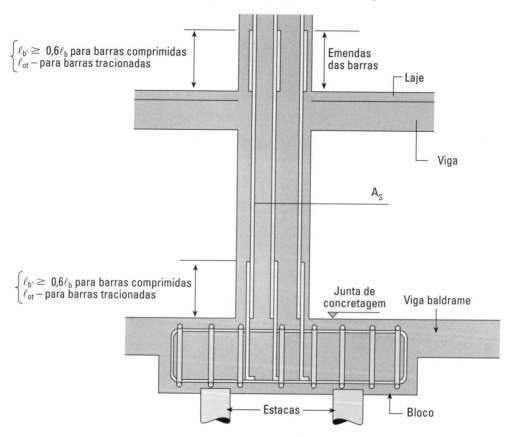

As barras *exclusivamente comprimidas* ou que tenham *alternância de solicitações* (tração e compressão) devem ser ancoradas *em trecho reto, sem gancho*, figura a seguir.

Emendas por traspasse

São aquelas que necessitam do concreto para a transmissão dos esforços de uma barra à outra. As barras estão aderidas ao concreto e, quando tracionadas, provocam o aparecimento de bielas de concreto comprimido, que transferem a força aplicada em uma barra à outra (figura a seguir). Observa-se que existe a necessidade da colocação de uma armadura transversal à emenda, com o objetivo de equilibrar essas bielas.

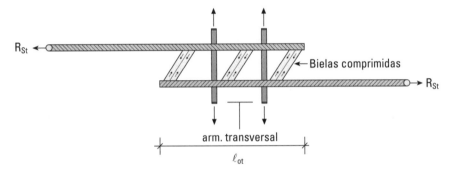

Transmissão de esforços em uma emenda por traspasse.

A presença do gancho gera concentração de tensões, que pode levar ao fendilhamento do concreto ou à flambagem das barras.

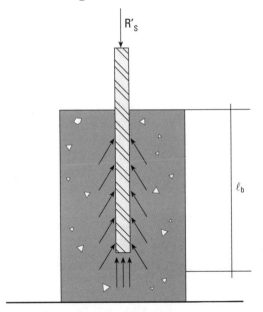

Ancoragem de barras comprimidas.

Em termos de comportamento, a ancoragem de barras comprimidas e a de barras tracionadas são diferentes em dois aspectos. Primeiramente, por estar comprimido na região da ancoragem, o concreto apresenta maior integridade (está menos fissurado) do que se estivesse tracionado, e poder-se-iam admitir comprimentos de ancoragem menores. Um segundo aspecto é o efeito de ponta. Esse fator é bastante reduzido com o tempo, pelo efeito da fluência do concreto. Na prática, esses dois fatores são desprezados. Portanto, os comprimentos de ancoragem de barras comprimidas são calculados como no caso das tracionadas. Porém, nas comprimidas não se usam ganchos.

No cálculo do comprimento de traspasse ℓ_{0c} de barras comprimidas, adota-se a seguinte expressão (NBR 6118, item 9.5.2.3):

$$\ell_{0c} = \ell_{b,\,nec} \geq \ell_{0c,\,min}$$

onde $\ell_{0c\,min}$ é o maior valor entre 0,6 ℓ_b, 15 ø e 200 mm.

Segundo a NBR 6118, devem-se, sempre que possível, usar emendas com *extremidades retas*, em vez de usar extremidades com ganchos, para que possa ser evitada a possibilidade do esmagamento do concreto nessa região.

A emenda por traspasse não é permitida para os seguintes casos:

- barras com bitola maior que 32 mm;
- tirantes e pendurais (elementos estruturais lineares de seção inteiramente tracionada);
- feixes, cujo diâmetro do círculo de mesma área seja superior a 45 mm.

Proporção das barras emendadas

Consideram-se, como na mesma seção transversal, as emendas que se superpõem ou cujas extremidades mais próximas estejam afastadas de menos que 20% do comprimento do trecho de traspasse (figura). Para barras com diâmetros diferentes, o comprimento de traspasse deve ser calculado pela barra de maior diâmetro.

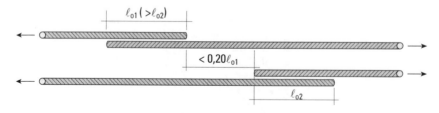

Emendas supostas como na mesma seção transversal.

A proporção máxima de barras tracionadas da armadura principal emendadas por traspasse na mesma seção transversal do elemento estrutural deve ser a indicada na tabela a seguir.

Quando se tratar de armadura permanentemente *comprimida* ou de distribuição, *todas* as barras podem ser emendadas na mesma seção.

Proporção máxima de barras tracionadas emendadas				
Tipo de barras	Situação	Tipo de carregamento	
^	^	Estático	Dinâmico
Alta aderência CA50	Em uma camada	100%	100%
^	Em mais de uma camada	50%	50%
Lisa CA25	ø ≤ 16 mm	50%	25%
^	ø > 16 mm	25%	25%

Comprimento de traspasse de barras tracionadas, isoladas

Quando a distância livre entre barras emendadas estiver compreendida entre 0 e 4 ø (figura), o comprimento do trecho de traspasse, para barras tracionadas, deve ser:

$$\ell_{0t} = \alpha_{0t}\, \ell_{b,\,nec} \geq \ell_{0t,\,mín}$$

onde:

$\ell_{0t\,mín}$ é o maior valor entre $0{,}3\,\alpha_{0t}\,\ell_b$, 15 ø e 200 mm;

α_{0t} é o coeficiente dado em função da porcentagem de barras emendadas na mesma seção, mostrado na tabela a seguir.

Valores de coeficientes α_{0t}					
Barras emendadas na mesma seção (%)	≤ 20	25	33	50	> 50
Valores de α_{0t}	1,2	1,4	1,6	1,8	2,0

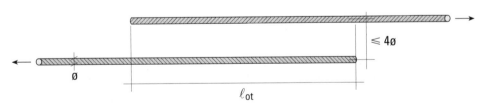

Comprimento de traspasse de barra isolada, para distância livre entre barras ≤ 4 ø.

Já quando a distância livre entre barras emendadas for maior que 4 ø, ao comprimento calculado ℓ_{0t} ($\geq \ell_{0t,\,min}$) deve ser acrescida a distância livre entre barras emendadas.

Armadura transversal

Conforme já mencionado, a transferência de esforço de uma barra para outra se faz através de bielas comprimidas de concreto. Logo, existe a necessidade da colocação de uma armadura transversal à emenda, com o objetivo de equilibrar essas bielas. Como armadura transversal nessa região, podem ser levados em consideração os ramos horizontais dos estribos.

Para barra da armadura principal tracionada (figura abaixo)

Quando ø < 16 mm ou a proporção de barras emendadas for menor que 25%, faz-se necessária uma armadura transversal capaz de resistir a 25% da força longitudinal de uma das barras ancoradas.

Quando ø ≥ 16 mm ou a proporção de barras emendadas for maior ou igual a 25%, a armadura transversal deve:

- Ser capaz de resistir a uma força igual à de uma barra emendada, considerando os ramos paralelos ao plano da emenda.

- Ser constituída por barras fechadas, se a distância entre as duas barras mais próximas de duas emendas na mesma seção for < 10 ø (ø = diâmetro da barra emendada).

- Concentrar-se nos terços extremos da emenda.

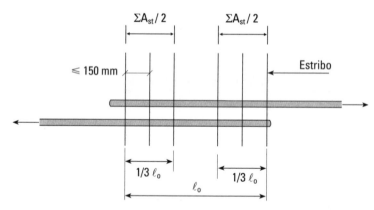

Figura — Armadura transversal nas emendas, para barras tracionadas.

$A_{st} = A_{si}$

A_{st} (costura das emendas)

ø 16 mm – A_{st} = 2 cm²

ø 20 mm – A_{st} = 3,15 cm²

ø 25 mm – A_{st} = 5,0 cm²

19.2 DETALHES DE VIGAS — ENGASTAMENTOS PARCIAIS — VIGAS CONTÍNUAS
(PILARES DE EXTREMIDADE)

Nas extremidades das vigas, para evitarmos o aparecimento de fissuras localizadas nas "fibras" superiores, onde poderá ocorrer um engastamento parcial, que não foi previsto no esquema estrutural, recomenda-se ancorar no apoio como abaixo.

Vigas contínuas, engastamento nos pilares de extremidade

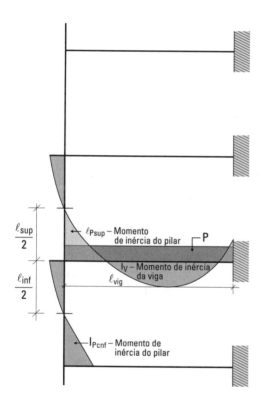

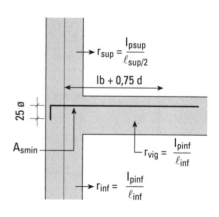

Na viga:

$$M_{ext} = \frac{p\ell_{vig}^2}{12} \times \frac{r_{inf} + r_{sup}}{r_{vig} + r_{inf} + r_{sup}} \qquad M_{engaste} = \frac{p\ell_{vig}^2}{12}$$

No tramo superior do pilar:

$$M_{ext} = \frac{p\ell_{vig}^2}{12} \times \frac{r_{sup}}{r_{vig} + r_{inf} + r_{sup}}$$

No tramo inferior do pilar:

$$M_{ext} = \frac{p\ell_{vig}^2}{12} \times \frac{r_{inf}}{r_{vig} + r_{inf} + r_{sup}}$$

Exemplo de engastamento de extremidade

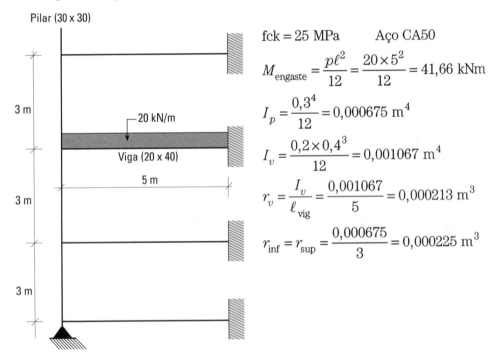

Na viga:

$$M_{ext} = \frac{20 \times 5^2}{12} \times \frac{2 \times 0,000225}{0,000213 + 0,000225 + 0,000225} = 41,66 \times 0,678 = 28,24 \text{ kNm}$$

$\begin{cases} M_{ext} = 28,24 \text{ kNm} \\ fck = 25 \text{ MPa} \end{cases}$ $k6 = \dfrac{0,2 \times 0,37^2 \times 10^5}{28,24} = 96,95$ $k3 = 0,34$

$A_s = \dfrac{0,34}{10} \times \dfrac{28,24}{0,37} = 2,6 \text{ cm}^2$ $A_{s\,min} = \dfrac{0,15}{100} \times 20 \times 40 = 1,2 \text{ cm}^2$

Adotaremos $A_s = 2,6 \text{ cm}^2$.

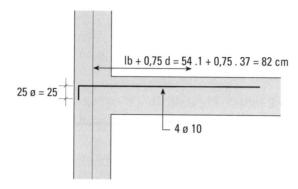

No pilar superior = inferior

$$M = 41{,}66 \frac{0{,}000225}{0{,}000213 + 0{,}000225 + 0{,}000225} = 14{,}13 \text{ kNm}$$

Quando do cálculo do pilar, utilizar este momento para dimensionamento.

19.3 CÁLCULO E DIMENSIONAMENTO DAS VIGAS DO NOSSO PRÉDIO V-1 E V-3

MÉTODOS GERAIS E INTRODUTÓRIOS AO CÁLCULO DE TODAS AS VIGAS fck 25 MPa – Aço CA50

1. Calculam-se as vigas que estão apoiadas nas outras vigas, começando pelas vigas isostáticas. No nosso projeto, começaremos pelas vigas V-9, V-3, V-7, VE.

2. Depois, podem-se calcular as outras vigas, sempre lembrando que deveremos começar pelas vigas que estão apoiadas em outras vigas.

3. Pela planta de formas, vê-se que o cálculo das vigas parte do cálculo de vigas de "pequena expressão" para as vigas de "grande expressão".

   Notem que V-9, que é uma pequena viga e recebe pequeno esforço, descarrega esse esforço do seu peso próprio em V-3 e V-4. A viga V-9 é tão vagabunda (no bom sentido) que V-3 e V-4 recebem o esforço sem precisarem pedir ajuda a um pilar. Na verdade, a viga V-3 ainda é uma viga sem maior expressão, tanto que, ao descarregar em V-8 e V-10, essas senhoras duas vigas recebem V-3 sem maior cerimônia (sem pilar para ajudar a receber a carga).

   Notemos que a viga V-4 já é uma viga de maior cerimônia e que, ao descarregar seu peso, por exemplo, em V-6 e V-10, exige, no descarregamento, o auxílio dos pilares P-7 e P-9, respectivamente.

4. Pelo visto, conclui-se que quando uma viga, como V-9, recebe pouca carga ao descarregar em outras vigas, não exige obrigatoriamente a existência de pilares. Quando, todavia, uma viga de respeito, como V-4, encontra vigas como V-6, V-8 e V-10, os encontros exigem pilares.

O cálculo do reticulado de vigas de um prédio tem de ser de complexidade crescente. Vigas menos importantes são calculadas primeiro e admitindo que outras vigas receberão seus esforços.

Cálculo da viga V-9 (20 × 40) Concreto $\gamma = 25$ kN/m³

Cargas da viga V-9:

Área	$20 \times 40 = 800$ cm²	
Peso próprio	(PP) $0{,}2 \times 0{,}4 \times 25$	$= 2$ kN/m
Laje	(L_6)	$= 1{,}03$ kN/m
Laje	(L_5)	$= 3{,}28$ kN/m
Parede		$= 6{,}50$ kN/m
	q	$= 12{,}81$ kN/m

Altura	$h = 2{,}50$ m	
Espessura	$e = 0{,}20$ m	carga da
Peso específico	$\gamma = 1{,}3$ tf/m³ $= 13$ kN/m³	parede
$P = \gamma \times e \times h$	$P = 2{,}5 \times 0{,}20 \times 13 = 6{,}50$ kN/m	

Cálculo estático:

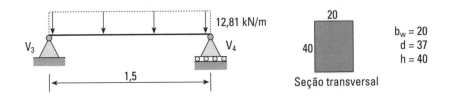

Seção transversal

Força cortante:

$$V_3 = V_4 = \frac{q \times L}{2} = \frac{1{,}5 \times 12{,}81}{2} = 9{,}61 \text{ kN}$$

Momento fletor (esse momento fletor máximo é que ocorre no meio do vão dessa viga)

$$M = \frac{q \times L^2}{8} = \frac{12{,}81 \times 1{,}5^2}{8} = 3{,}60 \text{ kNm}$$

Armação da viga V_9 (fck = 25 MPa, Aço CA50)

Flexão (usaremos a Tabela T-13, da Aula 18.1).

Cálculo da laje colaborante

Para laje colaborante.

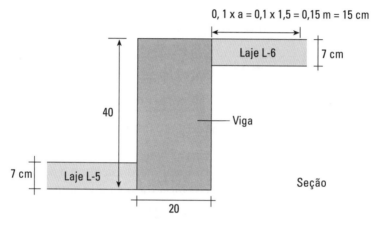

Seção para cálculo da armação do momento fletor.

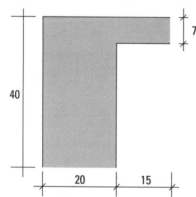

$M = 3{,}6$ kNm

$$\xi_f = \frac{h_f}{d} = \frac{7}{37} = 0{,}189$$

$$k6 = 10^5 \times \frac{bw \times d^2}{M} \qquad bw = 20 + 15 = 35 \text{ cm} \begin{pmatrix} \text{Pois a linha neutra} \\ \text{está na laje.} \end{pmatrix}$$

$$k6 = \frac{0{,}35 \times 0{,}37^2 \times 10^5}{3{,}6} = 1.330 \to \xi = 0{,}01$$

$0{,}8\xi < \xi_f \to$ seção retangular $\to k3 = 0{,}323 \qquad A_s = \frac{k3}{10} \times \frac{M}{d}$

$\left. \begin{array}{l} A_s = \dfrac{0{,}323}{10} \times \dfrac{3{,}6}{0{,}37} = 0{,}314 \text{ cm}^2 \\[2ex] A_{s\,min} = \dfrac{0{,}15}{100} \times 20 \times 40 = 1{,}20 \text{ cm}^2 \end{array} \right\}$ Adotaremos $A_s = 1{,}20$ cm^2
Tabela-Mãe T-2, Aula 2.1
2 ø 10 mm.

Cortante:

$$V_s = 9{,}61 \text{ kN} \qquad V_{sd} = 1{,}4 \times 9{,}61 = 13{,}45 \text{ kN}$$
$$\text{fck} = 25 \text{ MPa} \qquad \text{fyd} = 435 \text{ MPa} = 43{,}5 \text{ kN/cm}^2$$
$$\text{Aço CA50}$$

1) Cálculo de V_{R2} (fck = 25 MPa)

   $\text{VRd2} = 4.339 \times bw \times d = 4.339 \times 0{,}2 \times 0{,}37 = 321 \text{ kN} > V_{sd}$ (O.K.)

2) Cálculo de V_{CO} (fck = 25 MPa)

   $$V_{CO} = 767 \times bw \times d = 767 \times 0{,}2 \times 0{,}37 = 56{,}75 \text{ kN}$$

3) Cálculo de A_{sw}

   $V_{sw} = V_{sd} - V_{CO} = 13{,}45 - 56{,}75 = -43{,}3 \text{ kN}$ (armadura mínima)
   $A_{sw} = 0{,}10 \times 20 = 2 \text{ cm}^2/\text{m}$ (Tabela T-15, Aula 18.4 deste livro) ø 5 mm c/ 20 cm

Forças a ancorar (Aula 19.1)

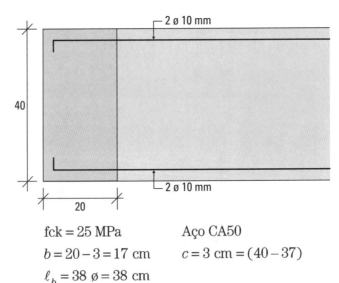

fck = 25 MPa   Aço CA50
$b = 20 - 3 = 17$ cm $c = 3$ cm $= (40 - 37)$
$\ell_b = 38$ ø $= 38$ cm

Força a ancorar: adota-se $d = h - 3$ cm – questão do centro de gravidade da armadura e a favor da segurança

$$F_{bd} = 0{,}75 \times V_d = 0{,}75 \times 1{,}4 \times 9{,}61 = 10{,}09 \text{ kN}$$
$$\ell_{1 \text{ mín}} = 11 \text{ ø} = 11 \text{ cm}$$
$$\ell_{\text{disp}} = 11 + 17 = 28 \text{ cm}$$

Tensão efetiva na ancoragem:

$$\sigma_s = \frac{\ell_{\text{disp}}}{\ell_b} \times f_{yd} = \frac{28}{38} \times 43{,}5 = 32{,}05 \text{ kN/cm}^2$$

Armadura no apoio:

$$A_{s\,apoio} = \frac{10{,}09}{32{,}05} = 0{,}31 \text{ cm}^2 \quad (O.K.) \text{ temos } \{2 \text{ ø } 10 \text{ mm} = 1{,}6 \text{ cm}^2$$

Devemos também colocar $A_{s\,mín}$ superior, no encontro com as vigas V-3 e V-4.

Diagrama de momento fletor e distribuição das barras

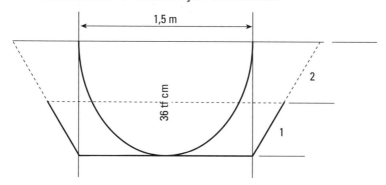

Devemos deslocar o diagrama de momentos fletores da $a\ell + \ell_b$

$$a\ell = 0{,}75 \times d = 0{,}75 \times 37 = 27{,}75 \text{ cm}$$
$$\ell_b = 38 \times ø = 38$$
$$a\ell + \ell_b = 27{,}75 + 38 = 65{,}75 \text{ cm}$$

Adotaremos 66 cm.

Esgastamento parcial (Aula 19.2)

$$A_{s\,mín} = \frac{0{,}15}{100} \times 20 \times 40 = 1{,}20 \text{ cm}^2$$

2 ø 10 mm

$\ell_b + 0{,}75 \times d = 54 \times 1 + 0{,}75 \times 37 = 82$ cm

$\ell_b = 54$ ø $\ell_b = 54 \times 1 = 54$ cm

$0{,}75 d = 0{,}75 \times 37 = 28$ cm

25 ø $= 25 \times 1 = 25$ cm

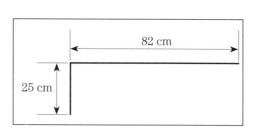

Armação da viga V-9

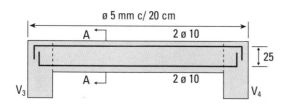

Corte AA

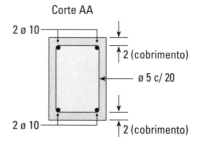

Cálculo da Viga V-3 (20 × 40)

Cargas da Viga V-3

Recordando a planta de formas:

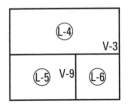 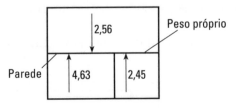

Peso próprio	(PP) $0,2 \times 0,4 \times 25$	= 2 kN/m
Laje	(L-4)	= 2,56 kN/m
Laje	(L-5)	= 4,63 kN/m
Laje	(L-6)	= 2,45 kN/m
Parede	$13 \times 0,20 \times 2,5$	= 6,50 kN/m
		q = 18,14 kN/m

Altura $\quad h = 2,50$ m
Espessura $\quad e = 0,20$ m $\bigg\}$ parede
Peso específico $\quad \gamma = 13$ kN/m^3

Cálculo estático:

Observar que como V-9 se apoia em V-3 e V-4, só podemos calcular V-3 depois de sabermos o esforço de V-9 em V-3; notar que não há pilar no encontro de V-9 com V-3, provando que V-9 se apoia em V-3.

$$V\text{-}9 = 9,60 \text{ kN}$$
$$q_1 = 2,0 + 2,56 + 4,63 + 6,50 = 15,69 \text{ kN/m}$$
$$q_2 = 2,0 + 2,56 + 2,45 + 6,50 = 13,51 \text{ kN/m}$$

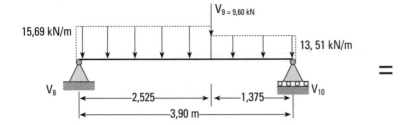

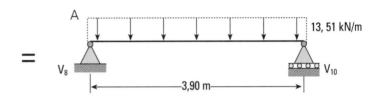

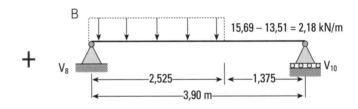

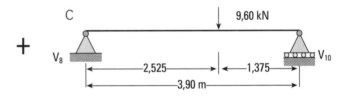

Cálculo de cada parte da carga separadamente:

A

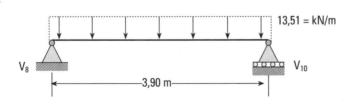

$$\left\{ V_8 = V_{10} = \frac{q \times L}{2} = \frac{13,51 \times 3,90}{2} = 26,34 \text{ kN} \right.$$

B

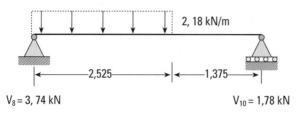

$V_8 = 3,74$ kN $\qquad$ $V_{10} = 1,78$ kN

Situação 1 (Aula 15.1)

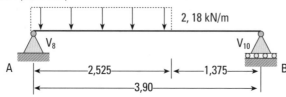

$$\begin{cases} n = \dfrac{S}{L} = \dfrac{2{,}525}{3{,}90} = 0{,}65 \\[2pt] K3 = \dfrac{n}{2} \times (2-n) = \dfrac{0{,}65}{2} \times (2-0{,}65) = 0{,}44 \\[2pt] K4 = \dfrac{n^2}{2} = \dfrac{0{,}65^2}{2} = 0{,}21 \\[2pt] A = V_8 = K3 \times q \times L = 0{,}44 \times 2{,}18 \times 3{,}9 = 3{,}74 \text{ kN} \\[2pt] B = V_{10} = K4 \times q \times L = 0{,}21 \times 2{,}18 \times 3{,}9 = 1{,}78 \text{ kN} \end{cases}$$

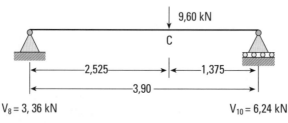

$V_8 = 3,36$ kN $\qquad$ $V_{10} = 6,24$ kN

Situação 5 (Aula 15.1)

$$\begin{cases} m = \dfrac{a}{L} = \dfrac{2{,}525}{3{,}90} = 0{,}65 \\[2pt] K3 = 1 - m = 1 - 0{,}65 = 0{,}35 \\[2pt] K4 = m = 0{,}65 \\[2pt] A = V_8 = K3 \times P = 0{,}35 \times 9{,}60 = 3{,}36 \text{ kN} \\[2pt] B = V_{10} = K4 \times P = 0{,}65 \times 9{,}60 = 6{,}24 \text{ kN} \end{cases}$$

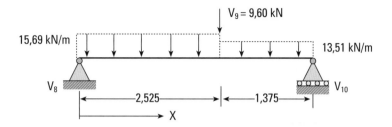

Reações de apoio:

$$V_8 = 26{,}34 + 3{,}74 + 3{,}36 = 33{,}44 \text{ kN}$$
$$V_{10} = 26{,}34 + 1{,}78 + 6{,}24 = 34{,}36 \text{ kN}$$

Cálculo do momento máximo:

O momento máximo é onde a força cortante é nula.

$$x = \frac{V_8}{q} = \frac{33{,}44}{15{,}69} = 2{,}13 \text{ m}$$

$$M_{max} = V_8 \times x - \frac{q \times x^2}{2}$$

$$M_{max} = 33{,}44 \times 2{,}13 - 15{,}69 \times \frac{2{,}13^2}{2} = 35{,}63 \text{ kNm}$$

Diagrama do momento fletor:

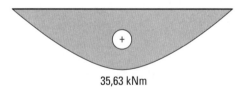

35,63 kNm

Diagrama de força cortante:

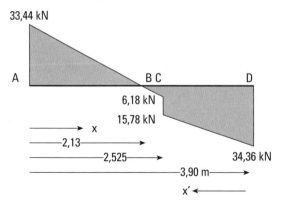

$x_A = 0$ $x'_A = 3{,}9$ m
$x_B = 2{,}13$ m $x'_B = 1{,}77$ m
$x_C = 2{,}525$ m $x'_C = 1{,}375$ m
$x_D = 3{,}9$ m $x'_D = 0$

Cortante em A:

$Q_A = V_8 = 33,4$

Cortante em B:

$Q_B = V_8 - q \times x = 33,44 - 15,69 \times 2,13 \cong 0$
$x = 2,13$
$q = 15,69$
$V_8 = 33,44$

Cortante em C:

$Q_{BC} = V_8 - q \times x_C = 33,44 - 15,69 \times 2,525 = -6,18$ kN
$V_8 = 33,44$
$q = 15,69$ kN/m
$x_c = 2,525$ m
$Q_{DC} = -V_{10} + q' \times x'_C = -34,36 + 13,51 \times 1,375 = (-)15,78$ kN
$V_{10} = 34,36$ kN
$q = 13,51$ kN/m
$x'_c = 1,375$ m

Verificação a ser feita, a diferença da cortante direita e esquerda tem de dar o valor da carga concentrada.

$Q_{BC} - Q_{DC} = -6,18 - (-15,78) \cong 9,60$ kN   (O.K.)

Cortante em D:

$V_8 = 33,44$ kN
$V_{10} = 34,36$ kN

Cálculo da armação:

Só poderemos considerar laje colaborante de um lado, pois L_5 é rebaixada à esquerda.

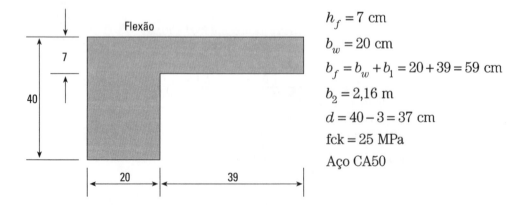

$h_f = 7$ cm
$b_w = 20$ cm
$b_f = b_w + b_1 = 20 + 39 = 59$ cm
$b_2 = 2,16$ m
$d = 40 - 3 = 37$ cm
fck = 25 MPa
Aço CA50

$a = L = 3,9$ (viga simplesmente apoiada)

$$b_1 \leq \begin{cases} 0,10 \times a = 0,10 \times 3,9 = 0,39 \text{ m} = 39 \text{ cm} \\ 0,5 \times b_2 = 0,5 \times 2,16 = 1,08 \text{ m} = 108 \text{ cm} \end{cases} \{\text{o menor } b_1 = 39 \text{ cm}$$

$M = 35,63$ kNm $\hspace{3cm} k6 = 10^5 \times \dfrac{bw \times d^2}{M}$

$k6 = \dfrac{0,59 \times 0,37^2 \times 10^5}{35,63} = 226 \hspace{1cm}$ Tabela T-13 $\hspace{1cm} \xi = 0,06$

$\xi_f = \dfrac{h_f}{d} = \dfrac{7}{37} = 0,19 \hspace{2cm} 0,8\xi = 0,048 < \xi_f$

$0,8\xi < \xi_f$ seção retangular

Usando o roteiro de cálculo da Aula 18 e a Tabela T-13 (p. 323-324 neste livro) dessa aula:

$k3 = 0,33 \hspace{2cm} A_s = \dfrac{k3}{10} \times \dfrac{M}{d} \hspace{2cm} \begin{array}{l} c = 3 \text{ cm (cobrimento)} \\ d = 40 - 3 = 37 \text{ cm} \end{array}$

$A_s = \dfrac{0,33}{10} \times \dfrac{35,63}{0,37} = 3,18 \text{ cm}^2 \hspace{0.5cm} \Rightarrow \hspace{0.5cm} \begin{array}{l} 3 \text{ ø } 12,5 \hspace{0.5cm} \text{(Tabela-Mãe T-2)} \\ \text{adotaremos } As = 3,18 \text{ cm}^2 \end{array}$

$A_{s \text{ min}} = \dfrac{0,15}{100} \times 20 \times 40 = 1,20 \text{ cm}^2$

Cortante (Aula 18.4)

Como não sabemos inicialmente a bitola do aço a ser calculado, adotamos a favor da segurança: $d = h - 2 - ø/2 = 40 - 2 - 1 = 37$ cm.

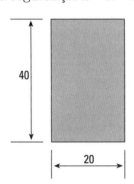

fck = 25 MPa $\hspace{2cm}$ Aço CA50

$d = 37$ cm

$V_s = 34,36$ kN $\hspace{1cm} V_{sd} = 34,36 \times 1,4 = 48,10$ kN

fyd = 435 MPa = 4,35 tf/cm^2 = 43,5 kN/cm^2

1) Cálculo de V_{R2}
$$V_{R2} = 4.339 \times 0,2 \times 0,37 = 321,09 \text{ kN} > V_{sd} \hspace{1cm} \text{(O.K.)}$$
2) Cálculo de V_{CO}
$$V_{CO} = 767 \times 0,2 \times 0,37 = 56,76 \text{ kN}$$
3) Cálculo da armadura A_{Sw}
$$V_{sw} = V_{sd} - V_{CO} = 48,10 - 56,76 = -8,66 \text{ kN (armadura mínima)}$$
$$A_{sw} = 0,10 \times 20 = 2 \text{ cm}^2/\text{m} \hspace{0.5cm} \text{(Tabela T-15 – Aula 18.4) ø 5 mm c/ 20 cm.}$$

Forças a ancorar (Aula 19.1)

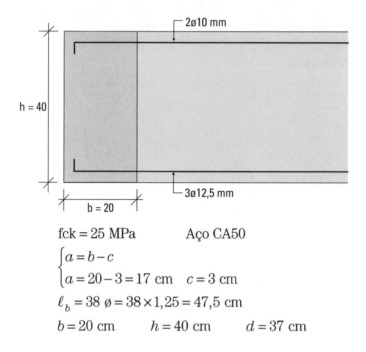

fck = 25 MPa Aço CA50

$$\begin{cases} a = b - c \\ a = 20 - 3 = 17 \text{ cm} \quad c = 3 \text{ cm} \end{cases}$$

$\ell_b = 38\,\emptyset = 38 \times 1{,}25 = 47{,}5$ cm

$b = 20$ cm $h = 40$ cm $d = 37$ cm

Força a ancorar:

$$\text{Fbd} = 0{,}75 \times V_d = 0{,}75 \times 1{,}4 \times 34{,}36 = 36{,}08 \text{ kN}$$

Tensão efetiva de ancoragem: $\sigma_s \leq f_{yd}$

$\ell_{1\,\text{mín}} = 11\,\emptyset = 11 \times 1{,}25 = 13{,}75 \qquad a = b - c = 20 - 3 = 17$ cm

$\ell_{\text{disp}} = 13{,}75 + 17 = 30{,}75$ cm

$$\sigma_s = \frac{\ell_{\text{disp}}}{\ell_b} \times f_{yd} = \frac{30{,}75}{47{,}5} \times 43{,}5 = 28{,}16 \text{ kN/cm}^2$$

Armadura no apoio:

$$A_{s\,\text{apoio}} = \frac{36{,}08}{28{,}16} = 1{,}28 \text{ cm}^2 \qquad \text{(O.K.) temos } 3\,\emptyset\,12{,}5 \text{ mm} = 3{,}75 \text{ cm}^2$$

Devemos colocar $A_{s\,\text{mín}}$ superior no encontro com as vigas V-8 e V-10

$$A_{s\,\text{mín}} = \frac{0{,}15}{100} \times 20 \times 40 = 1{,}2 \text{ cm}^2$$

Cálculo de armadura de suspensão:

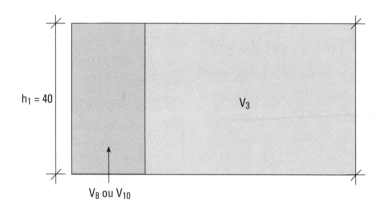

fck = 20 MPa   Aço CA50
fyd = 435 MPa = 43,5 kN/cm^2
R_3 = 34,36 kN

Caso b, Aula 18.4 (armadura de suspensão)

h_1 = 40 cm
h' = 40 cm

$R_{susp} = R_{3d} \times \dfrac{40}{40} = R_{3d} = 1,4 \times 34,36 = 48,10$ kN

$A_{susp} = \dfrac{48,10}{43,5} = 1,11$ cm^2 $\begin{cases} \dfrac{h_1}{2} = 20 \text{ cm} \\ \dfrac{h_1}{2} = 20 \text{ cm} \end{cases}$

$A_{susp} = 1,11$ cm^2 em 40 cm $\rightarrow$ 2 estribos ø 5 mm

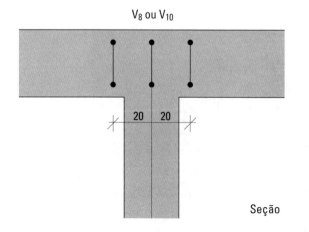

ø 5 mm

Seção

Engastamento parcial (Aula 19.2) (evitar fissuração)

$A_{s\,min} = \dfrac{0,15}{100} \times 20 \times 40 = 1,20 \text{ cm}^2 \quad\Rightarrow\quad 2\,\varnothing\,10$

$\ell_b + 0,75d = 54 + 28 = 82 \text{ cm}$

$\ell_b = 54\,\varnothing = 54 \times 1,0 \cong 54 \text{ cm}$

$82 + 10 = 92 \text{ cm}$

$0,75d = 0,75 \times 37 = 28 \text{ cm}$

$25\,\varnothing = 25 \times 1 = 25 \text{ cm}$

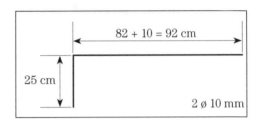

Diagrama de momento fletor e distribuição das barras:

Devemos deslocar o diagrama de momentos fletores de $a\ell + \ell_b$

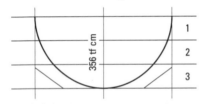

$a\ell = 0,75d = 0,75 \times 37 = 28 \text{ cm}$

$\ell_b = 38\,\varnothing = 38 \times 1,25 = 47,5 \text{ cm}$

$a\ell + \ell_b = 28 + 47,5 \cong 76 \text{ cm}$

Armação da viga

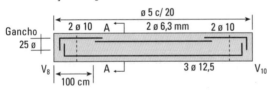

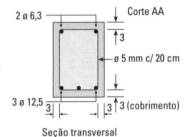

Seção longitudinal   Seção transversal

Partenon – Atenas, Grécia.

AULA 20

20.1 DIMENSIONAMENTO DE PILARES — COMPLEMENTOS

O que é dimensionar um pilar?

Dimensionar um pilar é, dada a carga que atua sobre ele, considerando sua altura, determinar sua seção de concreto, sua armadura longitudinal (vertical) e seus estribos (armadura transversal).

Como sabemos, o concreto resiste bem à compressão e mal à tração. Na Aula 12.1, explicamos que, apesar de o concreto ser bom à compressão, ele não prescinde do aço, mesmo quando funcionando nos pilares.[*]

Então, o pilar típico terá a seguinte disposição:

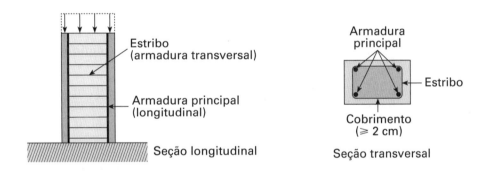

A principal função dos estribos é combater uma eventual flambagem de armadura longitudinal, além de permitir a colocação da armadura nas formas na sua posição correta (ação de auxílio construtivo). É evidente que não daria para deixar de pé as armaduras verticais, se não houvesse algo que as intertravasse durante a concretagem.

---

[*] Os gregos construíram em Atenas o Partenon usando colunas de pedra (mármore), e não usavam ferros para resistir aos esforços de compressão.

A forma dos pilares está intimamente ligada também à resistência dos pilares e à flambagem. Formatos em planta que produzam, segundo algum eixo, momentos de inércia reduzidos farão com que aumente a possibilidade de flambagem, ou seja, dados dois pilares, tendo a mesma altura, a mesma taxa de armadura e tendo a mesma área de concreto, o pilar A resiste menos que o pilar B.

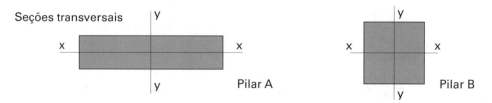

O pilar A tem ótima disposição em relação ao eixo yy e possui péssima disposição em relação ao eixo xx.

O pilar B tem iguais chances de flambar em relação ao eixo xx e yy, mas essas chances são menores do que o pilar A em relação ao eixo xx.

20.2 CÁLCULO DE PILARES COM DIMENSÕES ESPECIAIS

No caso geral, a dimensão mínima da seção transversal dos pilares é de 19 cm e *minimo minimorum* de 14 cm (item 13.2.3 da NBR 6118).

$b \geq 19$ cm $\rightarrow \gamma f = 1,4$ (b – menor dimensão da seção transversal);
em casos especiais:

$$14 \text{ cm} \leq b < 19 \text{ cm},$$

temos:

$$\gamma f_i = \gamma f \times \gamma n = 1,4 \ (1,95 - 0,05b)$$

(b em cm, menor dimensão do pilar), ou seja, se diminui o lado menor da seção de um pilar para menos de 19 cm, temos de aumentar o coeficiente de ponderação das cargas (coeficiente de segurança tem de aumentar). Uma medida de cautela seria não diminuir de 19 cm a menor dimensão dos pilares.

b	γf_i
14	1,75
15	1,68
16	1,61
17	1,54
18	1,47

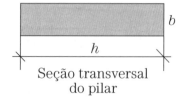

Seção transversal do pilar

b e h são as dimensões da seção retangular do pilar e $b < h$

Esse item da norma também exige que os pilares tenham seção transversal mínima de 360 cm².

Exemplo: dado o pilar abaixo, calcular a armadura.

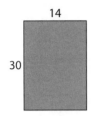

fck = 25 MPa; Aço CA50; Nk = 300 kN (carga sem coeficiente de ponderação)

$Ac = 14 \times 30 = 420$ cm² > 360 cm²   (OK)

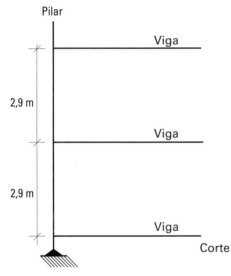

$\ell_e = 2,9$ m

$h = 14$ cm $\Rightarrow \gamma f_i = 1,4(1,95 - 0,05 \times 14) = 1,75$

$\gamma f_i = 1,75$

$Nd = 1,75 \times 300 = 420$ kN

$\lambda = 3,46 \dfrac{290}{14} = 71,67$

$35 < \lambda < 90$

Situação do projeto: compressão centrada $35 < \lambda < 90$.[*]

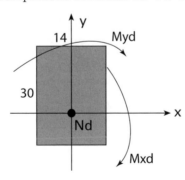

---

[*] Neste caso, a compressão é geometricamente centrada, mas a dona norma NBR 6118, no seu item 16.3, pg. 116, manda calcular os pilares, mesmo que centrados, com uma excentricidade de carga, mesmo porque um pilar pode ser centrado no projeto, e, durante a obra pode, por erro ou falta de cuidado, deixar de ser centrado em relação à viga no seu topo.

1) Cálculo do índice de esbeltez

$$\lambda_{ex} = \lambda_{ey} = 3{,}46\frac{290}{14} = 71{,}67 \quad < 90$$

2) Cálculo à flexão normal composta $35 < \lambda < 90$.

$$\lambda_x = 3{,}46 \times \frac{290}{14} = 71{,}67 \qquad \lambda_y = 3{,}46 \times \frac{290}{30} = 33{,}4$$

2.1) Direção de M_y

$$\lambda_x = 71{,}67$$

2.1.1) Momentos mínimos:

$$M_{1yd} = (0{,}015 + 0{,}03 \times 0{,}14) \times 420 = 8{,}06 \text{ kNm}$$

2.1.2) Momentos de 2.ª ordem:

$$\nu = \frac{420}{0{,}14 \times 0{,}3 \times 17{.}850} = 0{,}56$$

$$\left(\frac{1}{r}\right) = \frac{0{,}005}{(0{,}56+0{,}5) \times 0{,}14} = 0{,}034 \text{ m}^{-1}$$

$$M_{2yd} = 420 \times \frac{2{,}9^2}{10} \times 0{,}034 = 12{,}0 \text{ kNm}$$

2.1.3) Cálculo da armadura:

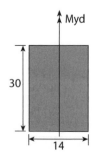

$$M_{yd} = M_{1yd} + M_{2yd} = 8{,}06 + 12 = 20{,}06 \text{ kNm}$$

$$\nu = 0{,}56$$

$$\mu = \frac{20{,}06}{0{,}14 \times 0{,}3 \times 0{,}14 \times 17{.}850} = 0{,}191$$

Ábaco 3

$$\rho = 1{,}7\%$$

$$A_s = \frac{1{,}7}{100} \times 14 \times 30 = 7{,}14 \text{ cm}^2$$

3.1) Direção de M_x

$$\lambda_x = 33{,}4 \quad < 35$$

3.1.1) Momentos mínimos:

$$M_{1xd} = (0{,}015 + 0{,}03 \times 0{,}3) \times 420 = 10{,}08 \text{ kNm}$$

2.1.3) Cálculo da armadura:

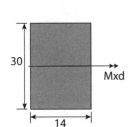

$$\nu = 0{,}56$$

$$\mu = \frac{10{,}08}{0{,}14 \times 0{,}3 \times 0{,}3 \times 17{.}850} = 0{,}045$$

Ábaco 3:

$$\rho_{min} = \frac{0{,}4}{100} \times 14 \times 30 = 1{,}68 \text{ cm}^2$$

Armadura final

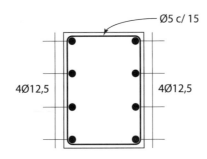

20.3 CÁLCULO E DIMENSIONAMENTO DA VIGA V-7 (20 × 40)

Peso próprio	$0{,}2 \times 0{,}4 \times 25 =$	2,00 kN/m
Laje L-3	=	2,85 kN/m
Parede	=	6,50 kN/m
	$q =$	11,35 kN/m

Parede = $\gamma \times \ell \times h = 13 \times 0{,}20 \times 2{,}5 = 6{,}50$ kN/m

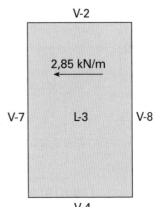

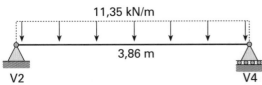

$$V_2 = V_4 = \frac{q \times \ell}{2} = \frac{11{,}35 \times 3{,}86}{2} = 21{,}90 \text{ kN}$$

$$M_{máx} = \frac{q \times \ell^2}{8} = \frac{11{,}35 \times 3{,}86^2}{8} = 21{,}13 \text{ kN}$$

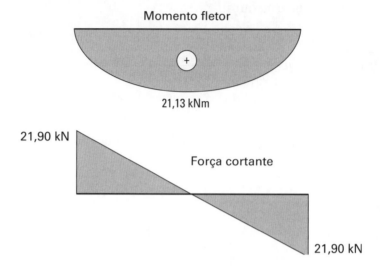

Notar mais uma vez que, onde a força cortante passa por valor nulo (Z), o ponto correspondente da viga acontece o maior momento fletor.

Cálculo à flexão — Viga V-7 (20 × 40)

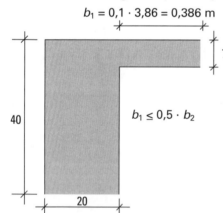

$M = 21{,}13$ kNm $\quad \begin{cases} \text{fck} = 25 \text{ MPa} \\ \text{Aço CA50} \end{cases}$

$b_1 \leq \begin{cases} 0{,}10a = 0{,}1 \times 386 = 38{,}6 \text{ cm} \\ 0{,}5 \times b_2 = 0{,}5 \times 120 = 60 \text{ cm} \end{cases}$

$h_f = 7$ cm

$b_f = 20 + 38{,}6 = 58{,}6$ cm

$d = 40 - 3 = 37$ cm

$$k6 = 10^5 \times \frac{bw \times d^2}{M}$$

$$k6 = \frac{0{,}2 \times 0{,}37^2 \times 10^5}{21{,}13} = 129{,}57 \to \xi = 0{,}10 \to 0{,}8\xi = 0{,}08$$

$$\xi_f = \frac{7}{37} = 0{,}18 \to 0{,}8\xi < \xi_f \text{ (seção retangular)}$$

$k3 = 0{,}335 \qquad A_s = \frac{0{,}335}{10} \times \frac{21{,}13}{0{,}37} = 1{,}91 \text{ cm}^2 \qquad A_s = \frac{k3}{10} \times \frac{M}{d}$

$$\left.\begin{array}{r}A_s = 1,07 \text{ cm}^2 \\ A_{s\text{ mín}} = \dfrac{0,15}{100} \times 20 \times 40 = 1,2 \text{ cm}^2\end{array}\right\} 2\,\varnothing\,10 \text{ mm} \quad \left(\begin{array}{c}\text{Tabela-Mãe} \\ \text{T-2, p. 32}\end{array}\right)$$

Cortante

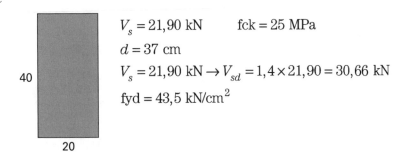

$V_s = 21,90$ kN fck = 25 MPa
$d = 37$ cm
$V_s = 21,90$ kN $\to V_{sd} = 1,4 \times 21,90 = 30,66$ kN
fyd = 43,5 kN/cm^2

1) Cálculo de V_{R2}

$$V_{R2} = 4.339 \times 0,2 \times 0,37 = 321,08 \text{ kN} > V_{sd} \qquad \text{(O.K.)}$$

2) Cálculo de V_{CO}

$$V_{CO} = 767 \times 0,2 \times 0,37 = 56,75 \text{ kN}$$

3) Cálculo da armadura A_{sw}

$V_{sw} = V_{sd} - V_{CO} = 30,66 - 56,75 = -26,09$ kN   (armadura mínima)
$V_{sw} < 0$
$A_{sw} = 0,10 \times 20 = 2 \text{ cm}^2/\text{m} \to$ Tabela T-15, Aula 18.4 $\to \varnothing\,5$ mm c/ 20 cm

Forças a ancorar (Aula 19.1)

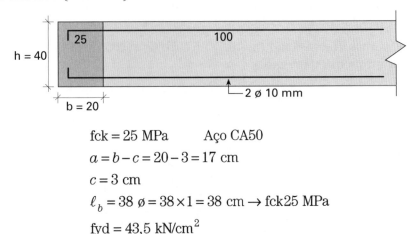

fck = 25 MPa   Aço CA50
$a = b - c = 20 - 3 = 17$ cm
$c = 3$ cm
$\ell_b = 38\,\varnothing = 38 \times 1 = 38$ cm $\to$ fck 25 MPa
fyd = 43,5 kN/cm^2

376   Concreto armado eu te amo

— Força a ancorar:

$$\text{Fbd} = 0,75 \times V_d = 0,75 \times 1,4 \times 21,90 = 23,00 \text{ kN}$$

— Tensão efetiva de ancoragem:

$$\ell_{1\,\text{mín}} = 11\ \emptyset = 11 \times 1 = 11 \text{ cm}$$

$$\ell_{\text{disp}} = 11 + 17 = 28 \text{ cm}$$

$$\sigma_s = \frac{\ell_{\text{disp}}}{\ell_b} \times f_{yd} = \frac{28}{38} \times 43,5 = 32,05 \text{ kN/cm}^2$$

— Armadura no apoio:

$$A_{s\,\text{apoio}} = \frac{23,00}{32,05} = 0,72 \text{ cm}^2 \qquad \text{(O.K.) temos } 3\ \emptyset\ 10 \text{ mm} = 2,4 \text{ cm}^2$$

Devemos colocar $A_{s\,\text{mín}}$ superior no encontro com as vigas V-2 e V-4.

$$A_{s\,\text{mín}} = \frac{0,15}{100} \times 20 \times 40 = 1,2 \text{ cm}^2 \quad 2\ \emptyset\ 10\,\text{mm}$$

Notas sobre o dimensionamento de peças estruturais e a aplicação dos coeficientes de ponderação:

1. Quando vamos dimensionar lajes e vigas, entramos nas tabelas deste livro com o momento fletor, sem a aplicação dos coeficientes de ponderação, pois as Tabelas de k6 e k3 já os incorporam. Usamos, então, os momentos fletores sem esses coeficientes e chamamos os dados de momentos, como momentos de serviço, ou seja, aqueles que hipoteticamente poderiam ser medidos diretamente nas estruturas. Nos outros casos de dimensionamento (pilares, ancoragem etc.), temos que usar nos cálculos os coeficientes de ponderação.

2. Quando vamos dimensionar pilares e no caso de aço CA50, fazemos inicialmente um pré-dimensionamento.

$$S = \frac{F \times \gamma_f}{f_{ck}/\gamma_c}$$

Desse pré-dimensionamento resulta a área S, que possivelmente será alterada com o avanço do cálculo.

20.4 DETALHES DA ARMADURA DE UMA VIGA DE UM ARMAZÉM

Descrição dos aços, resumo de consumo de aço por toda a obra.

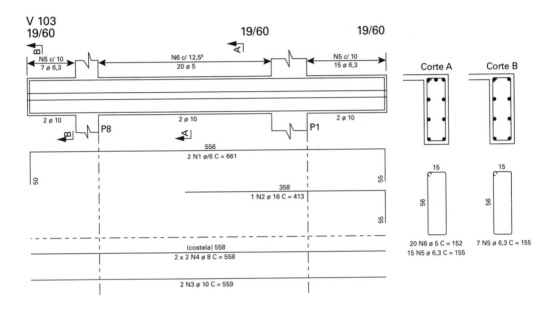

Para ilustrar com se fazem os desenhos da armadura de uma estrutura (um armazém) e a lista de materiais, criamos esta Aula 20.4.

Aço (CA)	Posição	ø (mm)	Quantidade	Comprimento Unitário (cm)	Comprimento Total (cm)
50	1	16	2	661	1.322
50	2	16	1	413	413
50	3	10	2	559	1.118
50	4	8	4	558	2.232
50	5	6,3	22	155	3.410
60	6	5	20	152	3.040

Nota: o usual é usar o aço CA50 (antigamente chamado CA50A) para barras principais (longitudinais) e o aço CA60 para estribos. O aço CA60 também é usado na fabricação de peças pré-moldadas.

Resumo de consumo de aço para toda a obra			
Aço (CA)	Ø (mm)	Comprimento (m)	Peso (kgf)
60	5	423	68
50	6,3	34	9
50	8	328	131
50	10	136	86
50	12,5	106	106
50	16	31	49
50	20	120	299
60	Peso total		68
50	Peso total		680

	Eixo	Faces
Volume de concreto de vigas (m^3)	5,7	5,0
Taxa de armadura (kg/m^3)	131,2	148,4

Nota: caro leitor, observe que, ao calcular uma viga biapoiada, o correto é considerar o caso 1, em vez do caso 2, pois a carga F tenderá a criar uma flecha e, no caso 1, o apoio B se encaminhará para dentro (aproximando-se de A). No caso 2, o apoio B é fixo e não caminhará para dentro e, devido a isso, introduzirá uma força F1 horizontal na barra.

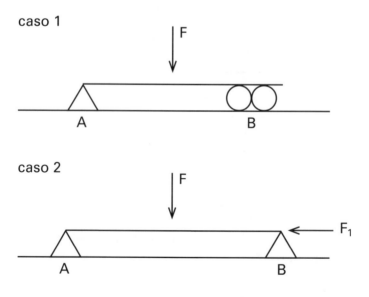

AULA 21

21.1 CÁLCULO E DIMENSIONAMENTO DAS VIGAS V-1 = V-5 (20 × 40)

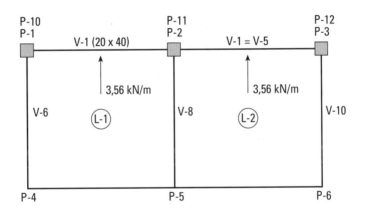

Cálculo das cargas:

Peso próprio	$0,2 \times 0,4 \times 25^{(*)}$ =	2 kN/m
Laje	L-1 = L-2 =	3,56 kN/m
Parede	=	6,50 kN/m
	q =	12,06 kN/m

Parede = $\gamma \times \ell \times h = 13 \times 0,20 \times 2,5 = 6,50$ kN/m

Vão entre P-1 e P-2 e entre P-2 e P-3 = 3,9 m

(*) 0,2 m é a largura das vigas V-1 = V-5; 0,4 m é a altura das vigas V-1 = V-5; 25 kN/m³ é o peso específico do concreto armado adotado pela norma. Em alguns casos poderíamos usar vigas com 30 cm de altura.

Cálculo das vigas contínuas

$$V\text{-}1 = V\text{-}5\ (20 \times 40)\ (\text{Aula 16})$$

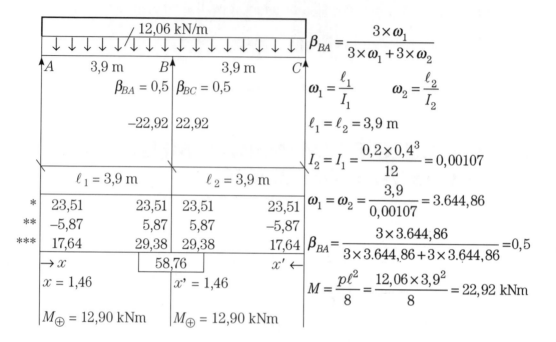

$$*12{,}06 \times \frac{3{,}9}{2} = 23{,}51\ \text{kN}$$

$$**\frac{22{,}92}{3{,}9} = 5{,}87\ \text{kN}$$

$$***\ \frac{\begin{array}{r}23{,}51\\ -5{,}87\end{array}}{17{,}64\ \text{kN}} \qquad \frac{\begin{array}{r}23{,}51\\ 5{,}87\end{array}}{29{,}38\ \text{kN}}$$

Momento positivo máximo

$$x = \frac{17{,}64}{12{,}06} = 1{,}46\ \text{m}$$

$$M_\oplus = 17{,}64 \times 1{,}46 - 12{,}06 \times \frac{1{,}46^2}{2} = 12{,}90\ \text{kNm}$$

Diagrama de momentos fletores

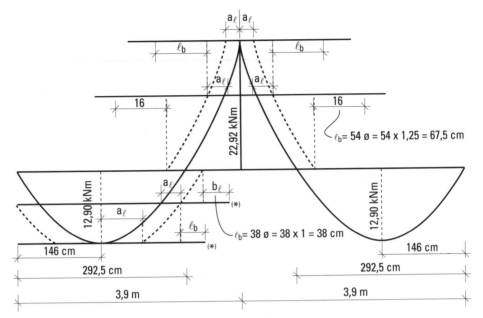

Como só temos 2 barras, levaremos até o apoio.(*)

Diagrama de forças cortantes

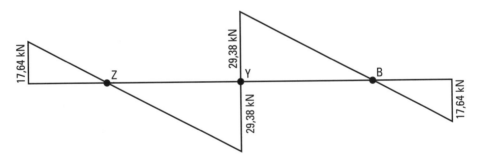

$a\ell = 0,75d = 0,75 \times 37 \cong 28$ cm

$\ell_b = 38 \times 1 = 38$ cm   (ø 10 mm)   (positivo)

$\ell_b = 54 \times 1,25 = 67,5$ cm   (ø 12,5 mm)   (negativo)

(*) Caro leitor, observar sempre: onde o diagrama de forças cortantes passa pelo valor zero, o diagrama de momentos fletores passa por um máximo ou mínimo. Pontos Z, Y e B.

Cálculo à flexão no vão: (ver laje colaborante)

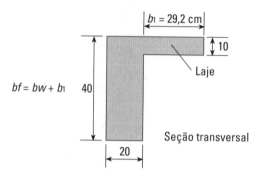

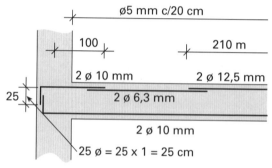

$M_\oplus = 12{,}90$ kNm

fck = 25 MPa   Aço CA50

$b_1 \leq \begin{cases} 0{,}10a = 0{,}1 \times 0{,}75 \times 390 = 29{,}2 \text{ cm} \\ 0{,}5 \times b_2 = 0{,}5 \times 390 = 195 \text{ cm} \end{cases}$

$b_f = 20 + 29{,}2 = 49{,}2$ cm

$d = 40 - 3 = 37$ cm

$h_f = 10$ cm $\xi_f = \dfrac{h_f}{d} = \dfrac{10}{37} = 0{,}27$

$k6 = \dfrac{10^5 \times bw \times d^2}{M}$

$k6 = \dfrac{0{,}492 \times 0{,}37^2 \times 10^5}{12{,}90} = 522$ → Tabela T-13, Aula 18 → $\begin{cases} \xi = 0{,}03 \\ k3 = 0{,}326 \end{cases}$

$0{,}8\xi = 0{,}8 \times 0{,}03 = 0{,}024 < \xi_f$ (seção retangular)

$A_s = \dfrac{0{,}326}{10} \times \dfrac{12{,}90}{0{,}37} = 1{,}14$ cm² → 2 ø 10 mm $A_s = \dfrac{k3}{10} \times \dfrac{M}{d}$

— Cálculo à flexão – Apoio central nos pilares P_2 e P_{11}

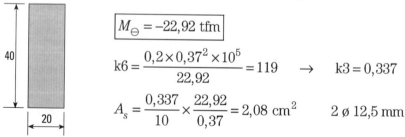

$M_\ominus = -22{,}92$ tfm

$k6 = \dfrac{0{,}2 \times 0{,}37^2 \times 10^5}{22{,}92} = 119$ → $k3 = 0{,}337$

$A_s = \dfrac{0{,}337}{10} \times \dfrac{22{,}92}{0{,}37} = 2{,}08$ cm²   2 ø 12,5 mm

Nota: $M_\oplus$ = momento fletor positivo;
$M_\ominus$ = momento fletor negativo.

— Cortante

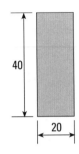

fck = 25 MPa   Aço CA50
$d = 37$ cm $h = 40$ cm $c = 3$ cm
$V_s = 64{,}76$ kN → $V_{sd} = 64{,}76 \times 1{,}4 = 90{,}66$ kN
fyd = 43,5 kN/cm^2

1) Cálculo de V_{ez}

$$V_{R2} = 4.339 \times 0{,}2 \times 0{,}37 = 321{,}08 \text{ kN} \quad > \quad V_{sd}$$

2) Cálculo de V_{CO}

$$V_{CO} = 767 \times 0{,}2 \times 0{,}37 = 56{,}75 \text{ kN}$$

3) Cálculo da armadura V_{sw}

$V_{sw} = V_{sd} - V_{CO}$
$V_{s_1 w} = 24{,}69 - 56{,}75 = -32{,}06$ $V_{s_2 w} = 41{,}13 - 56{,}75 = -15{,}62$ kN
$V_{s_1 w} < 0$ $V_{s_2 w} < 0$
$A_{sw} = 0{,}10 \times 20 = 2$ cm^2/m → Tabela T-15 → estribos ø 5 mm c/ 20 cm

— Forças a ancorar (Aula 19.1)

fck = 25 MPa   Aço CA50
$a = b - c = 40 - 3 = 37$ cm
$c = 3$ cm
$\ell_b = 38\ \emptyset = 38 \times 1 = 38$ cm
fyd = 43,5 kN/cm^2

Força a ancorar
$$F_{bd} = 0{,}75 Vd = 0{,}75 \times 1{,}4 \times 17{,}64 = 18{,}52 \text{ kN}$$

— Tensão efetiva de ancoragem (ver laje colaborante)

$$\sigma_s \leq fyd \qquad \left.\begin{array}{l} a = 37 \text{ cm} \\ \ell_{i_{min}} = 11 \text{ cm} \end{array}\right\} \ell_{disp} = a + \ell_{i_{min}} = 48 \text{ cm}$$

$$\ell_{1 \text{ mín}} = 11 \, \emptyset = 11 \text{ cm} \qquad \sigma_s = \frac{\ell_{disp}}{\ell_b} \times f_{yd} = \frac{48}{38} \times 43,5 = 54,95 \text{ kN/cm}^2$$

Adotado $\sigma_s = 43,5$ kN/cm²

— Armadura no apoio

$$A_{s \text{ apoio}} = \frac{18,52}{43,50} = 0,43 \text{ cm}^2 \qquad \text{(O.K.) temos } 2 \, \emptyset \, 10 \text{ mm} = 1,6 \text{ cm}^2$$

Engastamento parcial nos pilares de extremidade
— Viga $V_1 = V_5$ (20 × 40)

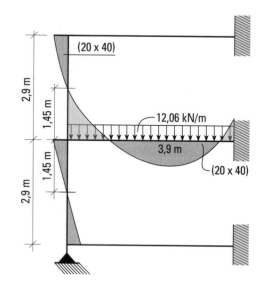

$$I_{vig} = \frac{0,2 \times 0,4^3}{12} = 0,00107 \text{ m}^4$$

$$\ell_v = 3,9 \text{ m} \qquad r_{vig} = \frac{I_{vig}}{\ell_{vig}}$$

$$r_{vig} = \frac{0,00107}{3,9} = 0,0002744 \text{ m}^3$$

— Pilar $P_1 = P_3 = P_{10} = P_{12}$ (20 × 40)

$$I_p = \frac{0,2 \times 0,4^3}{12} = 0,00107 \text{ m}^4$$

$$r_{inf} = r_{sup} = \frac{0,00107}{2,9} = 0,00037 \text{ m}^3$$

Momento de engaste

$$M_{eng} = \frac{p\ell^2}{12} = \frac{12,06 \times 3,9^2}{12} = -15,28 \text{ kNm}$$

— Na viga

$$M_{ext \atop viga} = M_{eng} \times \frac{r_{inf} + r_{sup}}{r_{vig} + r_{eng} + r_{sup}} = 15,28 \frac{2 \times 0,00037}{0,0002744 + 2 \times 0,00037} = 15,28 \times 0,729$$

$$M_{ext \atop viga} = 11,14 \text{ kNm}$$

— Flexão

$$k6 = \frac{0,2 \times 0,37^2 \times 10^5}{11,14} = 245 \qquad k3 = 0,329$$

$$A_s = \frac{0,329}{10} \times \frac{11,14}{0,37} = 0,99 \text{ cm}^2 \quad 2 \text{ ø } 10 \text{ mm}$$

— Detalhe

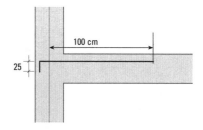

— Momento a ser considerado no cálculo dos pilares P-1, P-3, P-10 e P-12

$$M_{ext \atop pilar} = M_{eng} \times \frac{r_{inf}}{r_{vig} + r_{eng} + r_{sup}} = 15,28 \times \frac{0,00037}{0,0002744 + 2 \times 0,00037} = 15,28 \times 0,3647$$

$$M_{ext} = 5,57 \text{ kNm}$$

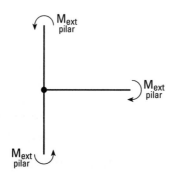

Detalhe da armação

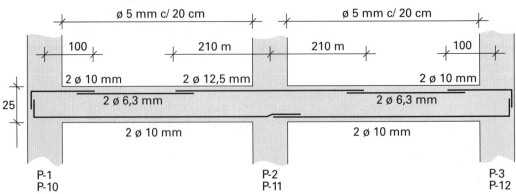

21.2 CÁLCULO E DIMENSIONAMENTO DA VIGA V-4 (20 × 40)

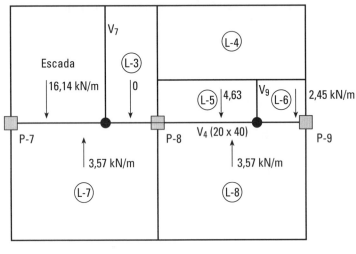

V-7 = 21,90 kN   V-9 = 9,60 kN

Cálculo das cargas

Cálculo das cargas

Peso próprio	$0,2 \times 0,4 \times 25 =$	2 kN/m
Laje L-7	=	3,57 kN/m
Laje L-8	=	3,57 kN/m
Laje L-5	=	4,63 kN/m
Laje L-6	=	2,45 kN/m
Escada	=	16,14 kN/m
Parede	$0,2 \times 13 \times 2,5 =$	6,50 kN/m

$\ell = 0,2$ m (espessura) - $\gamma = 13$ kN/m^3 (bloco de concreto) - $h = 2,5$ m (altura)

Cálculo da viga contínua V4 (20 × 40)

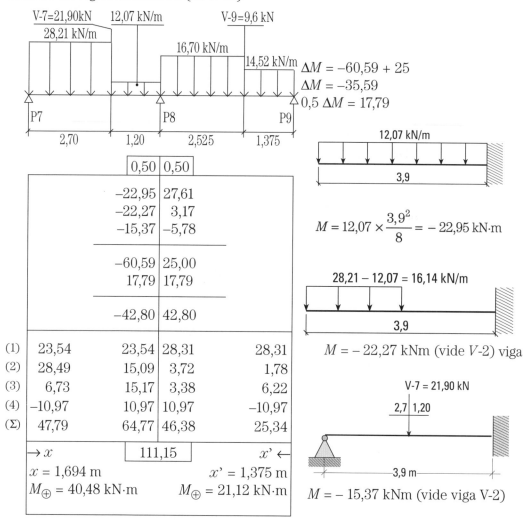

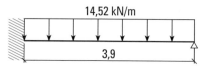

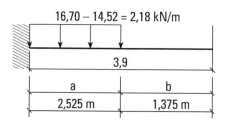

$$n = \frac{2,525}{3,9} = 0,647$$

$$M = 2,18 \times \underbrace{\frac{3,9^2}{8}}_{4,144} \times \underbrace{0,647^2 \times (2-0,647)^2}_{0,766} = +3,17 \text{ kNm}$$

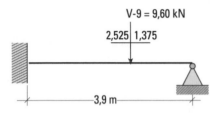

$$a = 2,525 \text{ m} \qquad m = \frac{a}{\ell} = \frac{2,525}{3,9} = 0,647$$

$$L = 3,9 \text{ m}$$

$$K_1 = \frac{m}{2}(2 - 3m \times m^2) = \frac{0,647}{2}(2 - 3 \times 0,647 + 0,647^2)$$

$$K_1 = 0,1545$$

$$M = -0,1545 \times 9,6 \times 3,9 = -5,78 \text{ kNm}$$

(1) $\quad 12,07 \times \dfrac{3,9}{2} = 23,54 \text{ kN} \qquad 14,52 \times \dfrac{3,9}{2} = 28,31 \text{ kN}$

(2) $\quad \dfrac{16,14 \times 2,7}{3,9}\left(3,9 - \dfrac{2,7}{2}\right) = 28,49 \text{ kN} \qquad \dfrac{2,525 \times 2,18}{3,9}\left(3,9 - \dfrac{2,525}{2}\right) = 3,72 \text{ kN}$

$\quad 16,14 \times 2,7 - 28,49 = 15,09 \text{ kN} \qquad 2,525 \times 2,18 - 3,72 = 1,78 \text{ kN}$

(3) $\quad \dfrac{21,9 \times 1,2}{3,9} = 6,73 \text{ kN} \rightarrow 21,9 - 6,73 = 15,17 \text{ kN}$

$\quad \dfrac{9,6 \times 1,375}{3,9} = 3,38 \text{ kN} \rightarrow 9,6 - 3,38 = 6,22 \text{ kN}$

(4) $\quad \dfrac{M}{\ell} = \dfrac{42,8}{3,9} = 10,97 \text{ kN}$

$$X = \frac{47,79}{28,21} = 1,694 \ m \rightarrow M = 47,79 \times 1,69 - 28,21 \times \frac{1,69^2}{2} = 40,48 \ \text{kN} \cdot \text{m}$$

$$X = 2,70 \ m \rightarrow M = 47,79 \times 2,7 - 28,21 \times \frac{2,7^2}{2} = 26,21 \ \text{kN} \cdot \text{m}$$

$$X = 1,375 \ m \rightarrow M = 25,34 \times 1,375 - 14,52 \times \frac{1,375^2}{2} = 21,12 \ \text{kN} \cdot \text{m}$$

$$X = 2,5 \ m \rightarrow M = 25,34 \times 2,5 - 14,52 \times \frac{2,5^2}{2} - 9,6 \times (2,5 - 1,375) -$$

$$- 2,18 \times \frac{(2,5 - 1,375)^2}{2} = 5,80 \ \text{kN} \cdot \text{m}$$

$M = 5,80 \ \text{kNm}$

Diagrama de momentos fletores

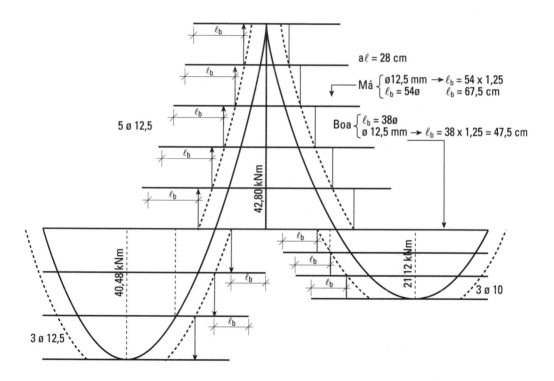

Diagrama de forças cortantes

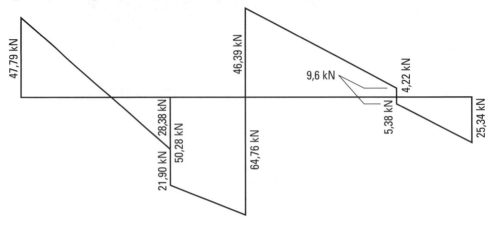

Cálculo à flexão

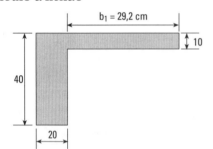

$M_{\oplus} = 40,48$ kNm

$b_1 \leq \begin{cases} 0,10 \times a = 0,10 \times 0,75 \times 3,9 = 0,292 \text{ m} \\ 0,5 \times b_2 = 0,5 \times 3,9 = 1,95 \text{ m} \end{cases}$

$b_f = 20 + 29,2 = 49,2$ cm

$d = 40 - 3 = 37$ cm

$h_f = 10$ cm $\qquad \xi_f = \dfrac{h_f}{d} = \dfrac{10}{37} = 0,27$

$$k6 = 10^5 \times \dfrac{bw \times d^2}{M}$$

$k6 = \dfrac{0,492 \times 0,37^2 \times 10^5}{40,48} = 166,39 \qquad \xi = 0,08 \to k3 = 0,333$

$0,8 \times \xi = 0,8 \times 0,08 = 0,064 < \xi_f \qquad$ (seção retangular)

$A_s = \dfrac{k3}{10} \times \dfrac{M}{d}$

$A_s = \dfrac{0,333}{10} \times \dfrac{40,48}{0,37} = 3,64$ cm² $\qquad$ 3 ø 12,5 mm

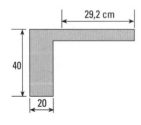

$M_{\oplus} = 21,12$ kNm

$b_1 \leq \begin{cases} 0,10 \times a = 0,10 \times 0,75 \times 3,9 = 29,2 \text{ cm} \\ 0,5 \times b_2 = 0,5 \times 3,9 = 1,95 \text{ m} \end{cases}$

$b_f = 20 + 29,2 = 49,2$ cm $\qquad h_f = 10$ cm

$d = 40 - 3 = 37$ cm $\qquad \xi_f = \dfrac{h_f}{d} = \dfrac{10}{37} = 0,27$

$$k6 = 10^5 \times \frac{bw \times d^2}{M}$$

$$k6 = \frac{0,492 \times 0,37^2 \times 10^5}{21,12} = 318,9 \qquad \xi = 0,04 \to 0,8\xi = 0,8 \times 0,04 = 0,032 < \xi_f$$

$$k3 = 0,327 \text{ Seção retangular } A_s = \frac{k3}{10} \times \frac{M}{d} \qquad A_s = \frac{0,327}{10} \times \frac{21,12}{0,37} = 1,87 \text{ cm}^2 \therefore 3 \text{ ø } 10 \text{ mm}$$

$$M_\ominus = -42,80 \text{ kNm}$$

$$k6 = \frac{0,2 \times 0,37^2 \times 10^5}{42,80} = 63,97 \qquad k3 = 0,350$$

$$A_s = \frac{0,350}{10} \times \frac{42,80}{0,37} = 4,05 \text{ cm}^2 \qquad 4 \text{ ø } 12,5 \text{ mm}$$

Ancoragem — condições

$$\text{Boa} \to 38 \text{ ø} \begin{cases} \text{ø } 10 \text{ mm} - \ell_b = 38 \text{ ø} = 38 \times 1 = 38 \text{ cm} \\ \text{ø } 12,5 \text{ mm} - \ell_b = 38 \text{ ø} = 38 \times 1,25 = 47,5 \text{ cm} \quad \text{(adotado 48 cm)} \end{cases}$$

$$\text{Má} \to 54 \text{ ø} \begin{cases} \text{ø } 10 \text{ mm} - \ell_b = 54 \times 1 = 54 \text{ cm} \\ \text{ø } 12,5 \text{ mm} - \ell_b = 54 \times 1,25 = 67,5 \text{ cm} \quad \text{(adotado 68 cm)} \end{cases}$$

$$a\ell = 0,75 \times d = 0,75 \times 37 \cong 28 \text{ cm}$$

Cortante

fck = 25 MPa Aço CA50

$d = 37$ cm $h = 40$ cm $c = 3$ cm

$V_s = 64,76$ kN $\to$ $V_{sd} = 64,76 \times 1,4 = 90,66$ kN

fyd = 43,5 kN/cm^2

1) Cálculo de V_{R2}

$$V_{R2} = 4.339 \times 0,2 \times 0,37 = 321,08 \text{ kN} > V_{sd} \qquad \text{(O.K.)}$$

2) Cálculo de VCO

$$V_{CO} = 767 \times 0,2 \times 0,37 = 56,75 \text{ kN}$$

3) Cálculo da armadura Asw

$$V_{sw} = V_{sd} - V_{CO} = 90,66 - 56,75 = 33,91 \text{ kN}$$

$$A_{sw} = \frac{33,91}{0,9 \times 0,37 \times 43,5} = 2,34 \text{ cm}^2/\text{m} \left.\begin{array}{l} \text{Adotaremos} \\ A_{sw\,min} = 2,34 \text{ cm}^2/\text{m} \\ \varnothing\, 6,3 \text{ mm c/ 26 cm} \end{array}\right.$$

$$A_{sw\,min} = 0,1 \times 20 = 2 \text{ cm}^2$$

$$V_s = 46,39 \text{ kN} \rightarrow V_{sd} = 1,4 \times 46,39 = 64,95 \text{ kN} \qquad V_{sw} = 64,95 - 56,75 = 8,20 \text{ kN}$$

$$A_{sw} = \frac{8,20}{0,9 \times 0,37 \times 43,5} = 0,57 \text{ cm}^2/\text{m} \left.\begin{array}{l} \text{Adotaremos} \\ A_{sw\,min} = 2 \text{ cm}^2/\text{m} \\ \varnothing\, 5 \text{ mm c/ 20 cm} \end{array}\right.$$

$$A_{sw\,min} = 0,1 \times 20 = 2 \text{ cm}^2/\text{m}$$

Forças a ancorar

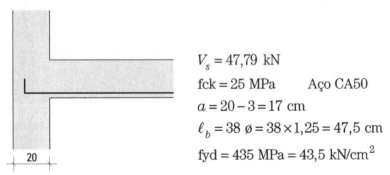

$V_s = 47,79$ kN

fck = 25 MPa   Aço CA50

$a = 20 - 3 = 17$ cm

$\ell_b = 38\, \varnothing = 38 \times 1,25 = 47,5$ cm

fyd = 435 MPa = 43,5 kN/cm^2

— Força a ancorar

$$Fbd = 0,75 \times Vd = 0,75 \times 1,4 \times 47,79 = 50,18 \text{ kN}$$

Tensão efetiva da ancoragem

$$\ell_{1\,min} = 11\, \varnothing = 11 \times 1,25 = 13,75 \text{ cm} \qquad \sigma_s = \frac{30,75}{47,5} \times 43,5 = 28,16 \text{ kN/cm}^2$$

$$\ell_{disp} = 13,75 + 17 = 30,75 \text{ cm}$$

Armadura no apoio

$$A_{s\ apoio} = \frac{50{,}18}{28{,}16} = 1{,}78\ cm^2 \qquad \text{(O.K.) temos } 3\ \phi\ 12{,}5 = 3{,}75\ cm^2$$

$$fdb = 0{,}75 \times Vd = 0{,}75 \times 1{,}4 \times 25{,}34 = 26{,}61\ kN$$

$$\sigma_s = \frac{28}{38} \times 43{,}5 = 32{,}05\ kN/cm^2 \qquad \begin{array}{l} 11\ \phi = 11\ cm \\ a = 17\ cm \\ \ell_b = 38 \times 1 = 38\ cm \end{array}$$

$$A_{s\ apoio} = \frac{26{,}61}{32{,}05} = 0{,}83\ cm^2 \qquad \text{(O.K.) temos } 2\ \phi\ 10\ mm = 1{,}6\ cm^2$$

Engastamento parcial nos pilares de extremidade

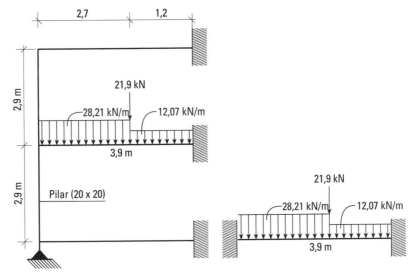

Da viga V-4 temos: $M_{eng} = -39{,}55\ kNm$
$I_{viga} = 0{,}00107\ m^4$ $I_{pilar} = 0{,}00013\ m^4$
$l_{viga} = 3{,}9\ m$ $l_{sup} = l_{inf} = 2{,}9\ m$
$r_{viga} = 0{,}0002744\ m^3$ $r_{sup} = r_{inf} = 0{,}000046\ m^3$

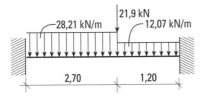

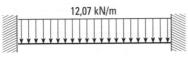

$$M_{eng} = 12{,}07 \cdot \frac{3{,}9^2}{12}$$

$$M_{eng} = -15{,}30\ kN \cdot m$$

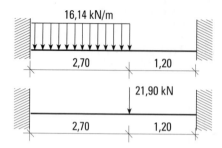

$M_{eng} = -18,61 \text{ kN} \cdot \text{m}$

$M_{eng} = -5,64 \text{ kN} \cdot \text{m}$

$M_{eng} = -15,30 - 18,61 - 5,64$

$M_{eng} = -39,55 \text{ kN} \cdot \text{m}$

Na viga

$M_{ext} = -9,93 \text{ kNm}$ k6 = 275,7 $A_s = 0,88 \text{ cm}^2$ 2 ø 10 mm

Detalhe

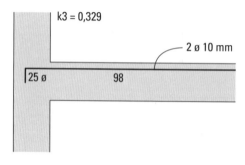

Momento a ser considerado no cálculo do pilar P-7 e P-9

$M_{ext} = -4,97 \text{ kNm}$

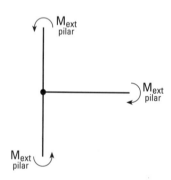

Detalhe final da armadura V-4 (20 × 40)

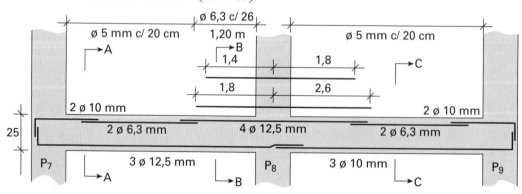

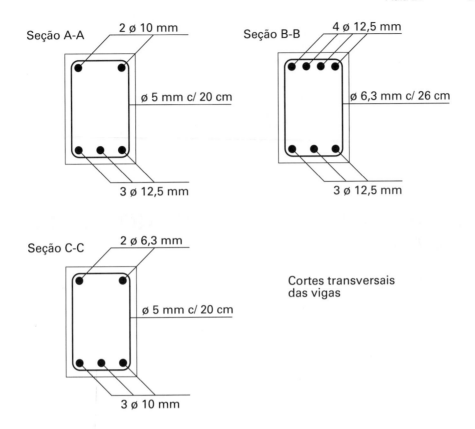

Cortes transversais das vigas

Nota: só para obras muito pequenas, toda a concretagem pode ser feita de uma só vez (um dia, por exemplo) de forma contínua e completa. Na maior parte das vezes, a concretagem é feita em várias etapas, em vários dias, e de forma não contínua. Portanto a concretagem é parada várias vezes. Depois ela continua. Nasce aí uma junta de concretagem sempre que possível em pilares. Para obras médias e maiores deve haver um plano de concretagem prevendo detalhadamente as fases e a posição de ocorrência das juntas de concretagem. Ver item 21.6 da NBR 6118 (pg. 178 da norma).

Vejamos o que diz esse item da norma:

"Sempre que não forem asseguradas a aderência e a rugosidade entre o concreto novo e o existente devem ser previstas armaduras de costura devidamente ancoradas em regiões capazes de resistir a esforços de tração."

AULA 22

22.1 CÁLCULO E DIMENSIONAMENTO DAS VIGAS V-2 E V-6

22.1.1 CÁLCULO DA VIGA V-2 (20 × 40)

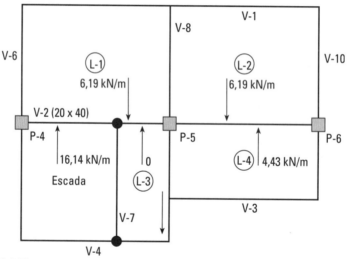

V-7 = 21,90 kN

Cálculo das cargas

Peso próprio	0,2 × 0,4 × 25	= 2 kN/m
Laje L-1		= 6,19 kN/m
Laje L-2		= 6,19 kN/m
Laje L-4		= 4,43 kN/m
Escada		= 16,14 kN/m
Parede	0,2 × 13 × 2,5	= 6,50 kN/m

$\ell = 0{,}20$ m; $\gamma = 13$ kN/m^3; $h = 2{,}5$ m

Aula 22

Cálculo da viga contínua V-2 (20 × 40)

[Figura da viga com cargas: 30,83 kN/m, 21,90 kN, 14,69 kN/m, 19,12 kN/m; apoios P4, P5, P6; vãos 2,70; 1,20; 3,90]

		0,50	0,50		
		−27,92	36,35		
		−22,27			
		−15,37			
		−65,56	36,35		
		14,60	14,60		
		−50,96	50,95		
(1)	28,64	28,64	37,28	37,28	distribuída
(2)	28,50	15,08			distribuída
(3)	6,73	15,17			V_7
(4)	−13,07	13,07	13,07	−13,07	$\Delta M/\ell$
(Σ)	50,80	71,96	50,35	24,21	
→X		122,31		X' ←	

$X = 1,65$ m $X' = 1,27$ m
$M_\oplus = 41,85$ kNm $M_\oplus = 15,33$ kNm

$\Delta M = -65,56 + 36,35 = -29,21$
$0,5\,\Delta M = 14,60$

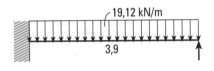

$$M_{eng} = \frac{19,12 \times 3,9^2}{8} = 36,35 \text{ kNm}$$

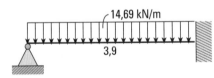

$$M = 14,69 \times \frac{3,9^2}{8} = 27,92 \text{ kNm}$$

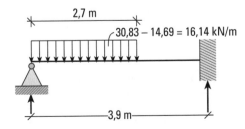

$$n = \frac{S}{L} = \frac{2,7}{3,90} = 0,69 \rightarrow K_2 = \frac{n^2}{8}(2-n^2)$$

$$K_2 = \frac{0,69^2}{8}(2-0,69^2) = 0,0907$$

$$M_{eng} = -0,0907 \times 16,14 \times 3,9^2 = -22,27 \text{ kNm}$$

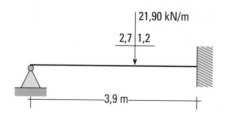

$$a = 1,2 \text{ m} \qquad m = \frac{1,2}{3,9} = 0,3077$$

$$K_1 = \frac{m}{2}(2 - 3m + m^2) = \frac{0,3077}{2}(2 - 3 \times 0,3077 + 0,3077^2)$$

$$K_1 = 0,18$$

$$M_{eng} = -0,18 \times 21,90 \times 3,9 = -15,37 \text{ kNm}$$

(1) $14,69 \times \dfrac{3,9}{2} = 28,64$ kN $\qquad 19,12 \times \dfrac{3,9}{2} = 37,28$ kN

(2) $16,14 \times 2,7 \times \dfrac{1,35}{3,9} = 15,08$ kN

(2) $16,14 \times 2,7 - 15,08 = 28,50$ kN

(3) $21,90 \times \dfrac{1,2}{3,9} = 6,73$ kN

(3) $21,90 - 6,73 = 15,17$ kN

(4) $\dfrac{M}{\ell} = \dfrac{50,96}{3,9} = 13,07$ kN

$$\begin{cases} x = \dfrac{50,80}{30,83} = 1,65 \text{ m} \rightarrow M_\oplus = 50,80 \times 1,65 - 30,83 \times \dfrac{1,65^2}{2} = 41,85 \text{ kNm} \\ x' = \dfrac{24,21}{19,12} = 1,27 \text{ m} \rightarrow M_\oplus = 24,21 \times 1,27 - 19,12 \times \dfrac{1,27^2}{2} = 15,33 \text{ kNm} \end{cases}$$

$$\text{para } x = 2,7 \text{ m} \rightarrow M_\oplus = 50,80 \times 2,7 - 30,83 \times \dfrac{2,7^2}{2} = 24,78 \text{ kNm}$$

$$\text{para } x' = 2,5 \text{ m} \rightarrow M_\oplus = 24,21 \times 2,5 - 19,12 \times \dfrac{2,5^2}{2} = 0,78 \text{ kNm}$$

Diagrama de momentos fletores

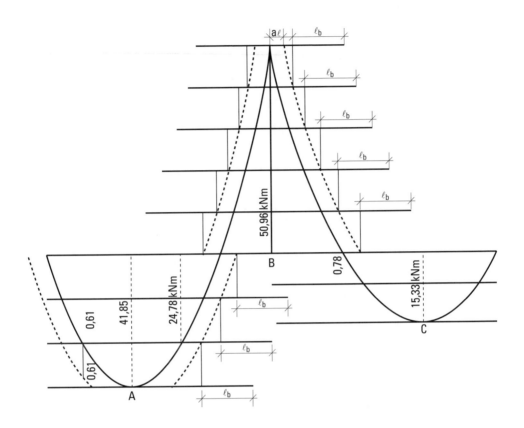

Diagrama de forças cortantes

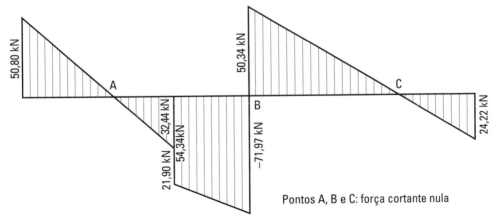

Pontos A, B e C: força cortante nula

Nota: sejamos implacáveis. Onde o diagrama de forças cortantes passa pelo valor zero, o diagrama de momentos fletores passa por um valor máximo ou mínimo.

Cálculo à flexão

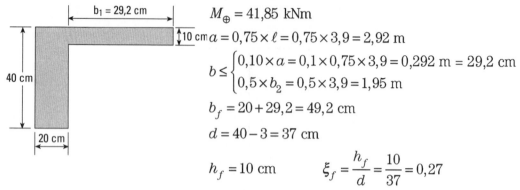

$M_{\oplus} = 41,85$ kNm

$a = 0,75 \times \ell = 0,75 \times 3,9 = 2,92$ m

$b \leq \begin{cases} 0,10 \times a = 0,1 \times 0,75 \times 3,9 = 0,292 \text{ m} = 29,2 \text{ cm} \\ 0,5 \times b_2 = 0,5 \times 3,9 = 1,95 \text{ m} \end{cases}$

$b_f = 20 + 29,2 = 49,2$ cm

$d = 40 - 3 = 37$ cm

$h_f = 10$ cm $\qquad \xi_f = \dfrac{h_f}{d} = \dfrac{10}{37} = 0,27$

(seção retangular) $k6 = \dfrac{10^5 \times bw \times d^2}{M}$

$k6 = \dfrac{0,492 \times 0,37^2 \times 10^5}{41,85} = 160,9 \rightarrow \xi = 0,08 \quad k3 = 0,333$

$0,8\xi = 0,064 < \xi_f$

$A_s = \dfrac{k3}{10} \times \dfrac{M}{d}$

$A_s = \dfrac{0,333}{10} \times \dfrac{41,85}{0,37} = 3,77$ cm$^2 \quad \rightarrow \quad 4\,\emptyset\,12,5$ mm

$M_{\oplus} = 15,33$ kNm

$b_1 \leq \begin{cases} \text{laje (7 cm) } (L_4) \\ 0,1 \times a = 0,1 \times 0,75 \times 3,9 = 0,292 \text{ m} = 29,2 \text{ cm} \\ 0,5 \times b_2 = 0,5 \times 2,36 = 1,18 \text{ m} \end{cases}$

$b_1 \leq \begin{cases} \text{laje (10 cm) } (L_2) \\ 0,1 \times a = 0,292 \text{ m} = 29,2 \text{ cm} \\ 0,5 \times b_2 = 0,5 \times 3,9 = 1,95 \text{ m} \end{cases}$

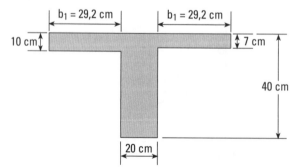

$b_f = 20 + 2 \times 29,2 = 78,4$ cm

$d = 40 - 3 = 37$ cm $\quad h_f = 7$ cm $\quad \xi_f = \dfrac{h_f}{d} = \dfrac{7}{37} = 0,189$

$$k6 = \dfrac{0,784 \times 0,37^2 \times 10^5}{15,33} = 700 \qquad \begin{array}{l} \xi = 0,02 \\ k3 = 0,325 \end{array}$$

$0,8\xi = 0,8 \times 0,02 = 0,016 < \xi_f \qquad$ (seção retangular)

$A_s = \dfrac{0,325}{10} \times \dfrac{15,33}{0,37} = 1,35$ cm$^2 \qquad 2 \; \emptyset \; 10$ mm

$M_\ominus = -50,96$ kNm $\qquad M_\ominus$ = momento negativo

$k6 = \dfrac{0,2 \times 0,37^2 \times 10^5}{50,96} = 53,73 \quad \rightarrow \quad k3 = 0,356$

$A_s = \dfrac{0,356}{10} \times \dfrac{50,96}{0,37} = 4,90$ cm$^2 \qquad 4 \; \emptyset \; 12,5$ mm

Ancoragem:

$$\text{boa} \rightarrow 38 \; \emptyset \begin{cases} \emptyset \; 10 \rightarrow \ell_b = 38 \text{ cm} \\ \emptyset \; 12,5 \rightarrow \ell_b = 47,5 \text{ cm} \end{cases}$$

$$\text{má} \rightarrow 54 \; \emptyset \begin{cases} \emptyset \; 10 \rightarrow \ell_b = 54 \text{ cm} \\ \emptyset \; 12,5 \rightarrow \ell_b = 67,5 \text{ cm} \end{cases}$$

$a\ell = 0,75 \cdot d = 0,75 \times 37 \cong 28$ cm

Cortante

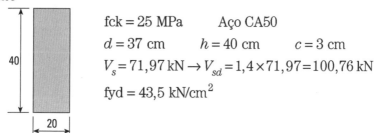

fck = 25 MPa $\qquad$ Aço CA50
$d = 37$ cm $\qquad h = 40$ cm $\qquad c = 3$ cm
$V_s = 71,97$ kN $\rightarrow V_{sd} = 1,4 \times 71,97 = 100,76$ kN
fyd = 43,5 kN/cm^2

1) Cálculo de V_{R2}

$V_{R2} = 4.339 \times 0,2 \times 0,37 = 321,08$ kN $> V_{sd} \qquad$ (O.K.)

2) Cálculo de V_{CO}

$V_{CO} = 767 \times 0,2 \times 0,37 = 56,75$ kN

402 Concreto armado eu te amo

3) Cálculo da armadura A_{sw}

$$V_{sw} = V_{sd} - V_{CO}$$
$$V_{sw} = 100,76 - 56,75 = 44,01 \text{ kN}$$

$$A_{sw} = \frac{44,01}{0,9 \times 0,37 \times 43,5} = 3,04 \text{ cm}^2/\text{m} \left.\begin{array}{l} \text{adotaremos} \\ A_{sw} = 3,04 \text{ cm}^2/\text{m} \\ \text{ø 6,3 mm c/ 20 cm} \end{array}\right\}$$

$$A_{sw} = 0,1 \times 20 = 2 \text{ cm}^2/\text{m}$$
$$\text{mín}$$

$$V_s = 54,34 \text{ kN} \qquad V_{sd} = 1,4 \times 54,34 = 76,08 \text{ kN}$$
$$V_{sw} = 76,08 - 56,75 = 19,33 \text{ kN}$$

$$A_{sw} = \frac{19,33}{0,9 \times 0,37 \times 43,5} = 1,33 \text{ cm}^2/\text{m} \left.\begin{array}{l} \text{adotaremos} \\ A_{sw} = 2 \text{ cm}^2/\text{m} \\ \text{ø 5 mm c/ 20 cm} \end{array}\right\}$$

$$A_{sw} = 0,1 \times 20 = 2 \text{ cm}^2/\text{m}$$
$$\text{mín}$$

Forças a ancorar

3 ø 12,5 mm

40

20

$V_s = 50,80$ kN

fck = 25 MPa $\qquad$ Aço CA50

$a = 20 - 3 = 17$ cm

$\ell_b = 38\ \text{ø} = 38 \times 1,25 = 47,5$ cm

fyd = 43,5 kN/m^2

— Força a ancorar

$$F_{bd} = 075 \times Vd = 0,75 \times 1,4 \times 50,80 = 53,34 \text{ kN}$$

— Tensão efetiva de ancoragem

$$\sigma_s \leq f_{yd}$$

$$\ell_{1\ \text{mín}} = 11\ \text{ø} = 11 \times 1,25 = 13,75 \text{ cm} \qquad \sigma_s = \frac{\ell_{\text{disp}}}{\ell_b} \times f_{yd} = \frac{30,75}{47,5} \times 43,5 = 28,16 \text{ kN/cm}^2$$

$$\ell_{\text{disp}} = 13,75 + 17 = 30,75$$

— Armadura no apoio

$$A_{s\ apoio} = \frac{53{,}34}{28{,}16} = 1{,}89\ cm^2 \qquad (O.K.)\ temos\ 3\ \emptyset\ 12{,}5 = 3{,}75\ cm^2$$

$V_S = 24{,}21\ kN \qquad fbd = 0{,}75 \times 1{,}4 \times 24{,}21 = 25{,}42\ kN \qquad \begin{array}{l} a = 17\ cm \\ 11\ \emptyset = 11\ cm \to \end{array}$

$\qquad\qquad\qquad\qquad\qquad\qquad\qquad\qquad\qquad\qquad\qquad disponível = 17 + 11 = 28\ cm$

$\ell_b = 38 \times 1 = 38 \qquad$ Tensão efetiva $\to \sigma_s = \dfrac{28}{38} \times 43{,}5 = 32{,}05\ kN/cm^2$

$$A_{s\ apoio} = \frac{25{,}42}{32{,}05} = 0{,}79\ cm^2 \qquad (O.K.)\ temos\ 2\ \emptyset\ 10\ mm = 1{,}6\ cm^2$$

Engastamento parcial no pilar de extremidade

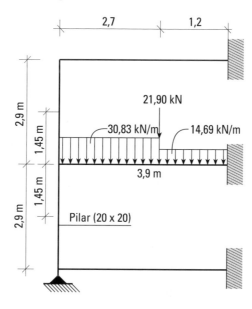

Cálculo do momento de engastamento

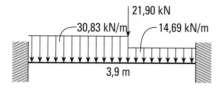

Faremos o cálculo dividindo em duas parcelas as cargas.

(A)

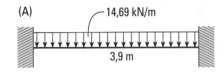

$$M_{eng} = 14{,}69 \times \frac{3{,}9^2}{12} = 18{,}62 \text{ kNm}$$

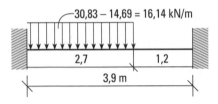

$S = 2{,}7 \text{ m} \qquad n = \dfrac{S}{L} = \dfrac{2{,}7}{3{,}9} = 0{,}692$

$K_1 = \dfrac{n^2}{12}(6 - 8n + 3n^2)$

$K_1 = 0{,}0758$

$M_{eng} = -0{,}0758 \times 16{,}14 \times 3{,}9^2 = -18{,}61 \text{ kNm}$

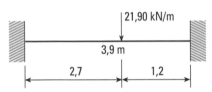

$a = 2{,}7 \text{ m} \qquad m = \dfrac{a}{\ell} = \dfrac{2{,}7}{3{,}9} = 0{,}692$

$K_1 = m(1-m)^2 = 0{,}692(1-0{,}692)^2 = 0{,}066$

$M_{eng} = -0{,}066 \times 21{,}90 \times 3{,}9 = -5{,}64 \text{ kNm}$

Momento total de engastamento

$M_{eng_{total}} = -18{,}62 - 18{,}61 - 5{,}64 = -42{,}87 \text{ kNm}$

$I_{viga} = \dfrac{0{,}2 \times 0{,}4^3}{12} = 0{,}00107 \text{ m}^4 \qquad I_{pilar} = \dfrac{0{,}2 \times 0{,}2^3}{12} = 0{,}00013 \text{ m}^4$

$\ell_{viga} = 3{,}9 \qquad\qquad\qquad\qquad\quad \ell_{sup} = \ell_{inf} = 2{,}9 \text{ m}$

$r_{viga} = \dfrac{I_{viga}}{\ell_{viga}} = \dfrac{0{,}00107}{3{,}9} = 0{,}0002744 \text{ m}^3$

$r_{sup} = r_{inf} = \dfrac{0{,}00013}{2{,}9} = 0{,}000046 \text{ m}^3$

Na viga

$$M_{ext \atop viga} = M_{eng} \times \frac{r_{inf}+r_{sup}}{r_{viga}+r_{inf}+r_{sup}} = -42{,}87 \times \frac{2 \times 0{,}000046}{0{,}0002744 + 2 \times 0{,}000046} = -42{,}87 \times 0{,}251$$

$$M_{ext \atop viga} = -10{,}76 \text{ kNm}$$

$$k6 = \frac{10^5 \times bw \times d^2}{10}$$

$$k6 = \frac{0{,}2 \times 0{,}37^2 \times 10^5}{10{,}76} = 254{,}4 \quad k3 = 0{,}329 \quad A_s = \frac{k3}{10} \times \frac{M}{d} \quad A_s = \frac{0{,}329}{10} \times \frac{10{,}76}{0{,}37} =$$

$$= 0{,}96 \to 2 \, \emptyset \, 10 \text{ mm}$$

Detalhe

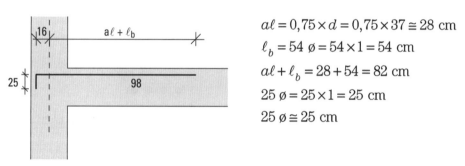

$a\ell = 0{,}75 \times d = 0{,}75 \times 37 \cong 28$ cm
$\ell_b = 54 \, \emptyset = 54 \times 1 = 54$ cm
$a\ell + \ell_b = 28 + 54 = 82$ cm
$25 \, \emptyset = 25 \times 1 = 25$ cm
$25 \, \emptyset \cong 25$ cm

Momento a ser considerado no cálculo do pilar P_4 e P_6

$$M_{ext \atop pilar} = M_{eng} \times \frac{r_{inf}}{r_{viga}+r_{inf}+r_{sup}} = -42{,}87 \times \frac{0{,}000046}{0{,}0002744 + 2 \times 0{,}000046} = -5{,}38 \text{ kNm}$$

$$M_{ext \atop pilar} = -5{,}38 \text{ kNm}$$

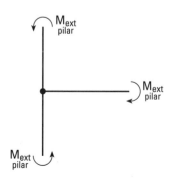

Detalhe final da armação V_2 (20 × 40)

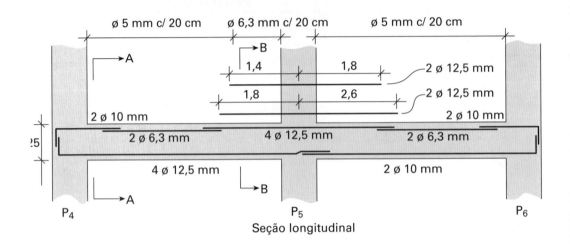
Seção longitudinal

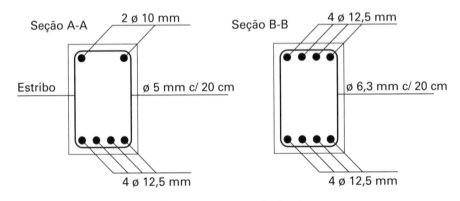
Seções transversais da viga

22.1.2 CÁLCULO E DIMENSIONAMENTO DA VIGA V-6 (20 × 40)

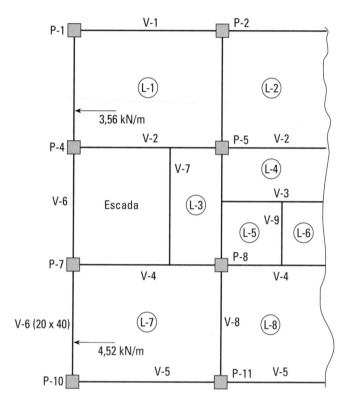

Planta parcial do prédio

Cálculo das cargas

Peso próprio	$0{,}2 \times 0{,}4 \times 25$	$= 2$ kN/m
Laje L_1		$= 3{,}56$ kN/m
Laje L_7		$= 4{,}52$ kN/m
Parede		$= 6{,}50$ kN/m

$\ell = 0{,}2$ m (espessura); $\gamma = 13$ kN/m^3 (bloco de concreto); $h = 2{,}5$ m (altura)

Cargas sobre cada trecho da viga V-6:

Trecho 1	$2 + 3{,}56 + 6{,}5 = 12{,}06$ kN/m
Trecho 2	$2 + 6{,}5 = 8{,}5$ kN/m
Trecho 3	$2 + 4{,}52 + 6{,}5 = 13{,}02$ kN/m

Cálculo da viga contínua V-6 (20 × 40)

408   Concreto armado eu te amo

	12,06 kN/m		8,5 kN/m		13,02 kN/m	
A P_1	3,9 m	B P_4	3,86 m	P_7 C	3,9 m	D P_{10}
		0,43 | 0,57		0,57 | 0,43		
0%		−22,92 | 10,55	50%	−10,55 | +24,75		
←		5,31 | 7,06	→	3,53		
			50%			
		−5,05	←	−10,10 | −7,62		
			50%			
		+2,17 | +2,88	→	+1,44		
			50%			
		−0,41	←	−0,82 | −0,62		
			50%			
		+0,17 | +0,24	→	+0,12		
			50%			
		−0,03	←	−0,07 | −0,05		
			50%			
		+0,01 | +0,02	→	+0,01		
		−15,26 | 15,26		−16,44 | 16,46		
(1) 23,52		23,52 | 16,40		16,40 | 25,39		25,39
(2) −3,91		3,91 | −0,31		0,31 | 4,22		−4,22
Σ 19,61		27,43 | 16,09		16,71 | 29,61		21,17
		43,52		46,32		

→ x   x' ←
$x = 1{,}62$ m $x' = 1{,}62$ m
$M_\oplus = 15{,}94$ kNm $M_\oplus = 15{,}21$ kNm

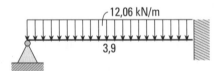

$$M_{eng} = 12{,}06 \times \frac{3{,}9^2}{8} = 22{,}92 \text{ kNm}$$

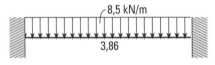

$$M_{eng} = 8{,}5 \times \frac{3{,}86^2}{12} = 10{,}55 \text{ kNm}$$

$$M_{eng} = 13{,}02 \times \frac{3{,}9^2}{8} = 24{,}75 \text{ kNm}$$

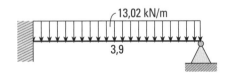

$$w_1 = w_3 = \frac{I}{3,9} \quad \beta_{BA} = \frac{3 \times w_1}{3 \times w_1 + 4 \times w_2} = \frac{3 \times \frac{I}{3,9}}{3 \times \frac{I}{3,9} + 4 \times \frac{I}{3,86}} = 0,43 \rightarrow \beta_{BC} = 1 - 0,43 = 0,57$$

$$w_2 = \frac{I}{3,86} \qquad \beta_{CD} = 0,43 \rightarrow \beta_{CB} = 0,57$$

Nó B			Nó C		
−22,92	10,55	ΔM=−22,92+10,55=12,37 ΔM= 12,37 kNm 0,43 × ΔM= 5,31 kNm 0,57 × ΔM= 7,06 kNm	− 10,55 3,53	24,75	ΔM=24,75+3,53−10,55=17,73 0,43 × ΔM=−7,62 kNm 0,57 × ΔM=−10,10 kNm

Nó B			Nó C		
	−5,05	0,43 × 5,05 = 2,17 0,57 × 5,05 = 2,88	+ 1,44		0,43 × 1,44 = 0,62 0,57 × 1,44 = 0,82

Nó B		
	0,41	0,43 × 0,41 = 0,17 0,57 × 0,41 = 0,24

$$12,06 \times \frac{3,9}{2} = 23,52 \qquad 8,5 \times \frac{3,86}{2} = 16,40 \qquad 13,02 \times \frac{3,9}{2} = 25,39$$

$$\frac{\Delta M}{\ell} = \frac{15,26}{3,9} = 3,91 \qquad \frac{\Delta M}{\ell} = \frac{16,46 - 15,26}{3,86} = 0,31 \text{ kN} \qquad \frac{\Delta M}{\ell} = \frac{16,46}{3,9} = 4,22 \text{ kN}$$

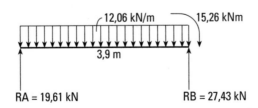

$$x = \frac{19,61}{12,06} = 1,62 \text{ m} \rightarrow M = 19,61 \times 1,62 - 12,06 \times \frac{1,62^2}{2}$$

$$M_\oplus = 15,94 \text{ kNm}$$

$$x = 2,7 \text{ m} \rightarrow M = 19,61 \times 2,7 - 12,06 \times \frac{2,7^2}{2}$$

$$M = 8,98 \text{ kNm}$$

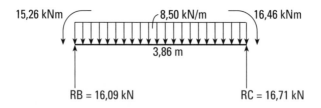

$$x = 1,93 \text{ m} \rightarrow M = 16,09 \times 1,93 - 8,5 \times \frac{1,93^2}{2} - 15,26 = -0,04 \text{ kNm}$$

$$M = 0,0 \text{ kNm}$$

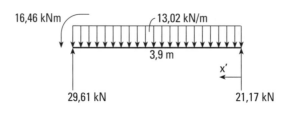

$$x' = \frac{21,17}{13,02} = 1,62 \text{ m}$$

$$x = 21,17 \times 1,62 - 13,02 \times \frac{1,62^2}{2} = 17,21 \text{ kNm}$$

$$x' = 2,7 \text{ m}$$

$$M = 21,17 \times 2,7 - 13,02 \times \frac{2,7^2}{2} = 9,70 \text{ kNm}$$

Aula 22

Diagrama de momentos fletores

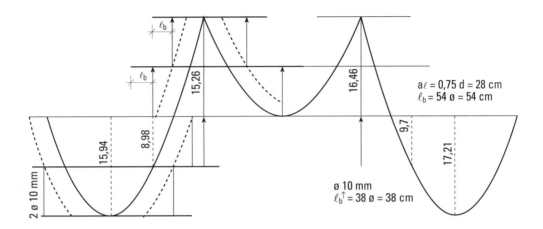

aℓ = 0,75 d = 28 cm
ℓ_b = 54 ø = 54 cm

ø 10 mm
$\ell_b^\uparrow$ = 38 ø = 38 cm

Diagrama de forças cortantes

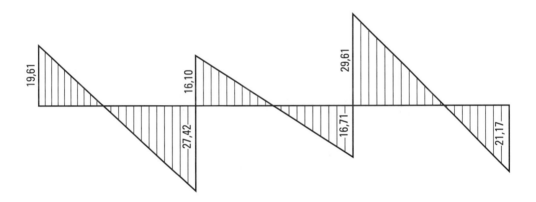

Cálculo à flexão

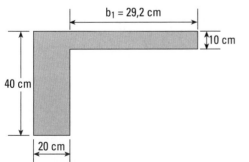

$M_\oplus = 15{,}94$ kNm

$b \leq \begin{cases} 0{,}10 \times a = 0{,}10 \times 0{,}75 \times 3{,}9 = 0{,}292 \text{ m} \\ 0{,}5 \times b_2 = 0{,}5 \times 3{,}9 = 1{,}95 \end{cases}$

$b_f = 20 + 29{,}2 = 49{,}2$ cm

$d = 40 - 3 = 37$ cm

$h_f = 10$ cm $\qquad \xi_f = \dfrac{h_f}{d} = \dfrac{10}{37} = 0{,}27$

$$k6 = \frac{10^5 \times bw \times d^2}{M}$$

$$k6 = \frac{0{,}492 \times 0{,}37^2 \times 10^5}{15{,}94} = 422{,}5 \rightarrow \xi = 0{,}03 \rightarrow k3 = 0{,}326$$

$$0{,}8\xi = 0{,}8 \times 0{,}03 = 0{,}024 < \xi_f \qquad \text{(seção retangular)}$$

$$\left.\begin{array}{l} A_s = \dfrac{0{,}326}{10} \times \dfrac{15{,}94}{0{,}37} = 1{,}40 \ \text{cm}^2 \\[6pt] A_{s\ \text{mín}} = \dfrac{0{,}15}{100} \times 20 \times 40 = 1{,}2 \ \text{cm}^2 \end{array}\right\} \qquad 2\ \varnothing\ 10\ \text{mm} \qquad A_s = \dfrac{k3}{10} \times \dfrac{M}{d}$$

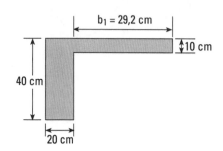

$$b \leq \begin{cases} 0{,}10 \times a = 0{,}10 \times 0{,}75 \times 3{,}9 = 0{,}292 \ \text{m} \\ 0{,}5 \times b_2 = 0{,}5 \times 3{,}9 = 1{,}95 \end{cases}$$

$$b_f = 20 + 29{,}2 = 49{,}2 \ \text{cm} \qquad \xi_f = \frac{h_f}{d}$$

$$d = 37 \ \text{cm} \qquad h_f = 10 \ \text{cm} \qquad \xi_f = \frac{10}{37} = 0{,}27$$

$$M_\ominus = -15{,}26 \ \text{kNm}$$

$$k6 = \frac{0{,}2 \times 0{,}37^2 \times 10^5}{15{,}26} = 179 \qquad k3 = 0{,}331$$

$$A_s = \frac{0{,}331}{10} \times \frac{15{,}26}{0{,}37} = 1{,}37 \ \text{cm}^2 \qquad 2\ \varnothing\ 10\ \text{mm}$$

$$M_\ominus = -16{,}46 \ \text{kNm}$$

$$k6 = \frac{0{,}2 \times 0{,}37^2 \times 10^5}{16{,}46} = 166{,}3 \qquad k3 = 0{,}333$$

$$A_s = \frac{0{,}333}{10} \times \frac{16{,}46}{0{,}37} = 1{,}48 \ \text{cm}^2 \qquad 2\ \varnothing\ 10\ \text{mm}$$

Nota: $M_\ominus$ = momento negativo

Ancoragem condições Má → 54 ø → ø 10 mm → $\ell_b = 54 \times 1 = 54$ cm
Boa → 38 ø → ø 10 mm → $\ell_b = 38 \times 1 = 38$ cm
$a\ell = 0{,}75 \times d = 0{,}75 \times 37 \cong 28$ cm

$M_\oplus = 17{,}21$ kNm

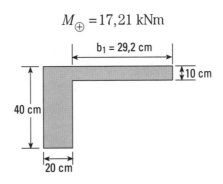

$b_1 \le \begin{cases} 0{,}10 \times a = 0{,}10 \times 0{,}75 \times 3{,}9 = 0{,}292 \text{ m} \\ 0{,}5 \times b_2 = 0{,}5 \times 3{,}9 = 1{,}95 \text{ m} \end{cases}$ $k6 = \dfrac{10^5 \times bw \times d^2}{M}$

$b_f = 20 + 29{,}2 = 49{,}2$ cm

$k6 = \dfrac{0{,}492 \times 0{,}37^2 \times 10^5}{17{,}21} = 391 \Rightarrow \xi = 0{,}03$ $k3 = 0{,}326$

$0{,}8\xi = 0{,}8 \times 0{,}03 = 0{,}024$ 〈 ξf (seção retangular)

$As = \dfrac{0{,}326}{10} \times \dfrac{17{,}21}{0{,}37} = 1{,}5$ cm² 〈 2 ø 10 mm $A_s = \dfrac{k3}{10} \times \dfrac{M}{d}$

Cortante

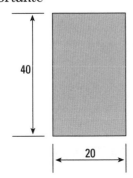

fck = 25 MPa   Aço CA50
$d = 37$ cm $h = 40$ cm $c = 3$ cm
$V_s = 29{,}61$ kN → $V_{sd} = 1{,}4 \times 29{,}61 = 41{,}45$ kN

1) Cálculo de V_{R2}

$V_{R2} = 4{,}339 \times 0{,}2 \times 0{,}37 = 321{,}08$ kN $> V_{sd}$ (O.K.)

2) Cálculo de V_{CO}

$$V_{CO} = 767 \times 0{,}2 \times 0{,}37 = 56{,}75 \text{ kN}$$

3) Cálculo da armadura

$$V_{sw} = V_{sd} - V_{CO} = 41{,}45 - 56{,}75 = -15{,}30 \text{ kN} < 0$$
$$V_{sw\,\text{mín}} = 0{,}10 \times 20 = 2{,}0 \text{ cm}^2/\text{m} \to \emptyset\,5 \text{ mm c/ 20 cm}$$

Forças a ancorar

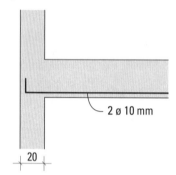

$V_s = 21{,}17$ kN
fck = 25 Mpa   Aço CA50
$a = 20 - 3 = 17$ cm
$\ell_b = 38\,\emptyset = 38 \times 1 = 38$ cm ($\emptyset$ 10 mm)
fyd = 43,5 kN/m^2

— Força a ancorar

$$Fbd = 0{,}75 \times Vd = 0{,}75 \times 1{,}4 \times 21{,}17 = 22{,}23 \text{ kN}$$

— Tensão efetiva de ancoragem

$$\ell_{1\,\text{mín}} = 11\,\emptyset = 11 \times 1 = 11 \text{ cm}$$
$$\ell_{\text{disp}} = 11 + 17 = 28$$
$$\sigma_s = \frac{28}{38} \times 43{,}5 = 32{,}05 \text{ kN/cm}^2$$

— Armadura no apoio

$$A_{s\,\text{apoio}} = \frac{22{,}23}{32{,}05} = 0{,}69 \text{ cm}^2 \qquad \text{(O.K.) temos } 2\,\emptyset\,10 = 1{,}6 \text{ cm}^2$$

Engastamento parcial nos pilares de extremidade

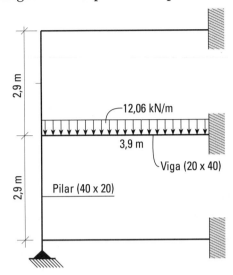

$$I_{viga} = 0.2 \times \frac{0.4^3}{12} = 0.00107 \text{ m}^4$$

$$I_{viga} = 3.9 \text{ m}$$

$$r_{viga} = \frac{0.00107}{3.9} = 0.0002744 \text{ m}^3$$

$$I_{pilar} = 0.4 \times \frac{0.2^3}{12} = 0.0002667 \text{ m}^4$$

$$I_{pilar} = 2.9 \text{ m}$$

$$r_{pilar} = \frac{0.0002667}{2.9} = 0.000092 \text{ m}^3$$

Cálculo do momento de engastamento

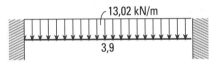

$$M_{eng} = 13.02 \times \frac{3.9^2}{12} = 16.5 \text{ kNm}$$

$$M_{eng} = \frac{p\ell^2}{12}$$

Na viga

$$M_{ext} = -16.50 \times \frac{0.000092 + 0.000092}{0.0002744 + 2 \times 0.000092} = -16.50 \times 0.40 = -6.60 \text{ kNm}$$

$$M_{ext_{viga}} = 6.60 \text{ kNm} \qquad k6 = \frac{0.2 \times 0.37^2 \times 10^5}{6.60} = 414 \qquad k3 = 0.326$$

$$\left. \begin{array}{l} A_s = \dfrac{0.326}{10} \times \dfrac{6.60}{0.37} = 0.58 \text{ cm}^2 \\ \\ A_{s \text{ mín}} = \dfrac{0.15}{100} \times 20 \times 40 = 1.2 \text{ cm}^2 \end{array} \right\} \quad 2 \varnothing 10 \text{ mm}$$

Momento a ser considerado no cálculo do pilar P_1 e P_{10}

$$M_{eng} = -16.50 \times \frac{0.000092}{0.0002744 + 2 \times 0.000092} = -16.50 \times 0.2 = -3.30 \text{ kNm}$$

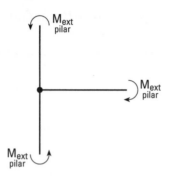

Detalhe final da armação V-6 (20 × 40)

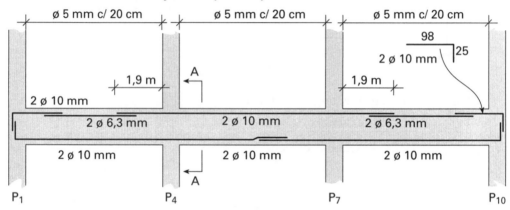

Seção longitudinal

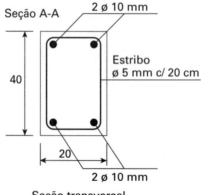

Seção transversal

AULA 23

23.1 CÁLCULO E DIMENSIONAMENTO DAS VIGAS V-8 E V-10

23.1.1 CÁLCULO E DIMENSIONAMENTO DA VIGA V-8
(20×40)

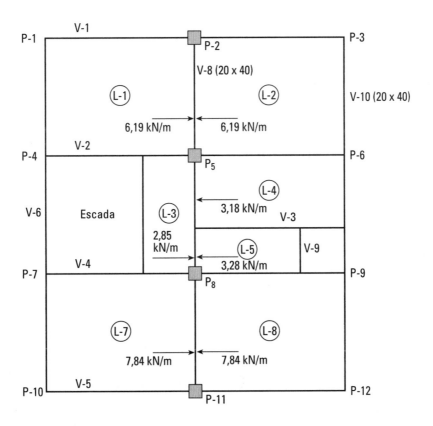

Cálculo das cargas

Peso próprio	$0,2 \times 0,4 \times 25$	= 2 kN/m
Laje L_1		= 6,19 kN/m
Laje L_2		= 6,19 kN/m
Laje L_3		= 2,85 kN/m
Laje L_4		= 3,18 kN/m
Laje L_5		= 3,28 kN/m
Laje L_7		= 7,84 kN/m
Laje L_8		= 7,84 kN/m
Parede	$0,2 \times 13 \times 2,5$	= 6,50 kN/m

$\ell = 0,20$ m; $\gamma = 13$ kN/m^3; $h = 2,5$ m

Cálculo da viga contínua V-8 (20 × 40)

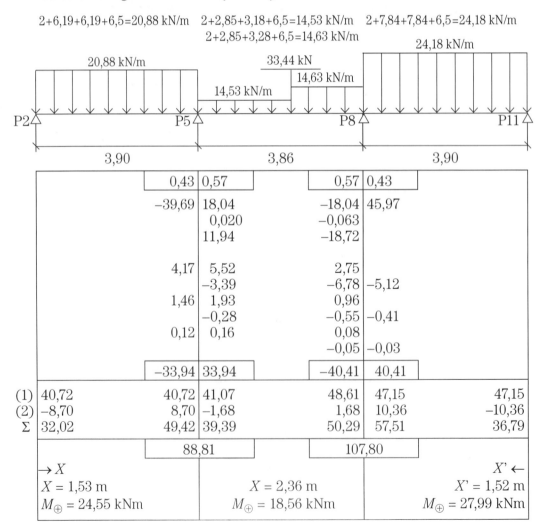

$$w_1 = w_3 = \frac{I}{3,9} \qquad w_2 = \frac{I}{3,86}$$

$$\beta_{BA} = \frac{3 \times w_1}{3 \times w_1 + 4 \times w_2} = \frac{3 \times \dfrac{I}{3,9}}{3 \times \dfrac{I}{3,9} + 4 \times \dfrac{I}{3,86}} = 0,43 \rightarrow \beta_{BC} = 1 - 0,43 = 0,57$$

Nó P_5

−39,69	18,04	$\Delta M = -39,69 + 30,0 = -9,69$
	0,020	$0,43 \times \Delta M = 4,17$ kNm
	11,94	$0,57 \times \Delta M = 5,52$ kNm

−39,69	30,0

Nó P_8

−18,04	45,97	$\Delta M = 45,97 - 34,07 = 11,90$
−0,063		$0,43 \times \Delta M = 5,12$ kNm
−18,72		$0,57 \times \Delta M = 6,78$ kNm
2,75		

−34,07	

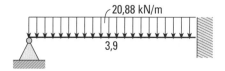

$$M_{eng} = 20,88 \times \frac{3,9^2}{8} = 39,69 \text{ kNm}$$

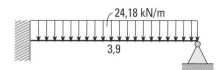

$$M_{eng} = 24,18 \times \frac{3,9^2}{8} = 45,97 \text{ kNm}$$

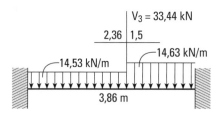

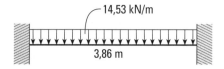

$$M_{eng} = 14,53 \times \frac{3,86^2}{12} = 18,04 \text{ kNm}$$

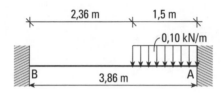

$S = 1,5$ m
$L = 3,86$ m
$\quad n = \dfrac{S}{L} = \dfrac{1,5}{3,86} = 0,3886$

$K1 = \dfrac{n^2}{12}(6 - 8n + 3n^2) = \dfrac{0,3886^2}{12}(6 - 8 \times 0,3886 + 3 \times 0,3886^2)$

$K1 = 0,04208$

$K2 = \dfrac{n^3}{12}(4 - 3n) = \dfrac{0,3886^3}{12} \times (4 - 3 \times 0,3886)$

$K2 = 0,01386$

$M_A = -K1 \times qL^2 = 0,04208 \times 0,10 \times 3,86^2 = -0,063$ kNm

$M_B = -K2 \times qL^2 = -0,01386 \times 0,10 \times 3,86^2 = -0,020$ kNm

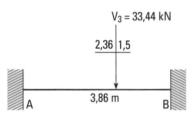

$m = \dfrac{a}{\ell} = \dfrac{2,36}{3,86} = 0,611$

$K1 = m(1-m)^2 = 0,611(1-0,611)^2 = 0,0925$

$K2 = m^2(1-m) = 0,611^2(1-0,611) = 0,145$

$M_A = -K1 \times PL = -0,0925 \times 33,44 \times 3,86 = -11,94$ kNm

$M_B = -K2 \times PL = -0,145 \times 33,44 \times 3,86 = -18,72$ kNm

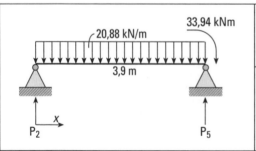

1) $P_2 = P_5 = \dfrac{20,88 \times 3,9}{2} = 40,72$ kN

2) $\dfrac{M}{L} = \dfrac{33,94}{3,9} = 8,70$ kN

$x = \dfrac{32,02}{20,88} = 1,53$ m $\qquad M_\oplus = 32,02 \times 1,53 - 20,88 \times \dfrac{1,53^2}{2} = 24,55$ kNm

$x = 2,7$ m $\qquad M_\oplus = 32,02 \times 2,7 - 20,88 \times \dfrac{2,7^2}{2} = 10,35$ kNm

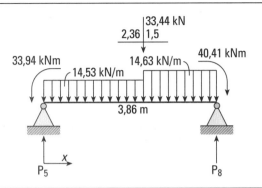

1) $P_5 = \dfrac{14,53 \times 3,86 \times 1,93 + 0,10 \times 1,5 \times 0,75 + 33,44 \times 1,5}{3,86} = 41,07 \text{ kN}$

$P_8 = 89,68 - 41,07 = 48,61 \text{ kN}$

2) $\dfrac{\Delta M}{L} = \dfrac{40,41 - 33,94}{3,86} = 1,68 \text{ kN}$

$x = 2,36 \text{ m}$

$M_\oplus = 39,39 \times 2,36 - 14,53 \times \dfrac{2,36^2}{2} -$
$- 33,94 = 18,56 \text{ kNm}$

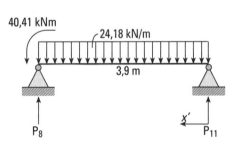

1) $P_8 = P_{11} = 24,18 \times \dfrac{3,9}{2} = 47,15 \text{ kN}$

2) $\dfrac{M}{L} = \dfrac{40,41}{3,9} = 10,36 \text{ kN}$

$x' = \dfrac{36,79}{24,18} = 1,52 \text{ m}$

$x' = 2,7 \text{ m}$

$M_\oplus = 36,79 \times 1,52 - 24,18 \times \dfrac{1,52^2}{2} = 27,99 \text{ kNm}$

$M_\oplus = 36,79 \times 2,7 - 24,18 \times \dfrac{2,7^2}{2} = 11,20 \text{ kNm}$

Diagrama de momentos fletores

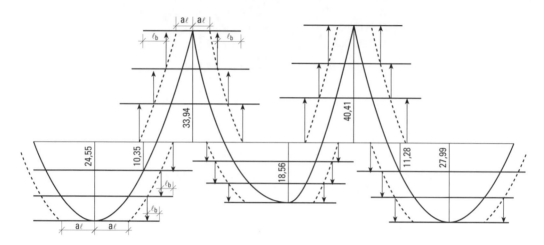

Diagrama de forças cortantes

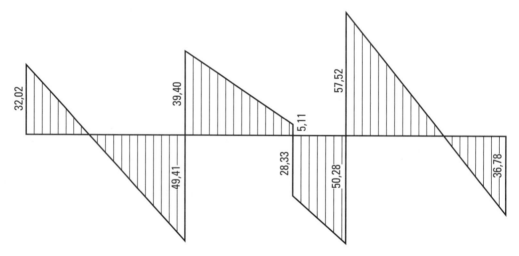

Cálculo à flexão

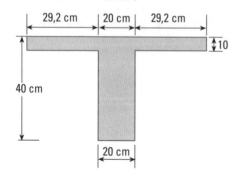

$M_\oplus = 24{,}55$ kNm

$b \leq \begin{cases} 0{,}10 \times a = 0{,}10 \times 0{,}75 \times 3{,}9 = 0{,}292 \text{ m} \\ 0{,}5 \times b_2 = 0{,}5 \times 3{,}9 = 1{,}95 \text{ m} \end{cases}$

$d = 40 - 3 = 37$ cm

$b_f = 29{,}2 \times 2 + 20 = 78{,}4$ cm

$h_f = 10$ cm $\qquad \xi_f = \dfrac{h_f}{d} = \dfrac{10}{37} = 0{,}27$

$$k6 = \frac{0,784 \times 0,37^2 \times 10^5}{24,55} = 437,2 \rightarrow \xi = 0,03 \quad k3 = 0,326$$

$0,8\xi = 0,8 \times 0,03 = 0,024 < \xi_f$ \hspace{2em} (seção retangular)

$$A_s = \frac{0,326}{10} \times \frac{24,55}{0,37} = 2,16 \text{ cm}^2 \rightarrow 3 \varnothing 10 \text{ mm}$$

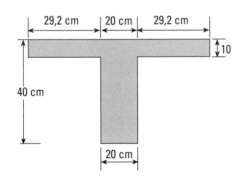

$M_\oplus = 18,56$ kNm

$b_1 \leq \begin{cases} 0,1 \times a = 0,1 \times 0,6 \times 3,86 = 0,2316 \text{ m} \\ 0,5 \times 1,2 = 0,6 \text{ m} \end{cases}$

$b_f = 23,16 + 20 + 23,16 = 66,32$ cm

$b_1 = 23,16$ cm

$\xi_f = \dfrac{7}{37} = 0,189$

$$k6 = \frac{0,6632 \times 0,37^2 \times 10^5}{18,56} = 489$$

$\xi = 0,03$
$k3 = 0,326$

$0,8\xi = 0,8 \times 0,03 = 0,024 < \xi_f$ \hspace{2em} (seção retangular)

$$A_s = \frac{0,326}{10} \times \frac{18,56}{0,37} = 1,64 \text{ cm}^2 \hspace{2em} 3 \varnothing 10 \text{ mm}$$

$M_\oplus = 27,99$ kNm \hspace{2em} fck = 25 MPa

Aço CA50

$b \leq \begin{cases} 0,10 \times a = 0,10 \times 0,75 \times 3,9 = 0,292 \text{ m} \\ 0,5 \times b_2 = 0,5 \times 3,9 = 1,95 \text{ m} \end{cases}$

$d = 37$ cm \hspace{1em} $b_f = 2 \times 29,2 + 20 = 78,4$ cm

$h_f = 10$ cm \hspace{1em} $\xi_f = \dfrac{10}{37} = 0,27$

$$k6 = \frac{0,784 \times 0,37^2 \times 10^5}{27,99} = 383 \rightarrow \xi = 0,04 \quad k3 = 0,327$$

$0,8\xi = 0,8 \times 0,04 = 0,032 < \xi_f$ \hspace{2em} (seção retangular)

$$A_s = \frac{0,327}{10} \times \frac{27,99}{0,37} = 2,47 \text{ cm}^2 \hspace{2em} 4 \varnothing 10 \text{ mm ou } 2 \varnothing 12,5 \text{ mm}$$

$M_\ominus = -33,94$ kNm

$$k6 = \frac{0,2 \times 0,37^2 \times 10^5}{33,94} = 80,6 \quad \rightarrow \quad k3 = 0,344$$

$$A_s = \frac{0,344}{10} \times \frac{33,94}{0,37} = 3,15 \text{ cm}^2 \qquad 3 \text{ ø } 12,5 \text{ mm}$$

$M_\ominus = -40,41$ kNm

$$k6 = \frac{0,2 \times 0,37^2 \times 10^5}{40,41} = 67,7 \quad \rightarrow \quad k3 = 0,349$$

$$A_s = \frac{0,349}{10} \times \frac{40,41}{0,37} = 3,8 \text{ cm}^2 \qquad 4 \text{ ø } 12,5 \text{ mm}$$

Ancoragem: fck = 25 MPa

$$\text{má} \rightarrow 54\,\text{ø} \rightarrow 12,5 \text{ mm} \rightarrow 54 \times 1,25 \cong 68 \text{ cm}$$
$$\text{boa} \rightarrow 38\,\text{ø}10 \text{ mm} \rightarrow 38 \times 1 = 38 \text{ cm}$$
$$a\ell = 0,75 \cdot d = 0,75 \times 37 \cong 28 \text{ cm}$$

— Cortante

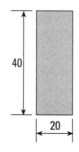

fck = 25 MPa   Aço CA50
$d = 37$ cm $h = 40$ cm $c = 3$ cm
$V_s = 57,52$ kN $\rightarrow V_{sd} = 1,4 \times 57,52 = 80,53$ kN

1) Cálculo de V_{R2}

$$V_{R2} = 4.339 \times 0,2 \times 0,37 = 321,08 \text{ kN} > V_{sd} \qquad \text{(O.K.)}$$

2) Cálculo de V_{CO}

$$V_{CO} = 767 \times 0,2 \times 0,37 = 56,75 \text{ kN}$$

3) Cálculo da armadura A_{sw}

$$V_{sw} = V_{sd} - V_{CO} = 80,53 - 56,75 = 23,78 \text{ kN}$$

$$A_{sw} = \frac{23,78}{0,9 \times 0,37 \times 43,5} = 1,64 \text{ cm}^2/\text{m}$$

$$A_{sw\,\text{mín}} = 0,1 \times 20 = 2 \text{ cm}^2/\text{m}$$

adotaremos
$A_{sw} = 2$ cm^2/m
ø 5 mm c/ 20 cm

Forças a ancorar

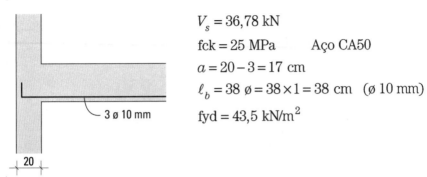

$V_s = 36{,}78$ kN
fck = 25 MPa   Aço CA50
$a = 20 - 3 = 17$ cm
$\ell_b = 38\ \emptyset = 38 \times 1 = 38$ cm   (ø 10 mm)
fyd = 43,5 kN/m^2

— Força a ancorar

$$Fbd = 0{,}75 \times Vd = 0{,}75 \times 1{,}4 \times 36{,}78 = 38{,}62 \text{ kN}$$

— Tensão efetiva de ancoragem

$$\ell_{1\,\text{mín}} = 11\ \emptyset = 11 \times 1 = 11 \text{ cm} \qquad \sigma_s = \frac{28}{38} \times 43{,}5 = 32{,}05 \text{ kN/cm}^2$$

$$\ell_{\text{disp}} = 11 + 17 = 28$$

— Armadura no apoio

$$A_{s\,\text{apoio}} = \frac{38{,}62}{32{,}05} = 1{,}20 \text{ cm}^2 \qquad \text{(O.K.) temos 3 ø 10} = 2{,}4 \text{ cm}^2$$

Engastamento parcial no pilar de extremidade

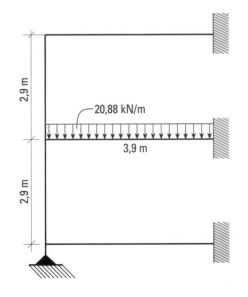

fck = 25 MPa   Aço CA50

$$I_{\text{viga}} = 0{,}2 \times \frac{0{,}4^3}{12} = 0{,}00107 \text{ m}^4$$

$$r_{\text{viga}} = \frac{0{,}00107}{3{,}9} = 0{,}0002744 \text{ m}^3$$

$$I_{\text{pilar}} = 0{,}4 \times \frac{0{,}2^3}{12} = 0{,}0002667 \text{ m}^4$$

$$\ell_{\text{pilar}} = 2{,}9 \text{ m}$$

$$r_{\text{pilar}} = \frac{0{,}0002667}{2{,}9} = 0{,}000092 \text{ m}^3$$

Cálculo do momento de engastamento

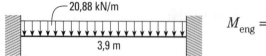

$$M_{eng} = \frac{p\ell^2}{12} = \frac{20,88 \times 3,9^2}{12} = -26,46 \text{ kNm}$$

Na viga

$$M_{ext\atop viga} = -26,46 \times \frac{2 \times 0,000092}{0,0002744 + 2 \times 0,000092} = -26,46 \times 0,40 = -10,58 \text{ kNm}$$

$$k6 = \frac{0,2 \times 0,37^2 \times 10^5}{10,58} = 258,7 \qquad k3 = 0,329 \qquad A_s = \frac{0,329}{10} \times \frac{10,58}{0,37} = 0,94 \text{ cm}^2$$

$$A_{s\,\text{mín}} = \frac{0,15}{100} \times 20 \times 40 = 1,2 \text{ cm}^2 \qquad 2 \varnothing 10 \text{ mm}$$

para q = 24,18 kN/m:

$$M_{ext} = 24,18 \times \frac{3,9^2}{12} = 30,64 \text{ kNm} \qquad M_{ext\atop viga} = 30,64 \times 0,40 = 12,25 \text{ kNm}$$

$$k6 = 223 \qquad A_s = \frac{0,33}{10} \times \frac{12,25}{0,37} = 1,10 \text{ cm}^2 \qquad A_{s\,\text{mín}} = 1,2 \text{ cm}^2 \qquad 2 \varnothing 10 \text{ mm}$$

Momento a ser considerado no cálculo do pilar
P-2

$$M_{ext\atop pilar} = -26,46 \times \frac{0,000092}{0,0002744 + 2 \times 0,000092} = -26,46 \times 0,20 = -5,29 \text{ kNm} ^{(*)}$$

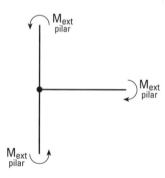

P-11

$$M_{eng} = 30,64 \times 0,2 = 6,13 \text{ kNm}$$

(*) Será adotado M_{eng} = 6,13 kNm para o pilar P-2.

Detalhe final da armação V-8 (20 × 40)

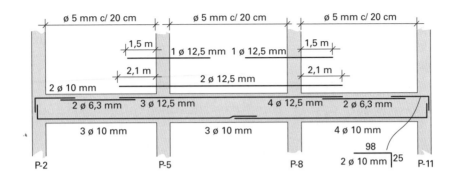

23.1.2 CÁLCULO E DIMENSIONAMENTO DA VIGA V-10 (20 × 40)

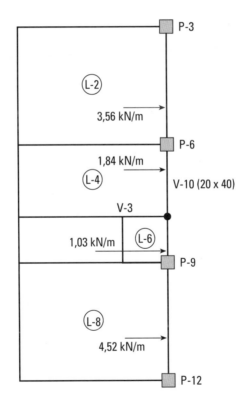

428 Concreto armado eu te amo

Cálculo das cargas

Peso próprio		= 2 kN/m
Laje L-2		= 3,56 kN/m
Laje L-4		= 1,84 kN/m
Laje L-6		= 1,03 kN/m
Laje L-8		= 4,52 kN/m
Parede	$0,2 \times 13 \times 2,5$	= 6,50 kN/m

$\ell = 0,2$ m (espessura); $\gamma = 13$ kN/m^3 (bloco de concreto); $h = 2,5$ m (altura)

Cálculo da viga contínua V-10 (20×40)

2+1,84+6,5=10,34 kN/m
2+1,03+6,5=9,53 kN/m
V-3=34,35 kN
2,36 | 1,5

2+3,56+6,50=12,06 kN/m

2+4,52+6,5=13,02 kN/m

P_3	3,9 m	P_6	3,86 m		P_9	3,9 m	P_{12}
	0,43	0,57		0,57	0,43		
	−22,92	11,83		−11,83	24,75		
		0,84		−0,50			
		12,25		−19,25			
	−0,86	−1,14	50% →	−0,57			
		2,11	← 50%	+4,22	+3,18		
	−0,91	−1,20	50% →	−0,60			
	+0,18		← 50%	+0,34	0,25		
	−0,08	−0,10	50% →	−0,05			
		0,01	← 50%	+0,03	0,02		
	−24,77	24,78		−28,21	28,20		

(1)	23,52		23,52	33,06	39,98	25,39		25,39
(2)	−6,35		6,35	−0,89	0,89	7,23		−7,23
Σ	17,17		29,87	32,17	40,87	32,62		18,16
		62,04			73,49			

→ x	→ x	x' ←
$x = 1,42$ m	$x = 2,36$ m	$x' = 1,39$ m
$M_\oplus = 12,22$ kNm	$M_\oplus = 22,34$ kNm	$M_\oplus = 12,66$ kNm

$$w_1 = w_3 = \frac{I}{3,9} \qquad w_2 = \frac{I}{3,86}$$

$$\beta_{BA} \frac{3 \times w_1}{3 \times w_1 + 4 \times w_2} = \frac{3 \times \frac{I}{3,9}}{3 \times \frac{I}{3,9} + 4 \times \frac{I}{3,86}} = 0,43 \to \beta_{BC} = 0,57$$

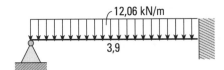

$$M_{eng} = 12,06 \times \frac{3,9^2}{8} = 22,92 \text{ kNm}$$

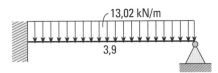

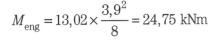

$$M_{eng} = 13,02 \times \frac{3,9^2}{8} = 24,75 \text{ kNm}$$

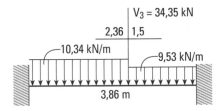

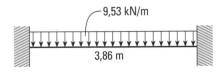

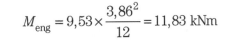

$$M_{eng} = 9,53 \times \frac{3,86^2}{12} = 11,83 \text{ kNm}$$

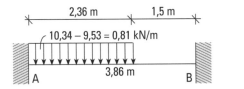

$$S = 2,36 \qquad n = \frac{2,36}{3,86} = 0,611$$

$$K1 = \frac{0,611^2}{12} \times (6 - 8 \times 0,611 + 3 \times 0,611^2) = 0,0694$$

$$K2 = \frac{0,611^3}{12} \times (4 - 3 \times 0,611) = 0,0412$$

$$M_A = -0,0694 \times 0,81 \times 3,86^2 = -0,84 \text{ kNm}$$

$$M_B = -0,0412 \times 0,81 \times 3,86^2 = -0,50 \text{ kNm}$$

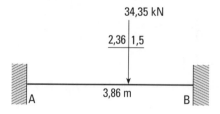

$$m = \frac{a}{\ell} = \frac{2,36}{3,86} = 0,611$$

$$K1 = 0,611(1-0,611)^2 = 0,09245$$
$$K2 = 0,611^2(1-0,611) = 0,1452$$
$$M_A = -0,09245 \times 34,35 \times 3,86 = -12,25 \text{ kNm}$$
$$M_B = -0,1452 \times 34,35 \times 3,86 = -19,25 \text{ kNm}$$

Nó B			Nó C		
−22,92	11,83 0,84 12,25	ΔM=−22,92+11,83+0,84+ +12,25 = 2 kNm 0,43 × ΔM= 0,86 kNm 0,57 × ΔM= 1,14 kNm	−11,83 −0,50 −19,25 −0,57	24,75	ΔM=24,75−11,83−0,5− 19,25−0,57 = − 7,40 kNm 0,43 × ΔM=−3,18 kNm 0,57 × ΔM=−4,22 kNm

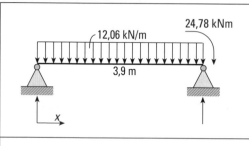	1) $12,06 \times \dfrac{3,9}{2} = 23,52$
	2) $\dfrac{M}{\ell} = \dfrac{24,78}{3,9} = 6,35$ kNm
17,17	29,87
$x = \dfrac{17,17}{12,06} = 1,42$ m $x = 2,7$ m	$M_\oplus = 17,17 \times 1,42 - 12,06 \times \dfrac{1,42^2}{2} = 12,22$ kNm $M_\oplus = 17,17 \times 2,7 - 12,06 \times \dfrac{2,7^2}{2} = 2,40$ kNm

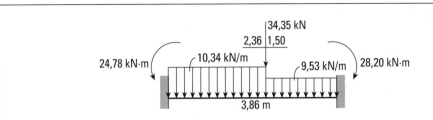

1)	$P_6 = \dfrac{9,53 \times 3,86 \times 193 + 0,81 \times 2,36 \times 2,68 + 34,35 \times 1,5}{3,86} = 33,06 \text{ kNm}$ $P_9 = 73,04 - 33,06 = 39,98$

2)	$\dfrac{\Delta M}{L} = \dfrac{28,2 - 24,78}{3,86} = 0,89 \text{ kNm}$	$\rightarrow x$ $x = 2,36 \text{ m}$ $M_\oplus = 32,17 \times 2,36 - 10,34 \times \dfrac{2,36^2}{2} -$ $- 24,78 = 22,34 \text{ kNm}$

32,17	40,87

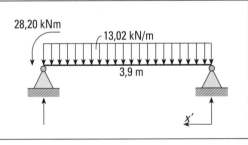

	1) $13,02 \times \dfrac{3,9}{2} = 25,39 \text{ kN}$
	2) $\dfrac{M}{\ell} = \dfrac{28,2}{3,9} = 7,23 \text{ kN}$

32,62	18,16

$x' = \dfrac{18,16}{13,02} = 1,39 \text{ m}$	$M_\oplus = 18,16 \times 1,39 - 13,02 \times \dfrac{1,39^2}{2} = 12,66 \text{ kNm}$
$x' = 2,7 \text{ m}$	$M_\oplus = 18,16 \times 2,7 - 13,02 \times \dfrac{2,7^2}{2} = 1,57 \text{ kNm}$

Diagrama de momentos fletores

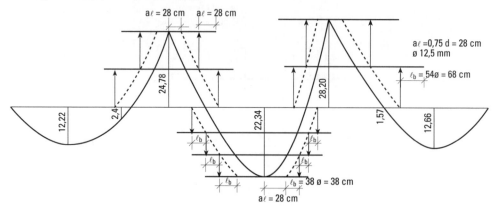

Diagrama de forças cortantes

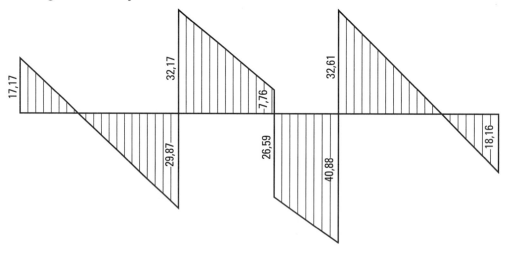

Cálculo à flexão

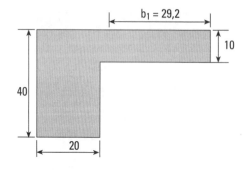

$M_\oplus = 12,22$ kNm

$b \leq \begin{cases} 0,10 \times a = 0,10 \times 0,75 \times 3,9 = 0,292 \text{ m} \\ 0,5 \times b_2 = 0,5 \times 3,9 = 1,95 \end{cases}$

$b_f = 20 + 29,2 = 49,2$ cm

$d = 37$ cm

$h_f = 10$ cm $\quad \xi_f = \dfrac{h_f}{d} = \dfrac{10}{37} = 0,27$

$$k6 = \frac{0{,}492 \times 0{,}37^2 \times 10^5}{12{,}22} = 551{,}1 \to \xi = 0{,}03 \to k3 = 0{,}326$$

$0{,}8\xi = 0{,}8 \times 0{,}03 = 0{,}024 < \xi_f$ \hspace{1cm} (seção retangular)

$$\left.\begin{array}{l} A_s = \dfrac{0{,}326}{10} \times \dfrac{12{,}22}{0{,}37} = 1{,}08 \text{ cm}^2 \\ \\ A_{s\,\text{mín}} = \dfrac{0{,}15 \times 20 \times 40}{100} = 1{,}2 \text{ cm}^2 \end{array}\right\}$ 2 ø 10 mm

$M_\oplus = 12{,}66$ kNm \hspace{1cm} $\xi_f = \dfrac{10}{27} = 0{,}27$

$$k6 = \frac{0{,}492 \times 0{,}37^2 \times 10^5}{12{,}66} = 532{,}0 \to \xi = 0{,}03 \to k3 = 0{,}326$$

$0{,}8\xi = 0{,}024 < \xi_f$ \hspace{1cm} (seção retangular)

$$\left.\begin{array}{l} A_s = \dfrac{0{,}326}{10} \times \dfrac{12{,}66}{0{,}37} = 1{,}11 \text{ cm}^2 \\ \\ A_{s\,\text{mín}} = 1{,}2 \text{ cm}^2 \end{array}\right\}$ 2 ø 10 mm

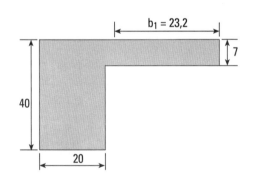

$M_\oplus = 22{,}34$ kNm

$b \leq \begin{cases} 0{,}10 \times a = 0{,}10 \times 0{,}60 \times 3{,}86 = 0{,}232 \text{ m} \\ 0{,}5 \times b_2 = 0{,}5 \times 1{,}375 = 0{,}687 \text{ m} \end{cases}$

$\xi_f = \dfrac{7}{37} = 0{,}189$

$b_f = 20 + 23{,}2 = 43{,}2$ cm

$$k6 = \frac{0{,}432 \times 0{,}37^2 \times 10^5}{22{,}34} = 264{,}7 \to \xi = 0{,}05 \to k3 = 0{,}329$$

$0{,}8\xi = 0{,}8 \times 0{,}05 = 0{,}04 < \xi_f$ \hspace{1cm} (seção retangular)

$$\left.\begin{array}{l} A_s = \dfrac{0{,}329}{10} \times \dfrac{22{,}34}{0{,}37} = 1{,}99 \text{ cm}^2 \\ \\ A_{s\,\text{mín}} = \dfrac{0{,}15}{100} \times 20 \times 40 = 1{,}2 \text{ cm}^2 \end{array}\right\}$ 3 ø 10 mm

$M_{\ominus} = 28{,}20$ kNm

$k6 = \dfrac{0{,}2 \times 0{,}37^2 \times 10^5}{28{,}20} = 97{,}09$ $\qquad$ $k3 = 0{,}34$

$A_s = \dfrac{0{,}34}{10} \times \dfrac{28{,}20}{0{,}37} = 2{,}59$ cm^2 $\qquad$ 3 ø 12,5 mm

$M_{\ominus} = 24{,}78$ kNm

$k6 = \dfrac{0{,}2 \times 0{,}37^2 \times 10^5}{24{,}78} = 110{,}49$ $\qquad$ $k3 = 0{,}337$

$A_s = \dfrac{0{,}337}{10} \times \dfrac{24{,}78}{0{,}37} = 2{,}25$ cm^2 $\qquad$ 2 ø 12,5 mm

Cortante

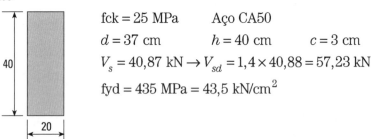

fck = 25 MPa $\qquad$ Aço CA50
$d = 37$ cm $\qquad$ $h = 40$ cm $\qquad$ $c = 3$ cm
$V_s = 40{,}87$ kN $\rightarrow$ $V_{sd} = 1{,}4 \times 40{,}88 = 57{,}23$ kN
fyd = 435 MPa = 43,5 kN/cm^2

1) Cálculo de V_{R2}

$V_{R2} = 4.339 \times 0{,}2 \times 0{,}37 = 321{,}08$ kN $> V_{sd}$ $\qquad$ (O.K.)

2) Cálculo de V_{CO}

$V_{CO} = 767 \times 0{,}2 \times 0{,}37 = 56{,}75$ kN

3) Cálculo da armadura

$V_{sw} = V_{sd} - V_{CO} = 57{,}23 - 56{,}75 = 0{,}48$ kN

$A_{sw} = \dfrac{0{,}48}{0{,}9 \times 0{,}37 \times 43{,}5} = 0{,}033$ cm^2/m

$A_{sw\,\text{mín}} = 0{,}10 \times 20 = 2{,}0$ cm^2/m

Tabela T-15
ø 5 mm c/ 20 cm

Forças a ancorar

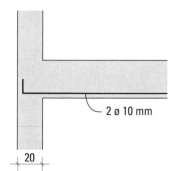

$V_s = 18,16$ kN
$V_{sd} = 1,4 \times 18,16 = 25,42$ kN
$\ell_b = 38\ \emptyset = 38 \times 1 = 38$ cm
fyd = 43,5 kN/m^2
$a = 17$ cm

— Força a ancorar

$$Fbd = 075 \times Vd = 0,75 \times 25,42 = 19,1 \text{ kN}$$

Tensão efetiva de ancoragem

$\ell_{1\ \text{mín}} = 11\ \emptyset = 11 \times 1 = 11$ cm

$\ell_{disp} = 11 + 17 = 28$

$\sigma_s = \dfrac{28}{38} \times 43,5 = 32,05$ kN/cm^2

— Armadura no apoio

$A_{s\ \text{apoio}} = \dfrac{19,1}{32,05} = 0,6$ cm^2 (O.K.) temos 2 ø 10 mm = 1,6 cm^2

Engastamento parcial nos pilares de extremidade

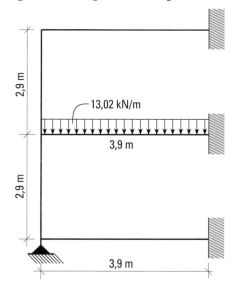

fck = 25 MPa   Aço CA50

$I_{viga} = 0,2 \times \dfrac{0,4^3}{12} = 0,00107$ m^4

$\ell_{viga} = 3,9$ m

$r_{viga} = \dfrac{0,00107}{3,9} = 0,0002744$ m^3

$I_{pilar} = 0,4 \times \dfrac{0,2^3}{12} = 0,0002667$ m^4

$I_{pilar} = 2,9$ m

$r_{pilar} = \dfrac{0,0002667}{2,9} = 0,000092$ m^3

Cálculo do momento de engastamento

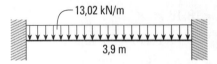

$$M_{eng} = \frac{p\ell^2}{12} = 13,02 \times \frac{3,9^2}{12} = -16,5 \text{ kNm}$$

— Na viga

$$M_{ext} = -16,5 \times \frac{0,000092 + 0,000092}{0,0002744 + 2 \times 0,000092} = -16,5 \times 0,40 = -6,6 \text{ kNm}$$

$$k6 = \frac{0,2 \times 0,37^2 \times 10^5}{6,6} = 414,8 \qquad k3 = 0,326$$

$$\left. \begin{array}{l} A_s = \dfrac{0,326}{10} \times \dfrac{6,6}{0,37} = 0,58 \text{ cm}^2 \\[2mm] A_{s_{min}} = 0,15 \times 20 \times \dfrac{40}{100} = 1,2 \text{ cm}^2 \end{array} \right\} \quad 2\,\varnothing\,10 \text{ mm}$$

Momento a ser considerado no cálculo do pilar P-3 e P-12

$$P_{12} \to \begin{cases} M_{eng} = -16,5 \text{ kNm} \\ M_{ext} = 16,50 \times 0,2 = 3,3 \text{ kNm} \end{cases}$$

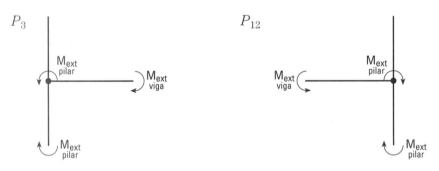

Detalhe final da armação V-10 (20 × 40)

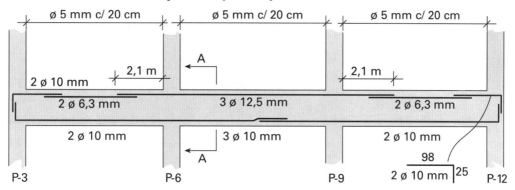

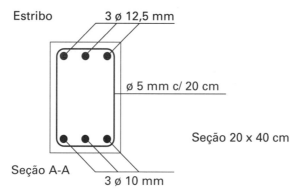

23.2 CÁLCULO E DIMENSIONAMENTO DOS PILARES DO NOSSO PRÉDIO P-1, P-3, P-10, P-12 (20 × 40)

23.2.1 CÁLCULO DA ARMADURA DESSES PILARES[*]

Carga vertical: 178,80 kN (sem coeficiente de ponderação)

Momentos fletores devido ao engastamento no pilar

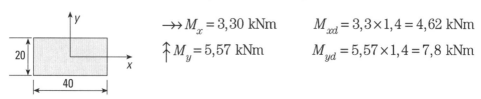

$\rightarrow\!\!\rightarrow M_x = 3{,}30$ kNm $\qquad M_{xd} = 3{,}3 \times 1{,}4 = 4{,}62$ kNm

$\uparrow M_y = 5{,}57$ kNm $\qquad M_{yd} = 5{,}57 \times 1{,}4 = 7{,}8$ kNm

Peso próprio: $4 \times 2{,}9 \times 0{,}2 \times 0{,}4 \times 25 = 23{,}2$ kN

Carga vertical: $178{,}80 + 23{,}2 = 202$ kN

$\Downarrow Nd = 202 \times 1{,}4 = 282{,}8$ kN

---

[*] Ver Tabela T-17, apresentada a seguir (p. 441).

438   Concreto armado eu te amo

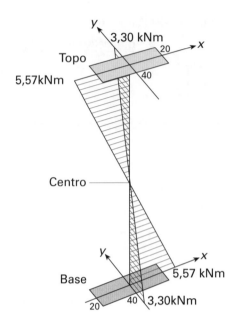

Concreto e aço

fck = 25 MPa   Aço CA50
fcd = 17.850 kN/m² = 17,85 MPa

1) Comprimento equivalente do pilar

$$\ell_c = 290 \text{ cm (entre os eixos das vigas)}$$

2) Cálculo de índice de esbeltez

$$\lambda_x = 3{,}46 \times \frac{290}{20} = 50{,}17 \qquad 35 < \lambda < 90$$

$$\lambda_y = 3{,}46 \times \frac{290}{40} = 25{,}08 \qquad \lambda < 35$$

3) Cálculo da flexão oblíqua composta (caso 6)

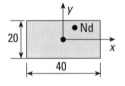

Momento mínimo

$$M_{1xd,\text{mín}} = (0{,}015 + 0{,}03 \times 0{,}2) \times 282{,}8 = 5{,}94 \text{ kNm}$$

$$M_{1yd,\text{mín}} = (0{,}015 + 0{,}03 \times 0{,}4) \times 282{,}8 = 7{,}64 \text{ kNm}$$

Agora ver item 15.8.3.3.2 da NBR 6118 (p. 109).

Cálculo dos momentos no centro $M_1^c d$

$$M_{1yd}^c = \underbrace{\left[0,6+0,4\left(\frac{-7,8}{7,8}\right)\right]}_{0,2} \times 7,8 = 1,56 \text{ kNm}$$
Adotado
$0,4 M_A = 0,4 \times 7,8 = 3,12$ kNm

$$M_{1xd}^c = \underbrace{\left[0,6+0,4\left(\frac{-4,62}{4,62}\right)\right]}_{0,2} \times 4,62 = 0,92 \text{ kNm}$$
Adotado
$0,4 M_A = 0,4 \times 4,62 = 1,85$ kNm

Cálculo do momento de 2.ª ordem

$$v = \frac{282,8}{0,2 \times 0,4 \times 17.850} = 0,20$$

$$\left(\frac{1}{r_x}\right)_{\text{máx}} = \frac{0,005}{\underbrace{(0,20+0,5)}_{\geq 1} \times 0,2} = \frac{0,005}{1 \times 0,2} = 0,025 \text{ m}^{-1}$$

$$M_{2xd} = 282,8 \times \frac{2,9^2}{10} \times 0,025 = 5,95 \text{ kNm}$$

Cálculo da armadura

Topo

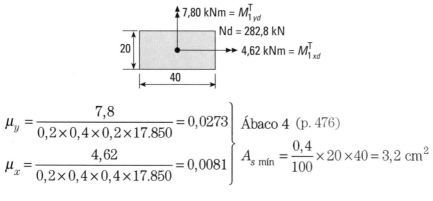

$\mu_y = \dfrac{7,8}{0,2 \times 0,4 \times 0,2 \times 17.850} = 0,0273$ } Ábaco 4 (p. 476)

$\mu_x = \dfrac{4,62}{0,2 \times 0,4 \times 0,4 \times 17.850} = 0,0081$

$A_{s\,\text{mín}} = \dfrac{0,4}{100} \times 20 \times 40 = 3,2$ cm^2

Base

$v = 0,20$

$\left.\begin{array}{l}\mu_y = 0,0273\\ \mu_x = 0,0081\end{array}\right\}$ Ábaco 4 (p. 476)

$A_{s\,\text{mín}} = 3,2$ cm^2

Centro

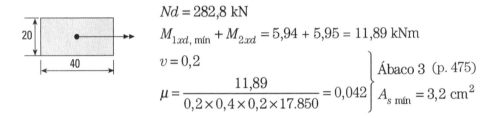

$Nd = 282,8$ kN

$M_{1xd}^c + M_{2dx} = 1,85 + 5,95 = 7,80$ kNm

$M_{1yd}^c = 3,12$ kNm

$v = 0,20$

$\mu_x = \dfrac{7,80}{0,2 \times 0,4 \times 0,2 \times 17.850} = 0,0273$ $\left.\begin{array}{l}\\\\\end{array}\right\}$ Ábaco 4 (p. 476)

$\mu_y = \dfrac{3,12}{0,2 \times 0,4 \times 0,4 \times 17.850} = 0,0055$ $A_{s\,min} = 3,2$ cm^2

como $\mu_x > \mu_y$ então $\mu_x = \mu_1$, $\mu_y = \mu_2$

Centro

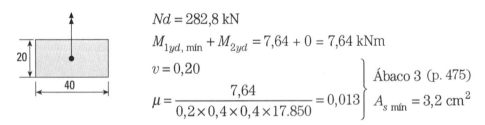

$Nd = 282,8$ kN

$M_{1xd,\,mín} + M_{2xd} = 5,94 + 5,95 = 11,89$ kNm

$v = 0,2$

$\mu = \dfrac{11,89}{0,2 \times 0,4 \times 0,2 \times 17.850} = 0,042$ $\left.\begin{array}{l}\\\end{array}\right\}$ Ábaco 3 (p. 475) $A_{s\,mín} = 3,2$ cm^2

Centro

$Nd = 282,8$ kN

$M_{1yd,\,mín} + M_{2yd} = 7,64 + 0 = 7,64$ kNm

$v = 0,20$

$\mu = \dfrac{7,64}{0,2 \times 0,4 \times 0,4 \times 17.850} = 0,013$ $\left.\begin{array}{l}\\\end{array}\right\}$ Ábaco 3 (p. 475) $A_{s\,mín} = 3,2$ cm^2

Detalhe da armação

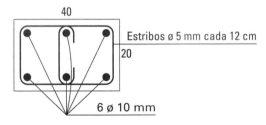

Será adotado 6 ø 10 mm; estribos 12 ø ℓ = 12 cm; ø 5 mm c/ 12 cm.

Aula 23

23.3 CARGAS NOS PILARES

Tabela T-17 — Cargas nos pilares[*]

Pilar	M_x (kNm)	M_y (kNm)	Seção (cm)	Cargas andar tipo (kN)	Térreo (kN)	1° Pav. (kN)	2° Pav. (kN)	3° Pav. (kN)	Cobertura (kN)	Total (kN)
P_1	3,30	5,57	40×20	$17,64 + 19,61 = 37,25$	37,25	37,25	37,25	37,25	29,80	178,80
P_2	6,13		40×20	$58,76 + 32,02 = 90,78$	90,80[**]	90,80[**]	90,80[**]	90,80[**]	72,64	435,84
P_3	3,30	5,57	40×20	$17,64 + 17,17 = 34,81$	34,81	34,81	34,81	34,81	27,85	167,09
P_4		5,38	20×20	$50,80 + 43,52 = 94,32$	94,32	94,32	94,32	94,32	74,21	451,49
P_5			20×50	$122,31 + 88,81 = 211,12$	211,12	211,12	211,12	211,12	167,80	1.012,28
P_6		5,38	20×20	$24,21 + 62,04 = 86,25$	86,25	86,25	86,25	86,25	69,14	414,14
P_7		4,97	20×20	$47,79 + 46,32 = 94,11$	94,11	94,11	94,11	94,11	75,82	452,26
P_8			20×50	$111,15 + 107,80 = 218,95$	218,95	218,95	218,95	218,95	186,84	1.062,64
P_9		4,97	20×20	$25,34 + 73,49 = 98,83$	98,83	98,83	98,83	98,83	80,98	476,30
P_{10}	3,30	5,57	40×20	$17,64 + 21,17 = 38,81$	38,81	38,81	38,81	38,81	21,05	176,29
P_{11}	6,13		40×20	$58,76 + 36,79 = 95,55$	95,55	95,55	95,55	95,55	74,06	456,26
P_{12}	3,30	5,57	40×20	$17,64 + 18,16 = 35,80$	35,80	35,80	35,80	35,80	28,64	171,84

(∗) Estas cargas são tiradas do cálculo das vigas que se apoiam nestes pilares.
(∗∗) Valor adotado.

AULA 24

24.1 CRITÉRIOS DE DIMENSIONAMENTO DAS SAPATAS DO NOSSO PRÉDIO

Terminados os cálculos e o dimensionamento da superestrutura do prédio, vamos calcular a infraestrutura, ou seja, as fundações.

A carga acidental que atua no prédio e que as normas estimam, o peso próprio da estrutura que resulta do projeto, tudo isso precisa ser transmitido ao terreno. Este reagirá (se puder) e dará estabilidade ao prédio. Não é possível transmitir as cargas dos pilares diretamente ao terreno, pois as tensões que ocorreriam seriam enormes, podendo mesmo acarretar recalques ou o terreno poderia romper-se. Face a isso, apela-se para a engenharia de fundações, que dá critérios para projetar fundações e para passar as cargas aos terrenos em condições que gerem mínimos problemas. Usaremos no nosso prédio sapata em cada pilar para diminuir a tensão no solo. Serão usadas as chamadas sapatas rígidas (item 22.4.1 da NBR 6118).

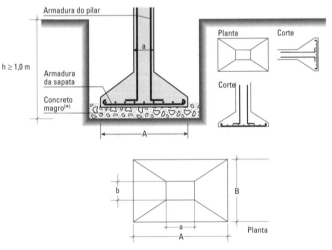

(*) Concreto magro = concreto pobre. Uma composição (chamada traço) para a sapata possível é volumetricamente CAP 1 : 3 : 3, ou seja, para um volume de cimento, adicionar três volumes de areia e mais três de pedra. Atenção, atenção, use pouca água na mistura. Nunca, mas nunca mesmo apoie sapatas sobre pedras, pois estas podem fazer drenar a água do concreto da sapata. Usar sempre uma camada de concreto magro (algo como 10 cm de espessura).

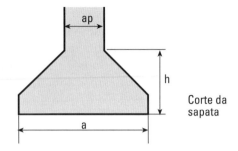

Corte da sapata

A sapata é considerada como sapata rígida, quando $h \geq (a - ap)/3$ nas duas direções. Uma sapata não rígida é chamada de sapata flexível (ver item 22.6.1 da NBR 6118, p. 188).

24.1.1 TENSÕES ADMISSÍVEIS E ÁREA DAS SAPATAS

Se o solo, em profundidades próximas ao rés do chão, é bastante resistente e nele pudermos apoiar a sapata, então teremos fundações rasas[*].

Se, ao contrário, tivermos de apoiar em solos mais distantes e profundos, temos então as fundações profundas. As fundações em estacas são um exemplo de utilização de solos mais profundos. As sapatas, que são, em essência, um alargamento da base do pilar, são um exemplo de fundações não profundas, ou seja, fundação rasa.

No nosso curso, estudaremos exclusivamente o dimensionamento de sapatas, que será o tipo de fundação do nosso prédio. Usaremos o tipo de sapata chamada rígida (item 22.4.1 da NBR 6118).

Seja P a carga que queremos transmitir ao solo, A_p a área do pilar e A_{sap} a área da sapata. Se transferíssemos sem sapata a carga do pilar ao terreno, a tensão no terreno seria:

$$\sigma_1 = \frac{P}{A_p} \qquad A_p = a \times b$$

Como, todavia, usamos sapata, a tensão será

$$\sigma_2 = \frac{P}{A_{sap}} \qquad A_{sap} = A \times B$$

---

[*] Há uma tradição na construção civil. O solo de fundação tem de estar, pelo menos, 1,0 m abaixo do nível do terreno, para fugir do terreno superficial, cheio de restos vegetais e, portanto, péssimo para servir de apoio às cargas do prédio.

444 Concreto armado eu te amo

Como $A_{sap} \gg A_p$, então $\sigma_2 \ll \sigma_1$. Como a área da sapata é, muitas vezes, maior do que a área do pilar, a tensão no solo usando-se sapatas é muito menor. A boa norma é escolher-se uma área de sapata tal que a tensão no solo não ultrapasse a tensão admissível do solo, tensão essa fixada por um profissional especialista de fundações ou baseada em experiência com solos semelhantes. De qualquer forma, estabelece-se uma tensão admissível do solo e, com a carga do pilar, calcula-se a área da sapata.

$$A_{sap} = \frac{P}{\sigma_{adm}}$$

Ao se estudar as condições de fundações, procura-se dar à estrutura condições tais que:

- Os recalques que ocorrerão, mesmo que respeitada a tensão admissível, sejam diminutos.

- Os terríveis e temíveis recalques diferenciais (uma sapata que recalca mais que as outras) sejam de valor extremamente diminuto ou tentativamente nulo.

Como sabido, os recalques diferenciais podem transmitir às estruturas esforços de alto valor, esforços esses que não são previstos no projeto estrutural.

Somente como referência didática, apresentam-se alguns valores típicos de tensões admissíveis de solos:

Tipo de solo	Tensão admissível ($\bar{\sigma}$)	
	kgf/cm^2	kN/m^2
Areia úmida	2	200
Pedregulho e areia grossa	5–8	500–800
Rocha sã	10–50	1.000–5.000

Lembremos que

$$1\ tf/m^2 = \frac{1.000\ kgf}{10.000\ cm^2} = 0,1 \times \frac{kgf}{cm^2} \qquad ou \qquad \frac{1\ kgf}{cm^2} = 10 \times \frac{tf}{m^2} = 100 \frac{kN}{m^2}$$

Assim, como um exemplo, se tivermos um pilar que transmite ao solo um peso de 500 kN e ele usar uma sapata, essa sapata terá as seguintes dimensões:

Se areia úmida:
$$\bar{\sigma} = 200 \text{ kN/m}^2, \quad \text{logo} \quad A_{sap} = \frac{500}{200} = 2,5 \text{ m}^2$$
Se rocha sã:
$$\bar{\sigma} = 1.000 \text{ kN/m}^2, \quad \text{logo} \quad A_{sap} = \frac{500}{1.000} = 0,5 \text{ m}^2$$

Verifiquem como se pode diminuir a área das sapatas, se pudermos apoiar em solo bom (rocha sã) em vez de solo ruim.

No item 22.6.4.1.2 (p. 190), a NBR 6118 exige que a altura da sapata seja suficiente para permitir a ancoragem da armadura de arranque do pilar, considerando o efeito favorável da compressão transversal às barras.

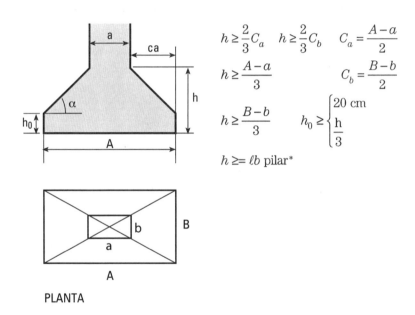

PLANTA

Nota: a sapata deve assentar sobre camada de concreto magro com cerca de 5 cm de espessura.

Também temos outra limitação, pois caso a altura fique grande, devido à ancoragem das barras do pilar, só poderemos considerar no cálculo $h \leq 0,75 \ (A - a)$, para efeito do cálculo da armadura.

Ver na norma NBR 6118 (p. 189)

Sapatas (em geral) – item 22.6.1

Sapatas rígidas – item 22.6.2.2

Sapatas flexíveis – item 22.6.2.3

Cálculo da armadura $d = h - 5$ cm (altura útil)

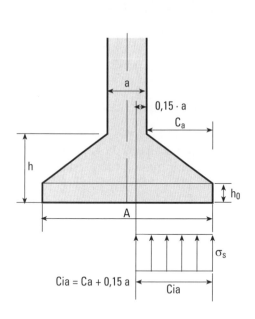

$\begin{cases} \text{Armadura mínima} \\ A_s = \dfrac{0,10}{100} \times 100 \cdot h \\ \varnothing\ 10\ \text{mm com } 25\ \text{cm} \end{cases}$

$M_a = \dfrac{\sigma_s \times C_{ia}^2}{2} \times B \qquad M_a d = 1,4 \times M$

$M_b = \dfrac{\sigma_s \times C_{ib}^2}{2} \times A \qquad M_b d = 1,4 \times M$

$A_{Sa} = \dfrac{M_a d}{0,8 \times d \times \text{fyd}}$

$A_{Sb} = \dfrac{M_b d}{0,8 \times d \times \text{fyd}}$

d — m

fyd — 43,5 kN/cm^2

A_s — cm^2

Cisalhamento

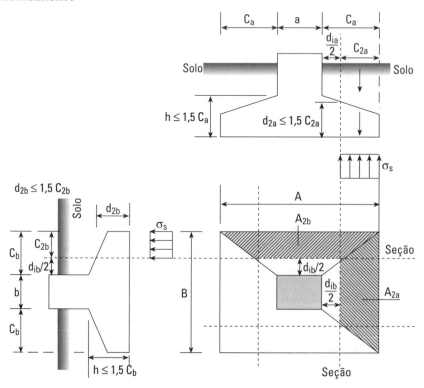

$$\tau_{2a} = \frac{V_{2d}}{b_2 \times d_2} \leq \tau_{2u} = \left\{ 0{,}63\frac{\sqrt{fck}}{\gamma_c} \quad \text{ou} \quad 0{,}15 fcd \right\}$$

V_{2a} = resultante sobre a área A_{2a}
V_{2b} = resultante sobre a área A_{2b}
$d_{ia} = d_{ib} = h - 5$ cm.

Na seção (S_2)

- Força cortante devida à tensão no solo ↑ $V\sigma_s$
- Força cortante devida ao peso da aba (além da seção S_2) ↓ V_{pa}
- Força cortante devida ao peso do solo na aba (além da seção S_2) ↓ V_{ps}

$$V_2 = V_{\sigma s} - V_{pa} - V_{ps} \quad \begin{cases} fck = 15 \text{ MPa} \\ \tau_{2u} = \left\{ 0{,}63\dfrac{\sqrt{15}}{1{,}4} = 1{,}74 \text{ MPa ou } 0{,}15 \times \dfrac{15}{1{,}4} = 1{,}60 \text{ MPa} \right\} \\ \tau_{2u} = 1{,}60 \text{ MPa} = 0{,}16 \text{ kN/cm}^2 \end{cases}$$

24.1.2 FORMATO DAS SAPATAS[*]

As sapatas que vamos estudar têm forma retangular bem próxima da quadrada.

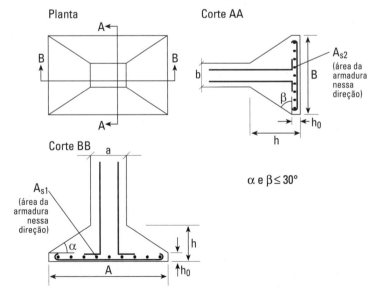

α e $\beta \leq 30°$

---

[*] As dimensões das sapatas (dimensões A e B) devem ser maiores que 60 cm.

448 Concreto armado eu te amo

O dimensionamento deve atender:

a) à mecânica dos solos. Como já visto, a área da sapata deve ser suficiente-mente grande para que a tensão $\sigma_s = P/A_{sap}$ não exceda a tensão admissível do solo.

b) ao dimensionamento do concreto armado.

A forma e a armadura da sapata devem ser tais que ela tenha condições de distribuir a carga centrada (vertical) por toda a sua base. Adicionalmente, a sapata deve ter uma relação de dimensões A, B, a, b, h e h_0 e armação tal que não ocorra o puncionamento da peça (o pilar furar a sapata).

24.1.3 CÁLCULO DE SAPATAS RÍGIDAS
DE ACORDO COM O ITEM 22.6, pg. 188 da NBR 6118

As sapatas que estudaremos são as sapatas rígidas e para elas valem as seguintes restrições principais:

$$h \geq \frac{B-b}{3}$$

$$h \geq \frac{A-a}{3} \qquad\qquad h \geq 0,8 \times \ell_{b\,pilar}$$

$$h_0 \geq 20 \text{ cm} \geq \frac{h}{3} \qquad\qquad h_{min} = 30 \text{ cm}$$

Por razões construtivas, exige-se também (evitar colocação de forma)

$$\alpha \leq 30° \qquad\qquad \beta \leq 30°$$

Das restrições anteriores, resulta:

$$\frac{h-h_0}{A-a} \leq 0,288 \qquad\qquad \frac{h-h_0}{B-b} \leq 0,288$$

24.1.4 EXEMPLO DE CÁLCULO DE UMA SAPATA[(*)] DO NOSSO PRÉDIO (S_1)

Vamos dimensionar, explicadinho, explicadinho, a sapata (S_1), que atenderá (sa-pata típica) os pilares P-1, P-3, P-10, P-12 do nosso prédio. A carga do pilar é 202 kN e os pilares têm a seção de 20×40 cm. Vamos admitir uma tensão admissível para o solo de 2 kgf/cm^2 = 200 kN/m^2, da fórmula, temos: $\sigma_{s\,adm} = 200$ kN/m^2.

$$\sigma_{s_{adm}} = \frac{P}{A_{s_{ap}}} \rightarrow A_{s_{ap}} = \frac{P}{\sigma_{s_{adm}}} = \frac{202}{200} = 1,01 \text{ m}^2 \qquad\qquad \sigma_{s_{adm}} = \frac{2 \text{ kgf}}{\text{cm}^2} = \frac{200 \text{ kN}}{\text{m}^2}$$

$$A = B = \sqrt{1,01} = 1,00 \text{ m} \qquad\qquad \text{adotaremos } A = B = 110 \text{ cm} = 1,1 \text{ m}$$

[(*)] Sapata rígida.

Verificação da tensão no solo com as dimensões adotadas

$$\sigma_s = \frac{202}{1,1 \times 1,1} = 166,94 \text{ kN/m}^2 = 1,67 \text{ kgf/cm}^2 < \sigma_{s_{adm}} = 2 \text{ kgf/cm}^2 \quad \text{(O.K.)}$$

Cálculo da altura da sapata

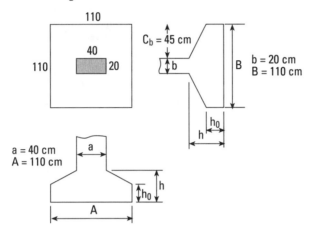

Ancoragem do pilar:

$$\left.\begin{array}{l} 6 \, \varnothing \, 10 \text{ mm} \longrightarrow \ell_b = 38 \times \varnothing = 38 \text{ cm} \\ h \geq 0,8\ell_b = 30,4 \text{ cm} \\ h \geq \dfrac{2}{3} \cdot c_b = \dfrac{2}{3} \times 45 = 30 \text{ cm} \end{array}\right\} \begin{array}{l} h \geq \dfrac{A-a}{3} = \dfrac{110-40}{3} = 23,33 \text{ cm} \\ h \geq \dfrac{B-a}{3} = \dfrac{110-20}{3} = 30 \text{ cm} \end{array}$$

Adotaremos $h = 30$ cm $\quad h_0 = 20$ cm

Cálculo da armadura

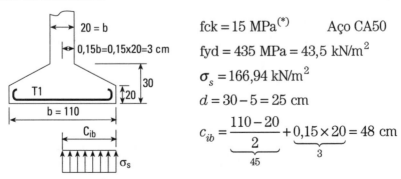

fck = 15 MPa[*] $\quad$ Aço CA50

fyd = 435 MPa = 43,5 kN/m^2

$\sigma_s = 166,94$ kN/m^2

$d = 30 - 5 = 25$ cm

$$c_{ib} = \underbrace{\frac{110-20}{2}}_{45} + \underbrace{0,15 \times 20}_{3} = 48 \text{ cm}$$

---

[*] A NBR 6118 aceita concreto com fck = 15 MPa só para obras provisórias (item 8.2.1, p. 22 da norma).

$$M = 166{,}94 \times \frac{0{,}48^2}{2} \times \underbrace{1{,}1}_{\text{largura}} = 21{,}15 \text{ kNm} \qquad M_d = 1{,}4 \times 21{,}15 = 29{,}61 \text{ kNm}$$

$$A_s = \frac{29{,}61}{0{,}8 \times 0{,}25 \times 43{,}5} = 3{,}40 \text{ cm}^2/\text{m} \qquad \frac{A_s}{1{,}1} = 3{,}10 \text{ cm}^2/\text{m}$$

Tabela T-11 $\quad A_{s\,\text{mín}} \to \emptyset\,10$ mm c/ 25 cm

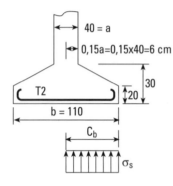

$$c_{ib} = \underbrace{\frac{110-40}{2}}_{35} + \underbrace{0{,}15 \times 40}_{6} = 41 \text{ cm}$$

$$M = 166{,}94 \times \frac{0{,}41^2}{2} \times \underbrace{1{,}1}_{\text{largura}} = 15{,}43 \text{ kNm}$$

$$M_d = 1{,}4 \times 15{,}43 = 21{,}60 \text{ kNm}$$

$$A_s = \frac{21{,}60}{0{,}8 \times 0{,}25 \times 43{,}5} = 2{,}48 \text{ cm}^2 \qquad \frac{A_s}{1{,}1} = 2{,}25 \text{ cm}^2/\text{m}$$

$\emptyset\,10$ mm c/ 25 cm (T-11) Armadura mínima $\to A_s = \dfrac{0{,}10}{100} \times 100 \times 30 = 3 \text{ cm}^2/\text{m}$

Cisalhamento

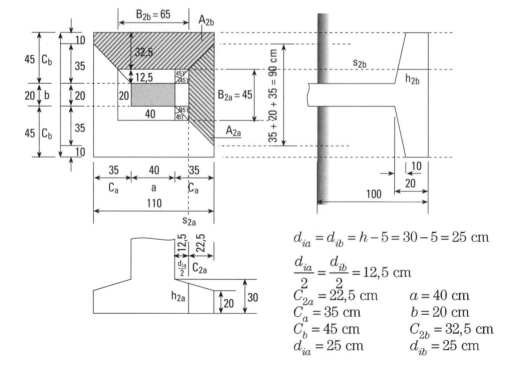

$$d_{ia} = d_{ib} = h - 5 = 30 - 5 = 25 \text{ cm}$$

$$\frac{d_{ia}}{2} = \frac{d_{ib}}{2} = 12{,}5 \text{ cm}$$

$C_{2a} = 22{,}5$ cm $\qquad a = 40$ cm
$C_a = 35$ cm $\qquad b = 20$ cm
$C_b = 45$ cm $\qquad C_{2b} = 32{,}5$ cm
$d_{ia} = 25$ cm $\qquad d_{ib} = 25$ cm

$$h_{2a} = h_o + (h - h_o) \times \frac{C_{2a}}{C_a}$$

$$h_{2a} = 20 + (30 - 20)\frac{22{,}5}{35} = 26{,}42 \text{ cm}$$

$$h_{2b} = h_o + (h - h_o) \times \frac{C_{2b}}{C_b}$$

$$h_{2b} = 20 + (30 - 20)\frac{32{,}5}{45} = 27{,}22 \text{ cm}$$

$$A_{2a} = \frac{0{,}45 + 0{,}90}{2} \times 0{,}225 = 0{,}1519 \text{ m}^2$$

$$A_{2b} = \frac{0{,}65 + 1{,}10}{2} \times 0{,}225 + 1{,}1 \times 0{,}10 = 0{,}3069 \text{ m}^2$$

$a = 40$ cm $\qquad h = 30$ cm

$b = 20$ cm

$C_a = 35$ cm

$$C_{2a} = C_a - \frac{d_{ia}}{2} = 35 - 12{,}5 = 22{,}5 \text{ cm}$$

$C_b = 45$ cm

$C_{2b} = 45 - 12{,}5 = 32{,}5$ cm

$b_{2a} = b + d_{ia} = 20 + 25 = 45$ cm

$b_{2b} = a + d_{ib} = 40 + 25 = 65$ cm

$d_{2a} = h_{2a} - 5 = 26{,}42 - 5 = 21{,}42$ cm

$d_{2b} = h_{2b} - 5 = 27{,}22 - 5 = 22{,}22$ cm

Cálculo da força cortante (S_{2a})

— Peso da aba

$$b_{2a} = 45 \text{ cm} \qquad d_{2a} = 21{,}42 \text{ cm}$$

Adotaremos espessura média

$$\frac{h_{2a} + h_0}{2} = \frac{26{,}42 + 20}{2} = 23{,}21 \text{ cm}$$

$$p_a = 0{,}2321 \times 25 = 5{,}8 \text{ kN/m}^2$$

— Não será considerado o solo a favor da segurança

— $V_{2a} = A_{2a} \times (\sigma_s - p_a) = 0{,}1519 \, (166{,}94 - 5{,}8) = 24{,}48$ kN

$$\tau_{2a} = \frac{1{,}4 \times V_{2a}}{b_{2a} \times d_{2a}} = \frac{1{,}4 \times 24{,}48}{45 \times 21{,}42} = 0{,}036 \text{ kN/cm}^2$$

$$\tau_{2u} = 1{,}60 \text{ MPa} = 0{,}16 \text{ kN/cm}^2 \qquad \text{(O.K.)} \qquad \tau_{2a} < \tau_{2u}$$

Cálculo da força cortante (S_{2b})

— Peso da aba

$$b_{2b} = 65 \text{ cm} \qquad d_{2b} = 22{,}22 \text{ cm}^{(*)}$$

Adotaremos espessura média

$$\frac{h_{2b} + h_0}{2} = \frac{27{,}22 + 20}{2} = 23{,}61 \text{ cm}^{(*)}$$

$$^{(*)} p_b = 0{,}2361 \times 25 = 5{,}9 \text{ kN/m}^2$$

---

[*] A precisão numérica proveniente de cálculos eletrônicos não coincide com o grau de sensibilidade real dos cálculos e a precisão de obra. Por razões didáticas (facilidade de acompanhamento visual), estamos mantendo o valor, apesar de sua falsa precisão.

- Não será considerado o solo a favor da segurança
- $V_{2b} = A_{2b} \times (\sigma_s - p_b) = 0{,}3069\,(166{,}94 - 5{,}9) = 49{,}42$ kN

$$\tau_{2b} = \frac{1{,}4 \times V_{2a}}{b_{2b} \times d_{2b}} = \frac{1{,}4 \times 49{,}42}{65 \times 22{,}22} = 0{,}048 \text{ kN/cm}^2$$

$$\tau_{2u} = 0{,}16 \text{ MPa} = 0{,}16 \text{ kN/cm}^2 \qquad \text{(O.K.)} \qquad \tau_{2b} < \tau_{2u}$$

Detalhe da armação (S_1)

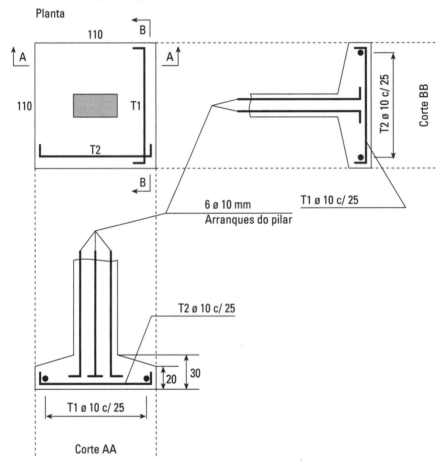

24.2 CÁLCULO E DIMENSIONAMENTO DOS PILARES P-2 E P-11 (20 × 40)

CÁLCULO DA ARMADURA

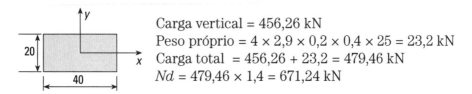

Carga vertical = 456,26 kN
Peso próprio = 4 × 2,9 × 0,2 × 0,4 × 25 = 23,2 kN
Carga total = 456,26 + 23,2 = 479,46 kN
Nd = 479,46 × 1,4 = 671,24 kN

Nota: sugerimos a leitura do livro *Quatro edifícios, cinco locais de implantação, vinte soluções de fundações* de MHC Botelho e Luiz Fernandes Meirelles de Carvalho, da Editora Blucher. Esse livro ajuda muito a compreensão dos critérios de projeto de fundações.

Momentos fletores devidos ao engastamento no pilar

$$M_x = 6{,}13 \text{ kNm}$$

$$M_{xd} = 1{,}4 \times 6{,}13 = 8{,}58 \text{ kNm}$$

Concreto e aço

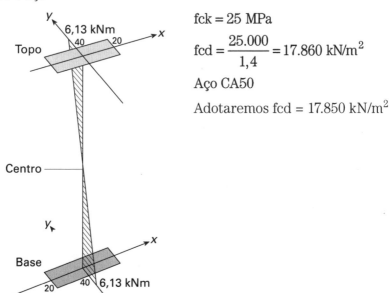

fck = 25 MPa

$$fcd = \frac{25.000}{1,4} = 17.860 \text{ kN/m}^2$$

Aço CA50

Adotaremos fcd = 17.850 kN/m^2

1) Comprimento equivalente do pilar

ℓ_e = 290 cm (entre eixo das vigas)

2) Cálculo do índice de esbeltez (assunto flambagem)

$$\lambda_x = 3{,}46 \times \frac{290}{20} = 50{,}17 \qquad 35 < \lambda < 90$$

$$\lambda_y = 3{,}46 \times \frac{290}{40} = 25{,}08 \qquad \lambda < 35$$

3) Cálculo da flexão normal composta (caso 5)

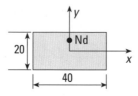

Momento mínimo:

$$M_{1xd,\text{mín}} = (0{,}015 + 0{,}03 \times 0{,}2) \times 671{,}24 = 14{,}10 \text{ kNm}$$
$$M_{1yd,\text{mín}} = (0{,}015 + 0{,}03 \times 0{,}4) \times 671{,}24 = 18{,}12 \text{ kNm}$$

Cálculo dos momentos no centro M_{1d}^{c}

$$M_{1xd}^{c} = \left[\underbrace{0{,}6 + 0{,}4 \times \left(\frac{-8{,}58}{8{,}58} \right)}_{0{,}2} \right] \times 8{,}58 = 1{,}72 \text{ kNm}$$

Adotado $\begin{cases} 0{,}4 M_A = 0{,}4 \times 8{,}58 = 3{,}43 \\ M_{1xd}^{c} = 3{,}43 \text{ kNm} \end{cases}$

Cálculo do momento de 2.ª ordem[*]

$$\nu = \frac{671{,}24}{0{,}2 \times 0{,}4 \times 17.850} = 0{,}470$$

$$\left(\frac{1}{r_{\text{máx}}} \right) = \frac{0{,}005}{\underbrace{(0{,}470 + 0{,}5)}_{\geq 1} \times 0{,}2} = \frac{0{,}005}{1 \times 0{,}2} = 0{,}025 \text{ m}^{-1}$$

$$M_{2xd} = 671{,}24 \times \frac{2{,}9^2}{10} \times 0{,}025 = 14{,}11 \text{ kNm}$$

---

[*] Ver item 15.8.3.3.2 da NBR 6118, p. 109. "Método do pilar-padrão com curvatura aproximada".

Cálculo da armadura

Topo

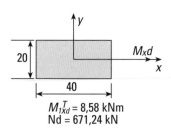

$M_{1xd}^T = 8{,}58$ kNm
$Nd = 671{,}24$ kN

Ábaco 3 $v = 0{,}470$

$$\mu = \frac{8{,}58}{0{,}2 \times 0{,}2 \times 0{,}4 \times 17{,}850} = 0{,}030$$

$\rho = 0{,}4\%$ $As_{mín} = \rho \cdot Ac$

$$A_{s_{mín}} = \frac{0{,}4}{100} \times 20 \times 40 = 3{,}2 \text{ cm}^2$$

Base

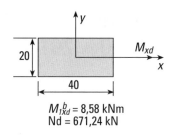

$M_{1xd}^b = 8{,}58$ kNm
$Nd = 671{,}24$ kN

Ábaco 3
$v = 0{,}470$
$\mu = 0{,}030$
$\rho = 0{,}4\%$ $As_{mín} = \rho \cdot Ac$
$A_{s_{mín}} = 3{,}2 \text{ cm}^2$

Centro

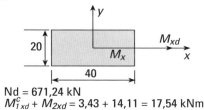

$Nd = 671{,}24$ kN
$M_{1xd}^c + M_{2xd} = 3{,}43 + 14{,}11 = 17{,}54$ kNm

Ábaco 3 $v = 0{,}470$

$$\mu = \frac{17{,}54}{0{,}4 \times 0{,}2 \times 0{,}2 \times 17{,}850} = 0{,}061$$

$\rho = 0{,}4\%$ $As_{mín} = \rho \cdot Ac$
$A_{s_{mín}} = 3{,}2 \text{ cm}^2$

Centro

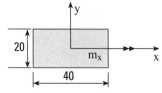

$Nd = 671{,}24$ kN
$M_{1xd\,mín} + M_{2xd} = 14{,}10 + 14{,}11 = 28{,}21$ kNm

Ábaco 3 $v = 0{,}470$

$$\mu = \frac{28{,}21}{0{,}4 \times 0{,}2 \times 0{,}2 \times 17{,}850} = 0{,}099$$

$\rho = 0{,}4\%$ $As_{mín} = \rho \cdot Ac$
$A_{s_{mín}} = 3{,}2 \text{ cm}^2$

Centro

$Nd = 671{,}24$ kN
$M_1yd,\,mín. + M_2yd = 18{,}12 + 0 = 18{,}12$ kNm

Ábaco 3 $v = 0{,}470$

$$v = \frac{18{,}12}{0{,}2 \times 0{,}4 \times 0{,}4 \times 17{,}850} = 0{,}032$$

$\rho = 0{,}4\%$ $As_{mín} = \rho \cdot Ac$
$A_{s_{mín}} = 3{,}2 \text{ cm}^2$

Detalhe da armação

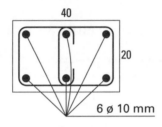

Será adotado 6 ø 10 mm; estribos ø 5 mm c/ 12 cm

24.3 CÁLCULO E DIMENSIONAMENTO DOS PILARES P-4, P-6, P-7 E P-9 (20 × 20)

CÁLCULO DA ARMADURA

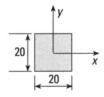

Carga vertical = 476,30 kN
Peso próprio = 4 × 2,9 × 0,2 × 0,2 × 25 = 11,60 kN
Carga total = 476,30 + 11,60 = 487,90 kN
Nd = 1,4 × 487,90 = 683,06 kN

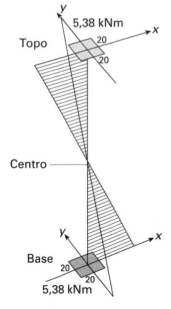

Momentos fletores devidos ao engastamento no pilar

M_y = 5,38 kNm
M_{yd} = 1,4 × 5,38 = 7,53 kNm

Concreto e aço

fck = 25 MPa

$fcd = \dfrac{25.000}{1,4} = 17.860$ kN/m^2

Adotado fcd = 17.850 kN/m^2

Aço CA50

1) Comprimento equivalente do pilar

   $\ell_e = 290$ cm (entre eixos das vigas)

2) Cálculo do índice de esbeltez

$$\lambda_y = \lambda_x = 3,46 \times \frac{290}{20} = 50,17 \qquad 35 < \lambda < 90$$

3) Cálculo da flexão oblíqua composta (caso 5)

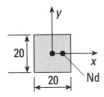

Momento mínimo:

$$M_{1xd,\,\text{mín}} = M_{1yd,\,\text{mín}} = (0,015 + 0,03 \times 0,2) \times 683,06 = 14,34 \text{ kNm}$$

Cálculo dos momentos no centro M^c_{1d}

$$M^c_{1yd} = \underbrace{\left[0,6 + 0,4 \times \left(\frac{-7,53}{7,53}\right)\right.}_{0,2} \times 7,53 = 1,51 \text{ kNm}$$

Adotado $\begin{cases} 0,4 M_A = 0,4 \times 7,53 = 3,01 \text{ kNm} \\ M^c_{1yd} = 3,01 \text{ kNm} \end{cases}$

Cálculo do momento de 2.ª ordem$^{(*)}$

$$\nu = \frac{683,06}{0,2 \times 0,20 \times 17.850} = 0,957 \qquad \nu = \frac{Nd}{A_c \cdot \text{fcd}}$$

$$\left(\frac{1}{r_{\text{máx}}}\right)_x = \left(\frac{1}{r_{\text{máx}}}\right)_y = \frac{0,005}{(0,957 + 0,5) \times 0,2} = 0,017 \text{ m}^{-1}$$

$$M_{2yd} = 683,06 \times \frac{2,9^2}{10} \times 0,017 = 9,77 \text{ kNm}$$

$^{(*)}$ Ver item 15.8.3.3.2 da NBR 6118, p. 109.

Cálculo da armadura

topo

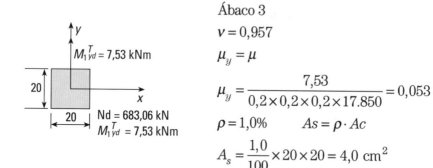

Ábaco 3
$$v = 0{,}957$$
$$\mu_y = \mu$$
$$\mu_y = \frac{7{,}53}{0{,}2 \times 0{,}2 \times 0{,}2 \times 17.850} = 0{,}053$$
$$\rho = 1{,}0\% \qquad As = \rho \cdot Ac$$
$$A_s = \frac{1{,}0}{100} \times 20 \times 20 = 4{,}0 \text{ cm}^2$$

base

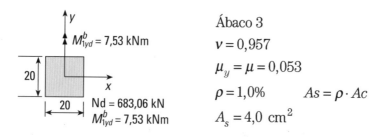

Ábaco 3
$$v = 0{,}957$$
$$\mu_y = \mu = 0{,}053$$
$$\rho = 1{,}0\% \qquad As = \rho \cdot Ac$$
$$A_s = 4{,}0 \text{ cm}^2$$

centro

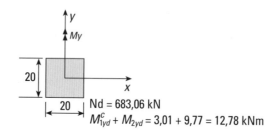

$Nd = 683{,}06$ kN
$M^c_{1yd} + M_{2yd} = 3{,}01 + 9{,}77 = 12{,}78$ kNm

$$v = 0{,}957$$
$$\mu = \mu_y = \mu_x = \frac{12{,}78}{0{,}2 \times 0{,}2 \times 0{,}2 \times 17.850} = 0{,}089$$

Ábaco 3
$\rho = 1{,}5\% \qquad As = \rho \cdot Ac$
$$A_s = \frac{1{,}5}{100} \times 20 \times 20 = 6{,}0 \text{ cm}^2$$

centro

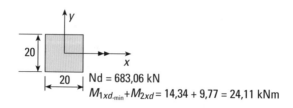

$Nd = 683{,}06$ kN
$M_{1xd.\min} + M_{2xd} = 14{,}34 + 9{,}77 = 24{,}11$ kNm

$$\left.\begin{array}{l} \nu = 0{,}957 \\ \mu_x = \dfrac{24{,}11}{0{,}2 \times 0{,}2 \times 0{,}2 \times 17850} \\ \mu_x = \mu \end{array}\right\} \begin{array}{l} \text{Ábaco 3} \\ \rho = 2{,}6\% \quad As = \rho \cdot Ac \\ A_s = \dfrac{2{,}6}{100} \times 20 \times 20 = 10{,}40 \text{ cm}^2 \end{array}$$

centro

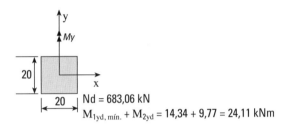

$$\left.\begin{array}{l} \nu = 0{,}957 \\ \mu_y = \dfrac{24{,}11}{0{,}2 \times 0{,}2 \times 0{,}2 \times 17.850} = 0{,}169 \\ \mu_y = \mu \end{array}\right\} \begin{array}{l} \text{Ábaco 3} \\ \rho = 2{,}6\% \quad As = \rho \cdot Ac \\ A_s = 10{,}40 \text{ cm}^2 \end{array}$$

Detalhe da armadura

Pilares P-4, P-6, P-7 e P-9 (20 × 20 cm)

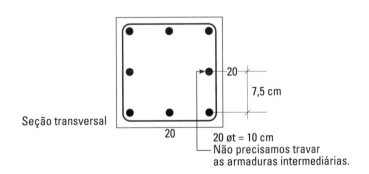

8 ø 16 mm (adotado)   ø ℓ = 16 mm;

Estribos ø 5 mm c/ 19 cm   12 ℓ ø = 12 × 1,6 = 19,2 cm

24.4 CÁLCULO E DIMENSIONAMENTO DOS PILARES P-5 E P-8 (20 × 50)

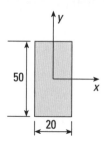

Carga vertical = 1.062,6 kN

Peso próprio = 4 × 2,9 × 0,2 × 0,5 × 25 = 29 kN[*]

Carga total = 1.062,6 + 29 = 1.091,6 kN

Nd = 1.091,6 × 1,4 = 1.528,24 kN

Momentos fletores devidos ao engastamento no pilar
$$M_x = M_y = 0$$

1) Comprimento equivalente do pilar

   ℓ_e = 290 cm (entre eixo das vigas)

2) Cálculo do índice de esbeltez

$$\lambda_x = 3,46 \times \frac{290}{50} = 20,06 \qquad \lambda < 35$$

$$\lambda_y = 3,46 \times \frac{290}{20} = 50,17 \qquad 35 < \lambda < 90$$

3) Cálculo do pilar com compressão centrada (caso 4)

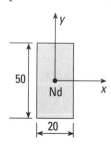

---

[*] Notar que consideramos o peso próprio do pilar, ou seja, calculamos no ponto mais baixo dele.

Momento mínimo:
$$M_{1xd,\text{mín}} = (0,015 + 0,03 \times 0,5) \times 1.528,24 = 45,85 \text{ kNm}$$
$$M_{1yd,\text{mín}} = (0,015 + 0,03 \times 0,2) \times 1.528,24 = 32,10 \text{ kNm}$$

Cálculo do momento de 2.ª ordem[*]

$$\nu = \frac{1.528,24}{0,2 \times 0,5 \times 17.850} = 0,86$$

$$\left(\frac{1}{r_{\text{máx}}}\right)_y = \frac{0,005}{\underbrace{(0,86+0,5)}_{\geq 1} \times 0,2} = 0,01838 \text{ m}^{-1}$$

$$M_{2yd} = 1.528,24 \times \frac{2,9^2}{10} \times 0,01838 = 23,62 \text{ kNm}$$

Cálculo da armadura   fck = 25 MPa   Aço CA50

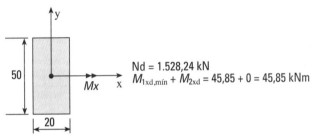

$\nu = 0,86$

$\mu_x = \mu$

$\mu_x = \dfrac{45,85}{0,2 \times 0,5 \times 0,5 \times 17.850} = 0,051$

} Ábaco 3
$\rho = 0,9\%$ $As = \rho \cdot Ac$
$A_s = \dfrac{0,9}{100} \times 20 \times 50 = 9 \text{ cm}^2$

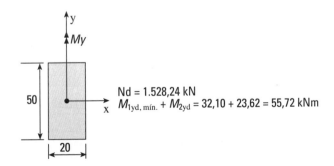

---
[*] Ver item 15.8.3.3.2 da NBR 6118.

$\nu = 0{,}86$

$\mu_y = \mu$

$\mu_y = \dfrac{55{,}72}{0{,}5 \times 0{,}2 \times 0{,}2 \times 17.850} = 0{,}156$

$\left.\begin{array}{l}\text{Ábaco 3} \\ \rho = 2{,}0\% \qquad As = \rho \cdot Ac \\ A_s = \dfrac{2{,}0}{100} \times 20 \times 50 = 20 \ \text{cm}^2 \end{array}\right.$

Detalhe da armação

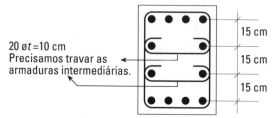

Seção do pilar 20 x 50 cm

12 ø 16 mm (longitudinal); estribos 12 ø ℓ 12 × 19,2 cm

ø 5 mm c/ 19 cm.

Ver item 18.2.4, p. 145 da NBR 6118 ("Proteção contra flambagem das barras").

AULA 25

25.1 DIMENSIONAMENTO DAS SAPATAS DO NOSSO PRÉDIO S-2, S-3 E S-4

25.1.1 CÁLCULO DA SAPATA (S-2) DOS PILARES P-2 e P-11 (20 × 40)

A carga do pilar é 479,46 kN. Supor uma tensão admissível no solo de 2 kgf/cm² = 200 kN/m². Da fórmula, temos

$$\sigma_{s_{adm}} = 200 \text{ kN/m}^2$$

$$A_{sap} = \frac{P}{\sigma_{s_{adm}}} = \frac{479,46}{200} = 2,40 \text{ m}^2$$

$$A = B = \sqrt{2,40} = 1,55 \text{ m} = 155 \text{ cm}$$

Adotaremos $A = B = 160$ cm.

— Verificação da tensão no solo com as dimensões adotadas

$$\sigma_s = \frac{479,46}{1,6 \times 1,6} = 187,29 \text{ kN/m}^2 < \sigma_{s_{adm}} \qquad \text{(O.K.)}$$

— Cálculo da altura da sapata

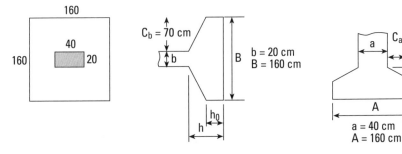

Ancoragem do pilar

$$6 \; \varnothing \; 10 \text{ mm} - \ell_b = 38 \; \varnothing = 38 \times 1 = 38 \text{ cm}$$

$$h \geq 0{,}8 \times \ell_b = 0{,}8 \times 38 = 30{,}4 \text{ cm}^2$$

$$h \geq \frac{2}{3} \times C_{bc} = \frac{2}{3} \times 70 = 46{,}66 \text{ cm}$$

$$h \geq \frac{A-a}{3} = \frac{160-40}{3} = 40 \text{ cm}$$

$$h \geq \frac{160-20}{3} = 46{,}66 \text{ cm}$$

$$h_0 = 20 \text{ cm} > \frac{h}{3}$$

Adotaremos $h = 50$ cm.

— Cálculo da armadura

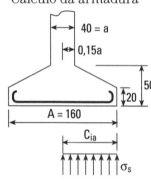

$fck = 15$ MPa   Aço CA50

$fyd = 43{,}5$ kN/cm^2

$\sigma_s = 187{,}29$ kN/m^2

$d = 50 - 5 = 45$ cm

$$C_{ia} = \frac{160-40}{2} + 0{,}15 \times 40 = 66 \text{ cm}$$

$$M = 187{,}29 \times \frac{0{,}66^2}{2} \times \underset{\text{largura da sapata}}{1{,}6} = 65{,}27 \text{ kNm}$$

$$M_d = 1{,}4 \times 65{,}27 = 91{,}38 \text{ kNm}$$

$$A_s = \frac{91{,}38}{0{,}8 \times 0{,}45 \times 43{,}5} = 5{,}84 \text{ cm}^2 \qquad \frac{A_s}{1{,}6} = 3{,}65 \text{ cm}^2/\text{m}$$

Tabela T-11 — ø 10 mm c/ 21 cm

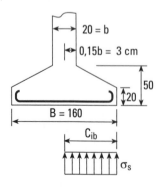

$$tg\alpha = \frac{30}{70} = 0{,}42 \rightarrow \alpha = 23{,}1° < 30° \qquad \text{(O.K.)}$$

$d = 45$ cm $= 45$ cm

$$C_b = \frac{160-20}{2} + 0{,}15 \times 20 = 73 \text{ cm}$$

$$M = 187{,}29 \times \frac{0{,}73^2}{2} \times \underset{\text{largura da sapata}}{1{,}6} = 79{,}85 \text{ kNm}$$

$$M_d = 1{,}4 \times 79{,}85 = 111{,}79 \text{ kNm}$$

$$A_s = \frac{111{,}79}{0{,}8 \times 0{,}45 \times 43{,}5} = 7{,}14 \text{ cm}^2 \qquad \frac{A_s}{1{,}6} = 4{,}46 \text{ cm}^2/\text{m} \qquad \varnothing 10 \text{ c/18}$$

Armadura mínima $\rightarrow A_s = \dfrac{0{,}10}{100} \times 100 \times 50 = 5 \text{ cm}^2/\text{m} - \varnothing 10 \text{ c/16}$ (Tabela T-11)

Cisalhamento

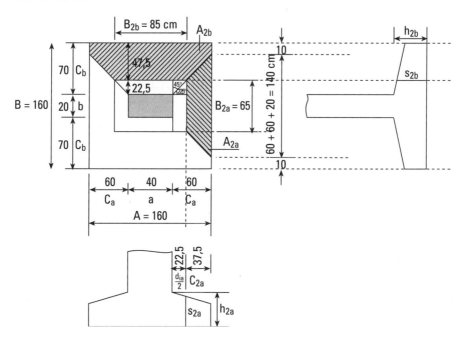

$a = 40$ cm $\qquad A = 160$ cm $\qquad d_{ia} = d_{ib} = h - 5 = 50 - 5 = 45$ cm
$b = 20$ cm $\qquad B = 160$ cm $\qquad c_a = 60$ cm $\qquad c_b = 70$ cm

$c_{2a} = c_a - \dfrac{d_{ia}}{2} = 60 - \dfrac{45}{2} = 37{,}5$ cm $\qquad c_{2b} = c_b - \dfrac{d_{ib}}{2} = 70 - \dfrac{45}{2} = 47{,}5$ cm

$h_{2a} = h_0 + (h - h_0) \times \dfrac{c_{2a}}{c_a} = 20 + (50 - 20) \times \dfrac{37{,}5}{60} = 38{,}75$ cm $\quad d_{2a} = 38{,}75 - 5 = 33{,}75$ cm

$h_{2b} = h_0 + (h - h_0) \times \dfrac{c_{2b}}{c_b} = 20 + (50 - 20) \times \dfrac{47{,}5}{70} = 40{,}36$ cm $\quad d_{2b} = 40{,}36 - 5 = 35{,}36$ cm

$b_{2a} = b + d_{ia} = 20 + 45 = 65$ cm $\qquad b_{2b} = a + d_{ib} = 40 + 45 = 85$ cm

$A_{2a} = \dfrac{0{,}65 + 1{,}4}{2} \times 0{,}375 = 0{,}3844 \text{ m}^2$

$A_{2b} = 1{,}60 \times 0{,}1 + \dfrac{1{,}6 + 0{,}85}{2} \times 0{,}375 = 0{,}6194 \text{ m}^2$

466   Concreto armado eu te amo

Cálculo da força cortante (S_{2a})

— Peso da aba

$$b_{2a} = 65 \text{ cm} \qquad d_{2a} = 33,75 \text{ cm}$$

Adotaremos espessura média

$$\frac{h_{2a} + h_0}{2} = \frac{38,75 + 20}{2} = 29,38 \text{ cm}$$

$$p_a = 0,2938 \times 25 = 7,35 \text{ kN/m}^2$$

— $V_{2a} = A_{2a}\,(\sigma_s - p_a) = 0,3844\,(187,29 - 7,35) = 69,17 \text{ kN}$

$$\left.\begin{array}{l} \tau_{2a} = \dfrac{1,4 \times 69,17}{65 \times 33,75} = 0,044 \text{ kN/cm}^2 \\[2ex] \tau_{2u} = 0,16 \text{ kN/cm}^2 \end{array}\right\} \quad \tau_{2a} < \tau_{2u} \qquad \text{(O.K.)}$$

Cálculo da força cortante (S_{2b})

— Peso da aba

$$b_{2b} = 85 \text{ cm} \qquad d_{2b} = 35,36 \text{ cm}$$

Adotaremos espessura média

$$\frac{h_{2b} + h_0}{2} = \frac{40,35 + 20}{2} = 30,18 \text{ cm}$$

$$p_b = 0,3018 \times 25 = 7,55 \text{ kN/m}^2$$

— $V_{2b} = A_{2b}\,(\sigma_s - p_b) = 0,6194\,(187,29 - 7,55) = 111,33 \text{ kN}$

$$\left.\begin{array}{l} \tau_{2b} = \dfrac{1,4 \times 111,33}{85 \times 35,36} = 0,052 \text{ kN/cm}^2 \\[2ex] \tau_{2u} = 0,16 \text{ kN/cm}^2 \end{array}\right\} \quad \tau_{2b} < \tau_{2u} \qquad \text{(O.K.)}$$

Detalhe da armação (S_2)

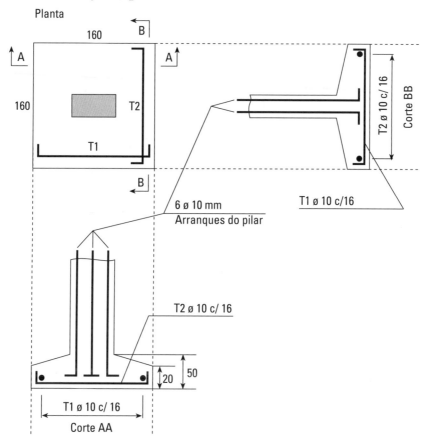

25.1.2 CÁLCULO DAS SAPATAS (S-3) DOS PILARES P-4, P-6, P-7 E P-9 (20 × 20)

A carga do pilar é 487,90 kN. Supor uma tensão admissível no solo de 2 kgf/cm² = 200 kN/m².

$$\sigma_{s\,adm} = 200 \text{ kN/m}^2$$

Da fórmula, temos

$$A_{sap} = \frac{P}{\sigma_{s_{adm}}} = \frac{487,90}{200} = 2,44 \text{ m}^2$$

$$A = B = \sqrt{2,44} = 1,56 \text{ m}$$

Adotaremos $A = B = 160$ cm.

468   Concreto armado eu te amo

— Verificação da tensão no solo com as dimensões adotadas

$$\sigma_s = \frac{487,90}{1,6 \times 1,6} = 190,59 \text{ kN/m}^2$$

— Cálculo da altura da sapata

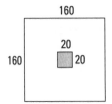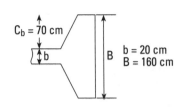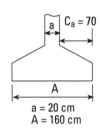

Ancoragem do pilar

$$8 \varnothing 16 \text{ mm} - \ell_b = 38 \varnothing = 38 \times 1,6 = 60,8 \text{ cm}$$

$$\begin{cases} h \geq 0,8 \times \ell_b = 48,64 \text{ cm} \\ h \geq \frac{2}{3} \times C_a = \frac{2}{3} \times 70 = 46,66 \text{ cm} \end{cases}$$

$$h \geq \frac{A-a}{3} = \frac{160-20}{3} = 46,66 \text{ cm}$$

$$h \geq \frac{B-b}{3} = \frac{160-20}{3} = 46,66 \text{ cm}$$

$$h_0 \geq \frac{h}{3} = 17 \text{ cm}$$

Adotaremos $h = 50$ cm.

— Cálculo da armadura

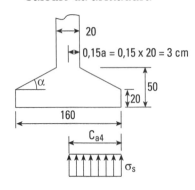

fck = 15 MPa   Aço CA50

$fyd = 43,5 \text{ kN/cm}^2$

$\sigma_s = 190,59 \text{ kN/m}^2$

$$C_{ia} = \frac{160-20}{2} + 0,15 \times 20 = 73 \text{ cm}$$

$$\text{tg}\alpha = \frac{30}{70} = 0,42 \rightarrow \alpha = 23,1° < 30° \quad \text{(O.K.)}$$

$$M = 190,59 \times \frac{0,73^2}{2} \times \underset{\text{largura da sapata}}{1,6} = 81,25 \text{ kNm}$$

$$M_d = 1,4 \times 81,25 = 113,75 \text{ kNm}$$

$$A_s = \frac{113,75}{0,8 \times 0,45 \times 43,5} = 7,26 \text{ cm}^2 \qquad \frac{A_s}{1,6} = \frac{7,26}{1,6} = 4,54 \text{ cm}^2/\text{m}$$

Tabela T-11 — ⌀ 10 mm cada 17 cm

$$\text{Armadura mínima} \rightarrow A_s = \frac{0,10}{100} \times 100 \times 50 = 5 \text{ cm}^2/\text{m} \text{ — ⌀ 10 c/16}$$

Cisalhamento

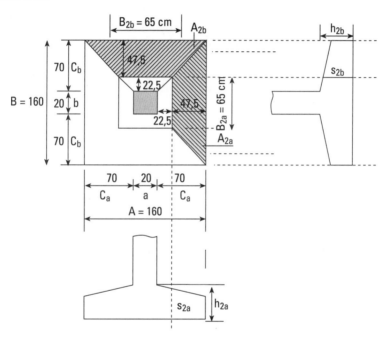

$a = 20$ cm $\qquad A = 160$ cm $\qquad d_{ia} = d_{ib} = h - 5 = 50 - 5 = 45$ cm

$b = 20$ cm $\qquad B = 160$ cm $\qquad c_a = c_b = 70$ cm

$$c_{2a} = c_a - \frac{d_{ia}}{2} = 70 - \frac{45}{2} = 47,5 \text{ cm} \qquad c_{2b} = 47,5 \text{ cm}$$

$$h_{2a} = h_0 + (h - h_0) \times \frac{c_{2a}}{c_a} = 20 + (50 - 20) \times \frac{47,5}{70} = 40,36 \text{ cm} \quad h_{2b} = 40,36 \text{ cm}$$

$b_{2a} = b + d_{ia} = 20 + 45 = 65$ cm $\qquad b_{2b} = 65$ cm

$d_{2a} = h_{2a} - 5 = 40,36 - 5 = 35,36$ cm $\qquad d_{2b} = 35,36$ cm

$$A_{2a} = A_{2b} = \frac{1,6 + 0,65}{2} \times 0,475 = 0,534 \text{ m}^2$$

Cálculo da força cortante $(S_{2a}) = (S_{2b})$

— Peso da aba

$$b_{2a} = 65 \text{ cm} \qquad d_{2a} = 35{,}36 \text{ cm}$$

Adotaremos espessura média

$$\frac{h_{2a} + h_0}{2} = \frac{40{,}36 + 20}{2} = 30{,}18 \text{ cm}$$

$$p_a = p_b = 0{,}3018 \times 25 = 7{,}55 \text{ kN/m}^2$$

— $V_{2a} = A_{2b} = A_{2a} \times (\sigma_s - p_a) = 0{,}534\,(190{,}59 - 7{,}55) = 97{,}74 \text{ kN}$

$\left. \begin{array}{l} \tau_{2a} = \tau_{2b} = \dfrac{1{,}4 \times 97{,}74}{65 \times 35{,}36} = 0{,}060 \text{ kN/cm}^2 \\[2mm] \tau_{2u} = 0{,}16 \text{ kN/cm}^2 \end{array} \right\} \quad \tau_{2a} = \tau_{2u} < \tau_{2u} \qquad \text{(O.K.)}$

Detalhe da armação (S_2)

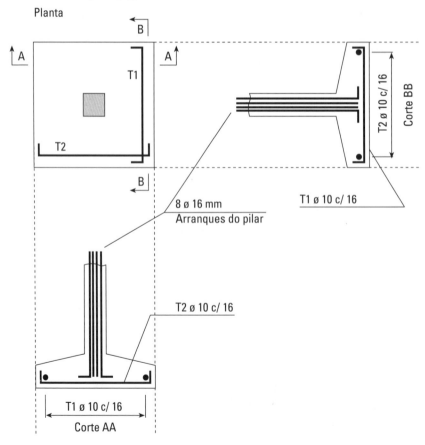

25.1.3 CÁLCULO DAS SAPATAS (S-4) DOS PILARES P-5 E P-8 (20 × 50)

A carga do pilar é 1.091,68 kN. Supor uma tensão admissível no solo de 2 kgf/cm² = 200 kN/m².

$$\sigma_{s\,adm} = 200 \text{ kN/m}^2$$

Da fórmula, temos

$$A_{sap} = \frac{P}{\sigma_{s_{adm}}} = \frac{1.091,6}{200} = 5,46 \text{ m}^2$$

$$A = B = \sqrt{5,46} = 2,34 \text{ m}$$

Adotaremos $A = B = 240$ cm.

— Verificação da tensão no solo com as dimensões adotadas

$$\sigma_s = \frac{1.091,68}{2,4 \times 2,4} = 189,53 \text{ kN/m}^2$$

— Cálculo da altura da sapata

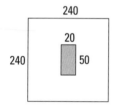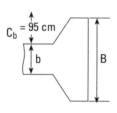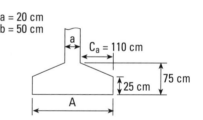

Ancoragem do pilar

$$12 \varnothing 16 \text{ mm} \longrightarrow \ell_b = 38 \varnothing = 38 \times 1,6 = 60,8 \text{ cm}$$

$$h \geq 0,8 \times \ell_b = 48,64 \text{ cm}$$

$$h \geq \frac{2}{3} \times C_a = \frac{2}{3} \times 110 = 73,33 \text{ cm}$$

$$h \geq \frac{A-a}{3} = \frac{240-20}{3} = 73,33 \text{ cm}$$

$$h \geq \frac{B-b}{3} = \frac{240-50}{3} = 63,33 \text{ cm}$$

$$h_0 = \frac{h}{3} = 25 \text{ cm}$$

Adotaremos $h = 75$ cm.

— Cálculo da armadura

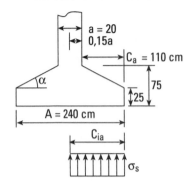

$fck = 15$ MPa   Aço CA50

$fyd = 43{,}5$ kN/cm^2

$\sigma_s = 189{,}53$ kN/m^2

$d = 75 - 5 = 70$ cm

$C_{ia} = \dfrac{240-20}{2} + 0{,}15 \times 20 = 113$ cm

$M = 189{,}53 \times \dfrac{1{,}13^2}{2} \times \underset{\text{largura da sapata}}{2{,}4} = 290{,}41$ kNm

$M_d = 1{,}4 \times 290{,}41 = 406{,}57$ kNm

$A_s = \dfrac{406{,}57}{0{,}8 \times 0{,}7 \times 43{,}5} = 16{,}69$ cm^2 $tg\alpha = \dfrac{50}{110} = 0{,}455 \to \alpha = 24{,}4° < 30°$ (O.K.)

$\dfrac{A_s}{2{,}4} = 6{,}95$ cm^2/m   Tabela T-11 — ø 12,5 mm c/16 cm

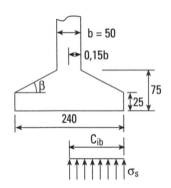

$tg\beta = \dfrac{50}{95} = 0{,}526 \to \beta = 27{,}75° < 30°$ (O.K.)

$C_{ib} = \dfrac{240-50}{2} + 0{,}15 \times 50 = 102{,}5$ cm

$M = 189{,}53 \times \dfrac{1{,}025^2}{2} \times 2{,}4 = 238{,}95$ kNm

$M_d = 1{,}4 \times 238{,}95 = 334{,}53$ kNm

$A_s = \dfrac{334{,}53}{0{,}8 \times 0{,}7 \times 43{,}5} = 13{,}73$ cm^2 $\dfrac{A_s}{2{,}4} = 5{,}72$ cm^2/m   ø 12,5 c/ 20

Armadura mínima $\to A_s = \dfrac{0{,}10}{100} \times 100 \times 75 = 7{,}5$ cm^2/m — ø 12,5 mm c/ 16 cm

Cisalhamento

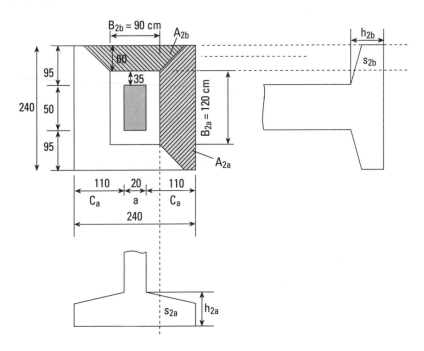

$a = 20$ cm $\quad A = 240$ cm $\quad d_{ia} = d_{ib} = h - 5 = 75 - 5 = 70$ cm
$b = 50$ cm $\quad B = 240$ cm $\quad c_a = 110$ cm $\quad c_b = 95$ cm

$$c_{2a} = c_a - \frac{d_{ia}}{2} = 110 - 35 = 75 \text{ cm} \qquad c_{2b} = c_b - \frac{d_{ib}}{2} = 95 - 35 = 60 \text{ cm}$$

$$h_{2a} = h_0 + (h - h_0) \times \frac{c_{2a}}{c_a} = 25 + (75 - 25) \times \frac{75}{110} = 59{,}10 \text{ cm}$$

$$h_{2b} = h_0 + (h - h_0) \times \frac{c_{2b}}{c_b} = 25 + (75 - 25) \times \frac{60}{95} = 56{,}58 \text{ cm}$$

$b_{2a} = b + d_{ia} = 50 + 70 = 120$ cm $\qquad d_{2a} = h_{2a} - 5 = 59{,}1 - 5 = 54{,}1$ cm
$b_{2b} = a + d_{ib} = 20 + 70 = 90$ cm $\qquad d_{2b} = h_{2b} - 5 = 56{,}58 - 5 = 51{,}58$ cm

$$A_{2a} = \frac{2{,}1 + 0{,}9}{2} \times 0{,}6 = 0{,}90 \text{ m}^2$$

$$A_{2a} = 2{,}40 \times 0{,}15 + \frac{2{,}40 + 1{,}2}{2} \times 0{,}6 = 1{,}44 \text{ m}^2$$

Cálculo da força cortante (S_{2a})

— Peso da aba

$$b_{2a} = 120 \text{ cm} \qquad d_{2a} = 54{,}1 \text{ cm}$$

474 Concreto armado eu te amo

Adotaremos espessura média

$$\frac{h_{2a} + h_0}{2} = \frac{59,1 + 25}{2} = 42,05 \text{ cm}$$

$$p_a = 0,4205 \times 25 = 10,51 \text{ kN/m}^2$$

— $V_{2a} = A_{2a}\,(\sigma_s - p_a) = 1,44\,(189,53-10,51) = 257,79 \text{ kN}$

$$\left.\begin{array}{l} \tau_{2a} = \dfrac{1,4 \times 257,79}{120 \times 54,1} = 0,056 \text{ kN/cm}^2 \\[2ex] \tau_{2u} = 0,16 \text{ kN/cm}^2 \end{array}\right\} \quad \tau_{2a} < \tau_{2u} \qquad \text{(O.K.)}$$

Cálculo da força cortante (S_{2b})

— Peso da aba

$$b_{2b} = 90 \text{ cm} \qquad d_{2b} = 51,58 \text{ cm}$$

Adotaremos espessura média

$$\frac{h_{2b} + h_0}{2} = \frac{56,58 + 25}{2} = 40,79 \text{ cm}$$

$$p_b = 0,4079 \times 25 = 10,20 \text{ kN/m}^2$$

— $V_{2b} = A_{2b}\,(\sigma_s - p_b) = 0,90\,(189,53-10,20) = 161,40 \text{ kN}$

$$\left.\begin{array}{l} \tau_{2b} = \dfrac{1,4 \times 161,40}{90 \times 51,58} = 0,049 \text{ kN/cm}^2 \\[2ex] \tau_{2u} = 0,16 \text{ kN/cm}^2 \end{array}\right\} \quad \tau_{2b} < \tau_{2u} \qquad \text{(O.K.)}$$

Detalhe da armação (S_2)

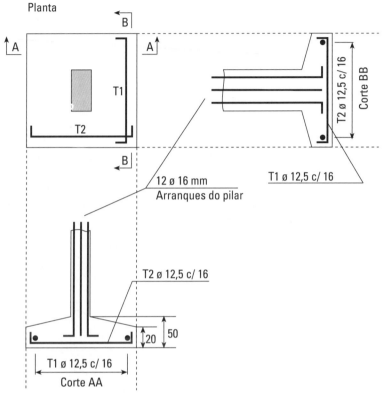

Fim do projeto do prédio. Agora, boa obra!!!

Faça os desenhos da estrutura de concreto armado segundo a norma ABNT NBR 7191 – "Execução de desenhos para obras de concreto simples e armado".

25.2 ÁBACOS DE DIMENSIONAMENTO DE PILARES RETANGULARES

Apresentam-se a seguir os ábacos de dimensionamento de pilares de seção retangular para:

– concretos de fck 20 MPa e 25 MPa;
– aço CA50,

que correspondem às situações mais comuns do dia a dia do projeto de prédios de pequena altura e com uso de alvenaria de tijolos.

São quatro ábacos:
Ábaco 1 – concreto fck 20 MPa – situação de Flexão composta normal.
Ábaco 2 – concreto fck 20 MPa – situação de Flexão composta oblíqua.
Ábaco 3 – concreto fck 25 MPa – situacão de Flexão composta normal.
Ábaco 4 – concreto fck 25 MPa – situacão de Flexão composta oblíqua.

Tabela T-18 – Ábaco 1 – Dimensionamento de pilares – Flexão composta normal, fck 20 MPa

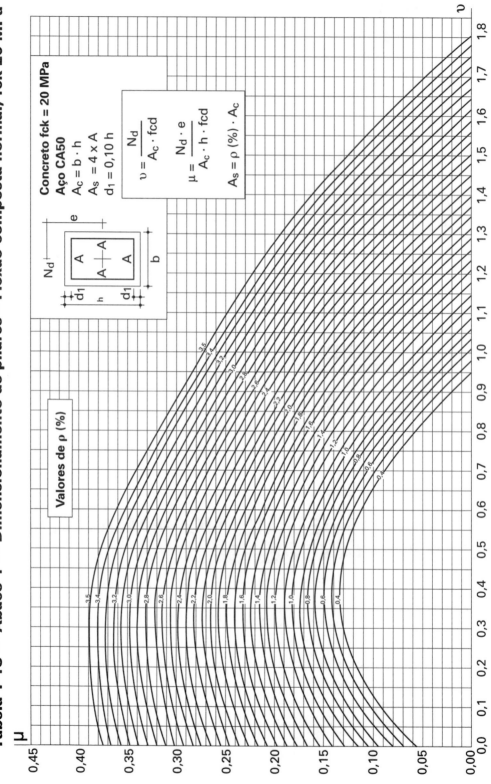

Tabela T-19 — Ábaco 2
Dimensionamento de pilares — Flexão composta oblíqua, fck 20 MPa

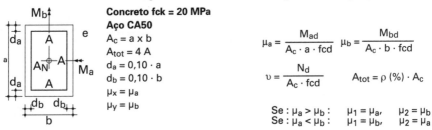

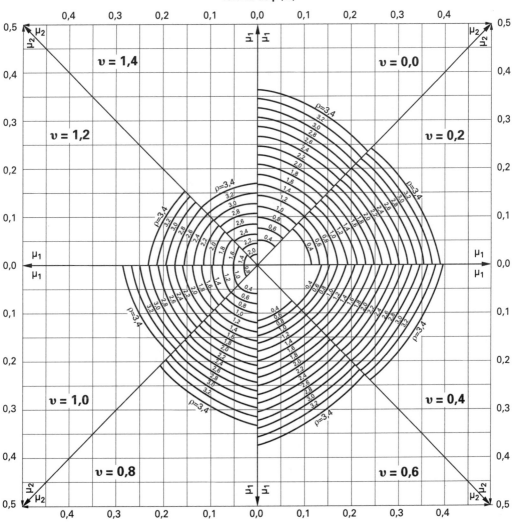

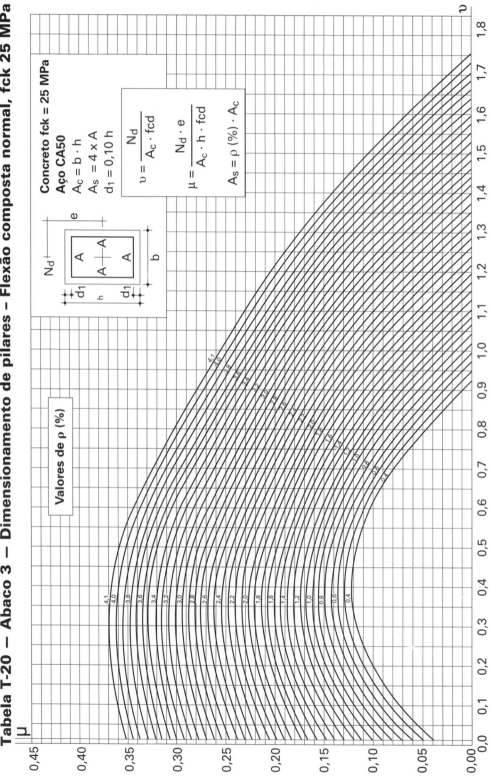

Tabela T-20 – Ábaco 3 – Dimensionamento de pilares – Flexão composta normal, fck 25 MPa

Tabela T-21 — Ábaco 4
Dimensionamento de pilares — Flexão composta oblíqua, fck 25 MPa

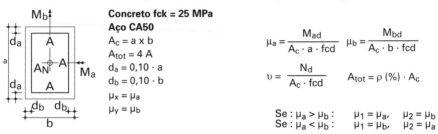

Concreto fck = 25 MPa
Aço CA50
$A_c = a \times b$
$A_{tot} = 4A$
$d_a = 0{,}10 \cdot a$
$d_b = 0{,}10 \cdot b$
$\mu_x = \mu_a$
$\mu_y = \mu_b$

$\mu_a = \dfrac{M_{ad}}{A_c \cdot a \cdot f_{cd}}$ $\mu_b = \dfrac{M_{bd}}{A_c \cdot b \cdot f_{cd}}$

$\upsilon = \dfrac{N_d}{A_c \cdot f_{cd}}$ $A_{tot} = \rho\,(\%) \cdot A_c$

Se : $\mu_a > \mu_b$: $\mu_1 = \mu_a$, $\mu_2 = \mu_b$
Se : $\mu_a < \mu_b$: $\mu_1 = \mu_b$, $\mu_2 = \mu_a$

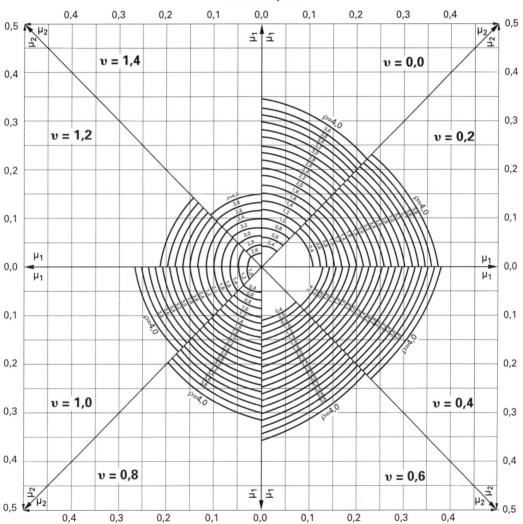

AULA 26

26.1 A NORMA 12655/2006, QUE NOS DÁ CRITÉRIOS PARA SABER SE ALCANÇAMOS OU NÃO O fck NA OBRA

Esta é uma apresentação didática. Consulte sempre a norma para verificar detalhes e para ter sua própria compreensão dela.

A norma 12655 entrou em vigor em 2006 e nos dá critérios para saber se alcançamos na obra (seja concreto de usina, seja concreto produzido em betoneira de obra) o fck fixado pelo projetista estrutural e que deve estar claramente indicado nos desenhos de forma.

Tiraremos amostras do concreto, moldaremos corpos de prova e romperemos depois de 28 dias. A razão de escolhermos 28 dias é que o concreto ganha estabilidade de resultados depois de cerca de um mês, e 28 é múltiplo de 7 dias e, com isso, como as concretagens raramente são feitas em domingos, o rompimento dos corpos de prova (trabalho de laboratório) nunca será em domingos.

Com os resultados do laboratório (valores que o corpo de prova se rompeu no teste de compressão em prensa) e usando critérios estatísticos, saberemos se alcançamos ou não o fck desejado.

Se tirássemos centenas e centenas de corpos de prova (grandes amostras), a média aritmética simples dos resultados nos daria uma excelente avaliação do fck produzido, mas a preparação e rompimento de centenas de corpos de prova em obras pequenas e médias é impraticável. Então, tiraremos poucos corpos de prova (pequenas amostras), e teremos de usar critérios estatísticos para avaliar os resultados.

Lembremos sempre que o controle da norma 12655 refere-se ao concreto produzido na *betoneira ou entregue no portão da obra pela firma concreteira*. Esse concreto pode ser maltratado por transporte inadequado dentro da obra, chuva intensa sobre o concreto fresco, falta de vibração, falta de cura etc.

Falemos agora dos lotes de controle de concretagem.

O concreto produzido numa obra nem sempre é produzido ao longo do tempo de maneira uniforme e homogênea. A qualidade varia. Por analogia, o pessoal da indústria automobilística diz que os carros produzidos nas segundas-feiras são os piores. Temos então de definir lotes (tamanhos) de parte da obra para controlar e dessa forma admitimos que cada lote é razoavelmente homogêneo. Vejamos o que diz a norma para essa política de formação de lotes.

Tabela 7 (item 6.2.1) da norma NBR 12655

	Número de lotes	
	Estrutura em compressão ou compressão e flexão (1)	Estrutura sofrendo flexão simples (2)
Volume do lote de concreto	50 m^3	100 m^3
Número de andares	1	1
Tempo de concretagem	3 dias consecutivos	3 dias consecutivos

Entendem os autores:

(1) pilares e vigas;

(2) lajes.

Para cada lote de concretagem (hipótese de homogeneidade do concreto), tiraremos **n** exemplares. O que é um exemplar?

É o conjunto de dois (2) corpos de prova, nascidos juntos, identificados juntos, que viverão juntos 28 dias e que, nesse dia final, serão rompidos à compressão na prensa do laboratório, e viveremos com o maior de cada dois resultados. E o que faremos com o pior resultado da dupla?

Jogaremos fora, literalmente jogaremos fora!!!

Teremos então n resultados de corpos de prova de um total de $2n$ resultados.

Face às características deste livro e do nosso projeto de prédio, usaremos o controle de qualidade de amostragem parcial (item 6.2.3 da norma NBR 12655).

Nesse caso, lembrando o tipo de obra que nos interessa, os fck possíveis são fck = 20 MPa e fck = 25 MPa.

Então: $6 \leq n < 20$.

A escolha de n dentro desses limites é do engenheiro responsável pela obra.

Poderíamos dizer que quanto maior n, mais confiáveis são os resultados, porém mais caro é o controle.

Usaremos a condição B da norma típica do tipo de obra que nos interessa.

Vejamos o roteiro nesse caso.

482   Concreto armado eu te amo

Obra com fck = 25 MPa

Obra de pequeno vulto (ex: supermercado de periferia).

$$6 \leq n < 20$$

$$m = \frac{n}{2}$$

n = número de exemplares; despreza- se o valor mais alto se não for ímpar.

$$f_1, f_2, \cdots f_{m-1}$$

$$f_{ckest=2} \left(\frac{f_1 + f_2 + f_{m-1}}{m-1} \right) - f_m$$

$$f_{ckest} \geq \psi_6 f_1$$

(Valores crescentes dos valores de resistência dos corpos de prova dos exemplares). Onde:

$$\Psi_6$$

n	6	7	8	10	12	>12
Condição B	0,89	0,91	0,93	0,96	0,98	0,98

Na nossa obra, escolhemos $n = 7$ com os valores: 28 MPa, 30, 36, 36, 37, 39 e 41.

$$m = \frac{7}{2} = 3$$

Só levaremos em conta, então, os valores 28, 30 e 36[*].

$$f_{ckest} = 2 \left(\frac{f_1 + f_2 + \cdots f_{m-1}}{m-1} \right) - f_m = 2 \left(\frac{28 + 30 + 36}{3} \right) - 36 = 26 \text{ MPa}$$

$$f_{ckest} = 26 \text{ MPa} > 25 \text{ MPa}$$

e $fck_{est} \geq \Psi_6 \times f_1 = 0,89 \times 28 = 24,9 \cong 25$ MPa.

Tudo OK!! Concretagem aceita.

Segue a concretagem. Não deixe parar a betoneira.

Se o fck_{est} for maior que o fck exigido pelo projetista, tudo bem.

O que fazer quando a obra produziu um lote de concreto com fck menor que o fck do projeto?

---

[*] Notar que ficamos com os três piores resultados. Segurança estatística.

Na opinião dos autores:

- Chama-se o projetista e solicita-se um trabalho profissional a ele (portanto, pago): que recalcule a obra com fck produzido na obra (fck_{est}). Se com esse novo fck a estrutura estiver aceita, o assunto está resolvido.

- Extraem-se corpos de prova da estrutura[*] com dúvida (e do lote considerado) e faz-se corpos de prova que vão para a prensa, e temos um novo conjunto de resultados que sofrerão a mesma análise estatística. Se, então, a concretagem passar, tudo bem. Se não passar, veja a seguir.

- Prova de carga na peça. Se passar, tudo bem. Se não passar, veja a seguir.

- Estuda-se a possibilidade de a estrutura ser usada diferentemente do previsto. É complicado, pois, com certo um tempo, os usos se alteram. Outra solução vem a seguir.

- Demolição da parte da estrutura (lote) com fck estimado (fck de obra) deficiente.

Essa sequência de decisões é baseada na velha e sempre respeitável NB-1/1978.

E quando o fck est>>>>fck? (>>>> significa *muito maior*)

Se você, como construtor, na sua obra (produção de concreto na obra com betoneira), trabalhando em regime de preço fixo(empreitada global), está produzindo fck_{est}= 40 MPa e o fck contratual é de 20 MPa, você está jogando dinheiro fora...

Altere o traço para um mais econônico (menor quantidade de cimento por m^3 de concreto). Lembremo-nos implacavelmente:

> *Engenharia = Física + administração de custos. Nunca nos esqueçamos.*

Nota: se o caro leitor olhar um corpo de prova de concreto levado à ruína na prensa no teste de compressão, verá que o corpo de prova não é esmagado, mas sofre um corte inclinado. É que antes de o corpo de prova ser esmagado ele sofre, devido à sua fraca resistência ao cisalhamento (corte), um corte inclinado, que é um colapso estrutural, mostrando uma resistência do concreto à ação de esmagamento pela prensa.

---

[*] Com a obra em andamento, moldam-se corpos de prova, pois o concreto ainda está mole. Agora, com a concretagem já de há muito terminada, o concreto da estrutura está endurecido e, portanto, cabe agora fazer testes, extraindo-se corpos de prova que irão igualmente para a prensa.

AULA 27

27.1 O RELACIONAMENTO CALCULISTA × ARQUITETO

Do estudo da regulamentação das profissões do engenheiro e do arquiteto, no nosso modo de ver, essa regulamentação diz que tanto o engenheiro pode fazer quase tudo da arquitetura, como o arquiteto pode fazer tudo da engenharia de construções civis, inclusive calcular prédios de qualquer altura.

Manda, todavia, a tradição corrente que, na área de projetos, os arquitetos cuidem, em geral, dos aspectos funcionais, ambientais, filosóficos e estéticos dos prédios, e os engenheiros tenham a incumbência de calcular sua estabilidade. Exatamente dessa distribuição de trabalhos surgem, às vezes, problemas de diálogo, já que, como disse alguém, a construção é uma disputa entre a *estética* e a *estática*.

Preocupados principalmente com a função e a estética, por vezes, os arquitetos entram em crise com os engenheiros pelas formas robustas que estes pretendem dar a algumas das estruturas. Por vezes, os projetos arquitetônicos exigem esbeltez de algumas estruturas, e os engenheiros tentam robustecê-las e dessa forma surge o problema. Talvez pela formação de uns, fortemente marcada pela influência humanística e, portanto, mais livre, e outros de orientação mais matemática e lógica, esses dois filhos tão diferentes da mesma mãe Minerva e que foram, num passado longínquo, o mesmo profissional (o verbo engenhar tem o mesmo significado do verbo arquitetar) têm tido sérios problemas de diálogo.

Destaque-se que a arquitetura tem contribuído significativamente para o avanço de engenharia estrutural exatamente por impor a esta soluções que exigiram seu desenvolvimento e evolução, fazendo-a tirar partido de soluções nunca dantes imaginadas. Por seu lado, a engenharia estrutural é o grande apoio para que as soluções ousadas de arquitetura fiquem de pé.

Não é de se esperar, portanto, uma solução cabal desse conflito que tem gerado frutos altamente positivos, para ambos os lados, paralelamente a alguns atritos humanos.

Tirar partido dos dois lados é ainda a melhor solução possível, substituindo-se o relacionamento calculista *versus* arquiteto pelo relacionamento calculista e arquiteto.

27.2 CONSTRUIR, VERBO PARTICIPATIVO, OU MELHOR, SERÁ OBRIGATÓRIO CALCULAR PELAS NORMAS DA ABNT?

O direito de construir vai ser apresentado aqui por meio de um conjunto de pílulas de conhecimento e de acordo com as inovações da Lei Federal de Defesa do Consumidor.

As normas da ABNT são obrigatórias de serem seguidas?

A partir de 11/09/1990, com a Lei Federal n. 8078 (Lei de Defesa do Consumidor), artigo 39 VII, na falta de normas oficiais, as normas da ABNT ficaram sendo obrigatórias.

Se houver qualquer norma oficial (federal, estadual ou municipal), esta tem mais força que a da ABNT. Como em geral não existem, na área de estruturas, normas oficiais, as normas da ABNT passam a ser lei. Se, todavia, e por exemplo, o Ministério da Agricultura emitir uma postura sobre silos que contrarie uma norma da ABNT, vale a postura do Ministério da Agricultura.

Acreditamos que, com o evoluir da sociedade brasileira, outras entidades, além da respeitável Associação Brasileira de Normas Técnicas (ABNT),[*] passem a fazer normas que serão aceitas pela sociedade.

Com a entrada do país no Mercosul e com o aumento de trocas comerciais com o Mercado Comum Europeu, acredito que haja uma tendência em se passar a usar cada vez mais normas internacionais, pois não é razoável que cada país tenha de fazer para cada área da engenharia sua própria norma. Uma exceção seria o caso do Chile, em relação com o Brasil. As normas de estruturas do Chile são previstas para o efeito "sísmico", fato que não ocorre no nosso país. Assim, as normas internacionais teriam aspectos gerais que poderiam ser modificados para casos específicos, como é o fato de o nosso país não sofrer abalos sísmicos.

E se as normas da ABNT estiverem erradas?

Pelo alto nível de quem faz as normas da ABNT e pelo tipo de obra para o qual este livro se destina, é improvável que haja erros nas normas da ABNT e de outros institutos de fora do país. Na Alemanha, aconteceu um caso interessante vários anos atrás.[**] Uma ponte em construção ruiu. Os peritos nomeados foram chamados a descobrir a causa da falha. O primeiro suspeito é sempre o projeto, mas, analisado este, verificou-se que seguira as sisudas normas alemãs. O segundo suspeito é o construtor, mas não se achou falha na execução.

Dúvida cruel: quem falhara?

Verificou-se, então, que, para aquele tipo específico de obra, a norma alemã era inadequada. O projetista e o construtor foram inocentados, o dono da obra ficou com o prejuízo e a norma foi revista.

Conclusão cáustica!

---

[*] Ver <www.abnt.org.br>.
[**] Foi nos anos 1960. Era uma ponte metálica junto ao estuário do Rio Reno/Mosel, Alemanha. A causa do colapso foi flambagem, sempre a flambagem, a terrível flambagem.

486 Concreto armado eu te amo

"Ninguém é obrigado a ficar à frente da mediocridade de sua época."

Uma norma exprime (em termos irônicos) a mediocridade da sua época (conhecimento médio aceito ou estabelecido). Se, ao se projetar ou construir dentro das prescrições da norma, danifica-se um prédio existente que foi construído há tempos e fora da norma, quem paga os prejuízos?[*]

A lei tende a proteger as situações de fato. Um prédio calculado fora das normas, mas que seja estável, é, em princípio, um prédio bom. O projetista de um novo prédio tem de tomar todos os cuidados para não prejudicar os prédios existentes, calculados ou não de acordo com as normas.

Essa é a razão pela qual chamamos esta lição de "construir, verbo participativo", ou seja, a edificação de uma obra é um ato de participação em uma comunidade devendo-se, se quisermos ficar seguros:

- seguir o consenso do nosso meio técnico, ou seja, seguir as normas;
- proteger as obras existentes.

Um outro caso muito interessante ocorreu em um município próximo a São Paulo. O dono de um terreno pedira a um profissional para lá construir um prédio. O terreno era péssimo para fundação e o profissional queria estaquear toda a fundação. O proprietário não concordou com essa solução, que era cara, e deu uma carta ao engenheiro responsabilizando-se pela construção sem estacas (fundação direta), mesmo que na casa aparecessem trincas. De posse da carta, com firma reconhecida e tudo, o construtor tocou a casa. No meio da construção ruiu uma parte da casa.

O proprietário processou o construtor por inépcia profissional. O construtor defendeu-se com a carta, com firma reconhecida e tudo. De nada adiantou. O julgamento estabeleceu que o dono da casa, como leigo que era, não podia se responsabilizar por assuntos técnicos e que o único responsável era o profissional habilitado.

Conclusão: calcule, projete e construa com segurança. Afinal, o registro profissional é um só...

Nota: não confundamos norma internacional com norma de outro país. As normas, por exemplo, da americana ASTM, são normas estrangeiras. Norma internacional é aquela que é feita por um órgão com a participação de vários países. A ISO (International Standard Organization) é um exemplo de organização que faz normas internacionais.

As normas do Mercosul são normas internacionais.

27.3 DESTRINCHEMOS O BDI!

É muito comum no relacionamento com os empreiteiros, durante a fase de construção civil das obras, o uso do termo BDI, ou sejam, os Benefícios e Despesas Indiretas do empreiteiro. Por vezes, não se entende direito o significado e a apli-

---

[*] Como um caso extremo e importante, projetar a estrutura de um hotel em Ouro Preto ou Mariana (MG) ou Alcântara (MA): tenho ou não de proteger os casarões de barro socado, usado como estrutura faz mais de três séculos?

cação desse termo. Vamos dar aos jovens profissionais um exemplo para tentar exemplificar.

Imaginemos a construção de uma casa pelo regime de administração, ou seja, o empreiteiro cobra do proprietário os custos diretos e mais o BDI. Para construir a casa, precisaremos de mão de obra para a escavação dos alicerces, de madeira, concreto, tijolos, telhas etc. Consideremos como sendo X o total que se paga para se ter o material na obra, ou seja, o número que se tem de colocar em um cheque para que um depósito de materiais de construção coloque na obra todo o material necessário.

Para descobrir o custo X, o profissional teve de ir a vários depósitos, fazer uma escolha qualitativa, um estudo de preço, e esse trabalho não está incluso em X. Além do material, o empreiteiro terá de pagar aos profissionais que irão construir a casa. Seja Y o total de salários dos empregados diretos (pedreiros, serventes, azulejistas etc.), incluindo aí o pessoal não diretamente produtivo, ou seja, o mestre, o vigia noturno e o eventual almoxarife. Além de pagar esse pessoal que fica na obra, o empreiteiro tem de pagar os tributos trabalhistas (férias, INPS, 13.º salário, auxílio doença etc.), despesas que não ocorrem na mesma época do pagamento de salário, e chamemos Z o total desses chamados encargos trabalhistas que chegam a ser de 80 a 110% de Y.

Temos ainda de pagar a hora de aluguel de equipamentos e trabalho de firmas especializadas (fundações, impermeabilização), e chamemos de T esse custo.

Em primeira aproximação o custo de obra seria X + Y + Z + T. Agora, quem paga o escritório central do empreiteiro, sua contabilidade, seu imposto de renda, as suas horas ociosas, a sua propaganda, sua engenharia e o seu lucro? Lógico que essas despesas têm de ser cobertas por suas receitas, ou seja, cada cliente (dono da obra) paga uma parte. Como calcular quanto custa isso?

Face a toda a experiência adquirida, chegou-se a um consenso no nosso meio técnico comercial de que uma maneira razoável de cálculo e cobrança é cobrar uma porcentagem sobre a soma dos custos (X + Y + Z + T) anteriores.

Normalmente, no nosso meio e para obras de pequeno e médio porte, o BDI varia entre 20% e 40%, ou seja, o custo total de uma obra para o dono, isto é, o número que o dono da obra tem de colocar no cheque para ter sua casa pronta, é:

$$X + Y + Z + T + BDI$$

Normalmente, BDI de 0,2 a 0,4 de (X + Y + Z + T).

27.4 POR QUE ESTOURAM OS ORÇAMENTOS DAS OBRAS?

Os orçamentos de obras são confiáveis?

Na minha vida profissional, já lá vão quarenta anos, tenho sempre me defrontado com um problema comum. Todos os orçamentos de empreendimentos que vi foram

488 Concreto armado eu te amo

subestimados, ou seja, no final da obra, estouravam. Nunca, mas nunca encontrei um orçamento superestimado. De conversa com colegas brasileiros e estrangeiros, com cada um encontrei uma mesma conclusão: nunca se vive dentro dos orçamentos.

Cá fiquei a pensar qual seria a razão de tal fato e de tão mansa aceitação de um problema aparentemente sem solução.

Coletei várias explicações do problema. Vejamos algumas:

A CAUSA DE ESTOURO DOS ORÇAMENTOS ESTÁ NA INFLAÇÃO DE CUSTOS

A inflação tem sido, na opinião de vários dos entrevistados, a causa de todos os males. Considerando, por outro lado, que o custo de construção e o custo de equipamentos têm crescido nas últimas décadas mais do que os índices médios da inflação, temos uma causa tranquila em que jogar todas as culpas dos erros de orçamento. Todavia, os próprios autores da denúncia à inflação são muitas vezes honestos em afirmar que, mesmo aplicando fórmulas corretivas adequadas à análise de dispêndios (índices da Fundação Getúlio Vargas, dólar, franco suíço, quilo do ouro, preço do Volkswagen, índices setoriais etc.), os orçamentos estouram. Se assim é, a inflação de custos não pode receber a culpa em questão. Se a inflação não é, procuremos outros responsáveis.

O ORÇAMENTO DO EMPREENDIMENTO FOI FEITO A PARTIR DE DADOS PRELIMINARES

O segundo grande acusado da subestimação de orçamentos é: o orçamento foi preparado a partir de dados preliminares, tão somente anteprojetos, faltando vários dados e informações. Esta explicação tem grandes e fervorosos adeptos… atribuindo à imprecisão de dados o erro (sempre a menos) encontrado. Pensemos um pouco. Os dados de entrada de um orçamento são e serão sempre preliminares. Mesmo quando se tem em mãos um projeto executivo detalhado, esse estudo é uma apreciação aproximada de como a obra deveria ser, e não é o espelho fiel de como ocorrerá todo o desenvolvimento da obra. Por exemplo, e como um dos muitos possíveis exemplos, qual o projeto de estaqueamento que prevê quantas estacas quebrarão por encontrar matacões? Além do mais, como se sabe que várias obras com projeto completo estouram significativamente, conclui-se que essa não é a causa dos estouros.

Lembremos ainda que uma pessoa que faz um orçamento é como um atirador de tiro ao alvo; quando se tem um estudo preliminar para orçar é como se o alvo estivesse distante, e quando se tem um projeto executivo é como se o alvo estivesse próximo. O que acontece, todavia, é que o atirador, qualquer que seja a sua distância, erra para cima e para baixo, enquanto os orçamentos erram em geral para menos.

Creio, portanto, que a causa da subestimação de orçamentos não está na qualidade ou estágio dos dados de entrada. Onde está, então, a causa do problema?

O QUE É CUSTO, OU OS JÁ FAMOSOS 10%?

Custo é o total de custos para implantar um empreendimento, disse-me um engenheiro de custos: "Quando alguém me diz 'tudo' ou diz 'nada', dificilmente está dizendo tudo e invariavelmente está dizendo nada".

Custo é algo extremamente sério (ou custoso) para se deixar tão somente nas mãos de profissionais de custos, diria eu.

Quando se têm à mão um projeto levantam-se todos os seus serviços aí previstos, aplicam-se preços unitários correntes no mercado e, como uma singular panaceia, aplicam-se os indefectíveis 10% à guisa de imprevistos gerais. Segundo depoimentos coletados de colegas mais velhos, eles encontraram alguns orçamentistas mais ousados que chegaram a adotar 20% para o item "eventuais". Pouquíssimos encontraram os que chegavam até 30%, enquanto o orçamentista que usou uma porcentagem de 40% está sem emprego até hoje, por ter sido considerado um profissional sem precisão. Todavia sabemos que não é tão incomum assim alguns empreendimentos saírem pelo dobro do estimado.

Temos agora uma pista: o custo de um empreendimento não pode ser calculado tão somente pelos serviços constantes em um projeto de engenharia, pois curiosamente os dados de um projeto de engenharia não representam a média dos serviços efetivamente a realizar, e sim a quantidade mínima teórica destes. Assim sendo, quando um calculista de concreto quantifica os serviços, ele quantifica o mínimo teórico a ocorrer na obra. O que o projeto (detalhado ou não) não pode é mostrar todos os custos adicionais; embora sejam custos de obra, não podem ser estimados pelos documentos do projeto e correspondem a custos, cuja ocorrência só pode ser, a meu ver, analisada do ponto de vista estatístico.

UM EXEMPLO DE ORÇAMENTO QUE NÃO BATE E NEM PODE BATER

Imaginemos, como um mero exemplo, o empreendimento de construção de uma estação de tratamento de água de uma indústria. Num orçamento padrão de uma ETA, normalmente são considerados:

- limpeza do terreno;
- escavação, rebaixamento de lençol e fundações;
- concreto armado;
- equipamentos a preço de mercado, frete, embalagem e impostos;
- montagem;
- partida;
- 10% de eventuais.

Contratados e conhecidos os preços de cada um desses serviços, poderá parecer que se saberá o custo da obra.

490 Concreto armado eu te amo

Vejamos agora uma lista de itens não indicados no projeto e que oneram, de alguma forma, o custo final do empreendimento. Nem todos esses itens ocorrem sempre, sendo sua ocorrência só possível de ser quantificada a partir de análise estatística de vários casos.

Vejamos alguns dos itens:

- Fundações mais caras pelo desconhecimento em detalhes do terreno.
- Ocorrência de chuvas.
- Remoção de interferências não conhecidas.
- Danos a terceiros não imputáveis às empreiteiras.
- Modificações de projeto por necessidade da obra.
- Sobrepreço para o empreiteiro pela constante ocorrência da não chegada dos equipamentos, cuja compra não estava a seu cargo, e pela ocorrência de perda de mão de obra face à ociosidade.

Pelos poucos itens mostrados, dos muitos que podem ocorrer, vê-se que não são eles previsíveis de estimativa a partir de dados de projeto, não sendo, pois, normalmente computáveis pelo profissional de custos.

O BI (*BUDGET INDEX*) — (ATENÇÃO: O USO DA FORMA INGLESA IMPRESSIONA MAIS)

Considerando a enorme experiência da engenharia em estabelecer práticos coeficientes, poder-se-ia pensar em levantar coeficientes que correlacionassem custos finais de obra em função dos custos previsíveis calculados a partir dos serviços do projeto.

Assim teríamos:

$$C = k_i \times S$$

C seria o custo final estimado e S, o custo calculado pelos serviços previstos nos documentos do projeto.

O coeficiente k_i, típico de cada empreendimento, incorporaria dados estatísticos de ocorrência de custos não previsíveis.

Como calcular k_i, ou seja, quem coloca o sino no rabo do gato?

Ao contrário do que possa parecer, o coeficiente k_i pode ser estabelecido mais facilmente do que se pensa. Diz uma velha lenda árabe que um prisioneiro condenado à morte só poderia dela se safar se dissesse quantas estrelas tinha o céu. A resposta não se fez por esperar:

— "75.356.642, e quem duvide que conte!"

Tenho a certeza de que o primeiro gajo que publicar uma coletânea de dados estabelecendo um conjunto de k_i teria descoberto a panaceia das panaceias. E ninguém duvide ou queira indagar da confiabilidade desses índices.

Irresponsabilidade deste autor, ao propor o surgimento de tais mágicos índices?

E não seriam de igual origem alguns de outros números mágicos da engenharia, como:

- Para preparação de um conjunto de desenhos em média se gastam 100 HH/desenho.
- A relação entre vazões de esgoto e água é de 80%.
- O custo do projeto é de 10% do valor da obra.
- O *per capita* de água de pequenas cidades é 200 litros/dia.
- A velocidade econômica em canalizações de água é 0,5 m/s.

Se é assim, por que não sou eu mesmo o autor do crime completo, ou seja, além de introduzir o conceito de *BUDGET INDEX*, não os estabeleço?

Falta-me coragem ou irresponsabilidade para tanto. Só digo que k_i é, no mínimo, 1,5, isso eu juro. Alguém se candidata?

O QUE FAZER?

Enquanto não se publica um conjunto de k_i, válidos desde reformas de casas, obras portuárias, silos e até para usinas petroquímicas (sonhar não é crime), teremos de continuar a usar os famosos 10% (na verdade $k_i = 1,1$), embora a gente saiba que essa "folga" já seja consumida nas obras de fundação...

O que vem a mais, só Deus sabe...

27.5 A HISTÓRIA DO LIVRO *CONCRETO ARMADO EU TE AMO*[*]

Desde que me formei em engenharia civil em 1965, na Escola Politécnica da USP, tenho trabalhado principalmente em projetos de engenharia sanitária e de indústrias. Projetos e assistência técnica. Nunca tinha tido, até os anos 1970, a oportunidade de fazer ou fiscalizar obra. Comecei a trabalhar na Planidro, então uma verdadeira universidade de engenharia sanitária e que formou uma "escola" de projetos de saneamento, só semelhante ao fenômeno Geotécnica, que nas décadas de 1950 e 1960 formou a "escola brasileira" de Mecânica dos Solos e Fundações.

De 1969 até 1979, trabalhei na Promon Eng., que, por sua vez, formou uma "escola" de engenharia industrial e engenharia civil pesada. Um drama me acompanhava: eu era engenheiro civil, mas não tinha prática profissional no projeto de concreto armado. A engenharia de concreto armado é, no nosso meio de construção civil, a rainha das especialidades. Não se fazem, neste país, obras sem

---

[*] Crônica escrita em 1985 por MHC Botelho.

492 Concreto armado eu te amo

concreto armado. Escolas, casas, estações de tratamento de água, galerias de água pluviais, cercas e postes: tudo é concreto armado. Decidi, então, em 1978, de modo solitário, voltar a estudar concreto armado. Recompus minha biblioteca universitária de resistência dos materiais e concreto armado. Estabeleci um programa de estudo e voltei a estudar estruturas simples, compostas de lajes, vigas, pilares e sapatas.

Primeiro nasceu o curso por correspondência

Pus-me então a estudar como nunca antes tinha estudado e – primeira surpresa! –, apesar de já ter estudado na escola, na década de 1960, toda a matéria, eu não conseguia avançar no estudo.

Por que eu não conseguia entender e aprender, mesmo me apoiando numa vasta bibliografia acumulada? Como nesta época eu trabalhava na Promon e lá havia uma enorme e excelente equipe de "estrutureiros", comecei a tirar partido disto conversando e perguntando a todo mundo. Segunda surpresa! Todas as minhas dúvidas desapareciam, como por encanto, quando eu conversava e ouvia coisas importantíssimas que não estavam nos livros. Oralmente, a transmissão era solta e fácil.

Face ao avanço, o meu programa de estudos ia crescendo e eu ia aprendendo. O que eu notava é que o que as pessoas me diziam e que esclarecia as minhas dúvidas nunca estava escrito nos livros. Por quê?

Alguns exemplos: quais os critérios para escolher entre as várias resistências do concreto (fck, 200, 250 kgf/cm^2)? Qual a vantagem comercial e construtiva do aço A em relação ao aço B?

Conforme o meu programa de estudos avançava, e eu anotava tudo o que me diziam, o que me contavam, observei que estava colecionando rico material didático, material esse, diga-se, de absoluto e corriqueiro uso comum, mas que não estava escrito em nenhum lugar. Decidi, então, escrever um livro. Daí me disseram: "Bobagem. Livro não dá dinheiro". Optei então por escrever um curso por correspondência sobre concreto armado.

Embora o meu estudo nessa época já estivesse avançado, faltava muito para terminá-lo, e eu ainda carregava muitas dúvidas. Convidei então vários colegas para se associarem a mim, mas a proposta era recebida com descrédito. Associar-se a um engenheiro especializado em tratamento de esgoto para produzir um texto de concreto armado?

Acho que fiz essa proposta a mais de dez famosos e conhecidos colegas. Escrever um livro chão a chão, arroz com feijão, do dia a dia do concreto armado: dez recusas. Finalmente, encontrei um colega, Osvaldemar Marchetti, que topou discutir o plano. Marchetti tinha então algo como cinco anos de formado e era então um não famoso calculista de concreto. Desconfiado e reticente, ele ouviu a minha proposta de associação para terminar de escrever o texto, mas acabou me ajudando a completar o livro e rever os textos já prontos, até então cheio de falhas e lacunas.

Lancei o curso por correspondência em 1979.

O curso transformou-se em livro.

Mantive esse curso em funcionamento por quatro anos. Foi uma rica experiência. Os alunos criticavam alguns trechos e, por outro lado, pelos exercícios resolvidos que me enviavam para corrigir, descobria falhas didáticas e, face a tudo isso, acrescentava capítulos e revia partes de trechos. Como eu trabalhava com tiragens pequenas do curso (duzentos exemplares), era fácil e econômico refazer originais, pois o prejuízo de perdas era pequeno. Mas, um dia, cansei de ficar corrigindo exercícios e decidi publicá-los como livro. Duas editoras recusaram. O terceiro editor analisou um exemplar completo do curso e decidiu editar o livro, aceitando, corajosamente, o título *Concreto armado eu te amo*.

O livro saiu em abril de 1983 e a meta mínima de vendas desejada era de 1.000 a 1.500 exemplares por ano. No primeiro ano, vendeu 5.000 exemplares, e já em 1984 foi adotado como livro-texto oficial em várias escolas de arquitetura e engenharia. A partir do lançamento do livro, muitas pessoas passaram a me questionar sobre o porquê de o meu livro ser diferente, coloquial e até engraçado, além de prático e direto. Comecei então a filosofar sobre a gênese dos livros técnicos. No Brasil, o livro técnico nasce de duas principais fontes: notas de aulas que viram apostilas e, daí, livros ou teses de mestrado ou doutorado.

O mercado, por sua limitada dimensão, não permitiu até agora a profissionalização do escritor. Os autores que fizeram livros fora dos dois esquemas citados os fizeram na base de enorme esforço pessoal, e os direitos autorais não remuneram o esforço nem de longe. Escreve-se pelo prazer de escrever e demonstrar o que se sabe.

Dentro desse quadro, vê-se que não há muito estímulo para escrever sobre o arroz com feijão do dia a dia, embora existam exceções de alguns livros, como *Prática das pequenas construções* (Professor Borges), *Manual de hidráulica* (Professor Azevedo) e a coleção de concreto armado do Professor Aderson, que constituem singular e elogiável esforço de escrever simples sobre as coisas do dia a dia.

Há outros (poucos) exemplos de livros práticos e diretos dirigidos à construção civil. Agora, aqui, cabe fazer uma diferença. Precisamos entender que devem existir dois tipos de livros técnicos: didáticos e de aprofundamento.

Quando eu falo em livro didático, não me refiro àqueles que se usam exclusivamente em cursos de graduação. Chamo de livro didático o que, além de ser útil nas escolas, serve de apoio para um profissional não especialista. Coloco a seguinte situação: imaginemos um arquiteto ou um engenheiro civil, morador em uma cidade de porte médio (50.000-200.000 habitantes), que tenha de projetar um sistema pluvial para um loteamento de médio porte. Nesse ponto, queremos saber qual o livro no mercado que explica, de maneira fácil, simples, direta, os seguintes assuntos:

494 Concreto armado eu te amo

onde colocar as bocas de lobo; tipos de boca de lobo e capacidades; cálculo de galerias; tipos de tubos a usar e sua classe; escadas hidráulicas; obras de combate às erosões; dissipador de energia; proteção de margens de pequenos córregos; custos das obras. Asseguro que os poucos livros existentes no mercado sobre o assunto não permitem a um profissional não especialista projetar razoavelmente essas obras. Então, o que vai acontecer? Ou o profissional faz um mau trabalho, ou sai a conversar com colegas, com empreiteiros, a observar e, quando a obra estiver pronta, acumulará (somente para si) a experiência resultante (boa ou má). Nesse momento em que escrevo, dezenas de colegas do Brasil ressentem-se da falta de um livro de sistema pluvial para loteamentos. Pretendo escrevê-lo.[*]

Livro didático deve ter a característica de propiciar a um profissional não especialista, e ajudado pelo senso crítico de sua experiência, projetar e executar obras de pequeno e médio porte. Enquanto os livros se preocuparem exclusivamente com integrais e diferenciais, de estarem em dia com as últimas novidades de congressos, a massa de arquitetos e engenheiros que não vivem essa "realidade fantástica", tão distante do seu dia a dia, não recebe qualquer assistência técnica.

É preciso escrever as experiências.

A esmagadora maioria dos milhares de profissionais de arquitetura e engenharia sai das escolas e não volta a elas para fazer cursos de especialização. Não frequenta também os cursos dos sindicatos e associações profissionais. Imaginemos profissionais moradores em São José do Rio Preto, Presidente Prudente ou até aqui perto, em Osasco ou Sorocaba. Qual o apoio que esses profissionais têm para evoluir e enfrentar um problema não corriqueiro? Eles procurarão conversar com colegas (transmissão oral de experiências) e ler livros ou revistas.

As revistas são poucas e não têm como objetivo básico ensinar, embora possam evoluir para isso. Se esses profissionais não tiverem com quem conversar, sobrará o livro.

Precisamos ter livros para a realidade brasileira, simples, diretos e práticos. Mesmo porque as obras serão feitas, com ou sem apoio técnico adequado. Urge que as experiências do dia a dia (como fazer pequenos muros de arrimo, critérios para fundações de pequenos prédios, como bem ventilar uma casa, canalizar córregos, evitar erosões em loteamentos, infiltrar esgotos saídos de fossa etc.) sejam escritas, para que todos tirem partido delas.

Assim seja.

Ano de 1985

FIM

---

[*] Já disponível: *Águas de chuvas* – editora Blucher (https://www.blucher.com.br/).

AULA 28

ESTADOS-LIMITE – ÚLTIMO (ELU), SERVIÇO (ELS)

28.1 AÇÕES PERMANENTES

Diretas: peso próprio, acabamento, protensão.

Indiretas: temperatura, retração, fluência, recalque, protensão.

28.2 AÇÕES VARIÁVEIS

Sobrecargas (carga acidental), vento, trem-tipo rodoviário.

28.3 ESTADOS-LIMITE

28.3.1 SEGURANÇA DAS ESTRUTURAS FRENTE AOS ESTADOS-LIMITE

28.3.1.1 ESTADOS-LIMITE ÚLTIMOS

Esgotamento da capacidade resistente da estrutura.

Perda de equilíbrio como corpo rígido.

Perda de equilíbrio como um todo ou em parte.

Instabilidade considerando efeitos de $2.^a$ ordem.

Instabilidade por deformação.

Instabilidade dinâmica progressiva (fadiga).

Uma vez ocorrendo determinada paralização do uso de estruturas usuais em edifícios residenciais e comerciais, deve ser verificada a seguinte combinação:

a) Edifícios

$$Fd = 1,4\,F_{gk} + 1,2\,F_{\varepsilon gk} + 1,4\,(F_{q1k} + 0,8\,F_{wk}) + 1,2 \times 0,6 \times F_{\varepsilon qk}$$

496 Concreto armado eu te amo

onde: F_{gk} – permanente
$F_{\varepsilon gk}$ – retração
F_{qk} – sobrecarga (carga acidental)
F_{wk} – vento
$F_{\varepsilon qk}$ – temperatura
F_{q1k} – sobrecarga principal
F_{q2ka} – sobrecarga secundária

b) Bibliotecas, arquivos, oficinas, estacionamentos

Combinação 1)

$$Fd = 1,4\,F_{gk} + 1,2\,F_{\varepsilon gk} + 1,4\,(F_{q1k} + 0,8\,F_{q2k}) + 1,2 \times 0,6 \times F_{\varepsilon qk}$$

Combinação 2)

$$Fd = 1,4\,F_{gk} + 1,2\,F_{\varepsilon gk} + 1,4\,(F_{q1k} + 0,6\,F_{q2x}) + 1,2 \times 0,6 \times F_{\varepsilon qk}$$

28.4 ESTADO-LIMITE DE SERVIÇO

Está relacionado a:

Durabilidade, aparência, conforto do usuário, funcionalidade

ou seja, o dia a dia da sua funcionalidade. No projeto estrutural, devemos impedir que os limites sejam ultrapassados.

28.4.1 RARAS

Repetem-se algumas vezes durante a vida útil da estrutura.

ELS de formação de fissuras

$$Fd_{\text{serv.}} = \sum_{i}^{m} \underbrace{F_{gi,k}}_{\text{permanente}} + \underbrace{F_{g1,k}}_{\substack{\text{sobrecarga}\\\text{principal}}} + \sum_{i}^{n} \underbrace{\varphi_{ij}}_{\text{frequente}} + \underbrace{F_{gj,k}}_{\substack{\text{demais}\\\text{sobrecargas}}}$$

φ_1 = fator de redução para CF (simultaneidade)

28.4.2 COMBINAÇÕES USUAIS NO ESTADO-LIMITE DE SERVIÇO (ELS)

Edifícios residenciais – verificação de flechas (concreto armado)

$$Fd_{\text{serv.}} = \underbrace{F_{gk}}_{\text{permanente}} + 0,3 \underbrace{F_{q1,k}}_{\varphi_{2q}\ \text{principal}}$$

$\varphi_{2q} = 0,3$ (sobrecarga); $\varphi_{2w} = 0$ (vento).

Edifícios residenciais – verificação da abertura de fissuras

$$Fd_{\text{serv.}} = F_{gk} + \underbrace{0,4}_{\substack{\text{(sobrecarga} \\ \text{principal)}}} F_{qk}$$

$$Fd_{\text{serv.}} = F_{gk} + \underbrace{0,3}_{\varphi_{1w}} F_{wk} + \underbrace{0,3}_{\varphi_{2w}} F_{qk}$$

$\varphi_{1w} = 0$ (vento); $\varphi_{2q} = 0,3$ (sobrecarga).

28.5 COMBINAÇÃO DE AÇÕES

Combinação de ações que têm probabilidade não desprezível de atuarem na estrutura.

1) Ações
   a) permanentes;
   b) sobrecargas de utilização;
   c) ações do vento;
   d) ação total.

28.6 COMBINAÇÃO DE SERVIÇOS

28.6.1 QUASE PERMANENTES – DEFORMAÇÕES EXCESSIVAS

Podem atuar durante grande parte da vida útil da estrutura.

$$Fd_{\text{serv.}} = \sum_{1}^{m} \underbrace{F_{gi,k}}_{\text{permanente}} + \sum_{1}^{m} \underbrace{\psi_{2j}}_{\substack{\text{quase} \\ \text{permanente}}} \times \underbrace{F_{qj,k}}_{\text{sobrecarga}}$$

28.6.2 FREQUENTES – FISSURAÇÃO, VIBRAÇÕES EXCESSIVAS

Repetem-se muitas vezes durante a vida útil da estrutura; vento.

$$Fd_{\text{serv.}} = \sum_{1}^{m} \underbrace{G_{gi,k}}_{\text{permanente}} + \sum \underbrace{\psi_{1}}_{\text{frequente}} \times \underbrace{F_{q1,k}}_{\substack{\text{sobrecarga} \\ \text{principal}}} + \sum_{1}^{n} \underbrace{\psi_{1j}}_{\substack{\text{quase} \\ \text{permanente}}} \underbrace{F_{qj,k}}_{\substack{\text{demais} \\ \text{sobrecargas}}}$$

498 Concreto armado eu te amo

NBR 6118/2014, p. 65

Valores do coeficiente γ_{f2}				
Ações		γ_{f2}		
		ψ_0	$\psi_1{}^a$	ψ_2
Cargas acidentais de edifícios	Locais em que não há predominância de pesos de equipamentos que permanecem fixos por longos períodos de tempo, nem de elevadas concentrações de pessoas[b]	0,5	Frequente 0,4	Quase permanente 0,3
	Locais em que há predominância de pesos de equipamentos que permanecem fixos por longos períodos de tempo, ou de elevada concentração de pessoas[c]	0,7	0,6	0,4
	Biblioteca, arquivos, oficinas e garagens	0,8	0,7	0,6
Vento	Pressão dinâmica do vento nas estruturas em geral	0,6	0,3	0
Temperatura	Variações uniformes de temperatura em relação à média anual local	0,6	0,5	0,3

[a] Para os valores de ψ_1 relativos às pontes e principalmente para os problemas de fadiga.
[b] Edifícios residenciais.
[c] Edifícios comerciais, de escritórios, estações e edifícios públicos.

Aula 28 **499**

Limites de deslocamentos – NBR 6118/2014 (Tabela 13.3, p. 77)

Limites de deslocamentos				
Tipo de efeito	Razão da limitação	Exemplo	Deslocamento a considerar	Deslocamento-limite
Aceitabilidade sensorial	Visual	Deslocamentos visíveis em elementos estruturais	Total	$\ell/250$
	Outro	Vibrações sentidas no piso	Devido a cargas acidentais	$\ell/350$
Efeitos estruturais em serviços	Superfícies que devem drenar água	Coberturas e varandas	Total	$\ell/250$
	Pavimentos que devem permanecer planos	Ginásios e pistas de boliche	Total	$\ell/350$ + contra-flecha[b]
			Ocorrido após a construção do piso	$\ell/600$
	Elementos que suportam equipamentos sensíveis	Laboratórios	Ocorrido após nivelamento do equipamento	De acordo com recomendação do fabricante do equipamento
Efeitos em elementos não estruturais	Paredes	Alvenaria, caixilhos e revestimentos	Após a construção da parede	$\ell/500^c$ e 10 mm e $\theta = 0{,}0017$ rad[d]
		Divisórias leves e caixilhos telescópicos	Ocorrido após a instalação da divisória	$\ell/250^c$ e 25 mm
		Movimento lateral de edifícios	Provocado pela ação do vento para combinação frequente ($\psi_1 = 0{,}30$)	H/1.700 e $H_i/850^e$ entre pavimentos[f]
		Movimentos térmicos verticais	Provocado por diferença de temperatura	$\ell/400^g$ e 15 mm

500 Concreto armado eu te amo

Limites de abertura de fissuras – NBR 6118/2014 (Tabela 13.4, p. 80)

Exigências de durabilidade relacionadas à fissuração e à proteção da armadura, em função das classes de agressividade ambiental			
Tipo de concreto estrutural	Classe de agressividade ambiental (CAA) e tipo de protensão	Exigências relativas à fissuração	Combinação de ações em serviço a utilizar
Concreto simples	CAA I a CAA IV	Não há	–
Concreto armado	CAA I	ELS-W $w_k \leq 0{,}4$ mm	Combinação frequente
	CAA II e CAA III	ELS-W $w_k \leq 0{,}3$ mm	
	CAA IV	ELS-W $w_k \leq 0{,}2$ mm	
Concreto protendido nível 1 (protensão parcial)	Pré-tração com CAA I ou Pós-tração com CAA I e II	ELS-W $w_k \leq 0{,}2$ mm	Combinação frequente
Concreto protendido nível 2 (protensão limitada)	Pré-tração com CAA II ou Pós-tração com CAA III e IV	Verificar as duas condições abaixo	
		ELS-F	Combinação frequente
		ELS-D[a]	Combinação quase permanente
Concreto protendido nível 3 (protensão completa)	Pré-tração com CAA III e IV	Verificar as duas condições abaixo	
		ELS-F	Combinação rara
		ELS-D[a]	Combinação frequente

[a] A critério do projetista, o ELS-D pode ser substituido pelo ELS-DP com $a_p = 50$ mm (Figura 3.1 da NBR 6118/2014).

Notas

1. As definições de ELS-W, ELS-F e ELS-D encontram-se em 3.2.

2. Para as classes de agressividade ambiental CAA-III e IV, exige-se que as cordoalhas não aderentes tenham proteção especial na região de suas ancoragens.

3. No projeto de lajes lisas e cogumelo protendidas, basta ser atendido o ELS-F para a combinação frequente das ações, em todas as classes de agressividade ambiental.

Exemplos (edifícios)

a) Verificação de deslocamentos excessivos – combinações quase permanentes

$$Fd_{\text{serv.}} = \underbrace{F_{gk}}_{\text{permanente}} + 0,3 \underbrace{F_{qk}}_{\text{sobrecarga}}$$

nos casos em que os deslocamentos possam provocar danos nos elementos de acabamento, a combinação frequente com ação do vento, normalmente nos edifícios utilizamos a combinação

$$Fd_{\text{serv.}} = \underbrace{F_{gk}}_{\text{permanente}} + 0,3 \underbrace{F_{qk}}_{\text{sobrecarga}} + 0,2 \underbrace{F_{wk}}_{\text{vento}}$$

b) Verificação de formação de fissuras – combinação frequente

$$Fd_{\text{serv.}} = \underbrace{F_{gk}}_{\text{permanente}} + 0,4 \underbrace{F_{qk}}_{\text{sobrecarga}}$$

c) Verificação de formação de fissuras – combinação rara

$$Fd_{\text{serv.}} = \underbrace{F_{gk}}_{\text{permanente}} + \underbrace{F_{qk}}_{\text{sobrecarga}}$$

ANEXOS

ANEXO 1

Fotos interessantes de estruturas de concreto
(Fotos: Walda Incontri)

Nascimento dos pilares. No topo da forma do pilar se veem os ferros de espera, ou seja, a armadura que vai ser ligada à armadura do próximo lance do pilar. As formas apoiam-se no escoramento.

Anexos 503

Pilares e vigas. Acima, famoso prédio da Fiesp na Av. Paulista São Paulo, SP.

Ao lado, numa estrutura na garagem de um prédio, aconteceu de a viga não se apoiar no pilar e sim, em outra viga (viga suporte). Essa outra viga também não se apoiou diretamente em um pilar. O pilar, para poder sustentar a viga suporte, lançou em desespero de causa um console, indo buscar para si as cargas da viga suporte. Falta de diálogo entre arquitetura e a engenharia estrutural.

Pilares – Além da função estrutural, um elemento altamente decorativo. Um famoso arquiteto brasileiro usa com maestria pilares em "V". Vejamos outros usos estéticos dos pilares.

Pilares senhoriais – Avenida Faria Lima, São Paulo, SP.

Pilares bailarinos – Em cima de um prédio, um velho relógio sustentado por quatro pilares bailarinos. São Paulo, SP.

Anexos **505**

Pilares que surgem e depois desaparecem!!

Prédio totalmente suspenso e apoiado em quatro gigantescos pilares. É a sede em São Paulo do Tribunal de Contas do Município.

O aspecto feio dessas estruturas de concreto armado é a base para prédios formosos, onde famílias viverão felizes e empresários exercerão suas profissões.

Prédio de apartamentos com estrutura de concreto armado. Notar que, de cima para baixo, a seção transversal dos pilares é a mesma. O que varia é a taxa de armadura. Nos pilares mais altos a taxa de armadura é a mínima, que vai crescendo conforme vai descendo graças ao acréscimo de cargas.

Na foto de cima, se vê um tipo de contraventamento pouco usado, mas bem eficiente. Vigas de concreto armado inclinadas amarram nós com nós. Essas peças são semelhantes às tramelas em quadros de madeira, que dão rigidez ao quadro (método dos marceneiros).

Na foto de baixo, vemos parte de um prédio em balanço. Quem vai buscar as cargas e levá-las para a estrutura interna do prédio são as vigas, com extremidade em balanço.

Fissura em laje. A fissura está em cima de apoio em viga dessa laje. Tudo leva a crer que seja falta de armadura negativa suficiente.

Viga na garagem de um prédio de apartamentos. Por falta de diálogo entre o projetista estrutural e o projetista das instalações hidráulicas, esgotos e águas pluviais, a viga foi furada duas vezes no local da armadura positiva. Um erro!

Estrutura metálica do viaduto Santa Efigênia sobre o Vale do Anhangabaú, São Paulo (SP).

A Engenheira Rosemary L. Seixas, de Recife, PE, em viagem a São Paulo fotografou o Viaduto Santa Efigênia, em 2007. A instalação usou rebites, pois o uso da solda em estruturas de aço começou a ser intensamente usada somente após os anos 1940. O viaduto foi construído entre os anos 1906 e 1913 com peças de aço importadas da Bélgica (1.100 t) e com financiamento inglês a ser pago em 70 anos, tendo custado 750.000 libras esterlinas. O viaduto tem 225 m de extensão e 18,5 m de largura. São três arcos metálicos.

Nota: a fotografia de 1923 do Viaduto Santa Efigênia pode ser encontrada no acervo do site da Fundação Energia e Saneamento, disponível em: <http://livro.link/q>.

ANEXOS

ANEXO 2

Comentários sobre itens da norma NBR 6118/2014 e aspectos complementares

A – Introdução

Nasceu em maio 2014 a versão 2014 (versão corrigida de 07.08.2014) da norma **ABNT NBR 6118 "Projeto de estruturas de concreto – Procedimento". Essa norma, que é uma norma de projeto,** é sucessora da sua versão 2007 e tudo tem como origem a famosa NB-1/1940, a primeira norma brasileira. ABNT é a sigla da respeitada Associação Brasileira de Normas Técnicas, entidade particular brasileira que faz normas técnicas em geral.

Como o próprio título indica essa norma é relativa à parte de projeto de uma estrutura de concreto (armado, simples e protendido), deixando para outras normas (por exemplo a NBR 14.931) a parte de execução dessas obras.

> Iremos cuidar neste anexo exclusivamente da parte de estruturas de *concreto armado* dessa norma NBR 6118/2014 e do ponto de vista e interesse relacionado com pequenas e médias estruturas em termos de vulto, algo como prédios residenciais e comerciais de até *quatro pavimentos, com paredes internas e externas de alvenaria.*

A NBR 6118, na sua totalidade, é dirigida para obras de qualquer vulto, como as pequenas, médias e grandes obras, abordando estruturas de concreto protendido, concreto armado e concreto simples.

A linguagem e os cuidados técnicos e didáticos deste presente **anexo** são direcionados a um público leitor específico composto de jovens engenheiros civis, arquitetos, jovens profissionais em geral e estudantes em nível de graduação.

Este texto é uma cartilha e como tal deve ser entendido, ou seja, um texto que facilita ao leitor entender a norma mãe.

Recomenda-se ao leitor, depois de ler este anexo, ler e seguir a NBR 6118/2014.[*]

Este autor reconhece a capacidade e dedicação dos colegas autores que trabalharam com afinco para que esta norma existisse nessa nova versão.

Nota-se que essa norma ao atender a todo o mundo das obras de concreto torna-se por vezes difícil de aplicar à obras de edifícios de até médio porte. Entende este autor que as obras de concreto para edifícios de até médio porte (quatro andares) mereceriam ter uma norma específica.

B – Abordagem didática deste Anexo

O objetivo deste Anexo é explicar os trechos novos e/ou menos fáceis da NBR 6118/2014 adicionando informações úteis no entender do autor, e sempre ligado à estruturas de concreto armado para pequenas e médias edificações em termos de porte de casas e edifícios residenciais e comerciais.

Como este autor entende que o objetivo dessa norma, mesmo sendo do campo projeto, é no final **a execução da obra e o seu uso**, foram adicionados alguns assuntos relativos a esses objetivos.

Os assuntos relativos a concreto protendido e concreto simples não são objeto deste **anexo**, embora no caso do concreto simples sejam, vez ou outra, inseridos no texto.

Repetimos:

Depois de ler o texto deste **anexo** que tem como objetivo explicar as **mais importantes modificações da nova norma** leia a norma e veja como segui-la dentro das características e realidade de suas obras.

Assuntos mais simples e que estão muito claros ou que já eram apresentados na versão 2007 da norma NBR 6118 não serão sequer citados neste **anexo**.

C – Principais mudanças e aspectos importantes da NBR 6118/2014 comparadas em relação à norma NBR 6118 versões 2003 e 2007[**]

O autor MHC Botelho levou em conta e agradece o texto técnico do Eng. Prof. Matheus L. G. Marchesi, da Universidade Uninove – São Paulo, SP.

Nota: em 2018, a Associação Brasileira de Normas Técnicas (ABNT) e a Associação Brasileira de Engenharia e Consultoria Estrutural (ABECE) deram início aos esforços para atualizar a NBR 6118/2014.

(*) A norma NBR 6118/2014 que este autor seguiu é a versão corrigida de 07.08.2014.

(**) As versões 2003 e 2007 da NBR 6118 têm pouquíssimas diferenças entre si e essas pouquíssimas diferenças fogem ao mundo deste livro, ou seja, obras de pequeno e médio porte.

512 Concreto armado eu te amo

Dentro dos limites de interesse deste anexo as principais modificações e assuntos nesta versão são:

C-1) alteração das classes de concreto armado aos quais a norma se aplica: de C10 a C50, para C20 a C90; (item 1.2, p. 1). Não se aceita mais classe de resistência C15 para fundações (a antiga revisão aceitava) mas se aceita o uso da classe C15 para obras provisórias, por exemplo, estrutura de prédio de canteiro de obras e que depois será demolido.

C-2) Vigas – a seção transversal de vigas não pode ter largura menor que 12 cm e no caso de viga parede a menor largura da seção transversal será de 15 cm; (item 13.2.2, p. 73). Nesse item indica-se que em alguns casos excepcionais caia a largura para um mínimo de 10 cm.

C-3) Pilares: dimensão mínima de 14 cm, não mais 12 cm; (item 13.2.3, p. 73).

C-4) Lajes: dimensões mínimas de lajes maciças foram aumentadas, por exemplo, 8 cm para laje de piso não em balanço, e não mais 7 cm (item 13.2.4.1, p. 74). Laje de cobertura não em balanço tem que ter 7 cm de espessura, e não mais 5 cm.

Nota: como a norma fala em peso-limite de veículos, saibam que:

- peso de um carro Palio lotado: 950 (peso do carro) + 5 × 70 (pessoas) = 1.300 kgf = 13.000 N = 13 kN;

- peso de um carro grande – Vectra lotado: 1.400 kgf (peso do carro) + 5 × 70 (pessoas) = 1.750 kgf = 17.500 N = 17,5 kN.

  Para lajes que suportam veículos e com carga-limite de 30 kN essa carga é bem superior à carga de um carro grande lotado.

Nota: laje em balanço é expressão igual a laje-marquise.

C-5) Introdução de um γn (semelhante aos pilares) para marquises (lajes-marquises – lajes em balanço) (que andam caindo por aí devido ao fato de a armadura negativa se tornar positiva, quando, por exemplo, o operário pisa sobre a armação); coeficiente a usar no dimensionamento dessas lajes: item 13.2.4.1, p. 74.

C-6) Armadura mínima à flexão foi alterada, por exemplo, para C30, o ρ_{min} era 0,173%, agora passa a 0,150% (igual ao C20, C25); (Tabela 17.3, pg. 130).

C-7) Armadura de pele limitada no mínimo a 0,4% da área da seção transversal e máxima de 8% cm^2/m por face; item 17.3.5.2.3, p. 132. Ver também item 18.3.5, p. 150.

C-8) "Os consolos curtos devem ter armadura de costura mínima igual a 40% da armadura do tirante, distribuída na forma de estribos horizontais em uma altura igual a 2/3 d." Item 22.5.1.4.3, p. 186.

C-9) Em blocos de fundação: no caso de estacas tracionadas, a armadura da estaca deve ser ancorada no topo do bloco. Alternativamente, poderão ser utilizados estribos que garantam a transferência da força de tração até o topo do bloco; item 22.7.4.1.1, p. 191.

Explicação gráfica do item C-9 (autoria do Prof. Eng. Paulo Mendes)

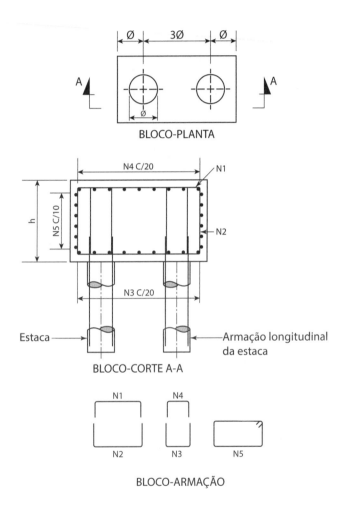

C-10) Armadura de distribuição em blocos de fundação: para controlar a fissuração, deve ser prevista armadura positiva adicional, independente da armadura principal de flexão, em malha uniformemente distribuída em duas direções para 20% dos esforços totais (item 22.7.4.1.2, p. 191).

E ainda:

C-11) Essa norma NBR 6118/2014, no seu item A.2.4.1, Tabela A.2, p. 214, realça o conceito de velocidade de endurecimento do concreto, indicando que:

- ocorre endurecimento lento do concreto quando do uso para os cimentos CP III e CP IV (todas as classes de resistência);

514 Concreto armado eu te amo

- ocorre endurecimento normal do concreto para o uso de cimentos CP I e CP II (todas as classes de resistência);

- ocorre endurecimento rápido do concreto para o uso de cimento CP V – AR I.

Lembrando que
CP I e CP I – S – Cimento Portland comum,
CP II – E, CP II – F – Cimento Portland composto,
CP III – Cimento Portland de alto-forno,
CP IV – Cimento Portland pozolânico,
CP V – R I – Cimento Portland de alta resistência inicial.
(Ver alerta na página 518.)

C-12) Para estudos de deformabilidade, tempo de desforma e retirada de escoramento (módulo elasticidade inicial) a norma NBR 6118 detalha como esperar nesses assuntos a influência do tipo de agregado a usar, (item 8.2.8, p. 24). O módulo de elasticidade[*] é diretamente proporcional ao coeficiente αE e que vale comparativamente:

αE = 1,2 para basalto e diabásio
αE = 1,0 para granito e gnaisse
αE = 0,9 para calcário
αE = 0,7 para arenito

C-13) E constam as orientações nessa nova norma:

"Item 14.6.6.3 pg. 94[**] Consideração de cargas variáveis

Para estruturas de edifícios em que a carga variável seja de 5 kN/m² e que seja no máximo igual a 50% da carga total, a análise estrutural pode ser realizada sem a consideração da alternância de cargas."

Nota: $5 \text{ kN/m}^2 = 500 \text{ kgf/m}^2$

"Item 14.6.6.4 pg. 94 Estrutura de contraventamento lateral

A laje de um pavimento pode ser considerada uma chapa totalmente rígida em seu plano, desde que não apresente grandes aberturas e se o lado maior do retângulo circunscrito ao pavimento em planta não superar em três vezes o lado menor ."

"Item 18.4.3 pg. 151 A armadura transversal dos pilares, constituída por estribos e quando for o caso, por grampos suplementares, deve ser colocada em toda a altura do pilar, sendo obrigatória sua colocação na região de cruzamento com vigas e lajes."

(*) Como sabido, quanto maior o módulo de elasticidade menos deformável é o material. Logo, concreto produzido com agregado basalto e ou diabásio é mais indeformável que concreto produzido com agregado granito, gnaisse, calcário ou arenito.

(**) O projeto do prédio deste livro atende às exigências dos itens 14.6.6.3 e 14.6.6.4 dessa nova edição da NBR 6118.

Nota: vários construtores reclamaram a este autor quanto à dificuldade de atender na obra a esse item 18.4.3. Bastou o engenheiro não estar na obra que são suprimidos incorretamente alguns estribos. É preciso treinar e incentivar a mão de obra para atender a essa exigência.

C-14) A norma NBR 6118/2014, bem como sua antecessora, a NBR 6118/2007, é sempre preocupada com a vida útil da estrutura e nos itens 7.2 e 7.4, p. 18, prescreve os cuidados de drenagem da estrutura para evitar o contato permanente da estrutura com água acumulada.

No item 7.4.1 é feito um destaque para a qualidade do concreto de cobrimento da armadura. Esse concreto deve ter boas características para que não tenha alta permeabilidade, o que facilitaria a oxidação da armadura pelo contato da água com a armadura. Considerando que as famosas pastilhas de argamassa de concreto, feitas artesanalmente na obra, não têm muitas vezes a qualidade desejável, talvez tenhamos de abandonar a prática de produzi-las na obra e deveremos usar ou espaçadores de plástico ou pastilhas de concreto produzidas industrialmente.

D – Uso de critérios e tabelas de dimensionamento de lajes, vigas e pilares constantes dos livros *Concreto armado eu te amo* (vol. 1 e vol. 2) e *Concreto armado eu te amo para arquitetos*

Para quem está acostumado a usar as tabelas e gráficos dos livros *Concreto armado eu te amo* – vol. 1, *Concreto armado eu te amo* – vol. 2 e *Concreto armado eu te amo para arquitetos* e outras obras dessa coleção, a versão 2014 da NBR 6118 **não trouxe novidades** e, portanto, as tabelas e ábacos de dimensionamento podem continuar a ser usados levando em conta as ponderações desta cartilha, entre as quais:

- fck mínimo igual a 20 MPa, a não ser para obras provisórias (exemplo: canteiro de obras), quando se aceita fck mínimo de 15 MPa,
- aumento da espessura mínima de alguns tipos de lajes maciças,
- aumento do coeficiente de ponderação para lajes em balanço (lajes-marquises). É introduzido o coeficiente adicional γn.

Ver Tabela T-13 (p. 323-324).

E – Anotações de MHC Botelho sobre a NBR 6118/2014

Lembro que todo o interesse deste anexo está ligado à estruturas de pequeno e médio porte.

Com o devido respeito à competência e o enorme trabalho da comissão que gerou esta norma, a NBR 6118/2014 não tem, **mas deveria ter:**

E-1) citação ou amarração do importantíssimo assunto "formas", pois em determinadas obras o assunto formas pode alcançar mais de 30% do custo total da estrutura de concreto armado. Esse assunto "formas" é deixado para outra norma mas como se sabe de um tipo de projeto isso gera formas de maior ou menor custos e nem no Índice Remissivo da NBR 6118/2014 ela é citada.

E-2) citação e cuidados com o assunto alvenaria e sua amarração com o resto da estrutura, que ajuda a dar estabilidade ao prédio e é um elemento de garantia de privacidade e segurança para os usuários do prédio.

E-3) citação e grande consideração do conceito de "custos", pois não existe engenharia ou tecnologia sem o estudo de custos.

Essa expressão "custos" não aparece citada no Índice Remissivo da norma.

E-4) citação de "cintas de amarração", item importante em pequenas obras.

E-5) O assunto "verga" não aparece com esse jargão tão comum, embora essa norma NBR 6118/2014 descreva o cuidado construtivo recomendado, mas na parte da norma do concreto simples (item 24.6.1, p. 205). As vergas são usadas em todas as obras estruturais em cima e embaixo de janelas e em cima de portas. Possivelmente o fato de esse cuidado estar na parte de Concreto Simples da norma refira-se ao fato de a verga ser importante no relacionamento com a alvenaria.

E-6) explicação sobre o conceito de "junta de concretagem". Jovens profissionais podem não saber como resolver o assunto. Deve haver uma recomendação relativa à previsão de armadura de costura nesses casos entre o concreto velho e o concreto novo.

E-7) deve-se usar sempre junto à expressão "lajes em balanço" a expressão "laje-marquise", que por vezes é até mais expressiva em termos de comunicação geral.

E-8) a versão 2014 usa o termo "barras de alta aderência" mas não diz quais elas são. Na versão 2007 a norma é clara: é a barra de aço CA-50 (Tabela 8.2, p. 26).

Portanto podemos concluir pela tabela a seguir.

Tipo de barra	Coef. conformação superficial	Ductilidade
Lisa (CA – 25)	1,0	Alta
Entalhada (CA – 60)	1,4	Normal
Alta aderência (CA – 50)	2,25	Alta

E-9) No seu item 7.4.1, p. 18, há um alerta que pode ser interpretado como contrário ao uso de pastilha de concreto feita na obra, que tem quase sempre má qualidade, devendo ser usada então ou a pastilha comprada pronta ou a pastilha de plástico.

E-10) Faltou definir, na opinião de MHC Botelho, que cabe ao projetista da estrutura a fixação da "contraflecha" de obra, mas que esse é um assunto que sempre deve ser discutido com o engenheiro da obra. A utilização de contraflecha é algo importante em toda a obra e mais importante no caso de lajes em balanço e em canaletas de concreto armado para águas pluviais. Ver NBR 6118, Tabela 13.3, p. 78, em que o conceito de "contraflecha" é citado quatro vezes.

E-11) Cuidado de obra, item 8.3.7, p. 30. Embora a norma NBR 6118/2014 seja uma norma de projeto de estruturas de concreto, aqui e ali nela são inseridos aspectos importantes de obra, como o trecho citado e transcrito a seguir:

"Em ensaios de dobramento (de armaduras de aço) a 180°, realizados de acordo com a NBR 6153 e utilizando os diâmetros de pinos indicados na ABNT 7480, não pode ocorrer ruptura ou fissuração."

E-12) A norma fala e chama a expressão "Seção" mas isso não é indicado. Isso deveria acontecer no topo da página iii. É a divisão do texto da norma em partes (capítulos principais).

E-13) Para obras de concreto simples o menor fck é de 15 MPa e o máximo é de 40 MPa (item 24.3, p. 200).

E-14) Seria importante existir uma norma específica para projeto e execução de edifícios de pequena e média altura com uma linguagem e abrangência compatível com esses tipos de obra.

Nota: atenção para a nova NBR 16697, de 3 de julho de 2018, que cancela e substitui as normas: 5732, 11578, 5735, 5736, 5733, 5737, 13116, 12989.

ANEXOS

ANEXO 3

Revisão das normas de cimento: nasce a NBR 16697

Em 3 de julho de 2018, aconteceu uma enorme mudança no mundo das normas de produção e uso dos cimentos brasileiros. Até então, tínhamos oito normas da ABNT disciplinando a fabricação dos vários tipos de cimento usados em estruturas, cada um com a sua norma específica. Com a mudança, todas essas normas foram abolidas e surgiu a NBR 16697, que disciplina a produção e uso de todos os cimentos utilizados no mundo do concreto. A norma tem vigência imediata.

As principais mudanças acarretadas pela nova norma são:

- O saco de cimento terá 25 kgf de peso, facilitando o seu transporte e manuseio. Isso foi acordado com o Ministério do Trabalho por uma questão de ergonomia.

- A medida laboratorial das características de cada cimento deixa de usar em seu teste de qualidade a famosa "areia padrão do IPT", que continha areia do Rio Tietê, em São Paulo, para usar a "a areia padrão ISO", que tem outra granulometria. Caberá às fabricas de cimento ajustar a sua produção para atender aos padrões de qualidade vigentes.

- As classes de resistência dos cimentos continuam as mesmas, a saber: classes 25, 32 e 40 MPa. A classe mais comum é a de 32 MPa.

- Os corpos de prova de concreto deixam de ser cilíndricos e passam a ser prismáticos, padrão ISO.

- Os pallets de estocagem de sacos de cimento poderão estocar até 24 sacos, diferentemente da regra atual de limitação a 10 sacos.

Alerta: agora não se pode mais citar as antigas normas NBR 5732, 11578, 5735, 5736, 5733, 5737, 13116 e 12989.

Nota: a sigla ABNT NBR NM significa que a norma citada é oficial no Mercosul.

ANEXOS

ANEXO 4

Estimativa de custo da estrutura do prédio

(consultar as páginas 41 e 42 deste livro)

Volume de concreto estrutural (lajes, vigas, escadas, pilares e sapatas) = $50,4 \, m^3$ do prédio.

Preço unitário da produção do concreto (os materiais somados à mão de obra e aos serviços complementares) = R$ 1.515,00 por m^3.

(Data de referência para os dados: julho de 2010).

Valor inicial: $50,4 \, m^3 \times$ R$ 1.515,00 = R$ 76.356,00.

Fator de atualização monetária em julho de 2019 = 1,62.

Preço de venda da construtora para o cliente (incorporador por hipótese):

R$ 76.356,00 $\times$ 1.62 x BDI (1,4) = R$ 173.175,00.

(Referências para os dados: 1 Dólar americano igual a R$ 4,10 – julho de 2019).

ANEXOS

ANEXO 5
Crônicas estruturais

Nota: as crônicas estruturais deste livro apresentam *assuntos muito importantes da engenharia estrutural* e o fazem na forma de crônicas, tornando o assunto talvez mais agradável e até alegre. Cremos que para estudantes e jovens profissionais esse é um caminho técnico didático extremamente útil e possível. As crônicas são de responsabilidade do **Eng. MHC Botelho**.

1) Revelada a secreta história de um caderninho de capa preta[*] de um famoso engenheiro estrutural

Um famoso engenheiro estrutural comandava seu pequeno escritório de projetos estruturais com mão de ferro. Embora simpático e educado, ele trazia todos sob o seu comando técnico implacável, como, aliás, teria mesmo de ser. Entrando um projeto, um dos cinco engenheiros do escritório era encarregado de o desenvolver. Para isso, o famoso engenheiro dava as orientações iniciais, sempre e rigorosamente por escrito, e o escritório tinha, além disso, as suas regras de trabalho e produção.

Recebido o projeto arquitetônico, o assunto era levado ao chefão, que orientava a produção de um rapidíssimo anteprojeto estrutural. Com esse anteprojeto estrutural pronto, o chefão abria um misterioso **caderninho de capa preta** e, sem explicar o porquê, já dava dados para terceiros iniciarem o anteprojeto de fundações. Mas como ele dava dados de carga nas fundações se o projeto estrutural mal começara? O segredo e o mistério estariam nesse **caderninho de capa preta** que ele não mostrava para ninguém. Aí o projeto estrutural avançava e, quando estava quase pronto, esse anteprojeto era analisado por um outro engenheiro do escritório que o auditava, fazia um resumo e preenchia um formulário do escritório com os dados de:

---

[*] Nos dias atuais, talvez fosse um CD de caixa preta, ou um *pendrive* de cor preta.

- volume de concreto armado;
- peso de aço previsto para a estrutura;
- e outros.

e se tivesse havido um projeto de formas:

- área de formas prevista.

Com esses dados e solitariamente em sala fechada, sempre consultando o seu **caderninho de capa preta**, o chefão aprovava, ou punha a boca no trombone alertando de algum possível erro. Com bastante confiabilidade, o **caderninho de capa preta** denunciava possíveis erros. Como pode? Mas o chefão não mostrava e não deixava ninguém consultar o **caderninho de capa preta**. *Um dia, e esse dia sempre acontece*, o chefão esqueceu o caderninho em cima da mesa e foi visitar um cliente. Mal ele saiu do escritório, rapidamente o **caderninho de capa preta** foi levado para a máquina xerox e, como no milagre da multiplicação dos pães e peixes, o caderninho de capa preta virou dezenas de caderninhos de capa preta. Vejamos pela primeira vez o que estava escrito no caderninho e que orientava o poderoso chefão na análise prévia e análise crítica de resultados de projetos estruturais.

1) Cálculo de carga passada às fundações pela edificação (peso da estrutura de laje, viga, pilar, alvenaria e carga acidental), por medida equivalente de espessura de laje:

Superestrutura
- 23 cm/m^2 de área da planta se for usada laje maciça;
- 13 cm/m^2 de área da planta se a laje for premoldada.

Infraestrutura (fundações)
- peso de baldrame + sapata = 10 cm/m^2;
- peso de baldrame + bloco = 6,5 cm/m^2;

2) Área de formas 8 m^2 de formas/1,0 m^3 de concreto (depende do reúso das formas)

3) Consumo de aço
Superestrutura – 100 kg aço por m^3 de concreto
Infraestrutura – (fundações)
- 40 kg de aço por m^3 de concreto, se for viga baldrame e sapata;
- 80 kg aço por m^3 de concreto, se for viga baldrame e bloco de estacas.

4) Relação entre o uso de concreto armado das peças lajes, vigas e pilares:
- lajes – cerca de 50% do total;
- vigas – cerca de 35% do total;
- pilares – cerca de 15% do total.

522 Concreto armado eu te amo

Exemplo

Seja um prédio de apartamentos com sete andares (oito lajes), com 840 m^2 de área por andar, laje maciça e fundações por baldrame e sapatas.

Cálculo do peso em m^3 de concreto de toda a estrutura

$$840 \text{ m}^2 \times 0{,}23 \text{ m} \times 8 + 840 \text{ m}^2 \times 0{,}1 \text{ m} = 1.545 + 84 = 1.629 \text{ m}^3 \text{ de concreto}$$

Peso enviado para as fundações (peso próprio e carga acidental) $1.629 \times 2{,}5 \text{ tm}^3$ (peso específico do concreto)= 4.072 t.

Previsão de formas com reúso total $840 \times 0{,}23 \times 8 = 1.545 \text{ m}^2$ de formas

Consumo de aço

superestrutura – 100 kg aço por m^3 de concreto

$$840 \times 0{,}23 \times 8 \times 100 = 154.560 \text{ kg de aço}$$

infraestrutura

$$840 \times 0{,}1 \times 40 = 3.360$$

Consumo total de aço na obra

$$154.560 + 3.360 = 157.920 \text{ kg de aço (158 t)}$$

Nota: no livrinho também constava:

As cargas totais do prédio dividem-se em:

- 65% de peso próprio; e
- 35% de carga acidental.

Agradeço ao colega E. G. a cessão dos dados, que vieram também de um **"caderninho de capa preta"** que, no caso específico, seguramente é um CD de capa preta.

Nota: como este texto foi submetido a "controle de qualidade", um desses leitores críticos exigiu que constasse no texto algo sobre cálculo preliminar de carga pilar por pilar baseado no critério de "áreas de influência".

Vejamos como é esse cálculo preliminar que vai liberando informações preliminares sobre cargas nas fundações.

1) Com o anteprojeto estrutural (hipótese de 8 pilares) traçamos as mediatrizes (reta ortogonal ao ponto médio da linha de pilares).

2) Com as mediatrizes e a linha de contorno da estrutura definem-se vários retângulos. Calculemos as áreas de cada retângulo (no caso oito pilares e, dependendo das disposições desses pilares, essas áreas de influência), que podem ser bem diferentes entre si.

Pegamos a carga total enviada às fundações (no nosso caso 4.072 t) e dividimos essa carga pela área em planta da edificação (no nosso caso 840 m^2), dando $4.072/840 = 4{,}84 \text{ t/m}^2$.

Agora usemos esse coeficiente $4{,}84 \text{ t/m}^2$ e multipliquemos pelas áreas dos retângulos de influência de cada pilar e teremos a estimativa de carga para cada pilar.

Anexos **523**

2) Enigma estrutural – Teste estático X teste dinâmico

Como testar, empiricamente, a capacidade de uma laje de um salão de baile

A história

Recentemente no Estado de São Paulo ruiu uma estrutura de um clube durante um show de roque pauleira. Houve muitas mortes e feridos. Face a isso, recebi dois e-mails com o mesmo assunto. Dois engenheiros municipais de duas cidades deste nosso país contaram-me que já enfrentaram o seguinte problema:

Seja uma estrutura (laje) concebida estruturalmente para um fim (por exemplo, para estocar matéria-prima) e com carga acidental de projeto da ordem de 400 kgf/m^2. Admitamos que a estrutura foi construída atendendo ao projeto estrutural, ou seja, cargas *estáticas* de até 400 kgf/m^2. Eis que há uma mudança de uso e essa laje deveria passar a ser usada para shows de roque pauleira com todo mundo pulando e com carga estática (participantes por hipótese parados) já se aproximando da carga de projeto. Com a agitação dos participantes, as condições de esforços, agora *dinâmicos*, as tensões da estrutura seguramente poderão ultrapassar os limites de projeto.

Prefeitos cuidadosos, que não são a maioria, lamentavelmente, pedem ao engenheiro municipal que faça um teste com a estrutura para liberá-la para uso nesses shows. Regra geral, o engenheiro municipal encarregado da verificação da estrutura para esse novo uso só poderá fazer um teste estático, por exemplo, carregando a estrutura com sacos de areia simulando as cargas acidentais. Agora fica a questão: **com que carga de teste estático deveremos testar a estrutura em condições dinâmicas?**

Recordemos que a carga estática do projeto e admitindo-se a observância do projeto na execução da obra foi 400 kgf/m^2 (40 MPa).

Ficam as seguintes questões:

1) Qual deve ser a carga de teste para simular a situação da estrutura durante o show de rock pauleira ("heavy metal", dizem os gringos).

2) É possível simular com teste estático uma situação dinâmica?

Não respondi ainda aos dois consulentes e espero a colaboração dos colegas para ajudá-los nesta questão que os livros não contam e que corresponde a uma realidade constante face ao surgimento de novas casas de show e academias de ginástica.

Quando responder aos dois consulentes desesperados darei crédito das colaborações estruturais recebidas dos amigos.

Um abraço,

MHC Botelho

524 Concreto armado eu te amo

Resposta de um leitor

Eng. Botelho

A prova de carga é a melhor das provas.[*] *Sugiro que o colega municipal promova em cima da laje em pauta bailes seguindo rigorosamente a seguinte ordem:*

- *Baile da Saudade com o conjunto musical "Vovôs da Serenatas"; depois, e se não tiver havido problemas:*

- *Baile com o conjunto "Angels of Heaven" (Anjos do Céu); depois, e se não tiver havido problemas:*

- *Show com o conjunto "Angels of Hell" (Anjos do Inferno); depois, e se não tiver havido problemas:*

- *Show com o conjunto "The Demons of Heaven" (Demônios do Céu);* e finalmente, se nada, mas nada mesmo aconteceu:

- *Show com o conjunto "The Demons of Hell" (Demônios do Inferno).*

Se tudo der certo, libere em geral....

Fim da resposta do leitor.

Se você não acredita na diferença entre cargas estáticas e cargas dinâmicas pegue o peso de 1 kgf e coloque numa balança de mola (dinamômetro). Ao se colocar, mesmo com cuidados, esse peso de 1 kgf, a balança chegará por instantes a valores próximos de 1,5 kgf, só depois retornando para mostrar a medida de 1 kgf. Por décimos de segundos ocorreu uma carga dinâmica. Nos salões de baile a solicitação dinâmica acontece quase que continuamente.

---

[*] Como fundamento de que a prova de carga é a rainha das provas, cita-se um provérbio muito antigo: "Se uma estrutura em dúvida passou por uma prova de carga, rasguem-se as folhas da memória de cálculo...".

Anexos **525**

3) Crônica-denúncia: Revisão (sem me avisarem) da norma de cargas estruturais

Atenção – esta é uma crônica, crônica-denúncia, mas é crônica.

Conto e é importante que eu conte e denuncie que a importantíssima norma de cargas para projetos de estruturas foi mudada à socapa, ou seja, sem que ouvisse a opinião do meio técnico. Um grupo de iniciados – será que eles são mesmo iniciados? – mudou essa norma. Vejam como eu soube e o fato gerou esta denúncia estrutural. Por orientação do meu advogado destaco que isto aconteceu <u>num país de língua hispânica</u>.

Tenho feito projetos estruturais e dado consultoria sobre esse assunto nesse país hispânico. Um dia, o dono de uma livraria com muitas lojas veio me procurar com uma consulta. Ele tinha acabado de comprar um velho prédio perto do centro da cidade, prédio com andar térreo e mais cinco andares padrões, prédio com mais de 70 anos de vida, todo em estrutura de concreto armado, e desejava usar o prédio para estocar livros. Como ninguém mais tinha o projeto estrutural do prédio, sejam desenhos e ainda menos as memórias de cálculo, ele me perguntou com a objetividade dos comerciantes:

— Qual a altura de livros que posso estocar nesse prédio, laje por laje, para não ter problemas na estrutura? Pago pela consultoria desde que seja módica, pois os negócios estão semiparados (frase padrão dos comerciantes que estão indo bem).

Não era uma simples pergunta e exigia uma visita ao prédio, uma consideração de como se projetavam as estruturas nos anos 30 do século passado e, talvez, um plano de ocupação progressiva do prédio medindo deformações e verificando o eventual surgimento de fissuras. Era um belo trabalho mas eu estava sem tempo para executá-lo. Decidi então contatar o Eng. João,[*] com quem trabalhei no começo de minha vida profissional e sempre foi o meu guru estrutural. O João é um excelente engenheiro, mas sempre muito irritadiço, e sua falta de uma certa habilidade e flexibilidade prejudicou o crescimento de sua fama no meio técnico e empresarial.

Foi uma sorte. João estava com baixa carga de trabalho, e um estudo estrutural como esse apaixonava pelo desafio do estudo não convencional e pelos honorários.

A resposta do João foi clara e direta.

— O trabalho desafio me interessa intelectualmente e profissionalmente se o cliente, o livreiro, concordar com minha proposta de honorários. Apenas preciso saber do tipo de cargas a atuar no velho prédio em todos os andares, pois a norma de cargas estruturais acaba de mudar nesse país de língua hispânica (e mudar muito) e por lei tenho que seguir essa nova norma de cargas estruturais...

A resposta me surpreendeu pois eu, atuante no meio profissional desse país, personagem permanente nas famosas reuniões de quinta à noite da associação de

---

[*] Mario Massaro Junior.

526   Concreto armado eu te amo

engenheiros, reuniões seguidas da famosa pizza de encerramento, nessas reuniões nada, mas nada se falou sobre essa recente mudança da norma de cargas e que mudaria toda a nossa prática profissional. Citei isso ao colega João, que me respondeu:

— Houve uma mudança na direção da entidade das normas e eles a editaram por uma tal de "Medida Provisória", dispositivo jurídico que todos são contra quando não estão no poder e usam muito quando se alcança o poder.

Fiquei boquiaberto com tudo o que eu ouvia e ouvi João explicar:

— Pela novíssima norma[*] as cargas estruturais agora se dividem em:

cargas obedientes, cargas desobedientes e cargas suicidas

— Preciso saber, no uso do velho prédio estocando livros, qual das cargas usaremos, pois os resultados variam enormemente.

Fiquei arrasado com a informação pois eu sempre calculara estruturas com as cargas em prédios divididas em dois tipos:

cargas mortas (peso próprio) e cargas acidentais (vivas) (pesos decorrentes do tipo de uso ou estocagem de materiais)

E havia uma questão de amor-próprio ferido. Ninguém me consultara sobre essa mudança como consultor ou usuário das normas. Eu esconderia esse fato para não manchar minha carreira profissional. Fiz então uma pergunta ao meu velho mestre Eng. João:

— Face a muitos trabalhos em andamento, não participei da revisão dessa norma, apesar de muitos convites e pedidos de consultoria (quanta história é necessário contar para manter a imagem). Como eu entendo esses novos tipos de cargas?

João, como todo mestre, sempre foi muito solícito comigo e sempre me ensinou de forma simples o que os doutos livros por vezes complicam. A explicação do Mestre João foi:

— *São **cargas obedientes** as cargas que por lógica estrutural são colocadas em cima de lajes mas obedientemente perto dos apoios da lajes nas vigas. Com isso, os momentos fletores gerados são menores. O peso próprio (carga morta da própria estrutura) não se distribui dessa forma mas sabemos onde eles estão e eles não saem de seus lugares e podemos chamá-los todos de **cargas obedientes**.*

— *São **cargas desobedientes** as cargas que não sabemos onde vão se localizar e, de alguma forma, localizam-se razoavelmente espalhadas sobre a laje, além do peso próprio, este de local conhecido.*

— *E são **cargas suicidas** as cargas que forem colocadas todas elas no meio das lajes e fugindo dos apoios. São as cargas que geram, pela posição afastada dos apoios, os maiores momentos fletores. Se houver uma supertendência*

---

[*] Atenção: esta é uma crônica com objetivos didáticos.

suicida enchendo a laje até o teto, então temos um novo tipo de carga; as chamadas **cargas carro-bomba**, *muito usadas, infelizmente, em certos países. Em certas obras, por falta de orientação técnica, certos empregados estocam material de construção em área restrita de lajes e com grande altura e, então, essas cargas carro-bomba rompem as lajes por puncionamento e isso acontece até em nosso país.*

E o Mestre João finalizou:

Mas, afinal de contas, que tipo de cargas vamos considerar no estudo do velho prédio para estocar livros?

Procurei ser objetivo e pragmático na minha resposta. O cliente precisava do estudo e a mudança da norma era um fato:

— Faça o seu estudo considerando que as cargas serão as cargas desobedientes e faça um manual de uso futuro da edificação orientando como estocar livros compatível com a hipótese de só ocorrerem cargas desobedientes (cargas espalhadas pelas lajes sem posicionamento específico, ou seja, cargas uniformemente espalhadas pela laje).

Assim foi feito. Admitiu-se que as cargas que ocorrem depois do prédio pronto se distribuem uniformemente pelas lajes, que é a hipótese-padrão. Isso tudo aconteceu faz alguns anos e quando vou hoje ao centro da cidade na procura de livrarias sebo e livrarias convencionais vejo o velho prédio sendo usado para estocar livros e tudo está bem com ele. Felizmente…

FIM*

Nota: por orientação do meu assessor jurídico e especialista em processos ligados a assuntos de perdas e danos, todas as minhas crônicas devem começar e terminar com a advertência a seguir entre **dois asteriscos**.

Esta história é um texto de ficção e, se verdade fosse, teria acontecido num país de língua hispânica. E por incrível coincidência foi assim mesmo…

Desenhos explicativos:

Distribuição das cargas obedientes que geram os menores momentos fletores

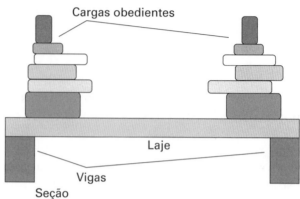

Distribuição das cargas desobedientes que geram momentos fletores de valor médio

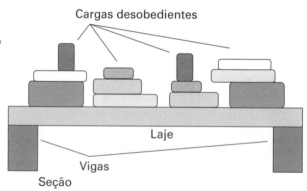

Distribuição das cargas suicidas que geram os maiores momentos fletores

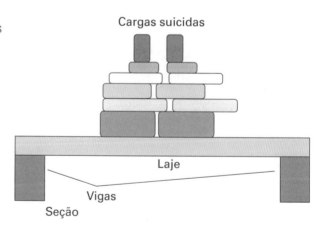

Anexos **529**

4) Problemas arquitetônico-estruturais (de concreto armado) de um belo e grande estádio de futebol

Este fato aconteceu de verdade faz uns dez anos e suas consequências perduram até hoje. Num país de fala hispânica, decidiu-se construir um estádio de futebol moderno e com capacidade para uns 60.000 espectadores. Foi contratado um famoso e competente arquiteto que desenvolveu o anteprojeto arquitetônico inicial (e ponha inicial nisso). Com esse anteprojeto arquitetônico *inicial* foi contratado um famoso e competente escritório de projetos estruturais. Com essa dupla competente de projetistas parecia que tudo iria bem. Recebidos os projetos, e como haveria proximamente um campeonato internacional tendo esse estádio como sede principal, as obras foram iniciadas de imediato e não se contratou nenhum dos dois escritórios, seja o de arquitetura, seja o estrutural, para acompanhar a obra, que aliás foi um caos administrativo. Com as estruturas quase prontas, a federação local de futebol foi fazer uma vistoria nas obras do futuro estádio. E olhos experientes descobriram, com a obras ainda em andamento, algo inacreditável. Mais de 10% dos assentos tinham suas visões do campo de jogo prejudicadas por parte das estruturas de concreto armado.

Alertado o fato, não havia mais tempo de corrigir as falhas, que foram aceitas, mas a capacidade do estádio teve de aceitar que oficialmente a redução de sua capacidade ficou como sendo de 60.000 –10% (60.000) = 54.000 espectadores, e não mais 60.000.

O clube quis saber quem era o culpado pelo terrível e eterno problema que prejudicaria o estádio. A conclusão foi:

- O arquiteto fizera apenas um anteprojeto sumário *inicial*, mas com previsão verbal de mudanças arquitetônicas conforme evoluísse o projeto. Essas mudanças foram acontecendo e informaram o cliente, mas este não tinha estrutura administrativa gerencial para avisar tanto o projetista da estrutura como o projetista das instalações hidráulicas e elétricas.

- Durante a fase de aprovação do projeto na prefeitura esta fizera novas exigências que a arquitetura procurou atender, mas outras exigências eram da parte das instalações e estas exigências tardiamente foram passadas para o projetista das instalações e ninguém avisou o projetista estrutural das consequências.

- O projetista estrutural ia avançando e modificando o seu projeto e enviava anteprojetos para o cliente aprovar, e este nem aprovava nem avisava os outros envolvidos do andamento do projeto estrutural, talvez achando que o assunto se resolveria na obra (!).

- Com as obras em início, claro que o construtor não olhava os aspectos funcionais do estádio, quando o corpo de bombeiros (que não tinha sido consultado previamente) fez outras exigências conflitantes com o projeto

530 Concreto armado eu te amo

arquitetônico e que gerou problemas no projeto estrutural e no projeto de instalações, mas, como a obra estava em andamento, deixou-se mais uma vez para a obra resolver esses problemas funcionais (questão de visibilidade do campo resolvida pelo construtor!).

Conclusão: o estádio continua com 10% de seus lugares com problemas, tudo isso por falha de gerência de empreendimentos.

Em obras médias e grandes tem de existir um coordenador que com mãos hábeis e firmes faça uma integração dos projetos, usando informações por escrito.

Nota indefectível: apesar dos problemas funcionais do estádio nos dias de clássicos nacionais são vendidos evidentemente 60.000 ingressos e entram, na prática, mais de 65.000 espectadores, mas isso é outro assunto que fica para outra vez...

CRÔNICA (PARÁBOLA)
CHAVE DE OURO DESTE LIVRO

Aos leitores

De tudo o que eu tenho escrito sobre engenharia estrutural, a crônica (parábola) a seguir foi a mais elogiada e vários professores de engenharia estrutural a leram para seus alunos. Face a isso decidiram os autores terminar este livro com a reprodução da crônica, que também está no volume 2 desta coleção.

COMO SE PREPARAR PARA UMA CONSULTA COM UM SIMPÁTICO SUPERESPECIALISTA DE ESTRUTURAS.

Assisti... parte da própria resposta.

Grato, MHC Botelho

Assisti a esta cena. Estava eu trabalhando com um simpático superespecialista de estruturas de cabelos totalmente brancos, quando tocou o telefone, e um jovem colega que se iniciava no cálculo de estruturas pediu ao especialista uma consultoria geral sobre o cálculo de concreto armado de um prédio convencional de média altura. Eu sabia que o superespecialista estava cheio de trabalho e ia fazer uma viagem ao exterior, onde faria uma palestra. Por tudo isso, estava sem tempo para fazer novos serviços. A resposta rápida do superespecialista me surpreendeu:

— "Topo dar a consultoria, mas desde que você aceite algumas condições. São elas: a reunião será daqui a duas semanas no meu escritório, só responderei na reunião às perguntas que você tiver me feito até dois dias antes por escrito, enviadas via fax ou por e-mail. As perguntas devem vir agrupadas, organizadas por tema, numeradas e cada pergunta deverá vir obrigatoriamente com sua opinião pessoal e, portanto, com uma pré-resposta. Não responderei a nenhum assunto fora do roteiro."

Eu não entendi nada. Por que esse método? Se a pessoa está pedindo ajuda, por que o consulente tem de ajudar o mestre com uma pré-resposta para cada assunto? Será que o mestre não era tão mestre assim? E a questão da numeração das perguntas? E a exigência de só responder às perguntas previamente mandadas por escrito? Burocracia estrutural? E a surpresa veio a cavalo:

532 Concreto armado eu te amo

– "Cobrarei R$ 800 por hora de reunião dessa consultoria."

Nessa época, o valor máximo cobrado por esse superespecialista era de cerca de R$ 300 por hora e como referência o dólar americano estava a R$ 3,20. Qual a razão comercial ou ética do aumento gigantesco?

Não pude acompanhar o caso no seu desdobramento, mas sei que todo o previsto aconteceu, e a reunião durou duas horas. Depois fiquei sabendo que o consulente saiu satisfeitíssimo com a consultoria.

Comentei o fato com um amigo, e ele me abriu os olhos para esse tipo de consultoria estrutural.

"Genial. Ele não deu consultoria para um iniciante. Ele transformou o iniciante numa fera faminta e exigente. Ao exigir que o jovem colega se organizasse para a reunião, ele começou um processo de ensino. O jovem colega foi obrigado a se organizar mentalmente. Primeiro, listou por escrito as dúvidas, foi obrigado a classificá-las, ordená-las e numerá-las. Isso já é um enorme autoaprendizado. Depois teve de escrever as pré-respostas com detalhes e desenhos, pois fora do escrito o mestre nada responderia. Esse texto que depois foi enviado ao mestre, preparando a reunião, tem alto valor, e eu mesmo gostaria de conhecê-lo, pois tem um valor quase tão grande quanto as respostas. Aliás, isso confirma que uma pergunta bem formulada já traz no seu bojo metade da resposta, mas veja: pergunta bem formulada. Quando o jovem colega foi para a reunião, realmente ele sofrera, sem saber, um processo de transformação. Antes de se organizar, ele era uma pessoa carente e insegura. Com a preparação, ele se transformou em um jovem extremamente exigente, jovem leão, faminto e com garras afiadas.

Quanto ao preço da hora de consultoria, não se esqueça o que o jovem colega ganhou em aprendizado, por ter procurado um guru estrutural tão didático.

Na verdade, a consultoria começou na primeira ligação telefônica. Nunca um dinheiro foi tão bem gasto."

Pensei e hoje concordo com meu amigo e com a atitude do guru estrutural. Antes de solicitar uma consultoria, prepare-se para ela como um leão faminto. Relembro, perguntas bem estruturadas já trazem em seu bojo parte da própria resposta.

ÍNDICE REMISSIVO DE ASSUNTOS PRINCIPAIS

A

ábacos de dimensionamento de pilares, 475

abatimento do cone, 211

abóbadas, 193

abreviações, 115

Ação e reação, 36, 50

aços, 112

agregado graúdo, 224

agregado miúdo, 225

agressividade do meio ambiente, 188

ancoragem das armaduras, 343

ancoragem nos apoios, 345

arame, 206

arcos, 193

área de armadura para lajes, 183

argamassa, 225

armadura e o momento fletor, 341

armadura de suspensão, 338

armadura mínima de pilares, 192

armadura secundária, 189

B

baldrame, 43

Barës-Czerny – Tabelas, 145

BDI, 486

C

cálculo isostático ou hiperestático, 230

cargas acidentais, 117

cargas de projeto, 117

cargas nas vigas, 274

cargas nos pilares, 441

cisalhamento, 61, 77

classes de agressividade, 188

cobrimento da armadura, 188

cobrimento mínimo, 188

Código de Grinter, 255

coeficiente de minoração do aço, 89

coeficiente de minoração do concreto, 89

coeficiente de ponderação, 89

compressão, 61

concreto armado, o que é?, 26

concreto magro, 442

consulta ao público leitor, 536

controle de concretagem, 480-481

Cross, 252

custo do m^3 do concreto, 212

Czerny, 145

D

dimensionamento da estrutura de concreto armado, 110

dimensionamento de lajes, 173

dimensionamento de pilares, 369

dimensionamento de sapatas, 442

dimensionamento de vigas duplamente armadas, 325

dimensionamento de viga T, 327

dimensionamento herético de viga de concreto, 105

ductilidade de estruturas, 130

E

efeito Rusch, 91

emenda de aço, 119

engastamentos parciais, 353

escadas, 248

escoramento, retirada, 273

espessuras mínimas de lajes, 138, 173

estado-limite de ruína, 214

estado-limite de utilização (serviço), 215

estágios (estádios) do concreto armado, 213

estruturação do prédio, 41

534 Concreto armado eu te amo

estruturas hiperestáticas, 127
estruturas hipostáticas, 127
estruturas isostáticas, 127

F

fcj, 210
fck, 210
flambagem, 277
flexão composta normal, 180
força cortante em vigas, 335
forças cortantes, 77, 335
fotos interessantes, 503
fragilidade de estruturas, 130

G

Grinter, código, 255

H

história do livro *Concreto armado eu te amo*, 491
Hooke, 121

I

índice das tabelas, 535

K

k3, 185, 323
k6, 185, 323
k7, 324
k8, 324

L

lajes armadas em duas direções (em cruz), 145
lajes armadas em uma só direção, 144
lajes conjugadas, 134
lajes isoladas, 132
lajes-marquises, 173
linha neutra, 27

M

método de Cross, 252
módulo de deformabilidade (módulo de elasticidade), 126
módulo de resistência, 92
momento de inércia, 92

N

norma 12655, 480
normas, 115
normas da ABNT — obrigatoriedade de seguimento, 485

O

obediência do concreto armado, 315
orçamento de obras, 487

P

passagem de dados para a obra, 213
perspectiva do prédio, 42
pesos específicos, 53
pesos lineares, 34
pesos por área, 25
pesos unitários, 119
pilares, dimensionamento, 437
pilares com dimensões especiais, 370
premissas do projeto estrutural, 48
produção do concreto, 224
prova de carga, 524

R

resistência característica, 88
resistência de cálculo, 88
Rusch, efeito, 91

S

sapatas, 442
sapatas rígidas, 448
slump, 211

T

Tabela-Mãe, 35
Tabelas de Czerny, 145-165
tensão admissível, 84
tensão de cálculo do aço, 90
tensão do cálculo do concreto à compressão, 90
tensões, 81, 140
torção, 61
tração, 61
três famosas condições, 52, 61

V

verga, 49
viga de um só tramo, 236
viga duplamente armada, 325
viga Gerber, 168
vigas subarmadas, 130
vigas superarmadas, 130
vínculos, 60, 166, 169

Y

Young, 123

ÍNDICE DAS TABELAS

Número da tabela	Aula do livro	Título	p.
T-1	1.2	Pesos específicos	23
T-2	2.1	Tabela-mãe para aços	35
T-3	5.1	Momentos de inércia e módulos de resistência	99
T-4	6.1.1	Tipos de aços (NRB 7480)	113
T-5	6.4	Cargas acidentais (NBR 6120)	118
T-6	6.5	Comprimentos de ancoragem "L" para emendas	120
T-7	7.1	Módulos de elasticidade (E)	123
T-8	8.2.2	Espessuras mínimas de lajes maciças de concreto armado	138
T-9	9.3	Tabelas de Barës-Czerny para lajes armadas em cruz	148-161
T-10	11.3	Dimensionamento de lajes maciças armadas em cruz	185-186
T-11	11.3	Área de armadura para lajes	187
T-12	13.2	Custo do m^3 do concreto em função do fck e do *slump*	212
T-13	18.1	Dimensionamento de vigas à flexão k6 e k3	323-324
T-14	18.1	Cálculo de vigas duplamente armadas k7 e k8	324
T-15	18.4	Valores de A_{sw}/s para estribos de 2 ramos (pernas)	336
T-16	19.1.2	Comprimento de ancoragem da armadura tracionada	344
T-17	23.3	Cargas nos pilares	441
T-18	25.2	Ábaco 1 – Dimensionamento de pilares – Flexão composta normal, fck 20 MPa	476
T-19	25.2	Ábaco 2 – Dimensionamento de pilares – Flexão composta oblíqua, fck 20 MPa	477
T-20	25.2	Ábaco 3 – Dimensionamento de pilares – Flexão composta normal, fck 25 MPa	478
T-21	25.2	Ábaco 4 – Dimensionamento de pilares – Flexão composta oblíqua, fck 25 MPa	479

CONSULTA AO PÚBLICO LEITOR

O prof. eng. Manoel Henrique Campos Botelho e o eng. Osvaldemar Marchetti são profissionais da criação de livros para a engenharia.

Para ajudar os autores, leia o livro, tire uma cópia desta página e depois, por favor, responda ao questionário e o envie para o prof. MHC Botelho ou para o eng. O. Marchetti.

O prof. e autor MHC Botelho compromete-se a enviar, via internet, para os leitores que devolverem esta folha preenchida, várias crônicas tecnológicas de sua autoria.

Devido às solicitações dos leitores, será enviada pelo autor, pela internet, a crônica botelhana "viagem do fck de projeto à dosagem do concreto de obra, segundo a nova norma de cimentos NBR 16697".

Para
Manoel Henrique Campos Botelho
E-mail: manoelbotelho@terra.com.br
1 – Você gostou do livro *Concreto armado eu te amo* – vol. 1 – 10ª edição? Dê sua opinião.
Seus comentários
2 – Que outros assuntos poderiam ser incluídos em outro livro sobre concreto armado?
3 – Que outros assuntos ligados à construção civil deveriam ser abordados em novos livros?
4 – Aqui você dá seus dados pessoais. Eles também são muito importantes.

Nome		
Formação profissional	Ano de formatura	
Endereço	n.	ap.
Bairro	Cidade	UF
CEP	Tel.	
E-mail	Data	

Lista de livros do engenheiro Manoel Henrique Campos Botelho, autor da coleção Concreto Armado Eu te Amo.

- *Concreto armado eu te amo*
  Vol. 2 – 4ª edição, 2015, 340 páginas.

- *Concreto armado eu te amo para arquitetos*
  3ª edição, 2016, 256 páginas.

- *Instalações elétricas residenciais básicas para profissionais da construção civil*
  2012, 156 páginas.

- *Águas de chuva*: engenharia das águas pluviais nas cidades
  4ª edição, 2017, 344 páginas.

- *Resistência dos materiais: para entender e gostar*
  4ª edição, 2017, 264 páginas.

- *4 edifícios, 5 locais de implantação, 20 soluções de fundações*
  3ª edição, 2018, 246 páginas.

- *Manual de primeiros socorros do engenheiro e do arquiteto*
  Vol. 1 – 2ª edição revista e ampliada, 2009, 304 páginas.

- *Manual de primeiros socorros do engenheiro e do arquiteto*
  Vol. 2 – 2015, 292 páginas.

- *Operação de caldeiras: gerenciamento, controle e manutenção*
  2ª edição, 2015, 208 páginas.

- *Instalações hidráulicas prediais utilizando tubos plásticos*
  4ª edição, 2014, 407 páginas.

- *Princípios da mecânica dos solos e fundações para a construção civil*
  2ª edição, 2016, 293 páginas.

- *Concreto armado eu te amo vai para a obra*
  2016, 428 páginas.

- *ABC da topografia*
  2018, 328 páginas.

Livros em produção

- *Resistência dos materiais para a área industrial*

- *Estruturação de pequenas e médias edificações*

- *Concreto armado eu te amo*
  Vol. 3

- *ABC dos loteamentos*

538 Concreto armado eu te amo

- *Sua majestade, o motor elétrico*
- *Entendendo os comandos hidropneumáticos*
- *Proposta de nova norma estrutural para pequenas e médias estruturas*

Novos assuntos no volume 3 do *Concreto armado eu te amo*

- Mesa de dobragem do aço
- Explicando a prova de carga
- Alerta: inexistência de exame para verificar o teor da relação água-cimento do concreto
- Pedido de compra de concreto usinado
- Planos de concretagem
- Custo da obra
- Sequência de projeto considerando a moleza (deformabilidade) das estruturas. Vale a regra "comece os cálculo pelas peças mais moles"
- Cartas respondidas
- Laje lisa e laje cogumelo – analogia com a estrutura de uma cadeira
- Tipos de sapatas
- Do projeto estrutural de prédios ao projeto estrutural de pontes
- Questões de concursos oficiais respondidas e explicadas
- Dosagem do concreto – da dosagem laboratorial às tabelas de traço
- Corrida de bicicletas explicando o estado III do concreto (estado de ruptura)
- Fluxograma concreto usinado

GRÁFICA PAYM
Tel. [11] 4392-3344
paym@graficapaym.com.br